ENIAC
現代計算技術のフロンティア

Thomas Haigh
Mark Priestley
Crispin Rope 著

土居範久 監修

羽田昭裕
川辺治之 訳

ENIAC in Action
Making and Remaking the
Modern Computer

共立出版

ENIAC in Action

Making and Remaking the Modern Computer

Thomas Haigh, Mark Priestley, and Crispin Rope

©2016 Massachusetts Institute of Technology

All rights reserved. No part of this book may be reproduced in any form by any electronic or mechanical means (including photocopying, recording, or information storage and retrieval) without permission in writing from the publisher.
Japanese translation published by arrangement with The MIT press through The English Agency (Japan) Ltd.
Japanese language edition published by KYORITSU SHUPPAN CO., LTD., ©2016.

ダグラス・R・ハートリーに捧ぐ
彼は１千万回の乗算で極めて多くのことを成し得た

まえがき

　最初のプログラム可能な汎用電子計算機と知られる ENIAC（Electronic Numerical Integrator and Computer）は，1943 年に構想され，1945 年に完成，そして 1955 年には解体された。その後の開発者らによる特許紛争などにより，最初のプログラム可能な計算機かどうかといった論争だけが今日では記憶に留められがちであり，そのような観点から書かれた成書も数多くある。

　しかし，ENIAC は，現代的な計算機への道程にある単なる通過点ではない。著者らは，ENIAC を，戦時の機械，「最初の計算機」，その利用者が継続的に手直ししつづけた物質的人工物，そして矛盾を含んだ史話の対象ととらえ，残された記録資料原本を広範囲に調査することによって，ENIAC の構想から，設計，構築，利用，そして博物館に展示された遺品となるまでの詳細な物語をまとめ上げた。

　また，ENIAC の物語は，ENIAC に携わった人々の物語である。ENIAC を構築し，プログラムし，操作した人々，とくに，そうしたことで有名になった女性たちだけでなく，ENAIC を提案，設計した数学者，科学者，技術者について記述することで，今迄，光が当てられることの少なかった ENIAC の歴史の細部を明らかにしていく。

　そして，本書は，これまでの論争で取り沙汰されたようないくつかの問いに答えようとするものではない。この物語の中から新たに優れた問いを見出すことで，更に深い理解へと踏み込もうとする試みである。

　もちろん，我が国の計算技術の発展の過程においても，同じように歴史の詳細が語られ，そこに新たな問いを見出す努力を継続していかなければならない。本書が，そのような試みの一助となれば幸いである。

2016 年 5 月

土居範久

目　次

まえがき ... v
序 ... ix
主な登場人物 ... xi
利用した記録資料書庫 ... xvii
はじめに ... 1
第1章　ENIACを思い描く ... 23
第2章　ENIACの構造を決める ... 45
第3章　ENIACに生命をもたらす ... 73
第4章　ENIACを稼働させる ... 107
第5章　ENIAC，弾道研究所に到着する ... 139
第6章　EDVACと第一草稿 ... 161
第7章　ENIACの変換 ... 193
第8章　ENIAC，モンテカルロに向かう ... 217
第9章　ENIACの運試し ... 241
第10章　ENIACの稼働が落ち着くまで ... 261

第11章	ENIAC世代の計算機,「プログラム内蔵方式」に対峙する	291
第12章	記憶に残るENIAC	327
結び		349
注釈		367
訳者あとがき		429
索引		431

序

　このプロジェクトは，L・D・ロープ夫人の第2回慈善事業から惜しみない資金提供を受けた。この支援によって，コンピューティングの実践規範(practice)の世界を深く掘り下げるための能力と資産を結集し，記録資料の山をくまなく探し回ることができた。ペンシルベニア大学が所蔵する記録資料を入手するための必要なほとんどの作業は，ピーター・サックス・コロピーが行った。ネイト・ヴィエヴォラ，アラン・オーリー，ステファニー・ディックは，そのほかの所蔵から詳しい資料を入手してくれた。スーザン・アビーは，膨大の文書について著作者が誰であるかを解明するための筆跡解析情報を提供してくれた。ヘイグの研究助手であるアン・グラフは，注意深く原稿を査読し，引用を確認してくれた。

　ハンプシャー大学のスーザン・ダヤル，ハグリー博物館・図書館のリン・カタニーズ，チャールズ・バベッジ研究所のスーザン・ホフマンとアーヴィド・ネルセン，ペンシルベニア大学のナンシー・R・ミラー，米国哲学会のヴァレリー＝アン・ルッツとそのほかの記録文書管理担当者，MIT博物館のデビー・ダグラス，インディアナ大学－パデュー大学インディアナポリス校のアメリカ思想研究所のデビッド・E・フェイファー，そして米国議会図書館写本閲覧室の職員には感謝の意を表する。

　国立アメリカ歴史博物館のペギー・キドウェルは，とくに「プログラム内蔵方式」という用語の初出や，ENIACの現存する部品の多くの所有者と所在地を割り出す手助けをしてくれた。ジーン・ジェニングズ・バーティク計算博物館のキム・D・トッドは，実際にENIACの設定が使用されたことの現存する最初の記録かもしれないものを含め，多くの画像を提供してくれた。ジョージ・ダイソンとマリーナ・フォン・ノイマン・ホイットマンは，マリーナのクララ・

フォン・ノイマンに関する個人的な所蔵資料の中から未公開資料を見せてくれた。情報公開法に基づく開示請求を提出後，2年間以上も何の成果も得られなかったが，アン・フィッツパトリック，スティーブ・アフターグッド，ロバート・ザイデル，アラン・B・カーは，ロスアラモスの史料を見るための迷路のような制限をなんとかクリアする際の手助けをしてくれた。

ウィリアム・アスプレイ，ジェフ・ヨスト，アツシ・アケラ，ドロン・スウェード，ビル・モークリー，ポール・セルージ，マーティン・キャンベル＝ケリーは，詳細なトピックについて親切に答えて，1940年代の計算機技術に対する彼らの視点を教えてくれた。このプロジェクトのいくつかの題材は，最初に論文として *IEEE Annals of the History of Computing* に発表したものである。この論文の匿名の査読者や，ジェラード・アルバーツとリスベス・デ・モルが主催した初期のプログラミング実践規範に関する非公式のワークショップで草稿を議論してくれた人たちからの意見は有益であった。

第6章と第11章の一部は，これまでに，Haigh, Priestley, and Rope, "Reconsidering the Stored Program Concept", *IEEE Annals of the History of Computing* 36, no. 1 (2014): 4–17，および，Haigh, "'Stored Program Concept' Considered Harmful: History and Historiography", in *The Nature of Computation. Logic, Algorithms, Applications*, edited by Paola Bonizzoni, Vasco Brattka, and Benedikt Löwe (Springer, 2013) として発表したものである。

第8章と第9章の一部は，これまでに，Haigh, Priestley, and Rope, "Engineering 'The Miracle of the ENIAC': Implementing the Modern Code Paradigm", *IEEE Annals of the History of Computing* 36, no. 2 (2014): 41–59 として発表したものである。

第7章と第11章の一部は，これまでに，Haigh, Priestley, and Rope, "Los Alamos Bets on ENIAC: Nuclear Monte Carlo Simulations, 1947–48", *IEEE Annals of the History of Computing* 36, no. 3 (2014): 42–63 として発表したものである。

主な登場人物

　本書では，繰り返して，それも突然登場する人物が多く，中には結婚によって複数の名前で現れる人もいる。そのたびに紹介することなく，取り違えをできるだけ少なくするために，以下の人物一覧を作成した。

ウラム，スタニスワフ・W
マンハッタン計画に長く関わる物理学者。モンテカルロ法の考案者の一人で，水爆の共同発明者。

エッカート，ジョン・プレスパー，Jr.
「研究所主任」としてENIACの詳細設計と構築を主導した若き電子工学技術者。ENIACの特許に名を連ねる二人の発明者の一人。1945年にムーアスクールを去り，共同で最初の計算機会社を創設した。

カニンガム，リランド
第二次世界大戦中，弾道研究所で働いていたハーバード大学の天文学者。ENIACの設計過程を通じて，ENIACの方向付けに一役買った。また，ENIACの適用を企画する弾道研究所の計算技術委員会の一員であった。

ギロン，ポール
計算の専門家で，弾道研究所職員。ムーアスクールと弾道研究所の微分解析器の共同開発の責任者。ENIACの初期の開発の際にはハーマン・ゴールドスタインの上司だった。その後，陸軍軍需品部に属して，そこからENIACプロジェクトを支援した。

クリッピンガー，リチャード
1944年から1952年まで弾道研究所で働いていた数学者。1946年までは，超音速風洞のシミュレーションに関心のある利用者として，ENIACに関わってい

た．その後，ENIAC のプログラミングシステムを変換する計画に参加した．

ゴールドスタイン，アデール・カッツ
計算手として訓練を受け召集された数学者で，1947 年には ENIAC を新しいプログラミングモードに変換する初期の計画を起草した．ハーマン・ゴールドスタインの妻．

ゴールドスタイン，ハーマン・ヘイン
弾道研究所でムーアスクールとの調整役に任じられた数学者．当初は，そこで働く計算手を監督していた．ENIAC プロジェクトに対する陸軍の主たる窓口であり，その日々の進展に深く関与していた．のちに，プリンストン高等研究所でジョン・フォン・ノイマンとともに働いた．アデール・ゴールドスタインの夫．

サイモン，レスリー・E
弾道研究所長として働き，ENIAC の構築と利用を監督する責任のある科学者．

ジェニングズ，ベティ・ジーン
1945 年に弾道研究所に雇われた最初の ENIAC オペレータの一人．1947 年から 48 年にかけて，ENIAC の新しいプログラミングへの変換の計画に取り組むプログラミング請負グループを率いた．1946 年に結婚し，ジーン・バーティクになった．

シャープレス，トーマス・カイト
ENIAC の設計技術者．ほとんどの場合，T・カイト・シャープレスという呼び方で登場する．

スナイダー，フランシス・エリザベス "ベティ"
1945 年に弾道研究所に雇われた最初の ENIAC オペレータの一人．1948 年に弾道研究所を退職．ジョン・ホルバートンと結婚．

スペンス，ホーマー
1945 年に，志願兵として ENIAC の保守作業を始める．民間職員として弾道研究所に戻ると，そこで保守作業を監督した．1950 年にフランシス・バイラスと結婚．

デダーリック，ルイス・S
古くからの弾道研究所の民間科学者で，1945 年に弾道研究所の計算技術研究所

長に指名された。1953年に研究所を退官。
テラー，エドワード
マンハッタン計画に長く関わる物理学者で，水爆の共同発明者。
トラヴィス，アーヴン
1931年からムーアスクールに所属。1940年に，のちのENIACの提案に非常によく似た電子微分解析器の製造を提案した。戦時中の任務からムーアスクールに戻ったあとは，ENIACやEDVACを含めた委託研究を監督した。
バイラス，フランシス
1945年に選ばれたENIACの最初のオペレータの一人。1942年から弾道研究所の計算手および微分解析器のオペレータとして働いていた。ホーマー・スペンスと結婚。
バークス，アーサー・W
数学者で，哲学の博士号（Ph.D.）をとったあと，ENIACの技術者となり，ENIACの設計に重要な貢献をし，弾道計算の最初の詳細計画を実施した。のちに，初期の電子計算史について幅広く執筆した。
バーティク，ジーン
ベティ・ジーン・ジェニングズの結婚後の名前。
バーンズ，グラデオン・マーカス
軍需品部研究開発局長であり，弾道研究所を配下に持つアバディーン性能試験場の責任者。ENIACのお披露目の場には，軍需品部を代表して出席した。
フォン・ノイマン，クララ
1948年から1950年にかけて，ロスアラモスのためにENIAC上の一連のモンテカルロシミュレーションのランをコーディングし，実行を支援した。ジョン・フォン・ノイマンの妻。
フォン・ノイマン，ジョン
おおよそ1944年8月からENIACプロジェクトに関わった数学者。多大な影響力をもつ「EDVACに関する報告書の第一草稿」を書くことで，ENIACの後継機であるEDVAC計画の方向付けに一役買った。ENIACをEDVAC流の演算に変換するアイデアを出すことに貢献し，ENIACの作業のために，いくつものチームをロスアラモスからフィラデルフィアに，そして，のちにはアバディー

ンに連れてくる責任者だった。クララ・フォン・ノイマンの夫。

ブレイナード，ジョン・グリスト
ペンシルベニア大学ムーアスクール電気工学科の古参。ENIACプロジェクト長に指名された。

ペンダー，ハロルド
ムーアスクールの学部長。弾道研究所との契約のもと，ENIACはムーアスクールで作られた。

ホルバートン，ジョン
弾道研究所職員で，1945年にENIACオペレータの長に選ばれ，ENIACがムーアスクールにある間，そしてそれがアバディーンに移されたあともその職を続けた。エリザベス"ベティ"・スナイダーと結婚。

ホルバートン，フランシス・エリザベス"ベティ"
エリザベス"ベティ"・スナイダーの結婚後の名前。

マクナルティ，キャスリーン・リタ"ケイ"
1943年に計算手として弾道研究所に雇われ，1945年にENIACの最初のオペレータの一人となるまでは，微分解析器を操作していた。1948年にジョン・モークリーと結婚。

メトロポリス，ニコラス・コンスタンティン
マンハッタン計画に長く関わる物理学者で，第二次世界大戦後も，シカゴ大学に所属しながらも引き続きロスアラモスの計算手法の開発に積極的であった。1948年にロスアラモスに戻り，最初の電子計算機の開発を主導した。1948年，計算機による最初のモンテカルロシミュレーションを実行する直前に，ENIACのプログラミングモードを再構成した。

モークリー，ジョン・W
物理学者でENIACプロジェクトを推進したムーアスクール職員。ENIACの特許に名を連ねる二人の発明者の一人。1945年にムーアスクールを去り，共同で最初の計算機会社を創設した。

リヒターマン，ラス
計算手として弾道研究所に雇われ，1945年にENIACの最初のオペレータの一人となった。結婚して，ラス・テイテルバウムになった。

レーマー，デリック・ヘンリー

とくに素数に関心を持つ数学者。第二次世界大戦中の一時期を弾道研究所で過ごし，ENIACの適用計画に責任を持つ計算技術委員会の一員であった。

利用した記録資料書庫

　主に，1970年代に結審したENIAC訴訟に関する研究のおかげで，ENIACについての文書が下記に列挙する複数の組織や個人所蔵として数多く保管されている。可能な限り，詳細な文書の原本を保有している所蔵を参照するようにした。

AWB-IUPUI
インディアナ大学−パデュー大学インディアナポリス校アメリカ思想研究所が所蔵するアーサー・W・バークスの論文。これらの論文はファイル用引き出しに保管されているが，フォルダに番号がないため，正確な位置を示すことができない。資料目録：http://liberalarts.iupui.edu/iat/uploads/docs/Arthur_Burks-Finding_Aid-Jan2012.pdf

AWB-NCSU
ラレイフにあるノースカロライナ州立大学が所蔵するA・ワイン・ブルック著作集（1948〜1986）。本書でのそれぞれの引用には，ボックス番号と通番を付記した。資料目録：http://www.lib.ncsu.edu/findingaids/mc00268

ENIAC-NARA
フィラデルフィアにある国立公文書館が所蔵するENIAC（Electronic Numerical Integrator and Computer）開発と利用（1943〜1947）に関する記録。それぞれの引用には，ボックス番号とフォルダ番号を付記した。資料目録：http://research.archives.gov/description/636248

ETE-UP
フィラデルフィアにあるペンシルベニア大学書庫・記録センターが所蔵するENIAC裁判証拠物件（1864〜1973）原本集。資料目録：http://www.archives.

upenn.edu/faids/upd/eniactrial/eniac.html
題名と著者名から資料を探すための検索データベースを利用できる。これは，ペンシルベニア大学，チャールズ・バベッジ研究所，ハグリー博物館・図書館が所蔵する裁判資料の写真複写をマイクロフィルムとして集めたものである。このマイクロフィルムは，これらの組織でも閲覧できる。紙媒体に複写されたものはペンシルベニア大学が保管しており，これは ETE-UP ではなく ETR-UP として参照する。

ETR-UP
フィラデルフィアにあるペンシルベニア大学書庫・記録センターが所蔵する ENIAC 特許裁判（1864～1973）記録集。資料目録：http://www.archives.upenn.edu/faids/upd/eniactrial/upd8_10.html

GRS-DC
ニューハンプシャー州ハノーヴァーのダートマス大学が所蔵するジョージ・R・スティビッツの 1937～1979 年の論文。それぞれの引用には，ボックス番号とフォルダ名を付記した。資料目録：http://ead.dartmouth.edu/html/ml27_fullguide.html

HHG-APS
フィラデルフィアにある米国哲学会が所蔵するハーマン・ヘイン・ゴールドスタインの論文。それぞれの引用には，通番とボックス番号を付記した。オンラインで利用可能な資料目録はないが，米国哲学会の資料保管担当者から未発表の資料目録草稿を入手できる。

HHG-HC
マサチューセッツ州アマーストにあるハンプシャー大学が所蔵するハーマン・H・ゴールドスタイン著作集（1941～1971）書庫。それぞれの引用には，ボックス番号を付記した。資料目録：http://asteria.fivecolleges.edu/findaids/hampshire/mah1.html

JGC-MIT
ケンブリッジにある MIT 書庫が所蔵するジュール・G・チャーニーの論文（MC.0184）。それぞれの引用には，ボックス番号とフォルダ番号を付記した。資料目録：http://libraries.mit.edu/archives/research/collections/

collections-mc/mc184.html

JvN-LOC

ワシントンにある米国議会図書館手稿部門が所蔵するジョン・フォン・ノイマンの論文。それぞれの引用には，ボックス番号とフォルダ番号を付記した。資料目録：http://lccn.loc.gov/mm82044180

JWM-UP

フィラデルフィアにあるペンシルベニア大学特別所蔵品・稀覯書・手稿キスラックセンターが所蔵するジョン・W・モークリーの論文。本書執筆時点では，整理中。

KvN-MvNW

マリーナ・フォン・ノイマン・ホイットマンの個人所蔵として保管されているクララ・フォン・ノイマンに関する論文。原本を見ることはなかったが，ホイットマンが複写した抜粋やジョージ・ダイソンが送付してくれたスキャン画像で調査を行った。原本は，その後，マサチューセッツ州ケンブリッジにあるハーバード大学ラドクリフ高等研究所シュレジンジャー図書館に，マリーナ・フォン・ノイマン・ホイットマンの1946〜2013年の論文の一部として寄贈された。

MSOBM-UP

フィラデルフィアにあるペンシルベニア大学書庫・記録センターが所蔵するムーアスクール電気工学科営業部長室記録（1931〜1948）（UPD 8.3）。それぞれの引用には，ボックス番号と通番を付記した。資料目録：http://www.archives.upenn.edu/faids/upd/upd8_3invtry.pdf

MSOD-UP

フィラデルフィアにあるペンシルベニア大学書庫・記録センターが所蔵するムーアスクール電気工学科学科長室記録（1931〜1948）（UPD 8.4）。それぞれの引用には，ボックス番号とフォルダ名を付記した。資料目録：http://www.archives.upenn.edu/faids/upd/upd8_4invtry.pdf

SMU-APS

フィラデルフィアの米国哲学会が所蔵するスタニスワフ・M・ウラムの論文。それぞれの引用には，通番とフォルダ名を付記した。資料目録：http:

//www.amphilsoc.org/mole/view?docId=ead/Mss.Ms.Coll.54-ead.xml

UV-HML
デラウェア州ウィルミントンにあるハグリー博物館・図書館が所蔵するスペリー・ランド社UNIVAC部門記録（受け入れ資料1825.I）。それぞれの引用には，ボックス番号とフォルダ名を付記した。資料目録：`http://findingaids.hagley.org/xtf/view?docId=ead/1825_I.xml`

はじめに

　1946年10月，ダグラス・ハートリーはケンブリッジ大学の数理物理学のプラマー教授職に就いた。彼の就任講義は，翌年にその後の「計算機械」の発展に影響を及ぼす小冊子として刊行された[1]。就任講義の数か月前，ハートリーはペンシルベニア大学を訪れて，そこで新たに作られていたENIAC（Electronic Numerical Integrator and Computer）を使う貴重な機会に恵まれた。ENIACは，J・プレスパー・エッカートJr.とジョン・W・モークリーの主導のもとで1943年の構想から1945年の完成まで，突貫工事で行われた戦時中の緊急プロジェクトである。ハートリーの講義は，この驚異の電子機器が示す科学の可能性を主題としていた。その「演算速度」は「この世に存在するいかなるものよりも1,000倍も速く」，それゆえ「1千万回の掛け算も9時間ほどで行う」というものだった。ハートリーは，それを「1千万回の掛け算で極めてたくさんのことができる」とそっけなく表現している。

　本書は，数学者，科学者，技術者，そして陸軍の行政官から構成される少人数のグループが，いかにして，そしてなぜ，この類まれな機械を提案，承認，設計するに至ったかについて書かれた本である。また，ENIACを組み上げ，プログラムし，操作した女性や男性についても，また，科学者が見つけたこの1千万回の掛け算の使い方についても書かれている。何百万回の（そしてついには何十億回，何兆回もの）一連の算術演算および論理演算を自動的に実行することは，20世紀後半における科学の実践規範の姿を変えた。何千個もの信頼性の低い真空管を内蔵した機械であっても，役立つ仕事をするのに十分なほど長時間止まらずに動くようにうまく取り扱うことができるということを，ENIACは実証した。

　ENIACは，稼働していた約10年の間に，単にそれに続いた相次ぐ計算機の

構築者たちを鼓舞しただけでなく，はるかに多くのことをした。1950年までは，ENIACは米国で稼働していた唯一の完全な電子計算機であり，多くの政府および企業の利用者にとって，非常に魅力的な機械であった。これらの組織では，それまでは実行不可能な量の計算を必要とする数学の問題を抱えていたからである。1955年10月にENIACが現役を引退するまでに，多数の人々がENIACをプログラムし操作する方法を学んだ。そして，彼らの多くは計算技術分野において名だたる経歴を積み重ねた。ENIACは，設計の範囲内であれば，当面する問題の必要に応じて，基本的な演算をどのような順序にでも組み合わせてプログラムすることができた。たとえば砲弾の着弾地点までの軌道の計算などのように，それまでに得られた結果に基づいて次に実行することを選べた。ENIAC以前の計算装置には，この時点で人間が介入する必要のあるものか，特定の種類の問題に限定されたものしかなかった。この新しい機能によって，ENIACは大幅な柔軟性を備えることになった。とりわけ，ENIACは，正弦関数や余弦関数の表を計算し，統計的な異常値を検出し，水爆の爆発をシミュレーションし，爆弾や砲弾の軌道を描き，素数を探し，世界初の数値計算による気候シミュレーションを行い，超音速飛行機の空気の流れをモデル化し，押収したドイツのV-2ロケットの発射実験によるデータを分析した。

　本書はENIACに特化した初めての学術書であり，科学機器としてのENIACの利用に関して，初めて包括的に調査したものである。しかし，かつてENIACが謎に包まれた機械であったことはない。誕生したときには広く一般に報道され，のちに注目を集める一連の訴訟の焦点になり，標準的な計算技術史と顕著に関わり合う。ENIACは，今でもしばしば記事にされることがあり，数々の大きな博物館で展示されている。それにもかかわらず，今までになされてきた説明は，ENIACの物語の多くの側面を無視してきた。そしてこの機械は，「世界初の計算機」という称号の候補か，現代の計算機の発展に向かう単なる一段階という，二つの型どおりな役割のどちらかを割り当てられがちである。近年に至って，ENIACに関する議論は，別の「最初」の場として，すなわち，最初の計算機プログラマの仕事場として，ENIACに焦点を当ててなされている。三つの物語は，いずれもほぼ全体にENIACの初期開発や実験的利用における逸話に焦点を当てている。それは，この局面において計算機の設計変更やプロ

グラミングの実践規範での転換点が訪れたと決めてかかっているからである。長い期間にわたり変化していった物理的な機械，活気のある仕事場，あるいは科学機器として，ENIAC を書いたものはほとんどない。

　ある題材に焦点を当てた本は，しばしば，それが世界の歴史における変曲点であると示すことで，その主題の重要性を発信する。これまでに，何十冊もの本が，アイデアや魚や犬や地図や調味料または機械を，表題で「世界を変えた」として大げさに宣伝して，目立たない主題に多くの読者を引き付けようとしてきた。最近，ジョージ・ダイソンは，ENIAC の数年後にジョン・フォン・ノイマンがプリンストン高等研究所（IAS）で組み上げた計算機について，「デジタル世界」の原点となる「点光源」だと述べた。ENIAC に対しても，同様の主張が少なくとも同程度の説得力をもってなされてもよいだろう。ENIAC は，タラ，塩，アイルランド人のように，現代世界の構築に必要不可欠であったのか？　その創造者は，エイダ・ラブレースやレオナルド・ダ・ビンチやアラン・チューリングがそうだったと言われるように，時代を驚くほど見越していたのか？　ENIAC は，生粋の上流階級による眠気を誘う教えに抗う，孤高の天才の仕事だったのか？

　目立たない専門書を書くという贅沢の一つは，このように歴史を必要以上に単純化するコンセプトを採用しなくてもよいということである。*ENIAC in Action* という表題がほのめかすように，この本は，ENIAC のさまざまな使われ方に焦点を当てている。これは，科学論の重要な成果であるブルーノ・ラトゥールの *Science in Action*[2]（邦題：『科学が作られているとき——人類学的考察』）にならって付けたものである。私たちも，ラトゥールと同じように，ENIAC やその構成部品などの人工物が人間と連動しながらどのように動作したのかに関心がある。本書は全体を通して，この広い意味で「動き」というコンセプトに基づいている。このことは，計算を実行するために ENIAC を物理的にどう使ったかだけではなく，プロジェクト開始時の要員確保のために初期の ENIAC の構想がどう使われたか，そして，計算機の世界への女性の参加を促すために ENIAC をどう取り上げたかにも当てはまる。この豊かな歴史を，ENIAC のある特定の機能が「世界を変えた」と一言で論じてしまうのは，多くのことを切り捨ててしまっている。そうではなく，本書は，古い技術や実践規

範をその後の技術や実践に結び付けるさまざまな歴史の連鎖の中に，ENIAC を位置付けようと試みる。また，計算機設計の領域だけでなく，プログラミングの実践規範，骨の折れる計算，科学に関する実践規範という領域での結びつきも実証する。

　本書は，発明から始まり，製造，利用，そして老朽化に伴う変更について，全体的に年代順ではあるが，多くの異なる視点から ENIAC の物語を語る。それぞれの視点は，ENIAC とは何であったのか，あるいは何であるのか，そして，なぜそれが重要であるかについて，別の見方を提供する。この章の残りの部分では，本書のアプローチがこれまでの記述とどのように違うかを示し，ENIAC に関するこの研究を歴史学のいくつかの際立った伝統的見解の中に位置付けながら，先のような視点をいくつか紹介していく。

§戦争の機械としての ENIAC

　レーダーや原子爆弾と同様，電子計算機は第二次世界大戦のために，大戦中に開発された。この期間は，急速な技術革新が指数関数的に進んだ。たとえば，1939 年に飛んでいたほとんどすべての軍用航空機は，終戦時には時代遅れとなった。零戦は初期の戦闘では優勢だったが，戦争末期には神風特別攻撃隊にしか適さなかった。対潜水艦の戦闘の進歩によって，無敵のドイツ U ボート艦隊は跡形もなく葬り去られた。通信および暗号技術の進展は，目を見張るばかりである。各国とも，一変した。工業生産は急速に民生品から軍需品へと移行し，戦時中の混乱によって入手できなくなったものの代わりに，新しい品物や食材が持ち込まれた。そして，記録的な速さで政府の官僚制度が確立され配備された。船舶と航空機は，これまでにかつてなかった規模で大量生産された。研究室の技術は，数か月で戦場に持ち込まれた。至るところで，人々は普段よりも必死に働き，睡眠時間を削り，遅延なしに仕事をする方法を模索した。こういったことすべてから，若者や野心家の型にはまらない発想が評価される機会が生じた。そして，2 発の爆弾がこれまでに例を見ない強力な破壊力

によって二つの都市を破壊し，大戦は終結した．

　戦時中の技術の飛躍的進展の多くは突然に見えるけれど，何年も前に提案されていて大恐慌の時期には放置されてしまったアイデアを実現するために，資金と情熱が向けられたことから生じた．たとえば，ジェットエンジンは1930年に特許が取られていたが，1944年になって初めて戦闘機に組み込まれた．ロケット技術は熱心なロケット愛好家が1920年代から売り込んでいたが，大戦によって初めてその技術の実用化に必要な資金と労働力がドイツのロケットメーカーに提供された．原子爆弾は，近年の理論物理学および実験物理学の進展によるものだが，専用の工業都市で働く何千人もの労働力があってこそ作ることができた．このような献身的な努力は，平時にはほとんどあり得なかったことである．

　ENIAC は，大戦後に生じた「巨大科学」の基準で見れば，小さなプロジェクトであった．大戦中に政府が始めた最大の科学プロジェクトと比べても小さかった[3]．マンハッタン計画だけでも 4,000 倍の費用が投入された．軍事的な優位性を追求し，何千人もの科学者，政府，多額の資金を結集するための鍵となる組織として，歴史家はバニーバー・ブッシュを長とする戦時中の OSRD（科学研究開発局）に着目してきた．MIT（マサチューセッツ工科大学）だけでも戦時中に研究資金として 1 億 1700 万ドルを得ていた．本書では，ENIAC を支持，反対，あるいは方向付けした，OSRD などの注目を集めた機関の役割について多くを語ることはしない．これらの結び付きについては，他の歴史家がきちんと立証しており，それらの説明に追加することはあまりない[4]．ENIAC の建造は，人間の計算能力を補って射表を作るという戦時中の明確な要求によって正当化され，連邦政府が陸軍に分配した巨額の資金によって可能となった．それにもかかわらず，本書では，この建造を，根本的にボトムアップに始めた構想であり，ペンシルベニア大学ムーアスクール電気工学科の教職員が弾道研究所の経営層や軍需品部にいる研究所の後援者と手を組んで，互いに利益のあるプロジェクトを立ち上げるためのローカルなものだと捉えている[5]．

　もし ENIAC が存在しなかったとしたら，歴史は計算機技術の発展に向かうほかの道を進んでいたであろう．したがって，本書では，戦時中に突如出現することになった機械という特有の文脈によって形作られた ENIAC の設計と利

用の側面にとくに関心を寄せる。ENIACは，現代の計算機に至る考えうるいくつもの道の一つにある一里塚であり，ほかならぬその道は，平時には決して選択されなかったであろう道なのである。ENIACを作り込む作業，より速く作り上げるためになされた設計上の妥協，ENIACが構築された規模，ENIACが設置され操作されたやり方に至るまで，どの側面についても，ENIACは戦争の影響を受けている。戦争がなければ，このような長所と短所を併せ持つ機械を誰も作りはしなかっただろう。

　私たちの物語は，20世紀の戦争中に起こった科学の実践規範の変化に関することのほうが，このような連邦政府における科学官僚組織の発展よりも語るべきことが多い。ENIACは，数表を作るといった面倒な作業の軽減を意図した，チャールズ・バベッジにまで遡る伝統的な装置に属している。ENIACの場合，それは迫撃砲の射表であり，それを作るための計算の手間が大幅に増えた第一次世界大戦の戦略的進展の影響によるものである。これらの数表は，第二次世界大戦後も必要とされていた。私たちは，ENIACが稼働していた期間の少なくとも1/5は，砲弾の軌道を計算するのに使われたと見ている[6]。

　しかし，軍事科学と技術の進展に対するENIACのさらに重要な貢献は，冷戦時の仕事に関するものだった。その仕事は，手作業で挑んだら法外に費用がかかったと思われる。ENIACは，原子爆弾や水素爆弾の爆発，超音速における気流，核反応の設計をシミュレーションした。ジョン・フォン・ノイマンのかなりの援助もあり，冷戦の初期に最先端の研究開発を行う新興の軍産学複合体において，ENIACはデジタル計算機を確固たるものとしたのである。数年後にIBMは最初の商用計算機であるModel 701を「国防計算器」として発売し，それを国防関連組織にほぼ独占的に売った。計算機が最も重要な業務を行う拠点に先に納入されることを確実にするために，米国政府はIBMの納品の順番まで調整した[7]。

　ENIACは，根本的に新しいモデリングの手法であるアルゴリズム駆動型シミュレーションのテストベッドとして，とくに重要であった。ロスアラモスのために1948年から1950年にかけて行われたモンテカルロシミュレーションは，計算機プログラミングの歴史だけでなく，科学に関する実践規範の歴史においても画期的であった。計算機シミュレーションの発展におけるENIACの

役割は物理学史家ピーター・ギャリソンによって有名になったが，本書の第8章と第9章では，そのシミュレーションがどんなものであったのかを初めて正確かつ詳細な調査によって明確にし，アン・フィッツパトリックの学位論文を用いてそれらが核兵器プログラムの進歩にどのように貢献したかを示す[8]。

§「最初の計算機」としてのENIAC

　誰かと新しく知り合いになった人は，相手が計算技術史家だとわかると，「最初の計算機は何でしたか」と質問することがよくある。ENIACに配慮がされている場合には，通常，「最初」の前に何らかの範疇を付けて表現される。これが，たとえばウィキペディアのtalkセクション，初期の計算機に関する本に対してAmazonに投稿された書評，オンラインニュース記事のコメント欄などの世間の議論を賑わせ続けている「最初の計算機」に対するENIACの立ち位置である。対抗するさまざまな主張への支持の間での確執が再燃したように思われるが，歴史家はなんとか議論をより生産的な方向に向けようとしている[9]。
　いくつかの歴史的な出来事は，史上初を示すことで伝えられている。当事者や見物人は，その出来事を，ゴールに到達する順番が競技者の命運を決する，定められた目標に突進する短距離走と解釈している。人類を北極，エベレストの山頂，月面にまで向かわせた有名な「競争」や，超音速での移動も，この範疇に含まれる。どちらが先かという問題は，特許法においても非常に重要である。そして，実際，ENIACの特許を巡る訴訟は，歴史上のその地位に関する議論に多大な影響を与えた。1940年代の計算機プロジェクトでさえ振り返ってみて初めて，きちんと定義されたゴールへと向かう競争だと認識された。したがって，どちらが先かということよりもどんな影響があり何を残したかによって，さらに歴史は明らかになる。たとえば，本書では，1948年に現代的コードパラダイムで書かれたプログラムを実行する最初の計算機になるようENIACが再構成されたことを示すが，その時点では関わった人は誰もそれがとくに重要だとは考えていなかったらしいことがわかったし，他の計算機プロジェクト

への明確な直接的影響もなかったこともわかった。

ENIACは何十年もの間，一般には最初のデジタル電子計算機であったと信じられていたが，そうではなかった。プログラム可能な計算機の基本的なアイデアは，一般に1世紀ほど前のチャールズ・バベッジにまで遡る。バベッジは，何年もの間，手回しの「解析エンジン」の設計について研究していたが，それを作ることはなかった。ドイツでは，コンラート・ツーゼが1930年代に家族の住まいに自動機械式計算器を組み上げ，第二次世界大戦中にはリレー技術に基づいたさまざまな後継機を作るための援助を政府から得ていた。数値を保持し操作するために電子装置を利用することさえ，それまでに前例はなかった。1937年から1942年までの間，物理学者ジョン・アタナソフは，連立線形方程式系を解くことができるであろう電子計算機を組み上げようとしていた。それが動くことはなかったが，うまくいかなかったのは，その電子回路というよりも（中間結果を紙に書き出す）外部記憶システムによるものであった[10]。

このようなきちんと文書に記録された一連の実験的機械のあとには，それぞれの用途向けに設計された専用デジタル装置が待ち受けていた。加算器，計算器，そして現金レジは，互いにかみ合わさった歯車を用いて，数をデジタルで表現していた。パンチカード装置は，小さな長方形のカードに空けた穴の並びによってデータを格納し，1930年代までに数だけでなく文字も表現できるようになった。パンチカードを整列したり穿孔したりするといった特定用途専用の機械は，スイッチの位置や配線盤の配線によって構成された。

しかしながら，完全に動作する最初のデジタル電子計算機は，コロッサスと呼ばれる英国の機械（というよりは，むしろ機械の系列）であった。ENIACと同様，コロッサスは特定の問題の解決を意図したもので，切迫した戦争がその方向性に大きな影響を与えた。コロッサスは，ロンドンの郵便研究機関で開発され，英国南部の広大な私有地に極秘裏のうちに配備された。そこは，ドイツ軍が通信秘匿に使っていた暗号に対する科学的な攻撃部隊を収容するように作り変えられていた。この秘密は何にもまして優先された。なぜなら，ドイツ軍がその通信内容は安全でないと疑い始めれば，暗号は簡単に変更されてしまうからである。こうして，戦時中はコロッサスの存在そのものが最高機密であった（そして，情報機関の中に浸透している，その後何十年にも及ぶ秘密への対

応には頭が下がる）。コロッサスの創作者らは，彼らの歴史的偉業を公にできなかった。このプロジェクトの機械，その設計図，そしてその他の記録は，戦後に組織的に破棄された。

　アタナソフの計算機と同じく，コロッサスの機械も，暗号解読のためのさまざまな処理の実行順序を変更できたので「プログラム可能」と広く認識されてはいるが，一般には単一用途向けの専用機械に分類される[11]。コロッサスは秘密で覆われていたために，ENIACのプロジェクトへの影響はない。英国においてさえ，コロッサスに深く携わった者たちは，そのアイデアの源泉を説明できず，特定の技術に対する確信を正当化できなかったため，その後の開発への影響は間接的で小さいと評価されていた。コロッサスの設計責任者であるトミー・フラワーズは，彼の生涯の最後の最後まで正しい評価をほとんど受けなかった。コロッサスが英国の国家遺産の一部に含まれたあとでさえ，多くの人はそれをアラン・チューリングが作ったものだと思っていた。

　研究者は，コロッサスや他の初期の計算機の製作者間の途絶えることのない確執を，「最初の」と「計算機」の間にそれぞれの先駆者独自の貢献を反映した一連の適切な形容詞を挿入することで対処した。初期の計算機に特化した会議の開催にあたって，歴史家マイケル・ウィリアムズは出席者らにこう語った。「『最初』という語を使わなくても，現代の計算機を創造したという栄誉は初期の先駆者全員を満足させるに十分である。先駆者の多くは，もはやそんなことを気にする立場にいない」[12]。同じ講演の中で，ウィリアムズはこうも述べている。「その計算機を記述するのに十分な形容詞を付けるのであれば，いつでもあなたは好みの計算機をその名前で呼ぶことができる。たとえば，ENIACはしばしば「最初の大型汎用デジタル電子計算機」と言われるから，正しく主張するためには，常にこれらの形容詞をすべて付けなければならない」[13]。私たちもこの意見に賛成する。そして，ENIAC（あるいは，その対抗馬の一つ）を形容詞の付かない「最初の計算機」に選んでこれらの言い争いを長引かせることには興味がない。そうではなく，ENIACに関して何が新しく，何が新しくなかったのかをはっきりさせることに関心がある。しかしながら，それは，ENIACに関して歴史的に重要であったことの完全な記述として，これらの形容詞によって引かれた区別を受け入れるという意味ではない。このような形容

詞は，実際の歴史的遺産やそれぞれの機械が初期の他の計算機プロジェクトに与えた影響を理解するためではなく，肩書き入りのリボンの胸章と同じように，さまざまな機械を識別するのに役立つ．

§必須通過点としてのENIAC

ENIACが最初の大型汎用デジタル電子計算機であるという合意形成においては，主に「最初のプログラム内蔵型計算機」への一里塚であることが重要と考えられた．近年，ジョージ・ダイソンは，著書『チューリングの大聖堂』でこの道筋の遍歴を「創造の神話」と説明している．しかし，もう少し実務的な表現をすれば，一般的な学術的説明の持つ基本構造でもある[14]．たとえば，マーティン・キャンベル＝ケリーとウィリアム・アスプレイの著書 *Computer* の語り口では，第二次大戦以前の技術的な実践規範のさまざまな領域と戦後世界の電子計算技術を結ぶ狭い地峡として，砂時計の形状を用いてENIACが語られる．これは，本書に図I.1として再録した図にも反映されている．この影響力の大きい図は，アーサー・バークスとアリス・バークスによるENIACに関する古典的論文で作成されたものである．デジタル電子計算機の基本技術はアタナソフが考えたものだという主張も，現代の計算技術の物語に対するENIACの重要性を補強することになる．

それまでの技術は，それを取り込んで発展したENIACに対する貢献として表現されている．そして，ENIACはその後の世代の計算機ハードウェアへと繋がる．このことが，ENIACを，科学知識の社会学を専門とする研究者が歴史叙述において「必須通過点」と呼ぶものにしていて，スミソニアン博物館での長期にわたる「情報化時代」の展示でも文字どおり必須の通過点になっている[15]．この最初の展示ホールには，計算，通信そして事務作業におけるさまざまな技術が展示されている．見学者が先に進むと，周りの壁が狭まり，一つの部屋の狭い入口に導かれる．その小部屋の中には，見学者がやっと通り抜けられる空間だけを残して，ENIACと数体のマネキン人形が展示されている．そ

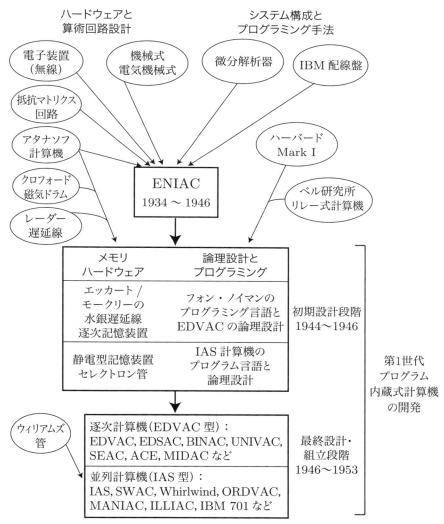

図 I.1 アーサー・バークスとアリス・バークスは，ENIAC を現代的な計算機の発展における必須通過点と見なした。(彼らの論文 "The ENIAC: First General-Purpose Electronic Computer" (*Annals of the History of Computing* 3, no. 4, 1981: 310–389; ©1981 IEEE) から *Annals of the History of Computing* の許可を得て転載)

ばにあるモニタは，ENIACの製作者がその役割を語る映像を繰り返し流している。見学者がENIACを通り過ぎて現代のデジタル計算の世界へと進むと，再び歴史は開けてくる。この展示では，まさしくENIACを，現代の計算技術を生み出した機械として表現している。

このような語り口では，ENIACは新約聖書におけるバプテスマのヨハネと同じ役割を果たしている。つまり，主に中心人物の到来を告げるという役割を果たしたことで記憶に留められている重要な脇役である。新約聖書においては，中心はもちろんイエスである。計算技術史において，それは伝統的に「プログラム内蔵型計算機」や「現代の計算機」，より明確に言い換えると，ジョン・フォン・ノイマンが『EDVACに関する報告書の第一草稿』(1945) で最初に文書化され，1940年代後半の電子計算機プロジェクトにおいてほぼ例外なく採用された計算機設計のアプローチのことである。EDVACはENIACの後継機として計画されたので，この第一草稿に記述されているアイデアは，ENIACの製作者との共同作業によって開発されたものであった。

本書の第6章で示すように，電子装置によって何をなしうるかを示す形ある実証として，また，計算を自動的に制御するためのより単純でより効率的な方法を見つけるための挑戦として，ENIACは計算機設計の新しいアプローチに深い影響を与えた。バプテスマのヨハネの首は，皿に乗せられて乱暴に持ち去られた。ENIACは，ムーアスクールでの実験的利用のために電源が入れられたすぐあとで，ほとんどの物語から姿を消している。

§物質的人工物としてのENIAC

ENIACがどの程度その後の計算機を予見していたか，あるいは影響を与えたかという観点から，ENIACについての多くの議論が続けられた。全体的なことに限れば，計算技術史の目的は，現代的な計算機技術の出現を説明することであり，それはまったく自然なことである。実際，ENIACは，手回し計算機械に始まって現代のスーパーコンピュータに繋がる技術革新の因果連鎖にお

いて，欠くことのできない絆である。それにもかかわらず，ENIACをデジタル世界への道のりの足掛かりとしてだけ記憶に留めることは，たとえその重要性を称えたとしても，単なる節目に矮小化してしまっている。世界を変える重要性という象徴的な役割を与えることで，実際の機械も科学的装備を豊かに産み出した部品としての経歴も消え失せてしまう。

　本書の方針の一つは，科学論における主題として「物質性」への関心が近年復興していることに即し，記録に残された豊富な証跡を使って，物理的人工物としてのENIACにもう一度向かい合うことである[16]。歴史家らは，ENIACにおける真空管の先駆的利用については書いているが，戦時中にそれ以外の構成要素（高精度抵抗，特注の電源，そして鉄製筐体）を作ったり組み上げたりするときに創作者が直面した困難な課題については書いていない。第3章では，真空管以外のこういった構成要素の問題点によって，1944年から1945年にかけてたびたび延期された計算機の完成日が最大の関心事となったことを示す。

　物理的なモノではなく，アイデアとしてのENIACに焦点を当てると，歴史家らは機械を作り上げた何十人もの「配線工」よりも，それを設計した技術者に自然と関心を寄せてきた。本書では，「配線工」は，ほぼ全員が女性であり，最初の計算機プログラマとして今日称賛されているENIACの女性オペレータとは違って，後世の人々の記憶に残ることはなかったことを示す。ブルーカラーの仕事は女性のロールモデルの起源としてはあまり役立たなかったが，忘れ去られた女性たちのこの苦労なしには，ENIACは存在しなかったであろう。

　本書では，倒壊しそうな建物が原因で生じた浸水や，機械の冷却安全システムの不具合による出火を記述することで，ENIACが製造されたムーアスクールのどちらかというとお粗末な環境を再現する。また，その永住の地をメリーランド州アバディーンにある弾道研究所に移すときに生じた問題点を順を追って示す。ENIAC用の新しい部屋は弾道研究所に作られた。その部屋は，空調や吊り天井が備わっていてENIACを保護し，ひときわ近代的であることを示すものであった。

　ENIACは，壮観な科学の現場であった[17]。ENIACがまだ製造中であった時期から，企業や研究グループから多くの派遣団が機械の中を見にやってきた。ENIACが完成してアバディーン性能試験場に設置されると，それが動いてい

るところを見たいと熱望する軍からの訪問者の集団によって，作業はたびたび中断された。

　これまでの歴史では完全には伝えられてこなかったが，ENIAC は度重なる挫折の現場でもあった。第 5 章では，アバディーンに到着してから 1 年以上の間は，ENIAC がきちんと動いていたのは時折でしかなかったことを示す。1948 年前半の 4 週間は，不具合，断続的エラー，人為的エラーの連続であり，中断なしに作業を遂行できたのは延べ一日ほどしかなかった。このことは，これまでは計算技術史家たちに無視されていた職種である保守作業の重要性を際立たせている。その後の数年間は，機械の運用保守チームの努力のおかげで，ついには ENIAC は多くの時間を有用な仕事の実行に費やせるようになった。第 10 章では，その運用期間中にわたって機械に施されたさまざまな修正を伴う変遷を調べる。

　また，別の意味では，ENIAC は 1945 年に最初に使われたのち，長らく「動いていた」と言える。ENIAC は，並外れて柔軟性のある技術の塊であった。そのハードウェアとプログラミングの性能は，利用者によってたびたび改修された。1948 年には，長期の計画ののち，製造中の新しい計算機で計画されていた手法にとてもよく似たプログラミング手法が使えるように，ENIAC は再構成された。第 7 章では，この過程について述べる。ENIAC は，現代的プログラムとはっきりわかるプログラムを実行した最初の計算機になったのである。当初 ENIAC は，何十もの大きく扱いにくい構成ユニット間を配線で相互接続し，ダイヤルを調整することで，特定の問題を解くように設計された計算機を構築するためのモジュール型の部品群だったのである。それが再構成されたあとは，多くの一般化された命令が実装され，配線と調整ダイヤルは廃棄されるときまでほとんど固定されたままであった。プログラムは，これらの命令を使ってコーディングされ，いくつかの読み取り専用の配電盤に格納された。これは，ENIAC が生み出した自動計算の新しいモデルに対応するための，まさに文字どおり ENIAC の作り直しであった。

§計算機プログラミングの原点としてのENIAC

　ENIACの最初の6人のオペレータは，1945年の中頃に雇用された。ウォルター・アイザックソンの『イノベーター：ハッカー，天才，変わり者の集団がいかにしてデジタル革命を創造したか』と題する本は，彼女たちが一般人の記憶の中にあることが，どれほどENIACを設計し組み立てた人々を目立たなくしているかを示してる。アイザックソンは，「ハードウェアを組み立てることが最も重要な仕事だと考える」「おもちゃを与えられた少年たち」について，はねつけるように記述している。それどころか，「最初の汎用計算機を作ったプログラマは，全員が女性だった」と書いている[18]。この首をかしげさせられる記述は，彼女らの仕事がENIACの他の物語を目立たなくさせている点と，ENIAC全体の物語の中で「ENIACのプログラミング」がどのような位置付けにあるかについての世の中一般の無理解とを如実に表している。

　ムーアスクールでENIACが問題解決に時間を費やしていた年には，この女性たちはENIACの成功に対して重要な役割を果たした。アバディーン時代にENIACを操作していた，彼女たちほど有名ではない後任の女性たちもそうだった。私たちは，彼女らの仕事の全貌を調査した。その仕事には，ENIACを物理的に再構成すること，カードをENIACや外付けのパンチカード処理機に通すこと，今ではプログラミングと考えられる計画立案へ参加することなども含まれる。もちろん，いまやオペレータというよりむしろプログラマとしてのみ彼女らが称賛されているという事実は，技術の世界ではブルーカラーと見なされる仕事を称賛するのを嫌がることを示している。ウェンディ・フイ・キョン・チャンは，次のように書いている。「こうした女性らを最初のプログラマとして認識することは，……オペレータ，コーダ，アナリストなどの……職層を蔑ろにしている」[19]。

　この初期の仕事を論じることは，ある言語的および概念的な課題を提示する。特定の問題を取り扱うのに必要な数学的演算を実行できるようにENIACを構成する作業を，計算機の「プログラミング」と呼ぶことが一般的になってきているが，当時このような作業は，その問題のためのENIACの「設定（セッ

トアップ)」と呼ばれるのが普通であった．本書でも，当時の言葉遣いを尊重し，これにならって「設定フォーム」に文書化された欠くことのできない機器構成を，プログラムではなく「設定」と呼ぶ．

　本書では，プログラミングの実践規範の発展に対する ENIAC の貢献に関して，いくつかのあまり知られていない側面にも光を当てる．たとえば，1947年には，最初のオペレータの一人であるジーン・バーティク（旧姓ベティ・ジーン・ジェニングズ）が率いるプログラミング請負のチームが作られた．これは，他の業務形態とは完全に分離されたプログラミングとして知られる最初の実例である．アデール・ゴールドスタインとともに，このチームは ENIAC を新しいプログラミングモードに移行するのに重要な貢献を果たした．このプログラミングモードによって，モンテカルロシミュレーションの複雑なプログラムを書くことができたのである．これは，実行された最初の現代的な計算機コードであり，（第8章では）驚くほど完全な記録資料により，その最初の数学的立案から何世代もの流れ図を経て完全なプログラムリストになるまでの展開を記述することができた．この過程においては，繰り返し，条件分岐，配列などの基本的なプログラミング技術の適用が求められた．また，数学的記述をプログラムに変換するためのきちんと開発された方法論も必要になった．

§技術解析の現場としての ENIAC

　専門的な教育を受けた歴史家が書いた過去20年間の多くの計算技術史と本書が異なる点の一つは，計算機アーキテクチャの発展，プログラミングの実践規範の変遷，そして数学に関する実践規範と計算性能が互いに形作られたことなど，計算技術史の技術的側面について体系的に取り組んでいることである．本書は，計算機設計，流れ図，そしてコードのかなり詳細な分析を通じて読者を案内する．これらの道程には，条件分岐の発展の分析（第2章），フォン・ノイマンの「EDVAC に関する報告書の第一草稿」の熟読およびそれと ENIAC の関係（第6章），計算機によるモンテカルロシミュレーションを実装するた

めに使われた設計プロセスとプログラミング技術に関する考察（第8章），そしてENIACと他の初期の計算機の性能比較（第11章）などが含まれる。さまざまな一次資料や注釈付きモンテカルロシミュレーションのコードなど，さらに詳しい技術資料が，本書を補完するウェブサイト www.EniacInAction.com にある。

　これは，歴史家が再び計算機技術の特質と計算機科学の関心事に広く向き合った結果の一部と考えられる。科学史は，科学論の出現に影響されて，一世代前は総じて社会的および文化的な分析に向かって進んでいた。それ以来，技術的知識のブラックボックスを開けて中を覗き込もうとする考え方は，激しく議論されてきた[20]。ドナルド・マッケンジーなど何人かの科学論の研究者は，高度な技術の最も無機質な詳細ですら社会の関心事と分離できないことを例示して，難解な技術的概念を十分に理解することの重要性を論じてきている。一方，ラングドン・ウィナーなどは，技術的詳細の探求を社会的および政治的関与からの乖離と見てきた[21]。

　科学技術史の中では比較的新しく，まだしっかりとした基盤ができていない分野である計算技術史において，学術的な専門家教育のプロセスは，組織や価値体系や職業に関する説明を支持する技術的詳細とおしなべて遊離していると指摘されてきた。他の主題における初期の歴史的成果と同じく，計算技術に関する初期の歴史的成果も，先駆者やその他の当事者によってなされたものである。彼らは，特定の計算機，先駆的組織，そして「最初の」という修飾語をうまい具合に割り当てることについての詳細な技術的説明を作り出す傾向にある。史学専攻や科学論専攻の卒業生としてこの分野に参入する人の多くは，このような説明を評価したり作り出したりする技術的背景を持たず，うまく発展した歴史の分野における確立されたモデルに自分の研究をなぞらえて，とにかく計算技術史の学術的地位と自身の将来的な雇用適性を向上させようと模索する。また，計算技術史のより学術的な方向への発展は，ほぼ技術史や技術的詳細から乖離することだと定義されてきた。この分野の最も著名な研究者の一人であるマーティン・キャンベル＝ケリーは，初期の機械のプログラミングに関する詳細な調査を博士論文にしている。しかし，のちに，これは若さゆえの無分別さのせいであり，今となってはきまりが悪いと告白し，経営史へと転じた[22]。

長い期間にわたり，計算機のコードやプログラミングの実践規範の詳細な調査は，こっそり楽しむ趣味としか見られず，学術的な計算技術史ではほとんど解明されていなかった。

　歴史的な時間枠を変更することに伴い，手法にも変更が見られるようになった。1990年から2000年あたりまでは，計算技術史を専門とする研究者は，ENIACを含めた1940年代の機械にはわずかな注意しか払わなかった。その年代の話は既にきちんと文書に記録されており，のちの時代には極めて重要となるいくつかの主題は見落とされた。2000年に発刊された編著『最初の計算機：歴史とアーキテクチャ』は，この時代に関する研究の新たな始まりではなく，終わりを表していると，しばらくは思われた。

　過去数年は，歴史家は1940年代の電子計算機に再び向き合い，彼らの研究に新たな問題と視点を持ち込み始めた。とくに，利用と実践規範の問題に対する関心が大きくなってきた。このことは，一つには数学史と数理哲学から観点を取り込んだことを反映している。その領域における数学的成果の内部的意義に対する技術的調査は，他の科学史の分野における調査に比べて以前から卓越している。リスベス・デ・モルとマールテン・ブリンクは，とくに活発にこの領域で活動しており，レーマーによるENIACの利用とハスケル・カリーによるENIACの計画的利用を調査した[23]。ENIACは，特定の種類の応用科学の研究における脇役として登場し始めたのである。中でも注目すべきは，1950年から1951年の最初の数値気象シミュレーションにおける利用であり，ポール・エドワーズとクリスティン・C・ハーパーの最近の2冊で，その詳細が取り上げられた[24]。一方，これらの話は，初期の核シミュレーションにおけるENIACの役割に関するピーター・ギャリソンの以前の考察と同様に，ENIACは初期の計算機から現代の計算機への進化に向かう一つの連鎖の構成要素であるという型通りの描写を転換させ，新しい種類の科学的実践を創造する道具であったという理解へと導く[25]。これは，既存の計算技術史研究の枠を越えた人文科学の発展，とくに「プラットフォームスタディーズ」「クリティカルコードスタディーズ」「ソフトウェアスタディーズ」といった分野を確立させようという試みと似ている[26]。財宝の存在が技術的な詳説の海に深く潜り込むことを正当化しているが，このような詳説の海から再浮上することが課題である。

本書は，ある部分では，技術的な詳説を科学論，労働史，制度史，記憶論，ジェンダー史の観点に影響された歴史へと再統合しようという試みである。これらの「社会的」な観点と，より「技術的」な分析との間に本質的な境界はないと考える。ENIACの設計者，構築者，管理者，オペレータ，プログラマ，そして利用者は，ENIACに関与している時点では全員が両方の領域で活動しており，彼らの話を語るときにはそれを尊重していく。

§歴史的記憶の論争の対象としてのENIAC

　ENIACの歴史は，それが廃棄された1955年に終わるのではない。ENIACは，数を処理しパンチカードに穴を開けていた時間よりもさらに長い間，遺産や寓話を生み出してきた。第12章では，文化的記憶研究の分野から見て，新しい計算機の優位性を測るのに便利な基準としての役割から，女性がプログラムした計算機としての近年の名声まで，そこに介在する数十年間の世間一般の認識におけるENIACの位置付けの変化を調べる。

　この第12章の主題は，物語で構成されるそれ以前の章と完全に分離することはできない。オペレータの教育，広報，設計者とジョン・フォン・ノイマンによる次世代の計算機を構想するための共同作業など，ENIACの歴史の多くの側面を再構成しようとする中で，私たちは重要な当事者による数十年後の矛盾した発言に頭を悩ませ続けてきた。ある程度は，このことを人の記憶の曖昧さや，人々が自身の行動を一貫した物語に縫い込んで後からつじつま合わせをするという心理作用に帰せるかもしれない。しかしながら，多くの食い違いは，長期にわたる不愉快な一連の訴訟に直結している。この訴訟は，エッカートとモークリーの1947年6月のENIACをデジタル計算機とした特許出願に起因している。彼らは，ENIACを組み立てるのに費やしたのよりも多くの時間を，ENIACについて論争することに費やした。最初にENIACの契約が結ばれてから3年も経たずに，彼らは起業家として成功しようとペンシルベニア大学を離れた。それとは対照的に，ENIACに関する作業の開始と1973年10月に特

許無効と決着するまでの間には30年の隔たりがある。

　1950年代以降，ENIACプロジェクトに参加した多くの人が繰り返し質問され，宣誓供述し，コンサルタントとして雇われ，あるいはさまざまな企業の代理人を努める弁護士に証言のために呼ばれた。彼らは，彼ら自身の仕事が初期の特定のプロジェクトに影響を与えた，あるいは与えなかったといった論点については，慎重に，そして言葉を選んで話すようになった。1970年代までに，ENIACに深く関わり異なる立場に立つ者の宣誓供述書の記述では，重要な出来事についてさえ大きく食い違っていた。また，こうした人々（その中にはアーサー・バークス，ハーマン・ゴールドスタイン，ジーン・バーティクもいた）は，ENIACとその歴史上の立ち位置について詳細に書き続けた[27]。彼らの説明は，ほかのどこにもないくらいの詳細と洞察を含んでいたが，のちの争いにおいて，本人の立場を大きく方向付けることにもなった。たとえば，ENIACの大部分を設計したアーサー・バークスは，のちに，特許使用料が得られるよう，自身を特許の共同発明者に加えようとした[28]。彼と妻アリスは，信頼性の高いENIACの技術史を執筆し，アタナソフの初期の計算機の性能と成り行きについても詳細に記述した[29]。彼らは几帳面な研究者であり，本書でもところどころで彼らの成果に含まれる技術的詳細を拠り所としている。また，本書では，初期の計算技術に関するアーサー・バークスの未完成の本から何か所も引用している。しかし，彼らの成果，とくにアリス・バークスの『誰が計算機を発明したか』は，訴訟における彼らの経験によって大きく方向付けされている[30]。このアリス・バークスの本は，モークリーの性格に対する批判や，敵と認識される者に対する非難の攻撃が満載で，もはやENIACプロジェクトへの参加者かその近親者にしか重要でない問題に固執している。

　本書のさまざまな箇所で，矛盾する主張にぶつかっては立ち止まり，時間の経過につれて話がいかに変化するかを調べ，可能なときには，記録に残された証跡を使って個々の話の信憑性を評価する。これらの事象は，歴史的記憶が作り上げられることの事例研究となった。これまでの多くの説明では，記憶に基づいて語られた話や口述による昔話を無批判に受け入れている。こうした蔓延する話を単に無視して注釈もなしに私たちの物語で置き換えるのではなく，これらに対峙することが重要だと私たちは考える。

歴史家やジャーナリストが口述された歴史や記憶に依存すること，とりわけ引用に適した多くの逸話を信頼することは，ENIAC の多くの側面についての通説的な理解をゆがんだものにしている。たとえば，ENIAC が 1946 年 2 月の一般公開に際し，砲弾の軌道計算を実演するように設定される過程については，多くのことが書かれている。その作業の功名については激しく議論されている。一方で，当事者や歴史家は，この作業のための仕事がたった数週間前か早くとも数か月前に始まり，最初のオペレータを雇う前には ENIAC のプログラミング手法はほとんど注目されていなかったことについて，同意する傾向がある。そのため，ここで問題にしている仕事は，プログラム可能な最初の計算機になされた最初のプログラミングという神話のような位置付けが与えられている[31]。こうしたことが，有用な仕事を実行するためにどう構成されたかという点について曖昧にしか理解されずに ENIAC は設計・構築されたという，誤解を長引かせている。

　本書では，記録資料原本に立ち返ることで，さらに複雑な構図が明らかになり，総じて問題のより広い文脈の中に ENIAC のプログラミングの進化を位置付けることができる。実際には，砲弾の軌道計算の計画は，構成の組み上げやタイミングチャートとともに 1943 年の秋に始まっていて，プロジェクトの非常に早い時期に行われたのである。これは，ENIAC の基本構成部品である累算器の詳細設計と並行して行われて，その詳細設計の方向付けに役立った。そして，ENIAC のその他の多くの部品に対する主要な設計作業が行われる前，すなわちオペレータが雇われるかなり前にほとんど完了していた。このようないくつかの領域における本書のゴールは，物議を醸している問題に答えを与えるというよりは，さらに優れたさまざまな問題を見つけることである。そのような問題は，私たちを ENIAC の素晴らしい歴史に対するさらに深い理解へと導く。

第1章 ENIACを思い描く

 多くの人々がENIACを現実のものとするために長年努力してきたが，その発明者と広く認められているのは，ジョン・プレスパー・エッカートJr.とジョン・ウィリアム・モークリーである。1947年の特許申請書に記入された二つの名前は，エッカートとモークリーであった。連邦判事が，最終的にその特許を無効としたときに，共同発明者と言えるほど全体設計に十分な貢献をしたとするその他の人たちの申し立てを退けたことは，この二人にも多少の満足感を与えることになった[1]。

§ ENIACの発明者

 電子式計算機を作るというアイデアは，二人のうち年上のモークリーの発案であった。そのとき30歳台半ばであったモークリーは，歴史家アツシ・アケラによれば，金銭的に不安定な中流階級の一人であり，父の研究者人生にならった数々の夢の大部分は破れていた。それは，大恐慌初期に分子物理学の博士号を取得し卒業した世代につきものの時機のまずさのせいだった。研究者としての技能を身につける機会を得るため，科学者に明るい希望を描きながらもモークリーが得た職は，フィラデルフィア近郊の教育を主体とした小規模なアーサイナス大学の物理学教師であった。彼の興味を引いたのは電子装置，とくに回路を使ってデジタル的に諸量を数え自動制御する技術であった。1940年までに，モークリーは電子的な機械による気象学的研究のための統計的手法の自動化を目指し，同じような考えを持つ何人かと接触するようになっていた。1941

年6月，ジョン・アタナソフの招きにより，エイメスにあるアイオワ州立大学でアタナソフと一緒に電子計算機を作ろうとしていたクリフォード・ベリーを訪ねた。アケラによれば，モークリーの進路は，夏休みのアルバイトをせず，ペンシルベニア大学での差し迫る戦争に備えて科学者たちを再教育するという特別プログラムに参加したことで「一変した」という[2]。

モークリーは，このプログラムでエッカートと出会った。電子装置に抜きん出た才能を持つ優秀な大学院生だったエッカートは，そこで教育助手を務めていたのだった。地元の裕福な家庭に育ったエッカートは，運転手付きで通学していると噂されていた[3]。学問を愛する彼は，研究に打ち込み，家族の営む不動産業からは距離を置いていた。

§電子装置と戦争

モークリーが通ったサマープログラムは，1923年に設立されたムーアスクール電気工学科が企画したもので，1941年時点では気鋭の学部創設者であるハロルド・ペンダーがまだ学部長を務めていた。電気工学はその頃までには，軍事，土木そして機械工学といった古くからある学科に連なり，専門的な職業としても研究分野としてもしっかりと確立された。1940年代頃のペンシルベニア大学は，由緒ある大学にもかかわらず，全体としては米国の大学の中で高い評価を得てはいなかった。工学には，どちらかと言えば一般家庭から実技を志向する学生が集まってきた。そのため，学問に対する意欲が高く，家柄が良い学生が集まるアイビーリーグの大学では，工学は主流から外れていた。ムーアスクールは確固たる評価を得てはいたが，たとえばMITの電気工学科と比べれば，少し規模が小さく，大規模研究や最新の科学的発見という観点からは見劣りした。

電子装置の知識がなぜ差し迫って必要とされたのか？ 1940年代までに，技術者は「電子工学」という新たな学問領域で，新しい電気の用途を考え始めていた。電気とは導体の中を流れる電子と定義できるため，この用語を少し説明

する必要がある。1880年代以来，電力は商業化に成功し，とくに何かを熱したり，モーターによって回転させたりするために使われてきた。

電子装置は無線工学の技術的な延長として始まった。無線では，電気は何かを熱したり回転させたりするためではなく，信号の増幅に使われた。二極管や三極管は，電子システムの基本的な部品であり，1920年代に真空管として実装されたものに始まる。真空管は白熱管から進化したもので，ガラス管の中で大気から遮蔽された繊細なフィラメントは，燃え尽きることなく電気を通すことができた。しかし，白熱管は，単に電流を可視光に転換させるだけであるのに対し，真空管は電流をさまざまな方法で操作した。二極管は一方向にのみ導電したが，三極管は三つの端子を持ち，増幅のための基本部品であった。これらをさらに専用の真空管と組み合わせることで，ラジオや電信電話，そしてテレビに不可欠な部品となった。電子装置の技能を持つ多くの技術者を育成したムーアスクールは，無線技術の発展に大いに寄与し，真空管と無線の生産拠点としてフィラデルフィアの町が発展する起点となった。

戦争の気配は，電子通信に新たな需要をもたらした。最も重要な新技術は，1930年代にイギリスが実用化したレーダーだった。レーダーは，地上用，そしてのちに移送可能な航空機用が開発され，遠く離れた航空機や，雲や暗闇で見えない航空機を見つけることができた。レーダーを実験的初期段階から実用化へと進める鍵となったのは，対象物を解明するために（従来からの無線の応用として）連続的な信号を送信する方法から，一連のパルスを送信する方法へと切り替えたことであった。つまり，対象物を，周波数の変化によって見つけるのではなく，パルスが反射して戻ってくるまでにかかった時間を計測することで検知するようになった。当時の言葉を使うと，信号の「周波数領域」に含まれる情報の分析から「時間領域」に含まれる情報の分析への変化と言える。のちのデジタル電子計算機の発展には，信頼性高くパルスを高速に生成する技術とそれらを電子回路で処理する技術が不可欠であった。

のちにエッカートは，「アナログ計算機での経験」は「デジタルENIACを作るためにあまり役に立たず」，それよりも「レーダーのスイッチングやタイミング回路の影響こそが重要であった」と記している[4]。エッカートが計算回路を初めて体験したのは，MITとムーアスクールとの共同研究であったレーダー

プロジェクトで，レーダーのパルス信号が跳ね返ってくる時間をデジタル的に計測しようとしたときであった[5]。亡くなる前にモークリーは，レーダーからENIACを思いついたという考えには「一片の真実」もなく，計算に対するデジタル的なアプローチは「多くは原子核・宇宙線研究所での『計数回路』に基づくものだ」と述べている[6]。モークリーは，科学計算にデジタル電子装置を応用した彼の原点について論じているのである（特許論争は，アタナソフのプロジェクトからいかなる影響も受けていないことを訴える強いきっかけになった）。しかしながら，戦争によるレーダーへの急激な関心の高まりは，ムーアスクールのような場所やJ・プレスパー・エッカートやホーマー・スペンスといった人たちにデジタルパルス処理に必要な技術や装置を広め，このような志を実現させる上で重要な役割を果たした。ホーマー・スペンスは，ENIACの信頼性を高めるために誰よりも努力し，その経歴のほとんどをENIACと過ごした知られざる英雄である[7]。

§ ENIACを思いつく

1941年9月，モークリーは学部長のハロルド・ペンダーに請われて，戦争関連のプロジェクト支援に向けて学部を再組織化するために，ムーアスクールで働き始めた[8]。電子計算技術のために働くという彼の長年の望みは，1943年4月に彼とエッカートが手がけたENIACへの提案書が承認されたときに叶えられた。この提案書は，ムーアスクールの環境，とくに近郊にあるメリーランドのアバディーン性能試験場にあった弾道研究所（BRL）との戦時中の共同研究に深く影響された。

アバディーン性能試験場は，歴史家のデビッド・アラン・グライアが「当時のマンハッタン計画」と呼んだ，第一次大戦中に設立された近代アメリカ軍の優れた展示場だった。ワシントンにほど近いチェサピーク湾に建てられた軍事施設であり軍需工場だった35,000エーカー（約140 km^2）のその施設は，住んでいた11,000人の住民を立ち退かせて建設された[9]。たびたび起きる砲弾爆発

や爆弾投下，小型ミサイルの試験点火などを除けば，そこはまことに牧歌的とも言える場所だった。そこでは，あらゆる種類の兵器を科学的に研究していたが，ENIAC の開発において最も重要視されたのは，射表作成に関する数学的研究であった。

射表

　拳銃やライフルは目標に向けて構える。1940 年代の熟練した狙撃手の最大有効射程（おそらく 1,000 ヤード（約 900 m）程度）を越えたとしても，目視や経験に頼って力や風の影響などを補正できた。しかし，大砲射手が使っていたやり方は，目標が時に数マイルも離れているため，まったく異なっていた。大砲の方向と仰角を制御において，砲弾が飛ぶ距離は，使用する大砲の種類，打ち上げられる高度（とそれに伴う空気密度），そして風速にも影響された。大砲ごとに提供された射表は，ある距離の目標に砲弾を打ち込むために必要な仰角を提供する。そして，射手は，補正表を用いて，弾薬の温度，砲身の傾き，角度，その他多くの変数に対する補正を行った[10]。

　火器が異なれば，必要となる情報も異なった。たとえば，対空砲では，時限信管によって砲弾が爆発するので，目標とする飛行機の近くで砲弾を爆発させるためには，射手は通常飛行時の砲弾の爆発高度を知る必要があった。砲弾と火器の組合せごとに射表を作成するには，実験に基づく結果と数学的計算を複雑に組み合わせる必要があった。弾道研究所の試験場では，さまざまな仰角での発射実験が約 10 ラウンドも繰り返された。発射された砲弾の飛行距離が計測され，計測されたデータに適合する「簡約軌道」を導くために使用された。これらの試験によって計算された係数は，標準弾道方程式に埋め込まれた。最も時間を費やしたのは，異なる仰角で撃ち出された砲弾の軌道を導き出すために弾道方程式を繰り返し解く処理だった。それぞれの計算された軌道は，完成された射表において一連の数値として提供された。

[訳注 1]) 1 ミルは 360/6400 = 0.1125 度で，砲撃の角度測定の単位。

1	2	3	4	5	6	7	8	9	10	11	12	13	14	15	16	17	18	19	20
							誤差				方向偏差の影響		補正高低角		\multicolumn{4}{c}{射程への影響}		
			射程100ヤードあたりの仰角変化	仰角1ミルあたりの射程変化	経過時間	射程	方向偏差	破裂高	落下斜度	気象報の行番号	偏流	横風時速1マイルにつき	高低角+1ミルにつき	高低角-1ミルにつき	投射体の重量(基準:15.96ポンド)	砲口速度1フィートにつき	気温1度につき(基準:華氏59度)	後方からの風時速1マイルにつき	空気密度1%につき
射程 R	仰角 El	ずれ F	c		Time	ePr	ePd		Slope	Line No.	Dft.	W-D			Wt.	VE	Temp.	W-R	Den.
yd.	ミル	ミル	ミル	yd.	sec.	yd.	yd.	ミル	1/-		ミル	ミル	ミル	ミル	yd.	yd.	yd.	yd.	yd.
4000	122.0	2	4.6	22	10.2	11	1	1	5.5	1	R4	.4	+.01	-.01	-1	+2.3	+1.1	+3.7	-14
4100	126.6	2	4.6	21	10.5	12	2	1	5.3	1	R4	.4	+.01	-.01	-1	+2.4	+1.2	+3.8	-14
4200	131.4	2	4.8	21	10.9	12	2	1	5.1	1	R4	.4	+.01	-.01	-1	+2.4	+1.2	+4.0	-15
4300	136.2	2	4.8	21	11.2	12	2	1	4.9	1	R4	.5	+.02	-.02	0	+2.4	+1.3	+4.2	-15
4400	141.0	2	4.8	20	11.6	12	2	1	4.7	1	R4	.5	+.02	-.02	0	+2.5	+1.4	+4.4	-15
4500	146.0	2	5.0	20	11.9	12	2	1	4.5	2	R4	.5	+.02	-.02	0	+2.5	+1.4	+4.6	-16
4600	151.6	3	5.0	20	12.3	12	2	1	4.3	2	R4	.5	+.02	-.02	0	+2.5	+1.5	+4.8	-16
4700	156.0	3	5.0	19	12.6	12	2	1	4.2	2	R4	.5	+.02	-.02	+1	+2.5	+1.6	+5.0	-16
4800	161.2	3	5.2	19	13.0	12	2	1	4.0	2	R5	.5	+.02	-.02	+1	+2.6	+1.7	+5.2	-17
4900	166.6	3	5.2	19	13.3	12	3	1	3.9	2	R5	.5	+.02	-.02	+1	+2.6	+1.7	+5.4	-17
5000	172.0	3	5.4	19	13.7	13	3	1	3.7	2	R5	.5	+.02	-.02	+2	+2.6	+1.8	+5.6	-18
5100	177.6	3	5.4	18	14.0	13	3	1	3.6	2	R5	.5	+.02	-.02	+2	+2.6	+1.9	+5.8	-18

図1.1 75ミリ砲の射表から抜粋。等間隔の射程に対する弾道情報。(Paul P. Hanson, *Military Applications of Mathematics*, McGraw-hill, 1944, 84)

3インチ対空砲の弾道データ
M1917, M1917MI, M1917MII, M1925MI

AA Shrapnel, Mk. I
Part 2a

FT 3 AA-J-2a
Fuze, Scovil, Mk. III

(砲口速度=2,600 フィート/秒)

射角 $(\phi) = 500$ ミル [訳注1]　　　　　　　　射角 $(\phi) = 600$ ミル

経過時間 t (秒)	信管設定 F (秒)	水平射程 R (ヤード)	高度 H (ヤード)	高低角 ϵ (ミル)	経過時間 t (秒)	信管設定 F (秒)	水平射程 R (ヤード)	高度 H (ヤード)	高低角 ϵ (ミル)
1	1.2	706	372	494	1	1.2	666	440	594
2	2.4	1,316	683	488	2	2.4	1,239	809	588
3	3.5	1,850	946	481	3	3.5	1,745	1,123	582
4	4.6	2,325	1,169	474	4	4.6	2,196	1,393	576
5	5.7	2,755	1,360	467	5	5.6	2,603	1,627	569
6	6.8	3,149	1,526	460	6	6.7	2,977	1,832	562
7	7.8	3,515	1,670	452	7	7.7	3,326	2,013	555
8	8.8	3,860	1,795	443	8	8.7	3,656	2,173	547
9	9.8	4,191	1,904	434	9	9.7	3,972	2,316	538
10	10.9	4,511	1,998	425	10	10.7	4,278	2,444	529

図1.2　対空砲マニュアルからの抜粋した等間隔の時間における詳細な弾道情報。(War Department, Coast Artillery Field Manual. Antiaircraft Artillery: Gunnery, Fire Control, and Position Finding, Antiaircraft Guns (FM 4–110), Government Printing Office, 1940, 314)

弾道計算

　すべての種類の射表作成において中心となるのは，個々の弾道を計算することである。一度大砲から放たれた砲弾の軌跡は，「外部弾道学」の問題である[11]。弾道は，砲口からの水平距離と垂直距離を時間の関数とする一対の微分方程式として定義される。方程式としては単純なのだが，それを解くには，砲弾の速度によって非線形に変化する空気抵抗のモデル化が必要であり，複雑だった。いくら記号の付け替えや，置換積分できるかの確認，積分値の計算をしようとも，解析的な解を正確に得ることはできない。明解な手法によって解答を導くことができる方程式のみを相手にする数学教師とは違い，弾道研究所の数学者は風の抵抗を無視できず，そうでなければ別の問題になってしまった。科学者や技術者によって導き出された多くの微分方程式のように，弾道方程式では数値近似を用いた面倒な技法が必要であった。

　第一次大戦以前は，ほとんどの大砲は比較的低弾道で射出され，イタリアの数学者フランチェスコ・シアッチが開発した手法によって高い精度の近似が得られていた。しかし，塹壕戦では，味方の陣地の上を安全に飛び越えて敵陣に到達するために高い弾道が必要とされた。対空砲という新たな問題でも，それまで以上に大きい仰角が必要であった。シアッチの手法はこのような弾道には不向きで，その後の戦争でアメリカ軍はもっと多目的に使える，各弾道をいくつかの短い時間に分解する数値積分の手法を徐々に採用するようになった[12]。方程式は，投射体の水平速度と垂直速度がどのように変化するかを表した。まず0.01秒後の速度，そして0.02秒後の速度というように計算が続けられる。これらの速度を使って投射体の推定位置を繰り返し更新することにより，飛行中の弾道全体がわかるようになった。数学的には単純でも，こうした計算にはたいへん時間がかかった。射表を直接計算するのは現実的ではなく，汎用弾道表を用いて個別の武器のための射表が導出された。それにもかかわらず，第一次大戦後に始まった一連の射表が完成したのは1936年になってからであった。折よく，それは自動計算の手法がまさに実用化されようとしているときだった。

微分解析

　1930年代の初め，MITのヴァネヴァー・ブッシュとその同僚たちは，微分方程式を機械的に解くことができる微分解析器を初めて開発した[13]。その装置で目を引くのは回転軸で，そこにオペレータが解くべき問題ごとに機械式積分器や他の部品を取り付けた。ペン状のアームで入力となる曲線をなぞると，装置がその曲線から変換した解を別の用紙の上に描いた。解析器の内部では，数値は軸の回転によってアナログ形式で表現された。この積分器は，絶え間なく変化する数値を足し上げ，たとえば投射体の飛距離合計をその速度の関数として求めることができた。

　この微分解析器により，ムーアスクールはアバディーン性能試験場と密に接触するようになる。アーヴン・トラヴィスは，1931年にムーアスクールに加わり，直ちに「機械工学の専門家」となった[14]。非線形の微分方程式の解を得るのに苦しんでいる頃，彼は，ムーアスクールの解析器を開発するための資金を政府の大恐慌支援資金として獲得することを思いついた[15]。トラヴィスがMITを訪れてさらなる研究を行っていた際，資金獲得のためには政府の支援が必要だったので，その近郊にあるアバディーン性能試験場をも訪れた[16]。ヴァネヴァー・ブッシュは，以前から射表作成には解析器が使えそうだと提言していた[17]。ここで状況は好転する。ムーアスクールがふさわしい設計を考案すれば，その装置の開発資金に政府の援助が使え，その装置は性能試験場でも利用可能となる。万一，戦争になれば，性能試験場はムーアスクールの解析器を引き取ることができるだろう[18]。1934年末にはムーアスクールの解析器は完成し，1935年には性能試験場で実用化され，1938年には弾道研究所と名前を変えることになる新しい研究部署の計算技術部門に設置された[19]。

　トラヴィスは，ムーアスクールで引き続き積極的に解析器に関心を持ち続けた。1940年には，特定用途のアナログ積分器に代わり，汎用の加算装置を用いるデジタル版の解析器に関する報告書をゼネラル・エレクトリック社向けに書き上げた[20]。この装置に関心を持っていたもう一人の人間が，ジョン・グリスト・ブレイナードだった[21]。ムーアスクールの研究部長だったブレイナードは，アバディーン性能試験場との連携を監督し，1940年代の早い段階から，応

用数学のさまざまな話題に対して計算機の利用に関する論文を発表していた。

解析器は，人が機械式卓上計算器を使って2日がかりで計算していた弾道計算を，（人のほうがより正確な結果を出したとはいえ）15分で計算した。しかしながら，射表の作成には数百もの弾道計算が必要であり，積み残した仕事は増えるばかりだった[22]。1940年には戦争の気配が強まり，弾道研究所はムーアスクールの解析器を引き取る契約の権利を行使した[23]。ムーアスクールの職員は解析器の維持と操作のために訓練され，それに加えて大学では人手による計算グループも組織化された。そのグループは，手作業でほとんどの計算を行うほぼ女性の「計算手」のチームであった。

電子装置，登場

1942年には米国は戦争状態になり，射表への要請はますます強まった。既存の射表で扱うことのできる要因の範囲は限られており，誤差率は受け入れがたいものと報告されていた[24]。この射表を置き換えたときの状況はわかりやすい。戦場での両陣営のほとんどの死傷者は，追撃砲と砲撃によるものであった[25]。標的にされた兵隊たちが退避するまでの最初の数発の砲撃が最も致命的であるため，その砲撃をほんの少し精度が改善するだけでも，かなりの戦闘効果の向上に繋がったであろう[26]。

ムーアスクールの射表グループにおいて，既存の技術による努力では限界に近づいていた。1942年末に向けて，100人以上の女性がグループに配属され，ペンシルベニア大学のキャンパスの小さな建物で週6日2交替で働いた[27]。彼女たちの射表作成は予定よりもかなり遅れていて，戦争が終わるまでに完了するとは到底思えなかった。

モークリーは，こうした事情をよく知っていた。1941年から1942年にかけて，彼は解析器を使い，その作業に習熟する時間をとっていた。モークリーは，トラヴィスが海軍に1941年に招集される前に電子計算の可能性について議論していた[28]。また，モークリーは手動計算グループにも参加し，新型のレーダーアンテナを評価する計算を監督した。彼の妻であるメアリも射表計算

図1.3 ムーアスクールの地下室で微分解析器を操作するケイ・マクナルティ，アリス・スナイダー，シス・スタンプ。(ノースウエスト・ミズーリ州立大学ジーン・ジェニングズ・バーティク計算博物館の厚意による，米国陸軍の写真)

グループの一員であった。

迫り来る射表計算の積み残しは，モークリーに電子計算技術の開発について議論する機会を提供した。1942年8月，彼は弾道計算を劇的に高速化する装置について記述した「高速計算のための真空管使用」という表題の覚書を作成した[29]。1943年1月，ブレイナードは「そう遠くない将来に，この研究が計算短縮に寄与しそうであることは，容易に想像できる」と付記して，この報告をモークリーに返した。しかし，事の進展に拍車をかけたのは，計算作業を監督し，弾道研究所でのムーアスクールへの連絡将校を務めていたハーマン・ゴールドスタインだった。ゴールドスタインは，シカゴ大学で数学の博士号をとっていた。1943年に彼はモークリーの覚書を読み，モークリーが述べたような機械によって，計算チームの作業遅延をうまく解消できると確信するようになった。

ゴールドスタインは，弾道研究所での最初の上司であったポール・ギロン大佐にモークリーのアイデアを話してみた．しかし，まもなくギロン大佐は軍需品部長官房局の研究部門の主任に異動となった．二人は「弾道研究所のための究極の電子計算器を製造するには，ムーアスクールにおける開発プログラムの費用は軍需品部が負担することが望ましいと合意した」[30]．弾道研究所は，ムーアスクールに正式に提案依頼を行った．ブレイナード，モークリー，そしてエッカートは，直ちに「電子微分解析器に関する報告書」を準備した[31]．この新しい用語が選ばれたのは，読み手がムーアスクールの微分解析器に慣れ親しんでいることを利用するためであった[32]．その提案では，1940年にアーヴン・トラヴィスが記述した微分解析器のデジタル版との構造的類似性を強調していた[33]．

　4月9日，ムーアスクールの代表がこの提案を議論するためにアバディーン性能試験場を訪れ，そして「その直後，弾道研究所の責任者であるサイモン大佐は，このプロジェクト予算として15万ドルを組み込むことを表明した」．4月20日のさらなる議論の場で，ギロンは「この可能性は非常に重要なので，陸軍はこの開発に投資をするべきだ」と述べた[34]．この4月の報告書は，回路に関する記述が明らかに欠けていて，電子計算機の制御方法が曖昧なままであるにもかかわらず，6月に最終決定される契約書の基本となった．

　ブレイナードは，「解析器」がアバディーン性能試験場のために「約200人がかりで行っている機械での計算作業，アバディーンやペンシルベニア大学の微分解析器，……アバディーンのIBMの機械でやっていることのほとんどをこなし」，そして「それに加えて今は行っていない大規模な弾道計算表も作成できる」と弾道研究所に約束した．現在よりももっと速く正確にこの仕事をこなせると，ブレイナードは約束したのである．それは，「完全な射表を用意し」，「今は機械式解析器を動かしたのちに必要となる大量の手作業や機械による作業をなくす」ことになり，「実質的に計算手が計算装置を使って行うあらゆること」を含んでいた[35]．

　ENIACの最初の設計は，以前の計算機とただ一つの点で劇的に異なっていた．その一点とは，真空管をENIACの制御ユニットや算術回路を作るため，そして計算に用いる数値を蓄えるために用いたことである．それまでの装置で

は，回転軸の歯車の歯やカードに開けた穴，あるいは電気的に動作するリレースイッチの位置で数字を表していた。これでは，数値の足し算が素早くできたとしても，こうした媒体から数値を読み込まなければならず，また次の計算を始める前に結果を書き戻す必要があった。機械式部品の動きは，ENIACで考えられたような純粋な電子回路に比べて何千倍も遅かった。

　プログラム実行の間に書き換えられる数値を格納するただ一つの仕組みとして真空管に依存することは，実に急進的だった。その代償は，速度（非常に高速）に対する費用（非常に高価），容量（やや限定），複雑性（甚だしい）であった。電子計算回路は全く未知ではなかったが，電子装置において困難と謎に満ちた領域のままであった。ナンシー・ベス・スターンは，NCR社やRCA社のような企業の開発研究所が実用化に悪戦苦闘しており，戦時技術プロジェクトと協力するために設立された国防研究委員会のリーダーらも，戦争の準備への貢献に際して有用な結果を出すのに十分なほどデジタル計算機に必要とされる技術が成熟しているのかどうかについて疑っていたと指摘した。彼らは，立派だが一流とまでは言えない研究所であるムーアスクールがこの偉業を成し遂げる能力についても，不安に感じていた[36]。

§最初の提案書にあったENIAC

　当初より，ENIACの設計には，解こうとしている問題の着想と密接な関係にあった。1942年にモークリーは，これらについて「直ちに反復的な方程式の形に変換できる公式」と表現した。モークリーは，弾道計算で使われているような微分方程式に対して，差分方程式を用いた数値解法が主要な適用業務だろうと予想していた。このアプローチは，問題解決に向けて必要な解決方法が見つかるまで，一歩一歩，1サイクルずつ操作を繰り返す「逐次」解法だった[37]。
　結果としてENIACで実現された設計は，1940年にアーヴン・トラヴィスが提案したデジタル微分解析器の出発点として受け入れられたようである[38]。トラヴィスは，初等算術演算を実行するために，各ユニットを相互接続し差分方

程式を解く方法を示していた．彼の例では，3種類のユニットが使われていた．それは（数値を保存し，それに別の数値を足し込むことのできる）累算器，（二つの数値の積を求める）乗算器，そして（数値を足し合わせ，その結果を保存せず転送する）加算器である．

　アナログからデジタルへの移行は，各ユニットが明確に連携して動作しなければならないことを意味していた．アナログの微分解析器では，数値は各ユニットを繋ぐ軸の回転として表され，必要に応じて歯車と積分器がその回転の比率を数に変換した．計算処理は，ある意味で連続的なものであった．しかし，もし積分器を加算装置で置き換えたならば，計算やユニット間の数値のやりとりは，一連の離散的な状態変化になる．そうなったとき，ユニット間のデータのやりとりを自動化し，しかもその処理順序を正しく行うためには，さまざまなユニットの動作をどのように連携させればよいだろうか？ 微分解析器はこれらの疑問には答えてくれず，トラヴィスもある種のタイマーが必要になるだろうとしか指摘していなかった．

　モークリーも同じ問題に直面し，どのようにそれを解決すればよいかは，1942年にはまだ漠然としていた．彼は，いくつかの算術ユニットが，あたかも人が協力し合うように計算すること，つまり必要に応じて特定の計算や中間値の交換が行われることを思い描いていた．新しい機械で方程式を解くためには，「多くの乗算，加算，減算，除算を順番に行い」，「ユニット内でどのような差分方程式も一歩ずつ解き進めるよう演算を繰り返し」実行することが必要だった．モークリーは，その機械には，各ユニット間の計算結果の転送や「それぞれのサイクルには15から20の演算があるとき，……さまざまな転送や演算のサイクルの実行の調整」を行う「プログラム装置」を含めることを提案した．しかし，具体的にどのように実現するかについては，何も語っていなかった[39]．

　1943年の提案では，エッカートとモークリーはトラヴィスのモジュラーアプローチを基礎として考えた．彼らは累算器を数値の保管や加算，減算に適用してみた．これによって加算装置は不要となったが，乗算，除算，そしてある関数の結果を提供する「関数生成」を行う専用ユニットが提案された．手計算ではいつでも表から値を探し出すことが必要であり，トラヴィスの計画でも関数

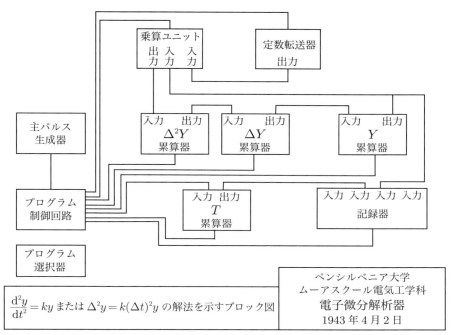

図1.4 調和方程式を解くために機械をどのように設定するのかを示した ENIAC プロジェクトでの 1943 年の提案書。(ペンシルベニア大学書庫)

生成のアイデアが取り入れられていた。入出力のための「定数転送器」と「記録器」をユニット群に含めることで，彼らの提案書は完成した。

　エッカートとモークリーの提案書は，トラヴィスが描いたものに似た簡単な問題のための「ブロック図」を含んでいた。それは，各ユニット間で直接数値をやりとりするために相互接続する「入出力」端子を示していた。したがって，それらを接続するワイヤーは，解析器における回転軸と同じく通信の役割を果たした。

　その提案書では，ユニット間の連携問題をどのように解決するかについてもより詳しく記述されていた。「適切な順序に従って各ステップの計算を開始するのに必要な制御回路」を組み込んだ「プログラム制御ユニット」が，その他のすべてのユニットに接続される。プログラム制御ユニットは，それぞれのユニットがいつそのデータ端子を通して数値を読み込み転送すべきか，そして累

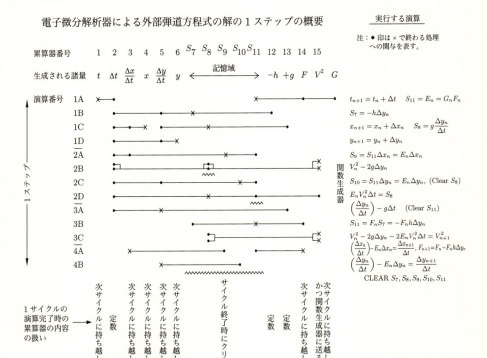

図1.5 弾道計算に必要な一連の構成部品の動きについての詳細が示された 1943 年の ENIAC 提案書。（ペンシルベニア大学書庫）

算器をいつクリアするかを決める。ブロック図には，プログラム制御回路から計算ユニットに向けて広がるワイヤーの稠密な網の目のような高度な集中制御システムが示されている。制御信号は，主パルス生成器から生成されるパルスとなり，ワイヤーを伝わる。望む演算順序をどのようにしてコード化するかは明らかでないが，パンチカードからデータと順序情報を読み込むことができる「プログラム選択器」については，簡単に言及されていた[40]。

（図1.5として書き直した）より詳細な例では，「弾道計算に一般的に使われる一組の方程式の逐次解法のプログラムを設定する方法」が示され，微分解析

器上でどのように計算を構造化するのかについての明確なアイデアが示されていた[41]。

　計算式は，手計算で使われた用紙を想起させる表形式で表現された。典型的な用紙は，いくつかの列に分かれ，それぞれの列が計算上の変数に対応し，計算手が計算を進める際に逐次生じた値を書き込むようになっている。エッカートとモークリーの図では，列は累算器を表し，それぞれの内容を記述した式が注記されている。その表は，実際の数値ではなく，表の右側に記述された式に対応して，いつ，そしてどのように演算が実行されるかを示していた。それぞれの行は，演算の引数をどの累算器から持ってきて，結果をどの累算器に格納するかを指示していた。計算時間を節約するため，同時処理可能な計算はグループ化された，たとえば，グループ1のすべての操作は同時に開始され，そのすべてが終了してからグループ2の操作が始められた。その論理的に独立した演算を同時に処理する能力は，ENIAC設計の基本的な特徴であった。

§いよいよ開始

　プロジェクトの準備作業は，PXという正式なコードネームが付けられた1943年7月よりも，かなり前から始められた。ハロルド・ペンダーは，「PX最初の契約が本決まりになり，しかし口座が開設される前」の1943年4月と5月には，「多くの資材調達」といくつかのプロジェクト作業が実行されていたと書き残している[42]。5月には必要な電気部品と道具の詳細な一覧表が作成され，身元確認のためにプロジェクト要員の一覧が陸軍省に渡され，作業場所を保護するセキュリティ措置が講じられた[43]。

　7月早々には，軍需品部は，正式な意向表明書をムーアスクールに送付し，プロジェクトの事務的詳細も確定した。ペンダーは，「15か月にわたる15万ドルプロジェクト」はENIACが1944年9月には完成することを意味すると述べた[44]。最初の契約は6か月だけで，その進捗が良ければ次々と契約をしていくというものであった。6月の終わりまでに，ブレイナードはムーアスクール

の会計士に詳細な予算案を送付した[45]。

プロジェクトに要員を配備する

　モークリー，ゴールドスタイン，エッカートは，1945年中頃までENIACの計画と開発の中心であった。モークリーがプロジェクトの当初のリーダーだと見なされていた。しかし，モークリーの公式な役割は，単なるコンサルタントだった。エッカートは，優れた電子装置の知識を持っていたため，機械の設計が佳境に入り製造が近づくに従い，その役割の重要性は増した。エッカートとモークリーは，ムーアスクール職員としての立場を維持し，ゴールドスタインは陸軍の代表だった。それでも，この三人は，そうした立場よりもENIACプロジェクトそのものの一員であると認識し，プロジェクトに必要なものを得られるように努力した。

　三人の中で，エッカートだけはプロジェクトに最初から専任で加わっていた。ゴールドスタインは，ムーアスクールの計算グループの監督を継続し，弾道研究所が関わる（高高度爆撃や気象学の）他のプロジェクトにも貢献することを期待されていた[46]。ムーアスクールは，モークリーら教員に，戦時契約に携わっているときにも教育や事務処理を怠らないことを望んでいた。1943年2月，ENIAC提案書ができる直前には，ムーアスクールには常勤の教員は9名しかいなかったが，すでにその「約3分の2」は政府との契約による仕事に関わっていた。数十名にのぼる研究所の技術者やアシスタント，機械操作の担当者を追加しても，彼ら教授陣の負担は重かった[47]。まもなく，プロジェクトPXは，その予算規模や関わる人員数において，大学の他の数十のプロジェクトの合計よりも大きくなっていた。プロジェクトが進むに従い，モークリーもプロジェクトに専従するようになっていった。

　1943年6月から1944年5月にかけての最初のプロジェクト予算は，指名された18名の経費の一部を要求していた。賃金は最高レベルの予算カテゴリであり，必要な備品も用意された。ブレイナードはプロジェクトの部長とされ，エッカートとモークリーは「研究監督」となっていた。3人の「研究技術者」

の中には，アーサー・W・バークス（非常勤）とT・カイト・シャープレスがいた。バークスは，モークリーと同じく博士号をもっていて，ムーアスクールの夏の特別コースで電子装置の再教育を受けていた。バークスの学位は科学や工学ではなく，哲学であった。研究技術者の数は，結果的には9名となっていた。バークスは，設計チームでは最重要の助っ人であった。最初の要員構成は，5人の研究技術者，技術者補佐として雇った3人の卒業生，4人の技師と1人の技師助手，そして秘書であった。補佐要員は全員が常勤だった[48]。

研究開始のためには，たとえば照明や工具，製図机や製図器，小さな工房に必要な工作機械が必要とされた[49]。軍需品部の職員はムーアスクールの設備を検査し，「工房に安全面で必要なもの」として，たとえば窓格子や鍵のかかるドア，プロジェクト作業を実施する部屋用の消火器を推奨した。夜警も同様に推奨された[50]。

平時でさえ，計算機の設計プロジェクトというのは，メンバー個人にとって心理的な負担になるものである。ENIACは，通常の労務管理は止められた戦時中に作られたのである。休暇は制限され，土曜日は労働日とされ，プロジェクト期間のほとんどで2交替体制をとった。すべてが終わってから，ジョン・ブレイナードは書いている。「メンバーを集め，材料を手に入れて，戦争中に2倍速で仕事を進めるために，リーダーは週に60〜80時間の仕事をこなした。そして，仕事の多くが無駄になり，約束は破られ，物資は他に回され，毎週末には心が折れそうになった」[51]。彼は大げさに言っているのではなかった。

数値と累算器

1943年7月10日の会議のメモに，T・カイト・シャープレスは，「J・W・モークリーが熱弁をふるい」，チームとしての最初の仕事は「普通の計算装置の電子版」を作ることだと説明した，と記している[52]。装置内部のやりとりは電子パルスの転送によって実行され，たとえば，7という数は7個のパルスがワイヤーを通ることで転送される[53]。それゆえ，最初に回路として必要になるのは，パルスを数える機能だった。最初，チームは外部から計数器を調達しよう

と考えていた。公表されていた電子計数回路のほとんどは，宇宙の放射線を測定するといった特定目的のために科学者が設計したものであった。エッカートが設計した新しい「正作用環状計数器」やNCRによって開発されたサイラトロン計数器など，いくつかの回路をテストしてみた[54]。しかし，どれも適してはいなかった。そして，ついにチームは「ディケード」と名付けた，ENIACで想定されているすべての周波数で信頼性をもって動作する新たな設計を採用した[55]。

「ディケード」は，10進数の一つの桁を格納する機械式計算器の回転盤を電子的にしたものであった。それには，10種類の別個の状態（あるいは段階）があり，パルスを受け取ると，ある状態から次の状態へと移った。10よりも大きい数値は，それぞれの桁ごとに転送され格納された。1942年にモークリーが説明したように，1216という数値ならば，四つのディケードに保存され，10個のパルスで転送された。すなわち，一の位で6個，十の位で1個，百の位で2個，千の位で1個である[56]。正負（PM）計数器と名付けられた特別な2状態の計数器が，数値の正負を表すのに使われた（Pが正，Mが負を表す）。負の数値は，「10の補数」方式を用いて格納された。数値を4桁で格納するとき，15はP0015と表現され，−15はM9985と表現される。

1943年9月までに，チームは「累算器」と「転送器」の具体的提案にたどり着いた[57]。累算器は，八つのディケードと一つの正負計数器をもち，8桁の整数を扱える。それは，入ってくるパルスの数を数えるだけではなく，自分自身をゼロにリセットしたり，指定した有効桁数に丸めたりすることもできた。転送器は，累算器に保管された数値を適切なパルス信号に変え，送出するのが仕事であった。二つの数値を加算することは，数値を数えることより少し特別なことであった。ディケードが，二つのパルスに続いて，さらに三つのパルスを受け取ると，ディケードは合計五つのパルスを記憶する。受け取ったパルスの合計が10になると，ディケードは9を0に書き換え，「桁あふれ」パルスを次のディケードに送る。これは，使い慣れた機械的手法を電子化したものだった。

補数を使うことで，減算は容易になった。累算器は二つの出力端子を持っているので，（A端子からは）格納された数値，（S端子からは）その補数を転送できた。S端子から転送された数値を加算すれば，実質的に累算器に格納され

た数値を減算する効果が得られた。この手法は，1943年には知られていなかったが，バークスは，手記の数ページを使って，正負数値のあらゆる組合せでうまくいくことを確認した[58]。

累算器の大きさを決める

　モークリーの提案は，反復数値計算によって微分方程式を解く機械を記述していて，チームはそのような計算のおおよその精度について調べるため，ペンシルベニア大学にいた数学者ハンス・ラーデマッヘルの協力を得た。チームが彼を見つけられたのは幸運だった。というのも，数値計算の専門家というのは，その当時の（数値法に関わっている）科学者や技術者の中にはいたものの，数学者には珍しかった（彼らにとって一般に数値解析は難解で退屈であった。たとえば，計算機学者グレース・ホッパーは，数値近似では重要とされる誤差分析を化学の授業で学んだが，長い数学教育の間にそんなことは聞いたこともなかったと回想している[59]）。ラーデマッヘルは仕事に取りかかり，1943年11月までに該当する分野の数学に関する報告書を書き上げた。その報告書には，丸め誤差に関する注釈付きの参考文献一覧も付されていた[60]。

　最も重要な問題は，最適な精度の最終結果を得るためには累算器は何桁の数値を格納する必要があるかということだった。当初の案では，ムーアスクールの計算手が使う手順と同じ8桁だった[61]。ENIACの計算速度を活かして，数学的手法にいくつか変更が可能であった。たとえば，より短い時間間隔で中間結果を計算できた。しかし，そのような変更が最終結果の精度に影響を与えないことを保証することが重要であった。

　ラーデマッヘルは，数値積分法で生じる主に2種類の誤差の影響について研究していた。切り捨て誤差（もしくは固有誤差）は，連続した物理的過程をモデル化する際に，離散的な時間間隔を用いることによって生じ，一方，丸め誤差は限られた桁数で処理を行った結果として生じる。これらの誤差は痛し痒しであった。すなわち，切り捨て誤差は時間間隔を小さくすることで減らせるが，そのためにはより多くの数学演算が必要になり，丸め誤差は増えるのだっ

た[62]。ラーデマッヘルはいくつもの手法を調査し，その中のドイツの数学者カール・ホインが考案した数値積分法を用いると，これら2種類の誤差が程良いバランスになりそうだとわかった[63]。試算してみると，ホイン法ではそれぞれの結果に4桁から5桁の丸め誤差が生じた。かくして，必要とされる5桁の精度の結果を得るため，累算器の大きさは10桁に増やされた[64]。

第2章　ENIACの構造を決める

　プロジェクトの最初の数か月，ENIACの設計に関するいくつかの詳細，たとえば累算器に必要な桁数や数値を格納する回路の基本構造の明確化が順調に進んでいった。最も困難で重要な解決すべき課題は，その制御であった。どのようにすれば，ENIACの算術回路に正しいときに正しい演算を実行するよう指示できるのか？

　ENIACの独特な制御システムは，多くの専用ユニットの能力という観点から述べるのが通例である。この章では，それに代わり，ENIACの原点として，弾道計算の計算プロセスについての念入りな分析への対応，プログラミングや図表作成との共進化，計算プロセスを構造化するための利用について掘り下げる。この章では，流布している二つの作り話を打ち消す。その一つは，プログラミングは後知恵であり，ENIACが完成したときにやっと注意が払われたという話，もう一つは，「条件分岐」（状態によって手続きを自動的に選択する）能力はENIACの基本設計が完成する直前に追加されたという話である。

§分散制御

　電子計算の計画の実現可能性を高めるために，1943年の秋にエッカートとモークリーは，完全な機械の設計と並行して，最小構成のENIACプロトタイプを作ってテストすることに決めた[1]。累算器はENIACの基本ユニットであるが，一つの累算器だけではいかなる意味のある計算も行うことができなかった。したがって，テストシステムは，2台の累算器からなり，回路がそれらを

繋いで振る舞いを調整する必要があった。当初の目標日である1944年8月の前にそのようなシステムを完成すれば，ムーアスクールが真空管で信頼できる計算機を構築できることを示せ，契約延長と予算積み増しを正当化するために具体的な進展を証明することになっただろう。のちにプロジェクトのリーダーは，砲撃する敵軍がまだいる間は，製作への切迫した必要性に注意を向けることで，設計上の彼らの選択を擁護した[2]。

アツシ・アケラが指摘した通り，この決定はENIACの自動制御システムの設計に影響を引き起こした。初期の設計作業が前提としていたのは，集中制御機構が「互いに接続する累算器を切り替え」，「パルス」と「ゲート」として知られる電子信号を送ることによって，いつ数値を送受信すればよいかを命じるということだった[3]。この信号は，保存された数値のクリア，転送，他の累算器から受け取った数値の加算を，累算器にさせることができた。

累算器2個のシステムの構築を推し進めることは，このシステムの設計とENIAC建造の期間が重複することと，全体的なプログラミングシステムが完全に考案される前に累算器の計画の仕上げを終える必要があることとを意味した。それは，提案書にあったプログラム制御ユニットの役割に制約を与えた。作業が進むにつれ，制御ユニットの役割は分散システムに取って代わられた。そのシステムでは，プログラミング情報がENIACのいろいろなユニットに散在していた。最終的にENIACが完成したときには，大部分がサイクリングユニットの唸りに合わせて整然と動き，時折「マスタープログラマ」ユニットから新しい命令を受け取る累算器群でできていた。

1943年10月と11月に累算器ユニットの設計が完成し，新しい取り組みが始まった。T・カイト・シャープレスの研究ノートで累算器の「プログラムユニット」の概略が高度な見解として提示された。そこには，多数のダイヤルとスイッチが，累算器に組み込まれていた[4]。これらのダイヤルとスイッチは「プログラム制御群」としてグループ分けされ，それぞれのグループは累算器が実行する1サイクルの動き，たとえば，必要に応じた累算器のクリアや，数値の転送や受信などを規定した。ある制御群では演算を9回繰り返すこともあった。演算は，「プログラム線」として知られるワイヤー網にあるプログラム制御に直接接続された専用の入出力端子を流れる特別な「プログラムパルス」に

よって動き始めた。演算が終わると，このプログラム制御の発した出力信号が，同じユニットか別のユニット上にあるプログラム制御に直接送られて，次の演算を指示することになった。

この分散プログラミングモデルでは，プログラムパルスは演算開始信号であったが，どの操作が開始されるのかは，ワイヤーが運ぶ信号の行き先や，制御が何を行うように構成されているかに全面的に依存していた。たとえば，ある累算器から別の累算器に数値を送るには，二つのプログラム制御群が必要になる。それは，保存された数値を転送するように指示される最初の累算器のプログラム制御群と，それを受け取る側のプログラム制御群である。もしプログラムパルスが同時に両方の制御群に送られた場合，結果として最初の累算器の数値が2番目の累算器に加算された。累算器は「サイクリングユニット」によって同期した。サイクリングユニットが発するパルスとゲートの標準的な連続信号が，ENIACのハートビート信号となった。とりわけ，その連続信号が数値とプログラムパルスの転送されるタイミングを決めることで，累算器から送られた情報が他の累算器でうまく受信されるのである。

プログラム制御群によって定義された操作を実装するために累算器内部に必要となる回路のブロック図が11月20日の会議席上で議論され，累算器の大枠の設計は完了した[5]。回路設計の詳細や制御にいくつかの変更があったものの，分散制御の方針と各ユニット内の数学的回路とプログラミング回路の計画に変更はなく，そのままENIACの残りの設計にも適用された。これにより，ENIACからのデータの出力機構の詳細など，多くの決定を後回しにすることができた。

「誰がENIACを設計したのか？」は，ENIAC特許の裁判において最重要の疑問であった。裁判官は，技術チームの各メンバーが手分けをしてユニットを設計したことを知った。主として，T・カイト・シャープレスはサイクリングユニットと乗算器に，ロバート・ショーは関数表，マスタープログラマ，定数転送器に，そして，アーサー・バークスは乗算器，除算器，マスタープログラマに貢献したと裁定された[6]。設計が手分けされたことは，ユニットがその物理的接続部分と互換性があり，パルス信号の標準体系を順守するならば，そのユニットの詳細な内部回路と局所的な制御機能は自由に設計できることを意味

していた。

弾道計算を計画する

　初期の弾道計算の諸問題の多くはアーサー・バークスが担当することになり，そのため，ENIACの構造と制御システムの使い方の概要も，彼が開発することになった。1943年10月，バークスはこの問題を分散制御によってどのように解くかを考え，ENIACによる弾道計算の最初の概略図をノートに貼り付けた[7]。その概略図は，その年の終わりに作成された報告書において，二つの図表を用いて完成図が完全な形で示された。とりわけ，この作業によって，チームは，弾道計算に必要な累算器の個数や，格納される数値の精度などの数値計算上の問題についての感触を得た。これは，1943年時点ではプログラムだとは言われていなかったかもしれないが，後日バークスが，未公表の手稿の中で「電子計算機のために書かれた最初のプログラム」だと主張したのには，それなりの理由があった[8]。

　現代の計算機はときに「万能機械」と呼ばれるが，ほぼどんなことでもできる機械に，特定の何かのことを実行させるためには，大変な手間をかけて構成することが求められる。今日，私たちはこの作業をプログラミングと呼び，制御情報をプログラムと呼んでいる。デビッド・アラン・グライアは，こうした言葉の使い方はENIACプロジェクトから始まったと述べている[9]。グライアは，「プログラム」という単語の使い方を，その当時の制御工学と軍隊の後方支援での使用法に関連付けている。しかしながら，もっとはっきりした先例は，予定を立てるときに見出せる。たとえば，一連の演奏会やラジオ放送の週間予定などのプログラムである。最初に，さまざまな選択肢の組合せの中からどれを選んで開催を予定するのか？　次に，選択した出し物をどのような順序で予定するのか？　講義や演奏会のプログラムでは，これらの問いに対する答えとして，出し物を順序立てて列挙することになる[10]。

　ENIACプロジェクトのメンバーが使った「プログラム」の意味は，これまで受け止められていたよりも入り組んだものだった。1942年に書かれた，モーク

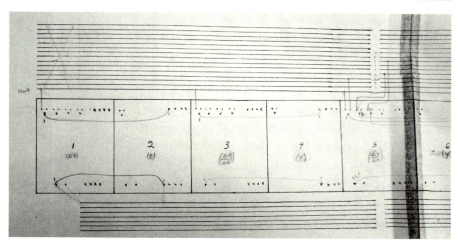

図 2.1 アーサー・バークスが 1943 年 10 月,彼のノートに貼り付けた弾道計算問題の設定概略図の一部.それぞれの四角形は ENIAC の各パネルを示し,計算中に保持するある変数を表している.パネルの上部にプログラム線,下部にはデータ転送線が示されている.この図表に示されたそれぞれのパネルの端子間接続とプログラム線,データ線は,ENIAC の設定の一部分である.(notebook Z16, MSOBM-UP, box 1, serial no. 16, ペンシルベニア大学書庫より)

リーのムーアスクールでの最初の覚書には,「プログラム」という単語は「プログラム装置」という語句の中でしか現れない[11]。1943 年の提案書では,その「プログラム装置」が「プログラム制御ユニット」となり,累算器やその他のユニットが操作を順序正しく実行することの保証を担った.また,「プログラム」という単語は,計算における各々の反復で実行される演算列を参照する際にも補足的に使われた[12]。しかしながら,制御が分散されることで,「プログラム」に算術演算列という意味は失われた.先に述べたように,「プログラム制御」は ENIAC の一つのユニットにあるスイッチ群であって,入力された「プログラムパルス」に対応して実行されるべき単独の演算を特定した.そして,そのユニットをスイッチの設定に応じて操作する回路が,ENIAC の「プログラムユニット」内に置かれた[13]。言い方を変えれば,「プログラミング」は,もはや計算の全体の流れを制御する中心的ユニットの活動を表さなかった.それは,たとえば格納された数値の補数を転送するといった単独の演算を実行するために,累算器や他のユニットがマイクロ演算列を生成するときの内部的な

動作を指した[14]。私たちが現在「プログラム」と考える，特定の問題を解くためのENIACの全体構成は「設定」と呼ばれていた[15]。1945年末に近づくにつれて再び幅広い意味を持つようになったとはいえ，「プログラム」という単語は，プログラム制御において一つの演算をセットすることを意味するようになった[16]。

　その年末の報告書では，ENIACでの問題の設定は，微分解析器で使われていたものと同様に3段階の過程によって記述された[17]。第1段階では，問題を記述する数学的な方程式は，ENIACに収まるような，そしてその基本的な算術操作だけで解決できるような形に整理しされる必要があった。第2段階では，問題は「設定フォーム」と「パネル図」という二つの図表に展開され，演算の順序とそのENIACのさまざまなユニットへの配分を示していた。第3段階は，問題を解くための物理的な準備として，ENIACのスイッチを調節し，ケーブルを繋ぐことである。バークスは，これを説明するために，ホイン法を使った弾道計算のENIACによる解法を詳細に示した。彼は対空砲撃の具体的な事例を想定していたと考えられる。砲弾が衝撃によって爆発する地対地砲撃とは異なり，対空砲撃では目標物に近づいたときに爆発するように時限信管を使う。このため，弾道計算は想定する目標物の高度を超えた時点で，決められた繰り返し処理を停止する。さらに言えば，信管の爆発時間を正確に決めるために，砲撃手は，地対地砲撃で必要になる最終飛行距離だけではなく，飛行中の砲弾の途中位置までも知っておく必要がある。それゆえ，バークスの計算方法では，経過時間は最大40秒までであれば1秒間隔で砲弾の位置を印書するように設計された[18]。彼は積分における時間間隔の単位を0.02秒としたので，ENIACはひとつの結果を印書するのに50回の積分処理を実行することになり，全体で2,000ステップを要した。

　バークスは，進捗報告書で2種類の図表を使って弾道計算の設定について記述している。その一つは設定フォームであり，1943年の弾道方程式の解法の提案書で使った図と同じ，基本的な表形式であった[19]。表のそれぞれの列は，ENIAC内のユニットを示していた。列を縦に読んでいくと，計算が詳細化された単純な演算列になるように行が記述されていた。その詳細記述からは，それぞれの演算で必要なユニットとその役割，それぞれの演算を行うためのプロ

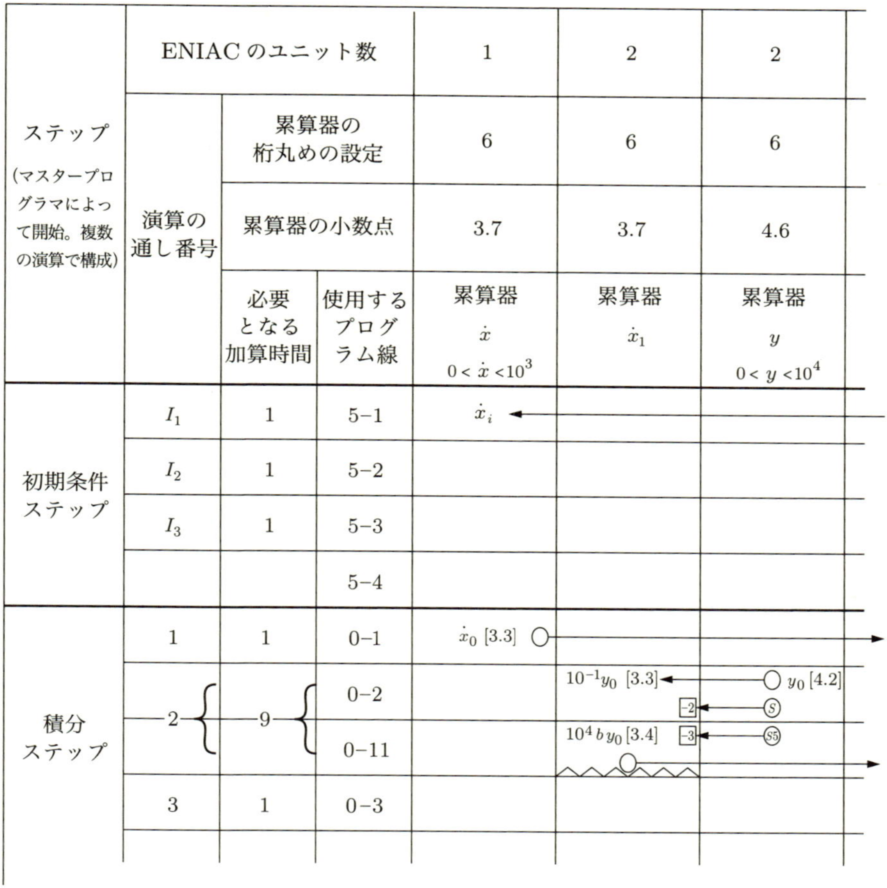

ステップ(マスタープログラマによって開始。複数の演算で構成)	演算の通し番号			ENIACのユニット数	1	2	2
				累算器の桁丸めの設定	6	6	6
				累算器の小数点	3.7	3.7	4.6
		必要となる加算時間	使用するプログラム線		累算器 $\dot{x}$ $0<\dot{x}<10^3$	累算器 $\dot{x}_1$	累算器 y $0<y<10^4$
初期条件ステップ	I_1	1	5–1		$\dot{x}_i$ ←		
	I_2	1	5–2				
	I_3	1	5–3				
			5–4				
積分ステップ	1	1	0–1		$\dot{x}_0$ [3.3] ○		
	2 {	9 {	0–2			$10^{-1}y_0$ [3.3] ← ⊡	○ y_0 [4.2] ← Ⓢ
			0–11			$10^4 b y_0$ [3.4] ← ⊡ 〰〰〰 ○	⑤
	3	1	0–3				

図2.2 弾道計算を実行する演算列を示す，1943年後期の提案書で使われた設定フォーム。（ペンシルベニア大学書庫）

グラム制御群に含まれるスイッチの構成，演算のタイミングがわかるようになっていた。

　計算にかかる時間は，「加算時間」を単位として測られた。加算時間は，ENIACが累算器の間で数値を転送する基本演算にかかる時間である。乗算のようなもう少し複雑な演算を実行するには，何回分かの加算時間がかかった。設定フォームには，それぞれの演算で必要な加算時間の数が記入され，同時実

行可能な演算がわかるようにされていた。たとえば，異なる累算器とデータ線を用いた二つの転送は，同じ加算時間内に同時実行可能であった。そして，乗算を実行する間には，それより短い時間で実行できる加算のような演算もスケジュールできた[20]。バークスの分析によれば，1回の積分処理には224加算時間が必要であり，2,000ステップの弾道計算を実行し終えるためには70秒かかると見積もられた[21]。

　バークスの二つ目の図表であるパネル図は，10月に彼がノートに書き込んだ概略図を精緻化したものであった[22]。それは，ENIACのパネル（各ユニットが埋め込まれた回路の収納棚）を表す四角形が長く連続した図であった。このパネル図にはかなりの数の四角形が並んでいたので，まるでスクロールするように，折り畳んだパネル図を水平方向に広げられるようになっていた。1944年に入ってパネル図を作成するバークスを手伝っていたペンシルベニア大学の学生のドナルド・ハントは，バークスが「あまりに長いパネル図を用意していた」ので「そんな長いシートが載る製図机を特別に用意する必要があった」と回想している[23]。それぞれのボックスは，パネルのプログラム制御群が一目でわかるように表現され，さまざまなスイッチの設定値などを書き込める空白も用意されていた。ユニット間のデータ転送に使われるバスは，各ボックスの上方に描かれた線で示され，下方の線はプログラムパルスの送出に使われた[24]。特定の作業を実行できるようにENIACを構成するためには，パネル上の端子とバスの間を接続ワイヤーで接続することも必要だった。これに必要なケーブルは，端子とバスを接続する線で表現された。

　設定フォームとパネル図は実質的には同じ情報を含んでいる。しかし，種々の作業に便利なように表現されていた[25]。設定フォームは当初，パネル図上での分散された形式では記述が難しいような演算列を計画するために使っていたのだと私たちは推測している。次に，パネル図はこの計画をENIACの物理的な装備に落とし込むために使われ，おそらく，この手順は設定フォームの見直しに繋がったのだろう。やがて，こうした図表間の切り替えは，全ての計算処理とそれに対応したENIACの構成を記述する整合性のある一組の図をもたらした。

　最後の段階は，図表上の情報を，約200の「プログラムカード」に転記する

ことであった。それぞれのプログラムカードには，ENIACの各部分を結合するために必要なスイッチとプラグの詳細情報が含まれていた。カードは，機械を物理的に構成する責任者であるオペレータが参照できるよう，機械のパネル上の専用のカード入れに入れられた。報告書では，このような作業は，プログラム制御の設定やケーブル接続など約700の「単位作業」が必要と見積もられていて，同時に「数名」が作業可能とされた[26]。

このように洗練されたパネル図と1943年10月の原案を比べると，ENIACの設計の進化の速度が活き活きと感じられる。原案のパネル図では，22個の累算器に一つの乗算器のための三つのパネルが加えられている。その年の終わりにはパネルは32枚に増え，累算器や乗算器に他の多くのユニットが追加された。それは，除算器やマスタープログラマ，関数表，定数転送器，そして，出力として残すためにカードに穿孔するデータを格納する四つの累算器であった。

弾道計算の初期状態を保持するためには，いくつものデータ記憶域が必要であり，また，いくつかの定数も格納しておく必要があった。これらの数値をスイッチやもっと素早く設定できる押しボタンで設定するために，新しい定数転送器が提案された。さらに重要な問題は，砲弾の形状などが弾道に及ぼす影響に関する実験に基づくデータをいかにして計算に組み入れるかというものだった。方程式では，こうした実験に基づいた値は数学的には導き得ない関数Gの値として表現された。この関数の特定の引数に対応した値は，計算ではなく，(相当量の表形式データを保持するように設計されたユニットである) 関数表を検索して求められた。

分散制御の決定がなされると，チームはいち早くENIACの設計概要を完成させるべく動き出した。1943年末の進捗報告で記述され，バークスのパネル図としても描かれた機械は，1945年に完成した機械だとすぐにわかる。この制御方式をとることでかなりの負荷が発生し，1943年末にエッカートとモークリーが見積もったところによれば，累算器の30％は制御目的に使われ，「こうしてプログラミングは目に見えて分散化された」と付記されていた[27]。しかしながら，この方式による柔軟な枠組みは，特化された機能を持つさまざまなユニットを組み込むことを可能にした。累算器や乗算器などは最終的な形に到達したが，他のユニットの詳細はまだまだ煮詰まっていなかった。この設計哲学

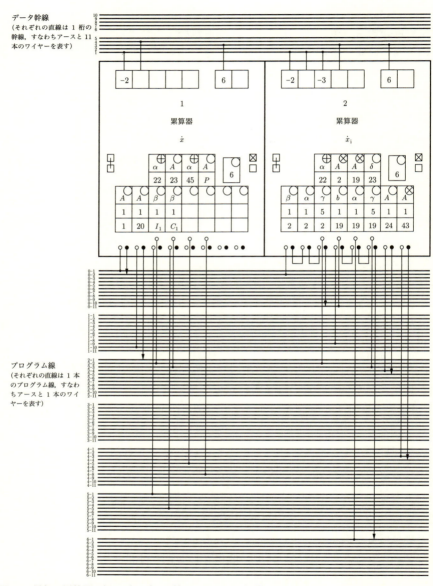

図 2.3　最初の累算器 2 個とプログラム線およびデータ幹線で相互接続した ENIAC のプログラム制御群の設定を示すバークスの 1943 年末の「パネル図」の詳細。（ペンシルベニア大学書庫）

によって，時を経ても新たなユニットが追加され，ENIACの寿命を伸ばすことになった。

マスタープログラマの初期の構想

　エッカートとモークリーは，彼らの提案書で，ENIACは反復的な計算のために設計されていると説明した。そのような計算のそれぞれの「ステップ」は，個別の数学演算列で構成される。彼らは，その例として，弾道計算（「外部弾道」）と爆発計算（「内部弾道」）の解法のステップの詳細を示した。分散制御のシステムでは，一つのステップ内の演算は順序を決められるが，この仕組みで，たとえば，そのステップを何回繰り返すかといったことをどうやって制御できるかは明らかではない。また，アプリケーション全体としては，数値積分ステップのための演算列以外も含まれる。バークスの設定には，異なる4種類の演算列が含まれていた。それは，積分ステップに加えて，初期状態の設定と結果の印書，そして，結果を印書するごとに行う既知のデータを用いた積分ステップによるENIACの検証であった[28]。こうした演算列を整合のとれた計算として組み合わせる仕事は，「マスタープログラマ」と呼ばれる新たなユニットが担うことになった。バークスのパネル図に示されているように，「初期状態」「積分」「印書」「チェック処理」と名付けられた四つの段階を並べることで，計算構造の概要が明示されていた。マスタープログラマは，これらの処理の順序を決め，それぞれのステップの繰り返し回数を制御することになる。印書と積分のステップは入れ子になっていて，積分を50回行うごとに印書され，40回印書すると計算が停止するように指示されていた。

　進捗報告書には，マスタープログラマへの機能要求がより一般的で詳細な項目として記述されていた。それは，「プログラムを接続したり切り離したりする，いくつかの切り替えユニットによって構成され」，プログラムの始まりや結果印書のための通常処理の一時中断，計算の中止などの高水準操作を制御するというものである。より一般的な項目としては，たとえば「ある複雑な計算処理を，一連の処理の中で何度も生じる二つ以上の異なる部分に細分化できる

場合」に,「ある計算サイクルから別の計算サイクルへの切り替え」を制御するというのもあった[29]。

マスタープログラマがこうした処理をどのように実行するのかは明確ではなかったものの,計算の構造化には2段階が必要であることが示されていた。その考え方は,1948年3月まではENIACの実践規範の中で続けられた。単純な演算列はそれぞれのプログラム制御を使って設定され,問題の要求に応じたさまざまなやり方での演算列の実行の繰り返しや組み合わせは,マスタープログラマが調整した。バークスの図表で明確になったように,マスタープログラマはプログラムパルスをプログラム制御に送ることで,そのプログラム制御から始まる演算列を始動させ,その演算列の最後にパルスをマスタープログラマに送り返して,次に何を起こせばよいかを決めさせた。こうして,マスタープログラマにより,集中プログラム制御機能がENIACの機構の中に組み込まれた。

ENIACの構成を最終決定する

すでに記述したように,ENIACの各ユニットやパネルの役割は,バークスが設定について工夫するとともに大きく変わっていった。最終的に機械の構造をどうするかという議論は続いていた。1944年4月の会議で,たった10個の累算器に,新たにレジスタと呼ばれるユニットを持つ構成が議論された[30]。関数表は最終的に用いられた三つではなく,この構成では一つだけであった。レジスタは,累算器8個分の記憶容量をずっと小さなハードウェアで提供することになっていた。累算器は加算もできなければならないので,最終的にENIACができ上がるまでに,同じ算術回路が20回も複製された。しかし,どの適用でもいくつかの累算器は単に記憶装置として使われるため,これは非効率的である。累算器では8個必要な回路が,レジスタでは数値の送信や転送のための1組で済み,算術回路はまったく不要となる[31]。レジスタが作られることはなかったが,演算機能と記憶装置を分離するというアイデアは,この時点でチーム内で開発されつつあった計算機設計の新しいアプローチを反映したのであろ

う（これについては第6章で論じる）。

　入力の方法は，ENIAC の構造を最終決定する際の重要な部分であった。バークスによれば，弾道研究所の機械計算グループのリーダーだったリランド・カニンガムは，アバディーンにおけるプロジェクトの最も緊密な窓口であり，デジタル計算に関して最も知識のある職員だった[32]。ENIAC の最終構成は，4月のカニンガムとの会議で決定された。バークスの報告によれば，この会議において，「ENIAC のユニット数や他の計画がようやく決着した」。ENIAC は，36個のパネルに29個のユニットが展開された。それは，20個の累算器，三つの関数表，そして専用の乗算器，除算・開平器，定数転送器，サイクリングユニット，印書装置，マスタープログラマである。これは，のちに「弾道計算方程式を解くための設定としてホイン法を使っても余りある」ほどの構成と記述された[33]。

§条件制御の進化

　ENIAC の設計における「条件分岐」の登場は，電子計算機の歴史に興味がある専門家にとっては相当の関心事である。後の章で述べるが，この機能は電子計算機を単なる自動計算器とは別のものにした決定的な進歩であるとのちに考えられた。マーカスとアケラは，ENIAC の条件分岐能力の発展を調査して，それはようやく1945年になって開発された「たいへん賢明な後知恵」であり，ENIAC が「条件分岐のハードウェア的機能を保持していたとは到底思えず」，「機械が取り扱う特定の値によって計算の行程を変えられるという固有の仕組みを保持していなかった。プログラムが終了までに合計何回の繰り返しをするかは，……明確にプログラムで指示をする必要があった。それに，たとえば，ある値が10万になると計算を終了するようにプログラムできるハードウェア機構もまったくなかった」と述べている[34]。マーカスとアケラの結論は他の人々にも支持されたが，プロジェクトの記録によれば，1943年末までにはこの能力の必要性が認識されたことは明白である。この処理は，マスタープログラ

マユニットに割り当てられ，この目的のための専用回路を組み込もうとしていたようである。条件付き制御の議論は，複雑な計算の構造化をどのようにするかという，より大きな問題の一部でもあり，チームがたどり着いた解決策は，その後の概念化と正確には対応しない。この条件付き制御の能力はENIACの設計には必須であり，論理回路，ハードウェア，アプリケーション設計の相互作用を説明するものであることから，さらに細かく検証してみることにする。

電子の速さでの自動制御

　演算列を自動的に実行する計算機というアイデアは，何も新しいものではなかった。ENIACの2年前に稼働していたハーバード大学のMark Iは，紙テープから一つずつ読み取った指示によって制御された。これは，自動演奏ピアノを動かす方法と大して違わなかった。Mark Iは自動演奏ピアノのように，テープを流すといつも同じ演算を正確に実行した。計算は，演算列によって構成され，別々の指示テープに穿孔された穴によって符号化されていた。テープ読み取り装置は一つしかなかったので，細かい処理指示は，いつテープを外して掛け替えるかを機械のオペレータに伝えることで行われた。一連の指示を繰り返すために，テープの両端を糊付けした「無限循環テープ」として知られる物理的な輪が使われた（これが，こうした文脈で「ループ」という用語が使われるようになった起源であろう）。Mark Iの「得られた数値が指定された許容値より絶対値で小さくなった」[35]ときに自動的に計算を停止しオペレータに通知する機能は，ある判定の結果が正ではなく負になったことの検知に依存しており，これによって，十分に正確な結果が得られたときに繰り返しのプロセスを停止させることが可能となった。

　Mark Iは，リレースイッチの反転する速さの制約を受けていた。このため，1回の乗算実行に6秒かかり，専用ハードウェアを使った対数関数や三角関数の計算では，優に1分かかることになった。目新しい機械の使用やプログラミングが必要になるような複雑な計算は，多くの乗算を含んでいた。したがって，Mark Iの計算ステップが終了して次の処理指示テープを掛けられるとオペ

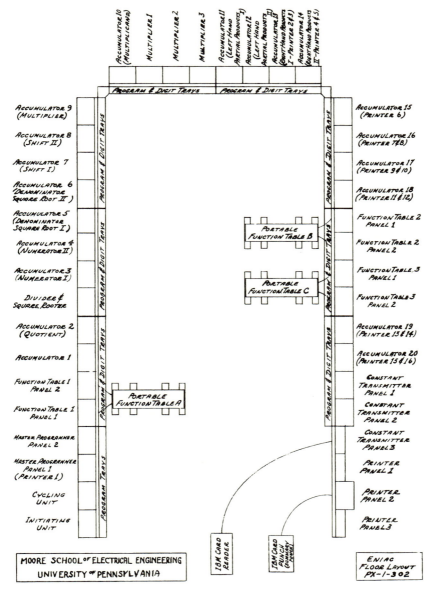

図 2.4　ムーアスクールに設置された ENIAC の 1945 年の構成。これは，1944 年 4 月にリランド・カニンガムとの間で合意されたものに非常に似ている。（米国陸軍の図表）

レータが気づくのに 1〜2 分かかったとしても，全体の進捗が遅れることはほとんどなかった。この計算機の設計期間中，複数の命令テープや分岐処理機構は，実用上喫緊に必要とされることはなかった。

ENIAC の設計者は，Mark I の設計者と同じように，計算とは逐次実行される演算列だと考えてはいたが，その演算は紙テープから読み取るのではなく，プログラム制御群として設定された。ENIAC の電子回路ユニットは素早く作動するので，次の指示が紙テープから読み込まれたとしたら，容認できないほど遅くなってしまったであろう。計算のある段階から次へと移る際に人の入力を待つのだとしたら，実用的とは言えないだろう。なぜなら，オペレータが機械に入力が必要と気づくのを待つことに，ほとんどの時間を費やしてしまうからである。このため，Mark I では人が処理の切り替えや繰り返し回数の制御を指定するような複雑な処理を，バークスの弾道計算の設定では，マスタープログラマで自動化していた。ENIAC には制御テープはなかったが，バークスの設定では，入力データや計算途中の結果にかかわらず，同じ一連の演算を正確に繰り返し実行した。

分岐装置の早期の提案

自動制御のために自動演奏ピアノ方式を採用することの短所は，まもなく明らかになった。Mark I の最初のプログラマの一人であるリチャード・ブロックは，条件分岐がないことが「大欠陥」だと述べている。そのことは，Mark I で解くためにジョン・フォン・ノイマンがロスアラモスから複雑な微分方程式を持ち込んだ 1944 年の中頃に，ことさら明らかになった[36]。

ENIAC のチームは，メモリ上に格納された数値が示す途中の計算結果に従って計算の行程を変更する機能の必要性に，開発の早い段階から気づいていた。計算機学者は，これが計算機を「万能」にするための重要な特性の一つと見ている。これは，十分な時間とデータ格納領域があれば，他のどのような計算機の動きでも真似ることができ，また他の計算機によって実行しうるいかなるプログラムも実行可能になることを意味していた。条件分岐制御は計算機と

して不可欠の機能なのか，それとも，その機能を持たない計算機もありうるのか，という議論がしばしば行われた。ENIACのチームは，この機能をENIACに持たせるか否かという単純なことではなく，複雑で組合せが予見できないような複数の指示の連鎖からなる計算を自動化する方法について幅広く研究していた。

制御に柔軟性を持たせるべきだという議論は，1943年末の進捗報告でなされていた。バークスの設定では，一定間隔の時間（「独立変数」）ごとの砲弾の位置を計算し印書したが，（1秒間，2秒間といった）一定時間に砲弾が移動する距離（「従属変数」）の変化は一定ではない。砲弾が（10ヤード，20ヤードといった）一定の距離を飛行するのに要する時間を一覧表にすることもまた有用であった。報告書には次のように記述されている。「しばしば，ある従属変数を一定間隔にした結果を印書することが求められる」[37]。これは，計算で得られた距離が，印書が求められる次の値に等しくなるまで積分を繰り返すことによって可能となる。結果が適切な精度になることを確実にするために，報告書では「従属変数の値が印書される値に近づくまで」はやや長めの間隔（0.01秒）を使い，そこから「望みの値を超えるまで」はやや短めの間隔（0.001秒）を用いることを提案している[38]。これは積分ステップを2種類準備し，計算された距離の値によって適切なほうを選ぶことを意味する。

Mark Iなどでは，切り替える時点を決めるために使う条件は，ある計算された値が正から負に変化することであった。切り替えを行うべき値と計算された距離の差分は，その値に到達した時点で負となるであろう。数値の正負は累算器の正負計数器に保持され，累算器内の数値が負になったときにだけこのパルスが転送された。鍵となるのは，次に何が起きるのかを制御するためにパルスを用いる，という考えであった。報告書ではそれを次のように記述している。「ある値が指定した範囲になったことは正負計数器の反転で知ることができ，これをプログラムを統御するために用いることができた」[39]。

実際の分岐機能は，「ある線で受信したプログラムパルスを，別の線で受信したパルスに応じて2本の線のどちらかで転送する機能を持つ約30個のユニット」という形でマスタープログラマによって提供された[40]。そして，報告書は次のように続けている。「そのようなユニットは，たとえば，ひとつの従属変

数が一定間隔をとるときに,その間に一組の値を印書する場合に使うことができる。一定間隔に達したことは,累算器の信号（正負計数器の値の反転）によってわかる。この情報は,積分計算を停止して結果を印書することができるように,自動的にユニットの一つへ転送される」。条件分岐を行うユニットは,30個の「IF … THEN … ELSE」制御に等価な機能を提供する。積分処理が終わったときにマスタープログラマに届くプログラムパルスは,二つの演算列のどちらか一方の最初の演算を起動させるために,分岐ユニットの一つを通って送出される。どちらの線に対してプログラムパルスが送出されるかは,特定の正負計数器の符号が変わったかどうかに依存するが,スイッチを構成するためにどのように信号パルスが使われるのかに関しての詳細は記述されてはいない。これらの単純なユニットは,各々が二分岐処理をするのだが,さらに複雑な制御構造を提供するために,他の装置と組み合わせることができた。報告書には,「計数器は数個設置可能である」とし,「記述されたようなその他のユニットとの組み合わせで使える」と記されている。マスタープログラマには,「毎回の印書前に実行する積分のステップ数やENIACが停止するまでに印書される回数」などの値をオペレータが指定するためのスイッチを組み込むことができた[41]。

演算列プログラミング

1943年の終わりまでにENIACチームは条件分岐機能の必要性を認識し,それを実現するための,現在の視点から見ても洗練された一般的仕組みを提案した。それは,二分岐制御が行える単純なハードウェアだった。このようなアイデアを実装したマスタープログラマの開発は,簡単ではなかった。それよりむしろ,「演算列プログラミング」というさらに一般的な課題のほうが深く検討され,単純な分岐ユニットは決して作られることはなかった。続く6か月でマスタープログラマの設計が始まると,チームは別目的ですでに開発済みであった計数・制御機能を分岐機能と合体させることで,より効率的に条件分岐機能が実現できると考えた。

1944年中頃の進捗報告では，マスタープログラマの基本設計は完成していた。プロジェクトの公式技術ノートでは，中間的な設計段階が少し明らかになった。のちに，バークスは，1944年春にエッカートとモークリーと議論したあとでマスタープログラマの「基本設計」を思いついたと主張した[42]。しかしながら，設計過程での最も明確な洞察は，未発表の設計図として残されているモークリーの描いたいくつかの設計の代案に見ることができる[43]。

　ENIACの2段階の制御モデルでは，基本的な演算列は，それぞれのユニットに局所的なプログラム制御群として設定される。ほとんどの問題では，このような演算列が複数個必要になる。演算列を正しい順序で実行し，適切な回数を確実に繰り返すための制御群は，「演算列プログラミング」の実行と言われた[44]。それぞれの演算列のプログラム制御群は，モークリーが「プログラム回路」と呼ぶものにワイヤーで物理的に接続された。最後の制御を最初のものに戻すような接続によって繰り返し実行をすることは容易であるが，これでは，Mark Iの無限循環テープと同じで，期待した結果が得られたときに次に進むことはできなかった。ENIACの設計チームの解決策は，プログラムパルスの流れを別の分岐に切り替えることにより，ループ処理から抜け出すことができる装置を回路に組み込むというものだった。

　モークリーは，二路分岐を実装するために，2本の出力線のどちらに入力パルスを渡すかを決めるフリップ・フロップ回路を「二股器」で制御する方法について説明している。モークリーはまた，多路分岐機能を提供するために，フリップ・フロップの代わりに環状計数器を使った「シーケンスユニット」，すなわち「ステッパ」についても論じていた。ステッパは，計数器の各ステージに出力線のついたものである。制御線上の入力パルスによって，計数器はひとつのステージから次のステージへと移行する。

　モークリーの概略図では，これらの制御ユニットは多くのプログラムへの入出力線を持つ抽象的な機械として描かれていた（これを図2.5として再現した）。入力線に到達したパルス（P_i）は，この装置の状態によって決められる別の出力線（P_o）に転送される。この状態は，別の制御線（P_s）からの入力によって制御される。この表記の仕方を見ると，モークリーは，すでに回路設計の詳細として，前の処理結果に基づいていくつかある経路の中の一つを選ぶと

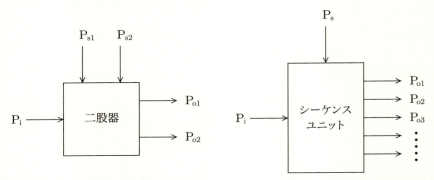

図 2.5 モークリーによる二股器(左)とステッパ(シーケンスユニット)(右)の概略図を単純化したもの。(ハグリー博物館・図書館所蔵の原本に基づく)

いう論理判定のアイデアを固めていたことがわかる。

モークリーは,ある値が正から負に変わったときに計算の行程を変えるように,ステッパの制御線あるいは入力線を操作する機能を ENIAC の累算器上の正負計数器が持つと記述している。判定箇所は,対象となる数値の符号の操作を伴う計算の直後である。たとえば,ある変数の値が別の変数の値より大きいときに分岐させたいならば,1番目の変数を2番目の変数から引き算すればいい。ENIAC による実現手法は,とりわけその独自の分散制御システムに固有のものが,算術演算の結果の正負によって計算の行程を変えるという考え方は,それ以降の計算機の命令セットに引き続き組み込まれることになる。

モークリーは,計数器とステッパを組み合わせて,ENIAC の他のユニットに設定された演算列を順次実行したり繰り返し実行したりする方法を示した。これによって,次のステップに進む前に繰り返し弾道計算の各ステップを開始させるというマスタープログラマの機能を実現した。図 2.6 は,「計算 I プログラム」の実行を記述した例を示している。これは,計算 II を 50 回,計算 I を 20 回,計算 III を 6 回,そして印書を 1 回行ったのち,全体を繰り返すことになる。ステッパが出力線の一つにパルスを発信すると,これが契機となって演算列が実行され,同時に計数器の値を増分する。計数器の値が最大値に達すると,ステッパが次のステージに進むように制御線 P_s にパルスを発信する[45]。その年の中頃の進捗報告書には,次のように記述されている。「これは,計数

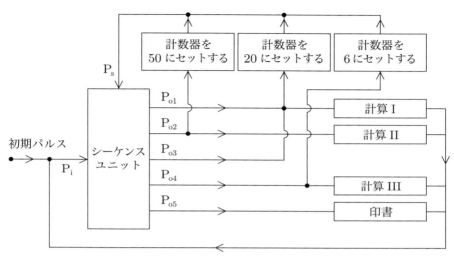

図2.6　モークリーによるステッパと計数器を使った繰り返し制御の図表の再現。（ハグリー博物館・図書館所蔵の原本に基づく）

器と連動してステッパが動くということであり，計数器がある演算列の最後に生じたパルスを受信し，さらに望む回数だけ繰り返し処理をするように演算列の先頭にパルスを送信し直す処理をするということである。この手順を演算列プログラミングと呼ぶ」[46]。

　モークリーの記述は，ステッパと計数器がホイン法の制御にも使えることも示しており，その概略図では，相互に接続されたステッパがバークスの設定した演算列を繰り返し，積分ステップを50回繰り返すごとに印書を行うというサイクルを合計で40回実行している。図2.7の左側のステッパのステージBの出力が積分処理を開始させて，積分処理の出力パルスが右側のステッパに送られる。ステージB1に付随した計数器は，印書のための演算列を開始する出力パルスを送信するステージB2にステッパが進む前に，50回の積分処理を繰り返し実行するように制御する。モークリーは，この図表において，図2.6で説明されている方法を2通りのやり方で改良し，ENIACで実行するように組まれた計算処理がステッパと計数器の組合せによって制御できることを詳細に説明している。第一に，初期化する演算列を起動するとともに，次のステージに

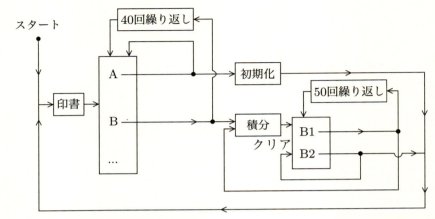

図 2.7 バークスの弾道計算の設定における，二つのステッパを用いた入れ子のループ処理の制御．モークリーの図表から抜粋し再構成したもの．（ハグリー博物館・図書館所蔵の原本に基づく）

進めるために，左側ステッパのステージ A からの出力をそのステッパ自身へ送り返す．第二に，右側ステッパを最初のステージに戻すために，そのステッパのステージ B2 からの出力は，そのステッパの「クリア」入力に指示を出す．これら二つの方式は，マスタープログラマの最終設計でも再び登場する．

モークリーの記述では，二股器と同様に，ENIAC には組み込まれなかった他の演算列プログラミングの装置についても言及している．その一つは「多重プログラムユニット」である．これは，いくつかのフリップ・フロップ機構を持ち，それぞれが別々の入力線によって制御されている．そのユニットへの入力パルスは，フリップ・フロップ機構に配されたすべての出力線にパルスを生成し，それで制御する演算列はどのような組合せでも同時実行させることができる．このユニットは作成されることはなかったが，この計算方式は，第7章で論じる，プログラム制御装置として関数表を利用する計画で再登場する[47]．

マスタープログラマ

マスタープログラマは，最終的に1桁の計数器20個を備えた10個のステッ

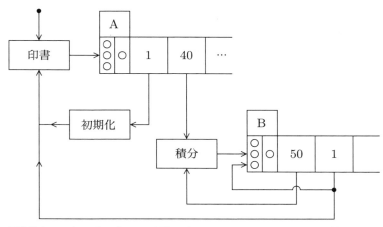

図 2.8 最終的なマスタープログラマの記法で示された，入れ子になったループ処理を示すモークリーの図表の再現。

パを組み込んでいた。問題ごとに，必要に応じて計数器をステッパに切り替えることで，計数器に必要な真空管の数を減らすことができた[48]。それぞれのステッパには六つのステージがあった。それぞれのステージが制御する演算列を開始させる回数は，スイッチを用いて指定する。図 2.8 では，バークスのプログラムのループの入れ子が，のちに ENIAC の計算処理の制御構造を示すための記法で表現されている。この記法では，ステッパと計数器を分けて表現するのではなく，ステッパの 6 ステージとそれぞれのステージにプログラムされた演算列の繰り返し回数が示されている。それぞれステッパは，三つの入力端子を持つ。この図表では，中央の入力端子が通常のプログラムパルスを受け取り，一番下の入力端子がステッパを最初のステージに戻す。

最終形では，ステッパを，指定した回数の繰り返しではなく，ある特定の条件でループ処理を終了させるためにも使うことができた。1944 年中頃の進捗報告書では，従属変数の値を一定量ずつ増やしながら弾道データを印書するという問題の詳細について再記述している。「従属変数の増分は累算器に格納することで指定し，ステップごとにそこから実際の従属変数の値が引き算された。積分計算の各ステップの終わりには，累算器の正負の信号がステッパに転送される。このようにして，累算器の数値の符号の変化を使って，ENIAC の

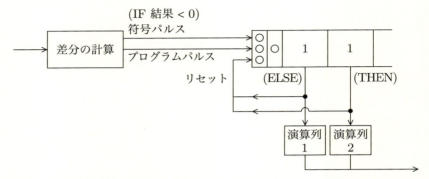

図 2.9 マスタープログラマのステッパを用いた「IF … THEN … ELSE」文と等価な設定。

プログラミングを変えることができる」[49]。

　プログラムパルスとデータパルスは，通常，幹線とケーブルからなる二つの別個のネットワークを流れていた。累算器の内容に基づいて「ENIAC のプログラミングを変える」ためには，データネットワークからプログラム制御ネットワークにパルスを転送する何らかの方法を見つける必要があった。1943 年の進捗報告書とモークリーのメモで論じられているように，チームは，累算器の正負（符号）計数器から発するパルスがプログラムパルスとして振る舞うように，プログラミング回路に転送する方法を実地に試してみた。ENIAC のパルスはすべて同じ形をしているため，これはたいした問題ではなかった。しかし，タイミングの問題を考慮する必要があり，プログラム線やプログラム制御に転送するために，正負のパルスを拾い上げるアダプタ付きの特殊ケーブルが作られた。

　このステッパの三つ目の入力端子は直接入力端子であり，正負計数器からのパルスが次に続く計算の行程に影響を与える手段を提供した。これこそは，マーカスとアケラが ENIAC に欠けていると信じていた，条件分岐のための「固有の仕組み」だった。この端子で受信された一つ以上のパルスは，ステッパに次のステージへとすぐさま移行することを促す。従属変数の値による作表制御の設定は，図 2.9 に示されている。ステッパの最初の二つのステージには，それぞれ演算列が設定されている。差分が計算されると，その結果の符号パルスがステッパの直接入力端子に転送される。計算結果が正であれば，パルスは

発生せず，ステッパは第1ステージに留まる。計算結果が負であれば，符号パルスがステッパを第2ステージに進める。このとき，普通のプログラムパルスはステッパに転送され，適切な演算列が開始される[50]。

　チームは，マスタープログラマを設計するときに，非常に複雑なやり方で演算列を組み合わせて完全な設定を行うための精巧なユニットを作り出した。それは，演算列の決められた回数の繰り返しを含み，もともと二路分岐ユニットと考えていたものと機能的に等価であった。これは基本的なサブルーチン処理にも使うことができ，「積分のあるステップ内では，ある補間処理が何度も用いられる可能性がある。この演算列は1回だけ設定すればよく，同じ演算列がステッパによって必要に応じて使われる」[51]。ここでのステッパの役割は，のちのプログラミングで戻り番地として提供されるものと等しい。制御は，ステッパの現在の状態に応じて，補間処理からステッパへ渡され，そして積分のステップの適切な位置へと戻された。

条件付き制御を採用する

　マスタープログラマの設計が終わり，チームは条件付き制御に関してさらに抽象的な言葉で考えるようになった。1944年の年末の進捗報告書では，この機能をマスタープログラマなしで実現する新たな方法が記述されている。

　格納されている数値の正負によって計算行程を制御するために正負計数器から発信されるパルスの利用は，「符号識別」と呼ばれていた。チームは，すでに累算器に組み込まれている機能を組み合わせれば，マスタープログラマなしにこれが実現できることを発見した。正の数値を転送すると，累算器のA（加算）出力端子には符号信号は出力されず，S（減算）端子には9個の符号パルスが出力され，負信号ではその逆になる。両方の端子から同時に数値を転送し，符号パルスを二つの異なる演算列の初期制御に送信すると，格納された数値が正であればその一方が開始され，負であれば他方が開始される[52]。この改良版の分岐制御方法を用いると，マスタープログラマのステッパは空くが，すべての累算器を使い切ってしまうことになった。1946年のENIACマニュアルに

は，次のように記述されている。「このように累算器を設定すると，累算器の2種類の出力端子は大小識別プログラムと完全に結合されてしまうため，大小識別プログラムといっしょに他の数値計算プログラムは実行できない」[53]。

　起動された演算が正常終了するための時間を確保するには，パルスを「ダミープログラム制御」を迂回させることにより，その演算の開始をENIACの次の加算時間（この文脈では，のちの命令語サイクルという用語と同様の意味）の開始まで遅らせる必要があった。これは，新しい装置というわけではなく，それぞれの累算器にすでに存在する回路や制御の巧みな再利用であった。符号パルスは，特殊な「プログラムアダプタ」ケーブルを介して，累算器の使われていないプログラム制御入力に転送される。この「ダミー制御」は，次の加算時間の開始時にプログラムパルスを発信する以外には何もしない。これで，新しい回路を製造する必要なく，パルスの発信を遅らせることができた。

　数値の符号パルスを計算行程の制御として使う方式がいったん確立できれば，この方式は自然と数値パルスに一般化され，「桁制御」と名付けられた。その一例は，1944年中頃の進捗報告書において，マスタープログラマの柔軟性についての説明で用いられている。これは，ENIACの三つの関数表を使って一つの関数を設定するものである。関数の引数の1桁目（0，1，もしくは2）をステッパの直接入力として送ると，「ステッパは三つの位置のうちの一つに移り」，値を検索するのに「三つの関数表のどれを使うかが決まる」[54]。

　ENIACが稼働し始めると，そこで働く多くのメンバーたちは，後継機であったEDVACのために考えられた，単純で柔軟な条件遷移機構について精通するようになった。しかしながら，ENIACのプログラミングは，ループの条件終了や桁制御のような特別な動作を構造化するための前提として，主にマスタープログラマを使うことを想定していた[55]。

　ENIACの分岐機能の実装は基本的構造への後からの拙い付け足しだったというのちの誤解は，ENIACチームとジョン・フォン・ノイマンの考案した計算機アーキテクチャが近代的アプローチの美的基準に与えた長年にわたる影響を表している。この新しい美的基準についてはあとで触れることにし，ここでは，ENIACの設計規範全般の中で，マスタープログラマの設計はまさに洗練された解決法だったということを記しておく。ループの条件付き終了に使うた

めに実装された分岐処理は，別の目的で使われていた回路や真空管を効果的に再利用し，マスタープログラマの効率的活用を促した。アーサー・バークスは，何年かのちに「ENIACの分岐処理はぎこちなかった」と書いている。「さらに多くのプログラム装置があれば，それを単純化することができただろう。しかし，プログラム装置はすでに使われていて，演算を単純にするために電子装置を追加する余裕はなかった」[56]。

第3章　ENIACに生命をもたらす

　前章までで，電子的な速さで計算する自動制御装置の構築を試みるENIACチームの努力を見てきたが，この章ではそれと同時に進行したENIACの技術開発へと目を移そう。過去の報告書から非常によく知られたことだが，最大の課題は，何千もの真空管を確実に動かし続ける技術をいかに開発するかであった。戦時中にENIACを素早く設計し構築することは，ほかにも多くの難題を伴った。それは部品の調達に始まり，ENIACのパネルの配線や部品を組み立てる際の女性たちの非常に面倒な作業にまで及ぶ。

　技術革新の困難さが主として思考法や理論にあると決めてかかると，信頼性設計，工場管理，プロジェクト管理の分野で訓練を受けた人で満ち溢れる工学部が運営することで得られるENIACプロジェクトの優位性を見落としがちになる。部品調達に関しては，経営史家でさえつまらない話題と見なし，計算機産業での製造技術の歴史について書かれたものはほとんどない。ここで，初期の計算機プロジェクトの実績を考えてみよう。多くの計算機プロジェクトは，構築中に頓挫してしまうか，完成したとしても使えないものであった。たとえば，チャールズ・バベッジの階差機関，ジョン・アタナソフの計算機，コンラート・ツーゼのZ1などである。それらは，製作者がその課題を克服するための資源や技術を持っていなかったのが原因である。だが，ENIACは成功した。また（IBMの経験豊富な技術スタッフによって作られた）ハーバード大学のMark I，（電話研究所の信頼性のあるスイッチ機構を作る並外れた技術を用いた）ベル研究所の計算機，そして（やはり優秀な技術者がいた）コロッサスも成功した。私たちの研究により，ENIACプロジェクトが直面した難題が明らかになった。どこにでもあるものとして片付けられてきたかもしれない部品（たとえば，抵抗器，電源，ハンダ付け接合部，ワイヤーなど）の調達にまつ

わる困難である。これらの部品は，ENIACにとって真空管ほど重要なものとは思えないかもしれない。しかし，どんなに優れた，あるいは革新的な機械でも，必要な部品すべてに対する気配りを欠いては動作し得ない。

§2台の累算器のテスト

　累算器の設計は1944年の初めまでには完了した。予定している2台の累算器のテストに必要な装置の集中的な構築作業が始まった。その担当事項の多くは，ジョン・H・デービスに任された。彼の実験ノートには，累算器を構成するさまざまな回路の系統的で長期にわたるテストが記録されている[1]。2台の累算器を作動させるためには，さまざまな種類の電源，コネクタ，アダプタといった付属的な装置とともに，制御パルスを供給するサイクリングユニットが必要だった。チームが認識していたように，このことは「小さなENIAC」を構築するに等しく，テストの成功は，「累算器の動作可能性だけでなく，ENIAC全体の設計原理がうまく働くこと」を実証した[2]。

　作業はゆっくりと進んだ。5月17日までには累算器の構築が概ね完了した。ジョン・ブレイナードは，この遅れを累算器内部の「大量の配線」に帰した。「それぞれの累算器の作業に1人しか取り掛かれなかった」からである。これによって，標準化された真空管部品を使って外部で組み立てられた「プラグイン」ユニットがすみやかに進捗したにもかかわらず，累算器の完成は遅くなった[3]。テストは1週間後に始まった。「設計や構築の小さなエラー」を修正するデバッグ期間を経て，6月遅くに累算器は完全に機能した[4]。7月3日に，ハロルド・ペンダーは，黄疸から回復しつつあった入院中のハーマン・ゴールドスタインに詳細な手紙を出した。その手紙には，ごく簡単な算術演算をテストしたことに加えて，累算器が「正弦波や単純な指数関数の2階微分方程式を解く」ことに用いられたという内容が書かれていた[5]。これらの計算は，2階微分方程式である調和方程式に基づいていて，その単純な形が自動化数値積分の有益なテストとなった。エッカートとモークリーの1943年の提案には，この方程

式を4台の累算器で扱う例が含まれいた。しかし，テストには，より一般的でないバージョン（トラヴィスによって1941年に報告された例のように，2台の累算器しか必要としないもの）が使われた。

「累算器の中身を見ることは，興味深かった」とアーサー・バークスは回想した。「指数関数の計算では値が上がっていくし，三角関数の計算では，一方の累算器は正弦値を，他方は余弦値を表示し，その値が上下に波打つ」のである[6]。この単純な計算機を使って得た経験によって，電気回路と，サイクリングユニットのインターフェイスの設計作業が詳細にわたって具体化された[7]。これには，オペレータが連続的にENIACを動かしたり，ボタンを押すたびに1回の加算や1回のパルスを実行させるというように計算を1段階ずつ進ませたりすることができるような制御の計画も含まれていた[8]。累算器の設計は，最初の2台の累算器ができたあとも手直しが続いたが，概ね安定してきた。1945年の夏には，小さな変更を取り込みながら，まだ新たな青写真は作成の途上にあった[9]。

§ ENIACを構築する

累算器を作ることは簡単ではなかった。ムーアスクールの1階にある大きな部屋が，構築作業場所に指定された。スコット・マッカートニーの本には，作業場は「ホイッスル工場という不遜なニックネームが付けられた。それぞれの技術者は部屋の壁に向かって作業台を置き，組立工と『配線工』が部屋の中央を占め，そこでENIACが作られた」と書かれている[10]。ENIACのパネルを縫うようにワイヤーが通され，接続部分でハンダ付けされていた。写真で見ると，ENIACの正面から飛び出ているケーブルが印象的であるが，いくつかのキャビネット内の数マイルにも及ぶワイヤーや，回路をまとめている50万個ほどのハンダ付け接合部と比べると，大したことはなかった[11]。

構築作業よりも設計作業が中心であった1943年12月17日，ENIACプロジェクトが雇ったのは，11人の技術者，4人の技師，そして，女性製図工，秘

書，パートタイムの速記者を含む5人の支援要員だった。要員数は，製造と試作の作業が進むにつれて膨らんでいった。ムーアスクールは工業生産の現場になった。そして，そのプロジェクトの管理体制は，製造をやりやすくするために四つのグループに再編成された。エッカートは引き続き全体の責任者であり，モークリーとともに，7人の技術者からなる製造・検査グループを率いた。回路図は，フランク・ミューラルが率いる3人体制の機械設計・製図チームに渡された。このグループが作成した青写真は，3人体制のモデル作成チームに渡された。製造・検査グループによって実装モデルがテストされ承認されてから，青写真は発表された。このように設計，試作，製造と工程を分離することは，設計・製造工程におけるある程度の規格化の導入を反映しており，口頭で指示を出すことを避けるという意図を伴った[12]。こうした方策は，のちにバークスが語ったところによると，「配線したのちも，完了しテストを受けるまでも，回路を変更し続けた」ことによる，製造労働者の士気低下問題への対処に役立ったかもしれない[13]。

過去の文献で名前がすぐにわかるENIACの設計技術者とは対照的に，製造に携わった労働者は，歴史家とジャーナリストから無視されてきた。製造チームは，ジョセフ・チェダカー（設計チームから異動した技術者）と一人の男性検査官に率いられた。しかし，ほとんどすべての「配線工」と組立工は女性であった。1944年5月には，製造チームは10人のメンバーを有し，すでにENIACで最大のグループとなっていた。その年の末には，専任労働者を34人とし，それに基づいてENIACを完成させるのに必要な作業量が見積もられた[14]。

会計記録の中に何人か女性の名前を見つけた。それによると，女性は「見習い」として始まるが，ほとんどの場合，数か月後に「組立工助手」「組立工」「技師」に昇進したことがわかる。離職率は非常に高かった。見習いの中には雇用を打ち切られた者もいたが，それよりも妊娠や夫の転勤という理由で自ら退職する女性のほうが多かった[15]。ウェブや新聞の情報源の中には，電話会社の従業員の採用を示すものもある。地元の無線産業と同じく，電話会社も労働供給源として妥当と思われる。しかし，こうした女性たちの採用に関する確実な裏付けを見出すことはできなかった。戦時中の労働力が不足した1944年中頃，

トレーニングを完了したある女性技師は，年におよそ2,000ドルを稼いだ。それは，経験の浅い女性労働者にしては高い賃金だった。男性技師は年に2,500ドルも稼いだ。これらは，1,800ドルに昇給したばかりのグループ秘書であるイザベル・ジェイと，その時点で研究室長として4,000ドルもらっていた"プレス"・エッカートの額との間に位置付けられた。設計技術者の年俸は3,000ドルから始まった。

技術者と同様に，配線工と組立工は，戦時中は休暇を先送りして夜も週末も働いた。構築終了をもって彼らは解雇予定であったが，ブレイナードは，それが休暇を利用できないことを意味するのではないかと心配していた。しかし，実際には，戦争が終わっても彼らはまだ2交替で働いており，少なくとも何人かはENIAC構築の大幅な遅れの恩恵を受けた。

構成部品の調達

ENIACは大部分が一般的に市販されている部品や道具で作られた。オシロスコープ，抵抗器，コンデンサ，変圧器，チョーク，真空管，それに付随するソケット，プラグ，ラック，パネル，筐体，そしてもちろんワイヤーである[16]。これらすべての部品を調達するには，契約によって弾道研究所に供給される多額の資金だけではなく，戦時中の官僚を操るための人脈と巧妙さを備えた人物も必要だった。戦争中，合衆国の経済は政府機関に牛耳られていた。軍の需要が確実に満たせるように，民間人への供給は，バター，靴，そしてタイプライターさえも制限されていた。軍需用に転用された工場もあった。軍自体はさまざまな組織で構成され，それぞれに固有の必需品，備蓄品，供給方式があった。ソビエト連邦の計画経済と同様に，もっぱら形式的な官僚の仕組みだけでプロジェクトや工場をうまく運営することは難しかった。部品を素早く調達するということにおいては，個人的な繋がりで便宜を図り合うほうが，しばしば効果的だった。その仕事の多くは，ハーマン・ゴールドスタインが担当した。彼はムーアスクールと弾道研究所を結ぶ連絡将校であり，ENIACプロジェクトが軍の公式・非公式の供給網から物資を調達できるようにした。多くのENIAC

の部品は，ゴールドスタインがフィラデルフィア・シグナル・デポ社の備蓄品から確保した。米国陸軍通信部隊は電子機器の主要顧客であり，フィラデルフィアの貯蔵庫がその第一の調達拠点であった[17]。ゴールドスタインが下請け業者のために陰で糸を引いてうまくいったこともあった。フィラデルフィアの会社であるカール・E・レイチェルト・スチール社がENIACの主筐体の作成を受注したところ，必要な鋼鉄を得られなかったが，ゴールドスタインが軍需品部フィラデルフィア支部との連絡をとり，調達が可能になった[18]。

ワイヤーのように一般的なものでさえも，調達には困難が伴った。ENIACを作るためには，広範囲から集められたかつてないほど大量電子部品を，一つに繋げる必要があった。ブレイナードは，1943年8月にMITの放射線研究所を訪れた際に，ちょうどよいワイヤーの見本を見つけたが，納入元を特定できる人が見つからなかった。彼は，複数のワイヤー製造業者に短く切ったワイヤーを送り，そのワイヤーを知っているか，そしてそれを26,000フィート（約8km）納入できるかどうかを尋ねた[19]。のちに，ブレイナードは，レンズ社にワイヤーを発注する許可を得るために，米国国防総省の軍需品部長官房局に働きかける必要が生じた。他の納入元からのスイッチとソケットの納品が遅いこともENIACの進捗を脅かし，介入を依頼することになった[20]。

ENIACの抵抗器は，真空管よりも多かった[21]。ほとんどの抵抗器は小さく信頼性があり調達も容易であったが，設計上，外国製で高精度の抵抗器も多く必要だった。1944年8月，ゴールドスタインは外国製の抵抗器の調達にも関係している「ひどい連携」が製造の遅れの原因だと考えた。ENIACプロジェクトと軍需生産委員会の連携は，「質，量ともにわれわれの要求」を満たさなかった。問題の抵抗器は，インターナショナル・レジスタンス社でのみ製造されていた。当局に「好印象を与えることはとてつもなく難しく」，提供されたのは適合しない代替品のみであった。このときは，ムーアスクールの学部長であり，インターナショナル・レジスタンス社の共同創始者で重役でもあるハロルド・ペンダーに，ENIACは救われた[22]。

部品調達は，ENIACプロジェクトが終わるまで続いた。機械が大部分完成した1945年半ば，ゴールドスタインは，そのときもまだ弾道研究所との追加の45,000ドルの契約を履行するために，軍需品部フィラデルフィア支部に働き

かけていた。その契約は，さまざまな予備部品，特注のオシロスコープ，特殊なテーブル，計算機外部の「プラグイン」ユニットのテスト装置を提供するというものである[23]。ENIACがアバディーンに移されたあとでさえも，ムーアスクールは契約で同意した一覧を埋めるため，予備部品の発注・発送をまだ続けていた[24]。

信頼性の設計

　ENIACの回路設計は，それほど要求の厳しくない用途のために大量生産された部品に，前例のないほどの要求をつきつけた。ENIACについて記述する歴史家は，もともと信頼性の低い部品を使って相当に信頼できるレベルの機械を工夫して作ったエッカートを一様に称賛してきた。

　真空管は，ENIACの論理ユニットやメモリユニットの基本的な組立部品であった。真空管の数が引用されるときは，しばしば17,468本とされる。しかし，数年にわたってユニットは増やされたり改良を加えられたりして変動しているため，これは正確な数字とは言いがたい。エッカート自身は，四捨五入して18,000本とすることが多かった[25]。真空管は，その進化のもとである電球と同じように，予測不能なタイミングで切れてしまうことがあった。それは，たいてい真空管に通電するときに起こった。ENIACの多くの真空管が普通の条件下（たとえば無線で使う場合）と同じ頻度で故障していたら，電源を入れてから最後まで計算し続ける見込みはほとんどなかっただろう。

　技術者は，すでに故障の頻度を下げるやり方がわかっていた。真空管はすべてが同等に作られているわけではなく，劣った真空管はたいてい早いうちに故障した。エッカートのチームは，入荷した真空管を検査するための特別な機器を作り，毎回その品質を確認し，故障するパターンに関するデータを集めた。その結果は，設計プロセスにフィードバックされた。真空管が故障する確率は，真空管に通電する電流量と大きな関係があることがわかった。そこで，エッカートは，メーカーが推奨する電流量の25％以上は決して流さないことを最終的に決定した。それぞれの真空管は過酷な環境下で「通電テスト」さ

図 3.1 ENIAC の真空管の交換。ENIAC のパネルは部屋の仕切りを形成し，スイッチが前面にあり，真空管を詰めた「プラグイン」ユニットは簡単に取り外せるように背面にあった。（米国陸軍の写真）

れ，脆弱な真空管は ENIAC に取り付ける前に抜き取られた[26]。真空管のほとんどの故障は，通電して暖まったときに起こったので，ENIAC は電源を切る回数をできるだけ少なくするように，夜中も週末も電源を入れたままにした。これらの対策で，ENIAC の信頼性の期待値は向上し，いずれは計算を完了させることができる，言い換えれば，ひょっとすると 1 交替の間を故障せずに済むことすらあり得そうだと思える水準になった。

幸いにも，真空管は近くにある地元の無線製造会社に供給するために大量生産されていた。近所の RCA 社で作られすぐに入手できる一握りのモデルをもとにして，エッカートは可能な限り標準化をした。1944 年 1 月から，ムーアスクールは最初の一対の累算器を作成するために，多くの真空管を届けてもらう

ようになった。8月になって，真空管は「製造ベース」で帳簿を付けるのに十分なだけ，大量に買いつけるようにした。これは，過去と今後の購入額をもとに，リベートを受け取れるようにするためである[27]。

18,000本の中から1本の故障した真空管を見つけるとしたら，それ自体非常に困難なことだろう。ENIACの設計には，さまざまなパネルにおいて，プラグインユニットとして知られる標準化された組立ブロックが使われていた。組立ブロックは真空管と付随する部品の標準セットを保持し，容易に外したり取り替えたりすることができた。故障した部品のあるプラグインユニットを見つけるほうが，故障した真空管そのものを見つけるより簡単だった。ユニットを交換してENIACをすぐに再稼働させながら，欠陥のある部品が取り除かれ修理された。

製造が佳境を迎えた1945年，品質を安定させることがチームのますます重要な仕事になった。特別な「試験表」が作られ，使用する真空管を個別に試験してその詳細を記録する厳格なプログラムが導入された[28]。

他のプロジェクトとの連携

プロジェクトの連携のネットワークにより，物的な支援だけでなく知的にも支援を受けた。ENIACは，「極秘」や「機密」ではなく「秘」に分類された（「極秘」「機密」の二つは真に慎重に扱うべきプロジェクトに使われた）。戦時中の科学プロジェクトと軍事契約企業の間で，ENIACは公然の秘密のようだった。ENIACを視察したいという要請は，完成するかなり前から来ていた。実際には，ゴールドスタインが，計画的にENIACの認知度を高めていたようである。彼は，1944年8月には訪問者の許可を手配していた[29]。彼が仲介した訪問者の中には，計算技術の専門家だけではなく法人の潜在顧客もいた。たとえば，1945年6月に視察に訪れたチャンス・ヴォート・エアクラフト社の代表団などである[30]。結局，軍需品部長官房局はゴールドスタインに，これ以上の遅延と作業に集中できないのを避けるために，「ENIACが完成するまで誰にも訪問許可を出さない」だろうと告げた[31]。それゆえ，はるかに秘密度の高いコロッサ

図3.2 このプラグイン方式の「ディケード」ユニットは，10進数1桁を保存することができた。28本の真空管は容易に交換できるように外側に搭載された。「配線工」の仕事は，ユニット内のワイヤー，抵抗器，ハンダ付け接合部にはっきり見ることができる。

ス計算機を作った W.W. チャンドラーとトミー・フラワーズは最後には例外とされたが，英国郵便公社の代表団に対する訪問許可も当初拒否された[32]。

重要な連携先の一つとして，ニューヨークにあるベル電話研究所があった。リレー式自動計算機の専門家であるベル研究所のジョージ・スティビッツは，戦時の計算機プロジェクトを監督している米国国防研究委員会の一員であり，ベル研究所で戦争中に作られた一連の計算機の設計者だった。1943年11月，ENIACについての彼の忠告は，「電子装置」はリレー技術と同じ演算をより高速に実行できるが，「開発期間は4〜6倍かかるだろう」というものだった[33]。そうだとすると，ENIACは戦争の役には立たないことになる。スティビッツは，弾道研究所のために「リレー式微分解析器」を早急に作ると申し出た。リレー式微分解析器を作るというアイデアは，ENIACにも投資していることから，当初は余計なものとして退けられていた[34]。スティビッツのリレー技術へ

の傾倒は，単なる保守主義として片付けられることもあった。しかし，ENIACのスケジュールについての彼の懸念には十分な根拠があった。それでもなお，彼は「ENIACの開発は，魅力があり継続するべきだ」と助言した[35]。

1944年1月，ゴールドスタインはスティビッツに手紙を出した。スティビッツが最近弾道研究所を訪問してくれたことへの感謝と，ベル研究所のリレー式計算器を弾道研究所に調達できるよう，「スティビッツからの援助を得たい」という要請が書かれていた[36]。ほかにも交流は続いたが，中でも最も重要だったのは，2月1日のアバディーンでの会議である。そこにはムーアスクール，弾道研究所，ベル研究所の上級スタッフが参加していた。「磁気テープかテレタイプ用の紙テープのいずれかを対象に，（ENIACの）データの投入や取り出しをするための高速な装置の開発を検討して」ほしいとベル研究所は依頼された。さらに，弾道研究所用のリレー式計算機と微分解析器用プリンタの製作をベル研究所に委託することを検討すると，参加者たちは決定した[37]。これにより，さらにスティビッツやベル研究所の他のメンバー（K・T・ケインやサミュエル・B・ウィリアムズなど）が，ENIACと関わりを持つことが確実になった。ENIAC向けの高速テープドライブの構築計画はまもなく中止された。軍需品部長官房局で新たな地位に就いたポール・ギロンは，その計画に深い関わりを持つ立場にあった。彼はハロルド・ペンダーに手紙を出し，ウィリアムズとスティビッツは「その仕事を遂行することにまったく熱心ではない」ことがさらなる議論によってわかったこと，また「われわれが……遅延を強いられれば，彼らがスティビッツの装置を商品化するのにかなり有利になるであろう」ことを伝えた[38]。にもかかわらず，ゴールドスタインは弾道計算の方程式のための数値的な解法について詳しい助言をしてくれたスティビッツとともに働き続けた[39]。ゴールドスタインとカニンガムは，弾道研究所がリレー式計算器を注文するように引き続き働きかけ，最後には実現した。これについては，のちの章でもう少し語らなければならないだろう[40]。

ENIACは，その提携から直接恩恵を受けていた。小型スイッチのオン・オフを電子的に切り替えることのできる1,500個のリレーは，信頼性に不安が残った。ゴールドスタインは，ベルシステムの製造部門であるウエスタン・エレクトリック社がリレーを供給できるように手配した。1944年9月，彼は「納入を

急がせる」ために依然として奔走していた[41]。

　ムーアスクールと弾道研究所は，ともに微分解析器を利用した。米国で稼働していたその種の機械はほんのわずかだった。そして，その機械の所有者は，ある種の非公式な交流を行い，ときどきアイデアを交換していた。これによって，ENIACチームは，以前レーダーのプロジェクトにおいてムーアスクールと共同研究をしていたMITなどの他の機関と，それまであった繋がりとは別の繋がりを築いた。当時の往復書簡によると，早くも1944年2月には，電子計算機について議論する集まりにMITからの参加者が含まれていたことがわかる[42]。

　ENIACプロジェクトと他の計算機プロジェクトとの間の直接的な繋がりを示す明白な証拠はない。最も多くの記録が残っているのは，ジョン・フォン・ノイマンとの繋がりである。1944年の早いうちに，フォン・ノイマンはハーバードの機械について十分知らされており，1944年8月からENIACグループと深い関わりを持った[43]。この日以前に決定されたENIACのどの側面も，ハーバード大学のMark Iの設計を取りいれたのか，意図してその設計から離れたのか，どちらとみなすのが適切なのかはっきりしていない。

下請け契約を結ぶ

　それぞれの累算器の数値は，そのネオン管表示から読み取ることができたが，結果をオペレータが書き留めるのを待つとしたら，未曾有のスピードを誇るENIACを使いこなしているとは言えないだろう。ENIACの他の入出力装置の概略が示されたのは，開発期間のかなり終盤だった。1940年代，計算機を使う人たちのほとんどは，テレックス機で使われていた薄っぺらで細長い種類の1列5穴の紙テープを使って入力を符号化した。射表計算を実行するために膨大なデータを読む必要はなかったが，弾道研究所はパンチカードからデータを読めるようにすると決めた。これは，その先10年間で，ENIACの実用性を飛躍的に高めるための決定だった。1944年4月に，ゴールドスタインは，ENIACとの接続に適したIBMの特製カード読み取り機とカード穿孔機を入手できる

よう手配した。計算自体は比較的小さくても出力が大量に発生するような計算では，機械の最高速度についていけなかったが，それでも，これらの機器はそれまでの紙テープに比べて速くて柔軟性があり，はるかに頑丈であった。

ゴールドスタインはブレイナードへの手紙に「契約などの形式的な手続きによってこの構築が遅れることはないだろう」と書き，実際にそうだった[44]。正式な手続きを経ないで作業できることが，ENIACの完成を早めた。1944年5月には，ENIACの大部分が完成したが，ゴールドスタインは契約条件を確定させるために，軍需品部内で交渉を続けていた[45]。パンチカード装置とENIACの他の部分との仲介役を果たすユニットである「定数転送器」の設計は，6月頃に完成した。ベル研究所の助けを借りて，その構築は1年後に終了した[46]。

繰り返された遅延

1944年2月，研究開発局長として弾道研究所を監督していたグラデオン・M・バーンズ少将は，戦場でENIACを使うことをハロルド・ペンダーにほのめかして，ENIACの構築は最優先事項であると念を押した。これにより，ハロルド・ペンダーは「どんな困難があってもこの計画をできる限り早く達成することを妨げてはならないという命令」が下されたと言った[47]。ハーマン・ゴールドスタインは，「10月1日までにENIACを完成させる」という1944年5月26日の約束に始まり，ENIACが完成する日の見積もりを何度も上司に提出した。ゴールドスタインは「これまでに生じた遅れは，必要な配線工の確保が困難だったことによるものだけだ」と付け加えた[48]。完成見込み日は4か月以内に迫っていた。こうした不屈の，そして幾分不誠実でもある楽観主義は，終戦が近づいたために，構築の遅れはENIACプロジェクトの中止の可能性を高めるというゴールドスタインの意識から生じたのかもしれない。

ノルマンディー上陸作戦の2日後の1944年6月8日，ジョン・ブレイナードは軍需品部長のレビン・H・キャンベル少将からメッセージを受け取った。それには，「世界の戦いの場で米国民のために戦っている部隊を代表して，あなたの継続的な努力の成果に十分な信頼を寄せている」と書かれていた[49]。この

ほかの督励の内容ははっきりしていた。7月にゴールドスタインは,「軍需品部長官房局弾道部門長」サミュエル・フェルトマンが「ENIACが製造される速度を少し懸念」していたとペンダーに警告した。ゴールドスタインは,「累算器の設計は満足な形で完了した。もう一つのユニットもかなりの速度で進捗するだろう」と,フェルトマンを安心させていた。彼はペンダーに,それゆえ「ENIACを迅速に作ることの必要性」は「極めて大きい」と戒めた。「軍需品部が長期研究プロジェクトの削減を決める前に,この機械を完成させることが必須だった」からである[50]。

1944年の初めに,ゴールドスタインはポール・ギロンに次のように報告した。「ENIACの作業は順調に進行している。……補助的なゲート用・スイッチ用の多数の構成部品だけでなく,すべての累算器のディケードも完成した。乗算器,除算器,関数表回路は完成し,換気装置は注文中で,IBMはカード入出力機も完成させた」[51]。チームには,何の障害もなく,作業は順調であった。8月には,ゴールドスタインは弾道研究所のレスリー・サイモン大佐に,ENIACの契約が切れる1944年末に「最終テストと引き渡しを除き,ENIACを実質的に完成させる」と約束した[52]。12月が来た。ゴールドスタインは,依然として楽観したままであった。彼はギロンに「われわれは,ENIACの製造を完了させることに苦労しているが……,2か月以内には完成するはずだ」と約束した[53]。

1945年2月,キャンベル少将は,ENIACを「最も早く終わらせるべき喫緊の要件」と念押しする厳しい覚書をペンダーに送った。射表の積み残し分が「プロジェクト開始時にあったものの約4倍」になったとの苦言も呈してあった[54]。1945年のほとんどの期間,ENIACは完成に近い状態にあった。その年の5月,ゴールドスタインは,ENIACは「最後の追い込み」に入り,除算器を除くすべてのユニットは「ほぼ完成した」と書いている。換気装置の作業は続いていた。そして,「今から約2週間後,電源の換気装置が完成したらすぐにテストを開始できる見込み」であった[55]。

ゴールドスタインのENIACの電源装置への言及は,簡単に調達や製造ができると考えられがちだが,実際には普通とは異なる困難を伴った技術の一例を示している。かなり大きな部屋いっぱいに広がり,1秒間に10万パルスにも及

ぶサイクル速度を持つ真空管18,000本を動作させる電源システムは，1944年に既製品として入手することはできなかった。通常の運用時，ENIACは約150キロワットの電力を消費した。ENIACの設計者は多くのユニット内で使われる電圧を標準化する努力をほとんどしなかったことによって課題を増大させた。その結果として，「78種類の電圧が必要であり，それを得るために28種類の異なる電源装置が用いられた」[56]。調達の破綻は，軍需品部の忍耐力を試すことになるほどにENIACの完成を長期間遅延させる恐れがあった。

　ゼネラル・エレクトリック（GE）社は，特別注文の変圧器の推奨供給元だった。しかし，他の軍事的関与のために1945年10月になるまで引き渡しを約束することはできなかった。マグワイア・インダストリーズ社（前オート・オードナンス社）は，GE社の3倍以上の価格で1か月以内に引き渡すという約束で，契約を勝ち取った[57]。当時，主力製品であるトンプソン短機関銃の戦争特需によって資産を増やしたマグワイア・インダストリーズ社は，電子装置の分野にまで活動を広げていた[58]。しかしながら，その契約どおりに引き渡しを始めることはできなかった。完成品で十分にテスト済みの28個のユニットが届けられることになっていた日から数週間たった2月末までに，マグワイア社が引き渡したのは4個のユニットの部品だけだった[59]。軍需品部によって調停された危機対策会議は，引き渡しを急がせるという約束をマグワイア社から引き出した。しかし，3月に引き渡された変圧器の作りは粗悪で，契約上の仕様に合っていなかった。責任者であるマネージャーが，通常の利用で作動する絶縁体ならENIACでも作動すると思い込み，仕様を無視していたのである（結局，ムーアスクールはペンシルベニア大学の法律事務所を巻き込み，専門家に評価を依頼し，マグワイア・インダストリーズ社からの払い戻しを勝ち取った[60]）。

　マグワイア・インダストリーズ社が変圧器を引き渡せないことによってENIACは電源が使えなくなり，配線工がパネルの組み立てを終えても，きちんとテストすることができなくなった。幸いにも，弾道研究所は，電源一式を含む予備の部品一式を注文していた。そうでなければ，固有のユニットの部品が一つでも故障すれば，部品交換の間「2週間以上ENIACを停止させる」ことになると認識していたからである[61]。マグワイア社に予備のセット分まで急ぎの割り増し価格を払う必要性はないので，二つ目のセットは代わりにJ・J・ノ

テルフェル・ワインディング研究所に発注していた。土壇場でバックアップが届いたことで危機を乗り切り，その後まもなく本格的にテストが始まった。

1945年8月22日，ENIACは完成に近づいていた。完成後には，アバディーンで最終的な動的・静的テストの実施が予定されていた。バークスは，積み残し作業を，「直ちにすべき」作業と，差し迫ったアバディーンへの引越し後まで放置しておく作業に区別し，作業チェックリストを作った。それぞれの計算機パネルに関する作業など，やるべき仕事が70以上残っていた。仕事を片付けるたびに，バークスは赤インクで印を付けた[62]。2週間後，ブレイナードは，ENIACの仕事を週5日は午前8時から翌朝午前0時半まで続けられるよう，中心となる技術チームの要員に，平日は2交替制にするように頼んだ。土曜日は交替なしの日中勤務だけだった[63]。チェックリストがあまり消化されないうちに，日本は降伏した。1945年9月2日，まだENIACが一つ目の射表を作る前に大戦は公式に終わった。戦時中の多くの契約は，特別な契約解除条項によって破棄され，未完成のままの建築や武器が残された[64]。

何度かの契約延長ののち，最新のENIACの契約では，9月30日までの完成が必要になった。しかし，その日までにENIACが完成できないことは明らかであった。そして，六つの追加契約によって，プロジェクトの支出は487,125ドルにまで膨らんでいた（さらに，アバディーンへの引越しのために，96,200ドルの予算がすでに計上されていた）[65]。物価上昇を差し引いても，今日のドルに換算して760万ドル以上である[66]。しかし，支出超過やキャンベル少将の不平にもかかわらず，ENIACは中止されなかった。それどころか，12月31日までの契約延長が認められた。その頃には，他の問題に対するENIACの柔軟性と潜在的な有効性が高い評価を受けていた。とりわけ高く評価していたのは，ジョン・フォン・ノイマンだった。ノイマンの意見は，政治的にも軍事的にも学術界にも，多大な影響力を持っていた。キャンベル自身は，ENIACは「計算作業の量が法外なために着手できなかった多くの弾道問題をうまく解決する」かもしれないとコメントした[67]。その上，戦争中であろうがなかろうが，弾道研究所は依然として射表の計算を必要としていた。

§ ENIAC を使う

ENIAC が十分に機能しても，それを動かすオペレータのチームがなければ，弾道研究所にとって役に立たなかっただろう。1945 年の夏，そのことについて何か手を打つべきときが来た。弾道研究所の研究者で，そのときすでにムースクールで射表計算を実施していたグループの上級管理者であるジョン・V・ホルバートンが，ENIAC 運用の長として任命された[68]。ホルバートンとその運用チームは，移動後も継続して運用できるように，ENIAC とともにアバディーンに移ることになっていた。

ENIAC の女性たち

ジョン・ホルバートンとアデール・ゴールドスタインは，すでに計算手 (human computer) としていた人材の中から 6 人の女性を選び，ENIAC オペレータの最初のチームを作った。彼女たちは問題の最初の設定を手作業で実行することに加えて，ENIAC のカード穿孔機とカード読み取り機の面倒も見る必要があった。従来型のパンチカード装置を構成変更・操作し，ENIAC の作動中に発生するエラーと欠陥を見つけてそれを解決するためである。いつの時代でもほとんどの技師と支援要員が有名になることはないように，彼女たちも世に知られることなく働いたが，数十年後に「ENIAC の女性たち」や「最初の計算機プログラマ」として，いくぶん有名になった。

現在の意味での「オペレータ」や「プログラマ」という言葉では，彼女たちが行っていた仕事の範囲を正確に伝えられない。もともと「オペレータ」は，計算機のすぐ近くで，手作業で何かすることを想起させる語である。しかし，彼女たちは初期の頃から，求められる数学的な演算列をいかに ENIAC で動作させるかを考えながら，設定を計画することも求められていた[69]。ENIAC が想定どおりに動かなかったとき，誤りの原因がスイッチや配線の物理的設定にあったのか，それとも設定の設計にあったのかを切り分けることは難しかった。こうして，ENIAC そのものとその上で実行する問題の両方の仕組みを深

く理解することが，オペレータには求められた。のちに，「計算機オペレータ」は，地位の低い，ほとんどブルーカラーの仕事だという烙印が押されるようになった。過去に遡って彼女たちをプログラマとして呼ぶようにすることは，彼女たちの仕事の創造的で数学的な面に光を当てることに貢献している。

ムーアスクールに何百人もいる他の射表計算手と同じように，見習いオペレータたちは，低賃金の狭苦しい環境下で，要求は厳しいが退屈で単調な計算作業を行っていた。彼女たちは若い未婚の女性で，たいていは初めて就いた仕事であった。報告書を読むと，故郷を離れて住み，大都市で新たな友との生活を楽しんでいる興奮が伝わってくる。ENIACオペレータに選ばれた6人は，全員が学位（うち4人は数学の学位）を持っており，他のほとんどの計算手とは一線を画していた。キャスリーン・マクナルティ（愛称は「ケイ」で，のちのモークリー）とフランシス・バイラス（のちのスペンス）は，フィラデルフィアにあるチェスナット・ヒル・カレッジ女子大学の数学専攻のクラスメートで，1942年に卒業と同時に採用されていた。フランシス・エリザベス・スナイダー（愛称は「ベティ」で，のちのホルバートン）は，1939年にペンシルベニア大学でジャーナリズムの学位を得ていた。マーリン・ウェスコフ（のちのメルツァ）は，テンプル大学で社会学の学位を得ていた。ラス・リヒターマン（のちのタイテルバウム）は，ニューヨークのハンター大学で数学の学位を得ていた[70]。

今では，ベティ・ジーン・ジェニングズ（のちに，ジーン・バーティク）は，「ENIACの女性たち」の中で最もよく知られている。彼女は，口述歴史インタビューや回顧録を通して自分の体験を伝えることに励んだ。ミズーリ州の農場で敬虔な禁酒主義の家族のもと，七人兄弟の一人として育てられた彼女は，1945年6月にノースウエスト・ミズーリ州立教員養成学校を，数学の学位を得て卒業した。ムーアスクールに着くとほとんど同時に，彼女はENIACグループに配属された。彼女の回顧録を読むと，東海岸で過ごす生活の中での活力らしきものが感じられる。その地で，彼女は各地から来た新たな友達を作り，新たな経験の機会を逃さずつかんだ[71]。

このENIACのオペレータたちは，直属の上司からの推薦で選ばれた。当の上司には残念がる者もいたが，自薦はできなかった[72]。しかしながら，6人の

女性はムーアスクールの弾道研究所で働く女性たちの中で，最も上席でも，最も高い技能を持っていたわけでもなかった。彼女たちは，前々からメアリ・モークリーやアデール・ゴールドスタインと知り合いだったのである。この二人は，計算グループの新メンバーの訓練の責任を担っていて，使われていた数学的な手法と機械式卓上計算器の説明をしていた。モークリーとゴールドスタインが訓練する女性たちの多くは，この二人が採用していた[73]。ゴールドスタインは，(彼女の学部時代の母校であり，ENIAC プロジェクトのためにラス・リヒターマンを見つけたハンター大学など) 多くの大学に出張し，採用活動を行った[74]。

アデール・ゴールドスタインの数学の成績は，ENIAC に関わった女性たちの中で一番であり，ミシガン大学で修士号をとっていた。1942 年に，当時米国陸軍に勤務していた夫のハーマンに帯同し，彼女は中部大西洋沿岸地域に移った。彼女はフィラデルフィアの公立学校の教師として働き，教育を受けた女性のよくある職歴をたどった[75]。メアリ・モークリーは，二人の子供の母で，ウエスタン・メリーランド大学の数学の学士号を持っていた。アケラが書いているように，彼女は夫の乏しい戦前の給料で中流の生活を維持しようと奮闘していた[76]。

女性の仕事と応用数学

同世代の多くの若い女性と同じように，ENIAC のオペレータは，平時には存在していなかったチャンスをつかもうとしていた。男性が軍服を着て海外に送られたとき，女性は，米国が戦争に勝利するのに必要な水準まで工業生産を増やすことに協力し，軍需品を作り，船体をリベットで留めていた。女性を雇って数表の計算をさせることは，通常の男女の役割から見て，それほど大きくずれてはいなかった。計算は応用数学の一部で，この分野で一番低い地位でありながら，女性にとって非常に働きやすい職場だったのは偶然ではない[77]。第二次世界大戦以前の科学と工学は，全体的には女性を阻んでいる分野だと考えがちである。確かに女性はひどい差別に直面していたが，応用数学を安息の場と

認識している人もいた．十分な創意と決意があれば，女性でもまずまずの地位を築く可能性があったのである．すでに女性は計算の機械化活動に戦前から携わってきていた．たとえば，リリアン・ファインスタインは1936年にウォーレス・エッカートのいるコロンビア大学計算研究所の所長になり，のちに計算技術のある先駆者から「科学的パンチカードにおける上級専任専門家」と呼ばれた[78]．

　非常に多くの女性が，数学教育の最高水準にたどり着いた．1930年代の数学の分野で与えられた博士号（Ph.D.）のおよそ15％を女性が占めた．その中でも，最も有名なグレース・ホッパーは，1934年にエール大学の博士号を取得した（ホッパーはエール大学で博士号を取った最初の女性だという根強い作り話がある．実際には11番目であり，この作り話から，科学に対する女性の進出の平坦でない歴史を単純化しようとする欲求がわかる）[79]．1943年にホッパーは海軍予備軍に志願した．その後，彼女はハーバード大学のMark I計算機のスタッフとして配属された．その後の20〜30年，計算技術が発達していく間も彼女は相変わらず有名だった．彼女が晩年に海軍へ戻ったときには，計算技術研究の代表者として幅広い名声を獲得していた．また，女性で博士号をもつゲルトルーデ・ブランチは，政府の雇用対策局の数表プロジェクトで数学演算を指揮していた．このプロジェクトは失業者を数表作成の仕事に就かせる経済刺激対策として1938年に作られたもので，それまでに実施された計算に関する取り組みの中で最大のものとなった．1940年6月には，ブランチの配下に400人以上の計算手がいた．戦争中，彼女のグループはパンチカード装置などで機械化を進め，人員削減を行いつつ，成果を増大させた[80]．

　ほとんどの分野と同じように，数学でも女性は下位の仕事で多く見られた．たとえば，博士号保有者に占める女性の割合よりも，学士号保有者に占める女性の割合のほうが高かった．しかしながら，弾道研究所で戦時の表を計算するほとんどの女性は，数学の学士号さえ持っていなかった．プロジェクトの拡大する需要を満たすほどの十分な数の学士を見つけることは不可能だとすぐにわかった．女性たちが計算手として実行する大変だが単調な労働は，高学歴の女性から見れば，数学者の仕事ではなかった．ほとんどの分野と同様に，職業機会が貧弱で将来性も限られた低賃金の任務は，職業機会が豊富で高賃金の任務

よりも女性に向いていると見られていた。要するに，女性を計算手として雇用することは，一般的に受け入れられていた男女の役割からの脱却というより，むしろ戦時中の男性労働力不足によって平時の慣行が強められた結果であった。

　すでに存在していた計算手たちの中から，ENIACオペレータの最初のグループを選ぶための決定は，当時の男女の役割からのさらに著しい脱却だったように見えるかもしれない。しかしながら，それは，今までどおりのやり方の継続を期待し，彼女たちの弾道計算に関する技術と知識を引き継げると思ったことによる保守的な決定に見える。女性の起用は，戦時の労働力不足である程度説明できるが，それでもなお，女性は計算機操作の仕事に適性があると信じていたことを示している。ジャネット・アベイトが書いているように，労働力不足の理由をもってしても，ENIACの電子装置を設計する女性のトレーニングを始めることについて，ムーアスクールの幹部を説得することはできなかった[81]。同じような理由で，ENIACのハードウェアを保守するために，電子装置の保守点検の経験を持つ二人の男性下士官兵が選ばれた。したがって，ハーマン・ゴールドスタインとジョン・ホルバートンによる雇用の決定からは，次のことがうかがえる。二人は，ENIACを操作することは，電子装置を設計したり修理したりすることよりも，紙の上で科学計算を実行したり微分解析器を操作したりすること（女性が定着していた仕事）との間に共通点が多いと考えていたのである。

オペレータの訓練

　ENIACは，入力データの読み込みと結果の出力を，特注のIBMのパンチカード装置に頼っていた。そのほかの標準的な装置は，入力データを穿孔したり，出力カードを印刷した表にしたりするために使われた。また，多くの適用において，実行と次の実行との間でカードを分類したり処理を進めたりするのにも使われた。パンチカード技術はオペレータが理解しなければならなかった必須の技術であっただけでなく，ENIACが完成を迎えるまでにオペレータが学ぶ

ことができた実践規範のよく確立された領域でもあった。見習いのオペレータは，ENIAC を見ることなくフィラデルフィアからアバディーンに移され，弾道研究所のパンチカードの施設で 6 週間の訓練を受けた。女性たちは，寄宿舎の相部屋ですぐに友達になり，自由時間には兵士たちとも仲良くなった[82]。

　パンチカード装置は 1880 年代に世に出てきたが，最初は国勢調査の作表という少し特殊な目的で使われた。利用が他の多くの領域に広がっていくにつれて現れた新型のパンチカード装置では，結果を計算して，数値だけでなくテキストも処理し，その結果を印刷できるようになった。第二次世界大戦が始まった頃，賃金支払用小切手の印刷や，勘定残高の更新など，パンチカード装置は広く使われるようになった[83]。

　パンチカード装置は，次第に科学計算にも普及していった。1928 年，レスリー・J・コムリーは，王立航海年鑑用の航海暦の計算のため，ロンドンのグリニッジ天文台にパンチカード装置を設置した。船乗りは航海でこの表を頼りにしていたので，英国政府はその製作を重く見ていた。コムリーはこの技術に関して一連の論文を発表した。それは，他の研究者たち（コロンビア大学の天文学者ウォーレス・エッカートなど）によって取り上げられた[84]。1940 年に，エッカートはその科学技術計算に関する解説書『科学計算におけるパンチカード手法』を出版した。彼は IBM と親密な関係を保っており，自分の研究所を寄贈された装置でいっぱいにして，IBM とともに実験的なパンチカード装置の設計とテストを行っていた[85]。

　のちに，ベティ・ジーン・ジェニングズは次のように回想している。「私たちは APG（アバディーン性能試験場）で，かなりの時間をかけて，作表機，分類機，読み取り機，複製機，穿孔機など，さまざまなパンチカード装置の制御盤を配線する方法を学んだ。私たちは，訓練の一部として，APG の人たちが作表機用に開発していた 4 階差分の盤を分解し，完全に理解しようとした」[86]。特定の作業に適した配線盤の構成を考え出すことは，決して簡単ではない。この機械に組み込まれて構成されたさまざまなセンサーやカウンタの理解も要するし，さらに，特定の処理においてステップを自動化するために，いかに他のマシンと組み合わせて能力を発揮させるかという創造的な感覚も要するからである。全面に配線された配線盤は，思わぬところで既存の接続を壊さないよう

に修正する作業は難しい数百もの短いワイヤーが絡んでいることもあった。

　ENIAC の女性たちにとって，さらに難しい問題は「まだ機能せず，説明書もなく，まだ秘密となっている機械をどうやって操作できるようになるか」であった。ENIAC の最初のオペレータチームの訓練については，ENIAC の歴史の中で真偽を問われている領域の一つである。アデール・ゴールドスタインは IBM の代理で特許庁に提出するために作られた 1956 年の宣誓供述書の中で，また，ハーマン・ゴールドスタインはさまざまな法的な資料の中で，オペレータの訓練においてともに重要な役割を果たしてきたと主張した。ハーマン・ゴールドスタインの 1972 年の本では，ゴールドスタイン夫妻だけが「ENIAC をプログラムする方法を深く，詳しく知っていた」ので，「オペレータたちはほとんど妻が訓練をし，私はそれを助けた」と主張した[87]。そして実際，ENIAC に関する 2 巻の解説書の著者として名前が示されているのは，アデール・ゴールドスタインただ一人であった。その解説書は，ENIAC を構成するために必要なステップについての詳細な教則本で，数多くの動作する例と大量の図表が並べられていた[88]。

　ベティ・ジーン・ジェニングズとケイ・マクナルティは，宣誓供述書の一節で，ハーマン・ゴールドスタインとその妻による「ホルバートンを含めた私たちプログラミングのグループに，ENIAC をプログラムできるように教えた」という主張に，はっきりと異議を唱えていた。それどころか，ジェニングズとマクナルティは，「ENIAC の構成図を学んだのち，ENIAC をプログラムすることは独学し」，そして「ゴールドスタイン博士（のちに大佐）およびゴールドスタイン夫人から受けた助けは最小限だった」と主張した。その宣誓供述書では，ハーマン・ゴールドスタインのジョン・ホルバートンへの職権，そして，オペレータたちへの職権は，まさしく名ばかりであり，ホルバートンの実際の命令は，弾道研究所のほかの人たちから受けていたと断言した。マーリン・ウェスコフ，ベティ・スナイダー，ジョン・ホルバートンらの宣誓供述書でも，表現は違うものの同様の心情が表現されていた[89]。これらの証人たちには，弁護士がそれぞれに見合った方法で自分たちの体験話を組み立てるように教え込んでいた。のちに，裁判での証言やその後の口述歴史の中には，非常によく似た発言，とくに主な知識源が「ブロック図」だという発言が見受けられた。「ブロッ

ク図」は，ENIACのユニットを現実の回路から離して抽象化し，その機能の概観を示したものである[90]。

　1964年にアデール・ゴールドスタインは亡くなっていて，反論することはできなかったので，ハーマン・ゴールドスタインは前述の異議に激怒した。1971年，法廷闘争が活発な中，ゴールドスタインが計算機史の本を完成させたときにIBMの特許チームの一人から受け取ったメモによると，ゴールドスタインはIBMの利益を守るために本の原稿を手直ししていたことがわかった。たとえば，ムーアスクールに対する彼の訴えは，「いまやIBMがフィラデルフィアに科学センターを持ち，その存在はペンシルベニア大学と良好な関係が維持されていることに大きく依存しているという事実によって和らげられるべきだ」と付け加えていた。IBMは，ゴールドスタインに，妻アデールの1956年の宣誓供述書についての言及を取り下げるように要求していた。その宣誓供述書は，反対尋問で出されたものでもなく，裁判所の命令によるものでもないので，証拠として認められるものではなかった。彼はまた，「ホルバートングループの能力に関する何らかの『論争』や『議論』があったという事実について言及しない」ように要求されていた。そして，彼は次の三つの主張を取り下げていた。一つ目は，ジョン・ホルバートンとそのグループがアデールのマニュアルの草稿を多分に頼りにしていたという主張，二つ目は，彼（女）らはゴールドスタイン夫妻に多くの質問をしていたという主張，そして最後は，それによって学んだということを彼（女）らが主張した，まさにその「ブロック図」が，アデールの指示のもとで準備されていたという主張である[91]。

　ここまで述べてきたような頑なな二つの立場の間のどこかに真実があることは間違いない。オペレータたちへののちのインタビューから，ENIACプロジェクトチームのメンバー同士で互いに教え合い，プロジェクト外のメンバーからも大いに学んだことは明らかである。のちに彼らは認めたが，ブロック図だけにかかりきりだったわけでもないし，いかにENIACが動作するのかを自分たちだけの力で理解するように放っておかれたわけでもなかった。ベティ・ジーン・ジェニングズは，回顧録の中で次のように語っている。アバディーンから戻ってきたのち，彼女たちはムーアスクールの空っぽの教室でどうすることもできずにブロック図を見つめて過ごしていた。数日たった頃，ジョン・

モークリーがぶらりと教室を訪ねてきて，「いまいましい累算器がどのように動作するのかを話し」始めた。「ジョンは生まれながらの先生だった」と彼女は書いた。モークリーは，彼女たちが質問をすることを奨励した。そして，彼女たちは「午後になるといつも質問をしに」モークリーの研究室に行った[92]。ジョン・ホルバートンは，プロジェクトのその時期，モークリーと研究室を共有していた。そのため，いずれにせよ，ホルバートンのチームはモークリーと接していたはずである[93]。オペレータたちは，モークリーを，優しくて助けになり親しみやすい人だったと回想し，思い出を懐かしんでいた。プロジェクトが構想から詳細設計，そして構築へと進展するにつれて，モークリーはプロジェクトの中心から離れていきながらも彼女たちの心遣いを喜んだ。のちにジェニングズは，「ジョン・モークリーは，世界で一番優秀で素敵な男性だ」と書いた[94]。W・バークレー・フリッツやバーティクの同僚による思い出話から，他の指導者も見つけることができた。ケイ・マクナルティは，ブロック図の説明で非常に助けになったのはバークスであったと回顧した。これは，バークスが，1943年に射表問題のためのENIACの最初の設定を考案し，マスタープログラマユニットの概念化に貢献し，ENIAC全体の制御系の設計に重要な役割を果たしたことからも妥当と思われる。ベティ・スナイダーはフリッツに，技術者の一人であるハリー・ハスキーが彼女の「主任教官」であったと述べている[95]。

　モークリーとバークスとの頻繁なやりとりについてのこれらの説明は，オペレータたちがブロック図に完全に頼っていたとする宣誓供述書の主張とは，いくぶん異なった印象を与える。彼女たちは，ENIACチームに当時いた少なくとも数人のメンバーから助けてもらっていた。もともとは計算手のトレーニングのために雇われたアデール・ゴールドスタインであったが，1945年末頃にはENIACの内部構造のほうに没頭していた。したがって，もしもENIACチームのメンバーがまずはモークリーを頼りにしていたとしても，この期間に彼女たちとアデールの間にまったく会話がなかったというのは奇妙だろう。アデールのマニュアルの画期的な面と，資料の一部は経過報告をもとにしたものがある点から考えて，マニュアルの本文や図の下書きの中には，公式に発刊される数か月前から利用できたものもある，というのは非常にあり得そうな話である。

図3.3 机に向かうアーサー・バークスは，ENIAC の起動・停止に使う制御ボックスを手に取っている。一方，ベティ・ジーン・ジェニングズは，乗算器パネルを検査している。（ノースウエスト・ミズーリ州立大学ジーン・ジェニングズ・バーティク計算博物館の厚意による）

アデール・ゴールドスタインとオペレータたちとの間の緊張関係の原因は，一方は重要人物の妻，他方は ENIAC プロジェクトのオペレータというまったく違う立場に根ざしていたのかもしれない。アデール・ゴールドスタインは，メアリ・モークリーやのちのクララ・フォン・ノイマンのように，思いも寄らない大変な仕事をうまくこなしていた。それでも，3 人の女性の ENIAC との最初の関わりは，夫を選んだことによって始まったものである。3 人の女性はオペレータよりも高い地位にあった。オペレータたちは，手作業による計算などの「退屈で骨の折れる仕事」をしながら，自分たちの力量を示さなければならなかった。それに対して，3 人の女性はプロジェクトリーダーとの婚姻関係によってさらなる影響力を持った。

§最初のロスアラモスの計算

1945 年 12 月頃，ENIAC を完全なプログラムで稼働させる準備が整った。優先順位は変わりつつあった。ENIAC の最初の仕事は，テスト稼働の設定やよくわかっている弾道計算ではなく，エドワード・テラーの水素爆弾の設計がうまくいくかどうかを確かめるロスアラモスの T（Theory の頭文字）部門のための込み入った計算だった。テラーは，才気あふれる気鋭のハンガリー生まれの物理学者で，望み通りの破壊力を伴う爆轟を作り出せるように大きくできる兵器というアイデアに執着していた。日本に対して用いられたこの種の核分裂兵器は，爆発力が TNT 火薬に換算して 100 万トン未満に制限されるという根本的な物理的限界に直面していた[96]。その兵器は，大きな都市を簡単に破壊しうるが，当時は爆弾発射の精度が低かったため，地下シェルターにある軍事目標を標的にするには十分とは言えなかったであろう。

アン・フィッツパトリックは，他の研究者は入手できないロスアラモスの記録を使って，テラーの「スーパー」爆弾の実現可能性を見定める上で，爆弾への燃料供給に必要な水素の種類を見定めることがかなり困難であると示した。極めて希少な同位体である三重水素（トリチウム）は，引き金となるべき小さ

な原子爆弾によって自己持続型核融合反応に「点火」できる。一方，比較的入手しやすい重水素は，4億度にならないと発火しないと信じられていたが，その温度は達成不可能であった[97]。発火する融合物を作るために必要な三重水素の最小量はどの程度だろうか？　これを実験することは不可能であった。米国には三重水素の備蓄はなく，ワシントン州ハンフォードにある不規則に広がった原子炉工業団地が，仮に他の兵器に必要なプルトニウムの製造を犠牲にして，三重水素だけの製造に替えたとしても，「数百グラム」を作るためには何年も必要だっただろう[98]。

　テラーは，自分の兵器の設計に夢中になる傾向があり，根拠がないときでさえも周囲の反対を押し切って自分の設計を強行した。彼は原子爆弾の発火過程のモデル作りを試みることに非常に多くの作業を割いたが，結局，手動計算器や従来型のパンチカード装置では役に立つモデルはできないと結論せざるを得なかった[99]。テラーの同僚であるニコラス・メトロポリスとスタンレー・フランケルの二人は，もっと速い計算機を探していた。1945年2月，フランケルはポール・ギロンにENIACの借用を申し入れた[100]。その年の夏，ウォーレス・エッカートの研究所で行った計算が失敗に終わり，他の選択肢は残されていなかった[101]。ハーマン・ゴールドスタインは，続く数か月間，メトロポリスとフランケルにENIACについての情報を与え続け，二人がENIACを使う準備をするのを助けた[102]。

　ロスアラモスの問題の詳細はいまだに機密であるが，その計算は「さまざまな初期温度分布と三重水素の濃度に対応する重水素・三重水素系の反応を予測するための三つの偏微分方程式を表している」とフィッツパトリックは述べている。フィッツパトリックは，メトロポリスとフランケルがその計算をENIACに収容するためには，重要な物理的特性をいくつか捨象しなければならなかった，とも述べた。

　ENIACに関わっている人は，誰も核兵器の機密へのアクセス権を持たなかった。幸運にも，モデルを実装するために使われた計算のステップ自体は機密扱いではなかったので，メトロポリスとフランケルが適切なマシン設定を考案するのに，ENIACチームが手助けすることができた。

　メトロポリスとフランケルは，1945年の6月か7月にENIACと初めて対面

して設計者と話し，ENIACがどのように動くかを理解した[103]。メトロポリスは，数か月後に，二人が設定を開発するに際して，アデール・ゴールドスタインに相談するために2回目の訪問をしたと回想している。彼らは，ロスアラモスのパンチカード装置導入の責任者として，使用できる機械の限界に合うように複雑な計算を数値的手法に分解することに関して，豊富な経験があった。準備を進めるにつれて，オペレータのケイ・マクナルティとフランシス・バイラスが補佐として割り当てられた。のちに，ベティ・ジーン・ジェニングズとベティ・スナイダーは，ロスアラモスの物理学者たちが問題を解くために講じた創意工夫を褒め称えた。彼らは，読み取り機にカードを上下さかさまに挿入したり，「累算器を切り詰めて」それぞれの累算器にいくつかの変数を押し込んだりした[104]。

ロスアラモスの問題がENIACに持ち込まれた12月，ハーマン・ゴールドスタインはオーケストラの指揮者のようにENIACの間に立ち，設定情報を読み上げてスイッチやワイヤーの手配を指示し，オペレータたちはその指示に従った。ジェニングズによると，女性たちがENIACを見たり，ほとんどの技術スタッフと出会ったりしたのは，このときが初めてであった[105]。

その計算はENIACのほぼすべての能力を使っていたので，完成間近の計算機に対する厳しい負荷試験として役に立った。ENIACサービス運用日誌には，「問題A—1945年12月10日」と太字の見出しでこの作業の始まりが記されている。こののちに「マシンテスト—OK」という明るい文字があったが，その後何ページにもわたって暗い報告が続いた。たとえば，真空管の交換，さまざまなユニットのディケードの欠陥，乗算エラー，減算転送問題，短絡回路，繰り上がりエラー，除算器の欠陥，そしてその他いろいろな「不具合」である。さまざまなパネルの設計に責任を持つ技術者たちが，完成を見届けるためにそこにいた。ホーマー・スペンスなどハードウェアの専門家は，表面化した問題を排除するために，真空管を交換し，接合部のハンダ付けをやり直した。

100万枚のパンチカードがロスアラモスから出荷されたと伝えられている[106]。ENIACは比較的少ない入出力で計算する機械である，つまり，数個の入力パラメータを取り込んで，パンチカードで作表のための最終結果を作り出す機械であると，人々は考えがちである。実際には，たいていの場合，オペ

図3.4　ENIACのパネルは，オペレータ，可搬式関数表，パンチカード装置を囲む形で部屋の中に部屋を作った。手前では，J・プレスパー・エッカート（左）が可搬式関数表に値を設定し，ジョン・モークリー（中央）はマシンを眺めている。奥では，ホーマー・スペンス（左）がいくつかの累算器を調べており，ハーマン・ゴールドスタイン（右）は関数表パネルの一つを調整している。ベティ・ジーン・ジェニングズ（中央）は，別の可搬式関数表パネルにスイッチを取り付けており，ラス・リヒターマン（右）は，カード読み取り機の隣に立っている。（ペンシルベニア大学資料課の所蔵から）

レータが大量のカードの束を機械に投入し，同じように大量のカードの束を出力する必要があり，その出力されたカードには，さらに先へ進めるために必要な中間データを保持するものが多かった。

12月17日午前6時には，「Everything OK in ENIAC」（ENIACではすべてOK）という記入が読み取れる。ENIACは，なんとか何枚かのカードを穿孔した。その直後には，出力でのエラーについて言及されていた。その後数日間，さらに多くのエラーが表面化したが，12月20日午後4時には「カードの束Aを用いて試運転が試み」られた。「その問題は，カードの半ばまで進んで止まり」，設定にエラーがあることが明らかになった。オペレータはカードの扱いにまだ慣れておらず，試運転の間にテスト用のカードの束は完全にごちゃまぜ

図3.5 ENIACの仕事の多くは，数千枚ものIBMのパンチカードを機械に読み込ませることが不可欠であった。ここでは，フランシス・バイラスがカード穿孔機を，ベティ・ジーン・ジェニングズがカード読み取り機を操作している。（ハグリー博物館・図書館によるスキャン 84.240.8 UV-HML）

になった。それでも，その日の終わり頃には，いくつかのテスト用カードの束はうまく動いていた。ENIACは断続的に稼働していた。

　それから数週間の日誌には，関数表に格納された値や機械の設定に対する変更が多数記録されている。計算に必要な接続を壊さずに問題が特定できるよう，診断用に接続を空けておくための変更もあった。エラーの頻度は下がったが，断続的に発生する傾向があり，それゆえエラーを特定することはより難しくなった。チームは，メモリ上に格納された値を確認できるように，特定の時点で計算を止める「ブレークポイント」（プログラムのパルスの流れを文字どおり遮断するために，ワイヤーを取り除くポイント）を使っていた。この「ブ

レークポイント」という用語は，今日に至るまでプログラマの語彙に残っている[107]。あるときには，ENIACの一部が自動的にシャットダウンして真空管がいくつか損傷した。空気取入口に取り付けられていたネジがしっかりと締まっておらず，内部の温度が華氏120度（摂氏49度）に達したためだった[108]。

すべての技術的課題が，電子工学的なものだったわけではない。12月23日，「窓の換気装置に続く蒸気パイプ」が壊れて，部屋が蒸気で満たされた。修理工の到着に時間がかかったが，チームはバルブを回し，ドアを開け，換気装置を調整して，ENIACが動き続けられるくらいにまで「機械の中に充満した湿った空気を追い出す」ことができた。チームは休日も換気作業を続けた。12月25日午後9:30，大雪の雪解け水がムーアスクールの2階に漏れ始めた。運用日誌によると，午前3時にモークリーが帰宅するときには「まだ5人ほどが働いていて，モップで水を拭き，水滴を受けるバケツを交換していた」[109]。それは初めての浸水ではなかった。10月には，特注の真空管検査器や数千ドル相当のプロジェクトの備品が嵐によって壊されていた[110]。11月のある晩，ブレイナードは「非常に大量の水が天井を通って私の部屋に入ってきた」とこぼしていた[111]。

1月の末，第1フェーズの仕事が完成した。しかし，1946年2月7日にメトロポリスがENIACに戻ってきて，その月に開催する公開実演で使う問題という，さらなる仕事を押し込んできた[112]。ロスアラモス研究所長であるノリス・E・ブラッドベリーは，3月18日，この「非常に価値のある協力」に感謝する手紙をギロンに書いた。その手紙には，「ENIACでこれまで実行してきた計算も今実行している計算も，われわれには大きな価値があり，ENIACの助けがなかったらどれも解決には至らなかっただろう」と書かれていた[113]。

のちに，メトロポリスとフランケルは，その遠征は主に電子計算機を使って実験することを意図していたと供述し，1962年の宣誓供述書の中での言葉によれば，「われわれは実用上の問題に対する答えに興味はなかったし，実際そんなものは得られていない」とのことだった[114]。メトロポリスとフランケルは実験結果にいくつかの但し書きを付けたが，テラーは，1946年4月の極秘の会議で自身の正当性を証明するためにそれを使い，「スーパー」爆弾に必要な三重水素はほんのわずかだと主張した[115]。この問題は，1950年にENIACによっ

て別の計算が実行されて,はっきりとした決着がやっとついた。

　ENIACチームの立場から見ると,その訪問時の結果に曖昧な点は少なかった。ENIACは厳しい要求のテストを受けており,概ね動作することが確認されていた。のちに,ハーマン・ゴールドスタインは,「確かにENIACは公式に使用される前から十分に動いていたと考えている」と書いた。ゴールドスタインは,1月には,真空管の故障率は「1日あたり1個に満たず」で,しかも残された主な問題はそれくらいだというほどに,状況は落ち着いてきていたとほのめかした。ある4日間の全日程では,真空管の故障が一度も発生しなかった[116]。ENIACの機密区分である「秘」は,12月17日に取り除かれていた。こうして,弾道研究所とムーアスクールは,ENIACの存在を自由に世に公表できるようになった[117]。

第4章　ENIACを稼働させる

　ENIACのデバッグが進行する多忙な期間，ハーマン・ゴールドスタインは，この機械の立ち上げが大々的に報道され，注目を集めるように尽力していた。1945年12月26日，彼はレスリー・サイモンに，公開計画が進行しており，ポール・ギロンが「アイゼンハワー将軍を落成式の主賓講演者に据えること」を望んでいると言った[1]。

§ ENIACの除幕

　1946年2月，ENIACは華やかな舞台に2度現れた。2月1日に行われた昼餉の時間に予定された催しへの招待状は，「全米科学ライター協会に加え，公認の名鑑に掲載されたすべての科学雑誌と有名雑誌」宛てに陸軍武器科官房名で送付された[2]。企画書によれば，オペレータの「女性たち」は，訪問客グループを連れ，質問に答え，そして技術者を紹介する案内として配置されることになっていた[3]。これは実演説明込みの催しであり，四つの簡単な数学問題を実行し，進行中のロスアラモスの計算で使われているもっと複雑なプログラムの一部を動かした。これによって記者たちは，報道規制のもとで，公式な落成式の日に発表できる記事を書くことができた。

　名高い謁見者の前でさらに磨きをかけた実演説明が2月15日に催された。その夜，落成を祝う晩餐会が，ペンシルベニア大学曰く米国で最も古い学生会館である，洗練された石造りのヒューストン館において，科学技術および軍の高官のために開かれた。座席表には，110人の客が載っている。メニューは，

ロブスター・ビスク，フィレミニョン，アイスクリームとプチフール・グラセであった[4]。どうやら，招待客はすべて男性だったようである。ENIAC の設計技術者は招待されたが，それを結線しプログラムした女性は招待されなかった[5]。式次第の最後に，グラデオン・M・バーンズ少将（軍需品部研究開発局長）によってボタンが押され，ENIAC は厳かに公開された。建前上は，こうやって ENIAC の電源が入れられた。ただし，チームは ENIAC の電源を切るなどということはしないほうがよいと十分に承知していた[6]。それから，招待客は5分間ムーアスクールに向かって歩き，アーサー・バークスに出迎えられた。彼は，ENIAC が作られた本来の目的であった弾道計算問題を極めたことを示すために，新たにコード化された実例を含む実演説明をした[7]。

　バークスが話すのに合わせて，オペレータたちは身をかがめて部屋を出入りして，ENIAC と補助装置の間でカードを運んだ。「廊下の外に置かれた作表機に弾道のとおりに印刷させるために，穿孔装置からカードを運んだ」とベティ・ジーン・ジェニングズは回想した。「実演を繰り返すために，私たちは，実行され読み込まれたカードを読み取り機の出力トレイから取り出しては，カードが再び読みこまれるよう元に戻した。すべての人に弾道の写しを記念品として手渡すために，穿孔済みカードは何度も作表機に読み込まれた」[8]。

　ニューヨークタイムズ紙は自らを「記録の新聞紙」と考えていて，報道を通して何が将来の世代に残すに値し，何が値しないかについての最初の意見を提供している。この視点から，ニューヨークタイムズ紙は ENIAC を極めてよく扱った。そのため，紙面はより広くし活字はより小さくして，第一面に11件の記事の冒頭部分を詰め込もうとした。この新しい機械は，落成式の日に第一面のニュースとなったが，当日最大のニュースではなかった。トップニュースは鉄鋼労組のストライキであった。記事には巨大な見出しが付けられていて，関連する政府賃金の不足と価格方針の変更に言及した小さな一面記事がその横に並んでいた。国連総会の開会も，ENIAC のニュースを紙面の小さな囲み記事に追いやり，「電子計算機は瞬時に答えを返す，科学技術は加速するだろう」という見出しは折り目の下に隠れてしまった。この見出しは「戦争の最高機密の一つである驚くべき機械」への言及で始まり，その無名の「リーダーたち」が「新しい基礎の上に科学的な仕事を再構築する道具の到来を告げる」と

図4.1 お披露目イベントに参列した軍需品部の将校とENIACプロジェクトのリーダー。左から順に，J・プレスパー・エッカートJr.，ジョン・ブレイナード，サム・フェルトマン（軍需品部技術者），ハーマン・ゴールドスタイン，ジョン・モークリー，ハロルド・ペンダー，グラデオン・バーンズ，ポール・ギロン。（陸軍提供写真）

続く，記事の最初の文が描き出す一幕を捉えそこなった[9]。記事は別の紙面へと続き，前方で関数表を調べている下士官兵（アーウィン・ゴールドステイン伍長）と後方で働いている数人とが写ったENIACの大きな写真の下に，エッカートとモークリーの肖像写真が配置された。この記事が，今でもENIACの典型的な画像である。

ENIACは稼働していたか

ENIAC誕生として記憶に残る派手な落成の式典に続いて，実演用弾道プロ

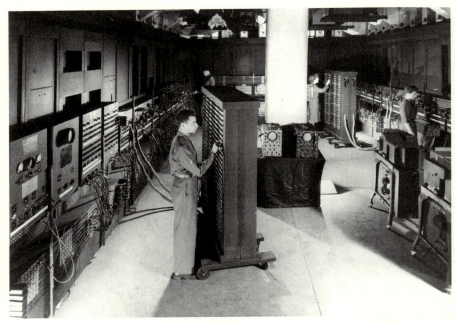

図4.2 1946年にニューヨークタイムズ紙の記事に使われたENIACの写真。ENIACの姿をよく留めている。保守技術者のアーウィン・ゴールドスタインが手前で可搬式関数表を使用している。後方には，ホーマー・スペンス，フランシス・バイラス，ベティ・ジーン・ジェニングズが写っている。(ペンシルベニア大学書庫より)

グラムが実行された。ライトが点滅し，その機械は凄まじい勢いで計算し，そして，シミュレーションされた砲弾は仮想の弾道に沿って，現実の砲弾よりも速く飛翔した。このことは，得られた結果の精度ものちに争われるとはいえ，少なくともプログラムの著作権として法的な訴えとなった。1970年代に争われた特許紛争で最も重要な点の一つは，この実演用プログラム，言い換えれば動き始めの最初の6か月間にENIAC上に用意されたプログラムが実際に稼働したかどうかであった。後続したその後数年間の計算機と同様に，ENIACが「基本的に完成」と「実際に稼働する」の間に横たわる隔たりを越えるのはなかなかの困難であった。ENIACがこの移行にどれくらいの期間を費やしたかという問題が，特許の有効性を決定する上で主要な争点の一つになった。

エッカートとモークリーは，1944年にムーアスクールや他の利害関係者と

特許について話し合いを始めたが，実際には1947年6月26日になって初めて特許を申請した。プロジェクトの技術者に余計な邪魔が入ったり，軍需品部の弁護士から継続的な援助を得ることが難しかったりしたのも事実だが，のちにバークスは，モークリーが1945年に集中して特許申請に当たることになっていたにもかかわらず複数の期限を逃したとして，申請の遅れについてモークリーを批難した[10]。なぜなら，法律は，発明者から特許請求を受理する期間を，発明が最初に「発売」になった日から1年としているので，原因が何であれ遅れは致命的であった。もしその期間内に申請が行われなければ，その発明は永久に公知の事実となり，誰にも帰属しない。この文脈において「発売」とは，その機械が完全に作動するとか宣伝されているとか購入できるとかを意味するものではなく，単に公に発表されたとか，潜在的商業価値を十分にもつ程度に稼働しているという意味である。したがって，1946年6月26日以前のすべての使用が厳密に実験的であった場合，そしてその場合に限り，ENIACに関する特許は有効であった。

公開実演の実施やニューヨークタイムズ紙の一面記事の公表ができるように，ロスアラモスのための試験はその鍵となる日付よりかなり前に行われた。そのときに，ムーアスクールは，ロスアラモスの計算をENIACで初めて成功した活動と認めた。1946年に，たとえばアーヴン・トラヴィスは，軍需品部の弁護士からの問い合わせに次のように応じた。「……実施日付に関して。完全なENIACは，1945年12月10日に初めて稼働した」[11]。軍需品部とムーアスクールの最終的な構築契約は6月30日に期限切れになり，必要な事務処理，進捗報告と文書作成を完成させるための時間が与えられた。特許を主張している人々は，それ以前のすべての使用はもっぱらENIACのデバッグ作業であり，それは政府がENIACを受領した7月25日に終わったと主張した[12]。

その見解には，繰り返し疑問が呈された。アデール・ゴールドスタインは，1956年の宣誓供述書で「実用的な問題は，ENIACの完成直後の1945年12月に始まり，私が仕事に従事したすべての期間を通じて，ENIACで実行され続けた」と述べた[13]。エッカート，モークリーと女性オペレータチームの最初の6名はそれに反論し，その出力は診断の助け以外にはまったく役に立たないほど，ENIACは信頼性のない状態だったと主張した。問題の設定は，ハードウェ

アをテストしプログラミング方法の実行可能性を確立するためだけに作られ，実行されたものだと彼らは供述した。象徴的な申し立ては，次のようなものである。ベティ・ジーン・ジェニングズ（当時はジーン・バーティク）によって署名された宣誓供述書によると「1946年7月以前には，その答えが実用を目的とし実用に供するような問題はENIACに与えられなかったし，初期の頃のENIACの操作は，すべて単に機械の性能を調査したり機械操作を学んだりするため，あるいは潜在的な欠陥を見つけるためだった」と主張した[14]。この点については，1972年に特許裁判が決着するまで，ずっと論争が続いた。その裁判では，最初のロスアラモスの計算について証言するために，ニコラス・メトロポリス，スタンレー・フランケル，エドワード・テラー，そして数学者スタニスワフ・ウラムを含む，印象的な顔ぶれが証人として呼ばれた。スペリー・ランド社を代表する弁護士は，彼らの証言を使って，その計算が単に機械に負荷をかけたり，ENIACのプログラミング方法がうまくいくかを判断するために行われたものであり，計算結果を解釈したり計算結果の信頼性を評価したりするという試みは一切なされなかったと主張した。

　ENIACが使用可能だったことを示す実演の目に見える成功は，ENIAC特許に対しても同じように目に見える脅威をもたらした。実演ののちに発見されたいろいろな欠陥もまた，ENIACがきちんと動いていたという見方に疑いを投げかけるために用いられた。ハードウェア技術者のホーマー・スペンスは，ENIACのサイクリングユニットに関する問題が，2月の実演ののち，丸1か月間機械を使用不能にしたと宣誓供述した。これらの問題は，実演のときの機械の正確さに「重大な疑いを投げかけた」[15]。スペンスは，さらに，実演で実行された弾道プログラムが実際上は役に立たなかったと供述した。

　1945年12月のENIACの完成から1946年7月の最初の有益な活動までの8か月のギャップについての見解は，歴史の記録と合致しにくいが，それ自体が不合理というわけではない。のちの計算機は，ほぼ動いている状態になるまでにもっと多く時間を費やしたし，中には完成した姿を見せることのないものもあった。それまでそのような複雑な電子装置の問題処理をしたことは誰もなかったし，1秒につき100,000パルスというENIACの高いクロック速度は，通常より信号がより鮮明に送られ，より正確に受け取られ，より速く処理されな

ければならないことを意味した。

　しかし，世界に向かって発表してその後何か月間もENIACが役に立たなかったと，繰り返し何度も宣誓供述で証言をすることは，チームの誇りを傷つけたに違いない。1973年に特許がようやく無効にされたのち，すぐにモークリーは機械の初期の信頼性を強調し始めた。すなわち「ENIACがそのテストを完了する前でさえ，……それは，しばしば一度に数時間あるいは数日間エラーを起こすことなく稼働し」，そして1946年1月のロスアラモスの計算の終結を受けて「ENIACが完全にテストされ万人の満足に合格したことは，疑う余地がない」と主張した[16]。これらの主張は，モークリーが何年にもわたって行ってきた宣誓供述と，そう簡単に一致するものでなかった。

実演のプログラミング

　1946年2月の実演において使われた弾道問題の設定の著作権についても，論争となった。ベティ・ジーン・ジェニングズにとって，その設定はやがて，「歴史を変える衝撃的な」機会にENIACのオペレータが大きく飛躍し，ENIACのプログラミングにおいて創造的な役割を引き受け始めた決定的瞬間を意味するようになった[17]。ENIACが当初設計された仕事を果たしたことは，象徴的で重要な出来事だった。著作権論争は，1950年代，1960年代，および1970年代の特許と法的手続きの間ずっと展開されたが，なぜその問題が（おそらく，関係者によってなされた他の声明の典拠を固める以外に）法的に重要なのかは明らかではない。

　アデール・ゴールドスタインは，ENIACプロジェクトをやめた1946年3月まで，ENIACに設定されたすべての問題の直接的な監督であったと供述した。彼女は，2月1日と2月15日に開催されたセッションのために，「実演でENIACが解くべき問題をそれぞれ準備して，それぞれの問題を機械に設定する作業を監督する責任」を持っていた[18]。ハーマン・ゴールドスタインは，この陳述をあとで次のように拡大した。「実演にかけられた問題は，ジョン・ホルバートンとその部下の女性たちから単純な問題について手助けを若干得ながら，ア

デール・ゴールドスタインと私で実際の準備をした」。1946年2月時点において，ゴールドスタインは「ENIACをプログラムする方法について完全に詳細な知識が本当にあったのは，妻と私だけ」であり，「主要な計算といろいろな問題の間の相互関係」は彼らが「単独で準備した」と主張した。彼は，ENIACの日誌から抜粋して主張を補完したが，説得力のある記述のほとんどは，2月1日のより単純な実演に関するものだった[19]。2月15日の実演に関しては，彼は記録記入欄に手書きで単に「実演用問題OK!!」とだけ記し，その夜遅くムーアスクールの学部長ペンダーが労をねぎらうためにバーボンを1本持って彼とアデールを訪ねたという思い出を付け加えた。

ベティ・ジーン・ジェニングズの1962年の宣誓供述書によると，1946年2月の実演用弾道問題は，彼女とフランシス・E・スナイダー（のちのホルバートン）によって設定され，「この実演のための仕事は，ゴールドスタイン大尉にも夫人にもチェックされなかった」[20]。自叙伝の中で，彼女とスナイダーが弾道問題の設定に関する仕事を1945年10月に始め，ラス・リヒターマンとマーリン・ウェスコフとともに，のちにENIACの設定のデバッグに役立つことが明らかになった，ENIACの演算を正確にコピーした手計算の実行に就いた経緯を説明しながら，この件について詳述した。ジェニングズの説明では，2月1日の実演ののち，ハーマン・ゴールドスタインは2月15日までに弾道計算をインストールできるかどうかを，彼女とフランシス・スナイダーに尋ねた[21]。ジェニングズは，バーボンに関するハーマン・ゴールドスタインの逸話に真っ向から反して，実演の前夜，ペンダーから謝意を表す「ボトル」の贈り物を受け取ったのは，終電が出たあとに居残っていた彼女とスナイダーであると述べた[22]。

この論争は，参加者の間の摩擦の主因の一つになったようである。ベティ・ジーン・ジェニングズはハーマン・ゴールドスタインが自分の功名にしたことを決して許さず，彼女の最終的なインタビューではより激しく（または，少なくともより慎重ではなく）なり，「彼は日誌に記録を捏造した」とさえ主張した[23]。

今では，どの女性がハロルド・ペンダーからお祝いのボトルを贈られたかを明らかにすることはできない。ボトルの所有を巡り異議を唱えてわびしく格闘

している亡霊のどちらからもボトルを奪い取れないなら，その代わりに，ペンダーはボトルをケースで購入し，貢献してくれた多くの部下たちに分配したのだと思いたい。歴史学上のもっと重要な問題は，これらの論争が口承や記憶を単なる論点に留まらないものにして，ENIACの初期の歴史におけるいくつかの側面についての歴史的記憶を組織的かつ根本的に不安定にしたということである。それらはまた，歴史の注意を一握りの使い古された逸話に向けさせ，ENIACの弾道計算は，誰が1946年2月の設定を作ったにせよ，最初の処理でも，最も革新的な処理でもないことを示すさらに幅広い記録文書から目をそらさせることになった。

§ ENIAC向けのアプリケーション

　弾道計算用の設定を決めるアーサー・バークスの1943年の作業によってENIACの具体化は大きく進んだが，同程度に詳細な作業がなされた証拠は，ロスアラモス計算以前の問題については見つかっていない。これは，その見通しの甘さが類のないことを示すものではない。次の10年を通して，組織がはじめて計算機を設置する際に，自らの問題を準備し動かすために必要な作業を過小評価するのは普通のことであった[24]。同様な能力をもつ計算機に取組んだ最初のチームであったことで，ENIACの創作者たちはそのあとに続いたほとんどの人たちに比べればこの見落としについて弁明できた。

ENIACプログラムを表現する

　当初の制御モードでENIAC用に設計された問題に使われていた開発の実践規範と表記法は，資料の中に散在しているだけだ。使用者は事前に2段階に分かれた課題に直面した。その一つは，ENIACが実行する演算列を計画することであり，もう一つは，これらの操作を実行するために必要な物理的な構成を文書化することであった。エッカートとモークリーは，彼らの最初の1943年

の提案において両方の論点に取り組んでいて，彼らの最初の図解技術は長年にわたって徐々に洗練されていった。

そのENIAC用の提案には，ワイヤーで結ばれたブラックボックスの大雑把な図が含まれているだけだったが，バークスの1943年後半の「パネル図」では，ENIACのすべてのスイッチがどのようにセットされなければならないか，そして，計算を実行するための設定として，すべてのケーブルがどのように結線されなければならないかを示していた[25]。ENIACを本質的に様式化したこれらの図は，1946年にもまだ使用されており，その頃までには「設定図」と呼ばれるようになった。バークスのもとの図は長さ数メートルもあり，大き過ぎて使うには不便であった。のちに，これを軽便にするため，1ページで4枚のパネルを示すようにあらかじめ印刷された雛型を使って図が描かれた。個々のパネルに必要とされるセッティングを示すために，「プログラムカード」が準備された[26]。このカードが関連したユニットに付けられるようになって，オペレータはテストのあとでプログラムの設定を正しく戻したかを容易に確認できるようになった[27]。

演算列は「設定表」に記述された。これらは，弾道計算において演算列を示したバークスの「設定フォーム」から進化したものであり，エッカートとモークリーが示した素案に基づいて次々と作られた[28]。バークスは，最上部にENIACのパネルを示して表の列を定めた。表のそれぞれの行は，いくつかの同時になされる演算を記述することができた。表のそれぞれのセルには，特定のユニットが特定の演算にどう寄与するかを記載した。1944年12月の進捗報告書では，一連の平方と立方を計算する小さな例を示すために設定表形式が使われた[29]。そこでは，列はまだENIACのユニットを表していたが，それぞれの行は一つの加算時間ごとに何が起きるかを示していた[30]。とりわけ，これでプログラマは並列演算が正しい順序で実行されることを確認することができた。表のセルには，それぞれのプログラム制御群のスイッチの位置と入力・出力のプログラムパルスをプログラム制御群に送るプログラム線の詳細を示した。のちにジェニングズは，ENIACのオペレータが使っていた風変わりな用語である「ペダリング」の起源がこれらの図表にあることを思い出した。ジェニングズの推測では，オペレータがこれらを「（おそらく……ペダルの一漕ぎ

ごとに，つまり，加算時間ごとに何が起きているかを示していることにちなんで）ペダリングシート」と呼んでいた[31]。これは，ENIACのサイクリングユニットの名前に由来した語呂合わせを連想させる。サイクリングユニットは，デバッグのためにプログラムを1ステップずつ進める機能を提供する。

設定表は，個々の演算列の詳細を示していたが，計算が全て揃った構造の中における演算列の組み合わせについては示していなかった。この「演算列プログラミング」はマスタープログラマによって制御されたため，チームはそれをマスタープログラマのステッパの各段階に指定された番号やステッパとプログラム列間の接続を示した「マスタープログラマリンク図」の中で把握した。基本的な演算列はブラックボックスとして示され，それらの詳細は設定表に記載された。これらの図は，ハーマン・ゴールドスタインとジョン・フォン・ノイマンによって少しあとに開発された流れ図と同種の情報を伝えているが，こちらのほうがさらに具体的な表現となっている。

「ENIACをプログラムすること」に関する発展した議論は，1945年11月に発刊された報告書の付録に含まれていた[32]。アーサー・バークスの監督のもと，アデール・ゴールドスタインによって編纂された1946年版ENIACマニュアルには，ENIACの設定のいくつかの詳細な例が含まれていた[33]。これらは弾道問題を強調しており，対航空機表と地上砲撃表のための弾道計算と軌道計算における抗力関数の使用を含んでいた。他の例は，特定のプログラミング技法，たとえば「大小識別」（条件付き分岐用のフォーム）やプログラム制御用パルスを起こす関数表の使用を例示するように設計されていた。これらの例と実際の実行または完成された機械による実際の実験との関係は，明白でない。これらの図の一部は初期の進捗報告書に記載されていて，アデール・ゴールドスタインが描いたものではなかったので，彼女は主にプロジェクトの技術者によって作られた資料を集めて取りまとめる編集作業を担っていたことはわかるが，マニュアルに記述された技術をどの程度作り出したのかは明らかではない[34]。いくつかの設定は弾道研究所の報告書にあるが，実際に動いたプログラムを詳細に文書化したもので見つかった唯一の例は，1946年にダグラス・ハートリーが行った計算の一部の設定表である[35]。

すでに議論された3種類の図に加えて，ゴールドスタインの1946年のマニュ

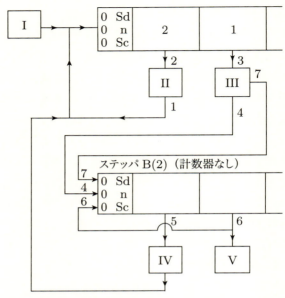

図 4.3 この「マスタープログラマ接続」図は，読者にダグラス・ハートリーの計算の一つの構造を伝えるためのマスタープログラマ構成を記述している。（出典：W. F. Cope and Douglas R. Hartree, "The Laminar Boundary Layer in Compressible Flow", *Philosophical Transactions of the Royal Society of London. Series A; Mathematical and Physical Sciences* 241, no. 827 (1948): 1–69. ロンドン王立協会の許可を得て複製）

アルには，順次実行される動作とそれらの間の関係がくだけだ英語で記述された「設定分析表」が記載された。反復終了条件のようないくつかの項目は定型化された形式で記載されていたが，これはのちの擬似コードによる文書化の実践規範と似たものであった。記録文書の中には，実際の ENIAC の慣例の中でこの方法が使われたという証拠は見つかっていない。おそらく，それは流れ図の採用によって置き換えられたのだろう[36]。

　これらの四つの表記法は，ENIAC の設定の開発における全体過程の概略を示唆している。必要とされた一連の基本的なプログラムとそれらの一般的な関係が確認され，おそらく分析表に記録された。次に，設定表が個々の演算列に対する詳細な設計を支援する一方で，マスタープログラマ図は上位の構造を形作った。最後に，こうした図表の情報は，設定図，あるいは問題用に ENIAC

の物理的構成をまとめたカードの上に集約された。

　実用に際して，いろいろな図が，柔軟にそして場合に応じた方法で使われた。たとえば，1945年11月の報告書では，「ENIACに設定を計画する場合は，マスタープログラマを用いて，基本的なプログラミングの演算列を束ねて複雑な全体に関連付けるのが望ましい」という基本原理を述べている。しかし，個々の演算列の詳細は，設定表ではなく概略的な注釈付きパネル図の上に表されている[37]。類似した非公式の図表と絵は，他の解説的な記事にも出ている[38]。ハートリーの1946年の計算における設定表では，表のそれぞれの行が一つの加算時間単位ではなく算術演算（しばしば乗算）に対応するバークスの初期の様式に戻っている。この計算は乗算で占められており，ENIACにはたった一つの乗算器しかないので並列処理がほとんど使用できなかった。加算時間ごとに文書化すると図は膨大になるが，ほとんど役に立たない情報ばかりとなったであろう。文書化の標準や慣習には無頓着なこのやり方は，それ以来ずっとプログラマに受け継がれてきている。

　1946年に文書化された図式法と，それより前のプロジェクト文書を比較すると，ENIACプロジェクト全体を通してプログラミング問題にかなりの関心が払われており，計画を立てたり設定を記述したりするために使われる記法の原型が，1945年初めまでに開発されていたことが明らかになった。ENIACの初期のオペレータは，のちに独学でプログラムを学び，自身の技法を発明したと宣誓供述したが，使われた図法や分析は，彼女たちが雇われるよりもかなり前になされた研究に基づいたことは明白である。

ENIACで実行された問題

　ENIAC関係の多数の弁護士の支援を受けてハーマン・ゴールドスタインが集めた陳列品の山に埋もれて，1948年末までにENIACで実行された問題の3ページにわたる一覧がある[39]。記載された18個の数学的な挑戦のうち，12個はENIACを新しいプログラミング方法へ変換する前に適用されたものである。最初の11個は，少なくとも部分的には，ムーアスクールで動いたようである。

表 4.1 ムーアスクール時代に ENIAC で実行または詳細に計画された問題。とくに明記したもの以外は，問題の名前や説明はすべて "A List of Problems the ENIAC Has Been Used to Solve", in HHG-APS, series 10, box 3 から引用した。

ロスアラモスの問題（1945年12月〜1946年3月）	エドワード・テラーによる「スーパー」水素爆弾の設計の有効性をモデル化した計算。ENIAC で稼働した最初の問題で，設定は，主としてメトロポリスとフランケルによって開発された。
正弦表と余弦表の生成（1946年4月15日〜16日）	2月1日の実演問題の一つであり，のちに，ラーデマッヘルの「丸め誤差と打ち切り誤差の定理」による数値積分中の誤差の蓄積の予測をテストするために使われた。これらの結果は，ムーアスクールの講義で「とくに簡単な」実験的調査として発表された[a]。
10桁の正弦表および余弦表	2月1日の実演問題の一つ。その表は弾道作業で使うために現地で再作成された[b]。
大砲の弾道計算（実演版，1946年2月実行）	ENIAC 構築を正当化するために使われた問題。2月15日の実演問題の一つ。
取付角0の平板に対する圧縮性流体の層流境界層（1946年6月〜7月）	超音速の投射体周辺の空気の流れをモデル化するためにダグラス・ハートリーによって実行された。ハートリーは自身で設定を作り上げたが，キャスリーン・マクナルティの援助を受けて実行および操作ができたことを認めている[c]。
軌道計算の調査	二つの別個の場合が述べられている。一つは x を独立変数とする計算であり，もう一つは t を独立変数とする計算である。
レーマーの素数の問題（1946年7月頃）	7月4日の週末に D・H・レーマーによって実行された ENIAC の数論への実験的な適用。
核分裂の液滴模型における計算（1946年7月15日〜31日）[d]	ロスアラモスのもう一つのプロジェクト。メトロポリスとフランケルによってプログラムされた。彼らはフォン・ノイマンとゴールドスタインのチームに対して「その操作手順の指導」を感謝し，「この実行と問題の先取りにおける不可欠であった有能な ENIAC 操作要員に対する彼らの負い目」を報告している[e]。
90ミリ砲のための照準装置データの計算も含む弾道計算（1946年8月）	弾道計算の「応用」[f]。乗算器を使わず時間間隔内の気象条件や気象変化の対応を含む[g]。1946年8月に弾道研究所の緊急の要請に応じて，実際の射表が少なくとも一つ作られた[h]。

表 4.1 （続き）

衝撃波の反射と屈折（1946年9月3日〜24日）[i]	アデール・ゴールドスタインによってアブラハム・タウブのためにプログラムされ監修されたロスアラモスの問題で，そのときまでに，タウブはムーアスクールを離れていた[j]。ジェニングズもその問題に取り組んでいたことを思い出した[k]。「……平面衝撃の屈折の数値解が得られた」[l]。
二原子ガスのゼロ圧力特性の計算（1946年10月7日〜18日）[m]	のちの歴史によれば，「タウン科学校の学部長J・A・ゴフは，利用可能な最上の分光器を使ってある二原子ガスのゼロ圧力特性を得るために数学的モデルを評価した」[n]。
積分計算（複雑な積分はのちに）	統計的異常値のテストに関するフランク・グラブスの問題。ENIACがムーアスクールにある間にこの問題の準備作業は行われたが，ENIACがすでにアバディーンに移された1948年3月にやっと実行された。これについては，後続の章で論じる。
解析的抗力関数を使った爆弾の弾道計算	飛行機から投下された爆弾に関する射表と同系の問題。弾道研究所が正式にENIACの所有権を得たのち，弾道研究所の代わりにムーアスクールで実行された。
マシュー方程式の解	マシュー関数は，周期的な微分方程式の解に便利な特殊関数である。200の弾道が計算機を12時間使用して計算され，電気回路のモデル化への貢献としてムーアスクールの研究者によって公表された。ある報告書には，これはムーアスクール職員によって操作されたと記されている。しかし，のちに，弾道研究所は同じ問題に立ち返って1,500以上の弾道を計算し，その方程式は弾道研究所の直接の関心事でもあることを示唆した[o]。
ENIACのための補間法の研究	弾道研究所の数学者ハスケル・B・カリーとマックス・ロトキンが，優れた計算手ワイラ・ワイアットとともに詳細な準備作業を遂行した。詳細な設定が残されているが，これらの適用のいずれかが実行されたようには見えない[p]。
高速投射体の衝撃波問題	この問題は完全にプログラムされたが，クリッピンガーの方法のために中止された[q]。

表 4.1 （続き）

a. Hans Rademacher, "On The Accumulation of Errors in Numerical Integration on the ENIAC", in *The Moore School Lectures: Theory and Techniques for Design of Electronic Digital Computers*, ed. Martin Campbell-Kelly and Michael R. Williams (MIT Press, 1985).
Hans Rademacher, "On the Accumulation of Errors in Processes on Integration on High- Speed Calculating Machines", in *Proceedings of a Symposium on Large-Scale Digital Calculating Machinery*, 7–10 January 1947, ed. William Aspray (MIT Press, 1985).
W. Barkley Fritz, "ENIAC — A Problem Solver", *IEEE Annals of the History of Computing* 16, no. 1 (1994): 25–45.
日付は Travis to Kessenich, 18 November 1946, MSOD-UP box 49 (Letters regarding reduction to practice) による。
b. "List of ENIAC Problems", n.d., Plaintiff Trial Exhibit 22753, ETE-UP による。
c. Cope and Hartree, "The Laminar Boundary Layer in Compressible Flow".
d. Goldstine, *The Computer*, 232.
e. S. Frankel and N. Metropolis, "Calculations in the Liquid-Drop Model of Fission", *Physical Review* 72, no. 10 (1947): 914–925.
f. "List of ENIAC Problems", n.d., Plaintiff Trial Exhibit 22753, ETE-UP.
g. 同上
h. "Civil Action No. 105-145 *Sperry Rand vs. Bell Labs*. Deposition of Mrs. Genevieve Brown Hatch", October 18, 1960, GWS-DCA, box 35.
i. Goldstine, *The Computer*, 233.
j. From the paper describing the results of this calculation: A. H. Taub, "Reflection of Plane Shock Waves", *Physical Review* 72 (1947): 51–60.
k. Bartik, *Pioneer Programmer*, 105.
l. Fritz, "ENIAC — A Problem Solver", 44, 48.43.43.
m. Goldstine, *The Computer*, 233.
n. Fritz, "ENIAC — A Problem Solver", 44, 48.43.42.
o. Harry J. Gray, Richard Merwin, and J. G. Brainerd, "Solutions of the Mathieu Equation", *AIEE Transactions* 67 (1948): 429–441.
S・J・ザルードニーは *Memorandum Report 878: An Elementary Review of the Mathieu-Hill Equations of Real Variable Based on Numerical Solutions* (Ballistic Research Laboratories, 1955) の中で，報告された調査結果は「1948年に ENIAC で作られた」弾道をもとにしていると報告している。23ページでは，彼は「ブレイナードのデータ」と「弾道研究所のデータ」を区別している。
p. De Mol, Carle, and Bullynck, "Haskell before Haskell".
この論文では，ワイアットを ENIAC プログラマとしているが，彼女はムーアスクールで ENIAC を操作した6名の女性の一人ではない。計画された ENIAC の設定は，Haskell B. Curry and Willa A. Wyatt, *Report No. 615: A Study of Inverse Interpolation of the ENIAC* (Ballistic Research Laboratory, 1946) や Max Lotkin, *Report No. 632: Inversion on the ENIAC Using Osculatory Interpolation* (Ballistic Research Laboratory, 1947) に記録されている。
q. "List of ENIAC Problems", n.d., Plaintiff Trial Exhibit 22753, ETE-UP.

その一覧には，ENIAC が適用された機密扱いされた問題の少なくともいくつかを含んでいるが，他の情報源に記載されているいくつかの問題への適用は除外されている。そのうちの一つが，デリック・レーマーの素数判定法である。ほかにもいくつかの設定が設計されたが，使われることはなかった。表 4.1 の一覧は，いくつかの残存する公式文書と二次資料からの情報を統合して作成したものである。

　これらの問題の主要な設定作業の多くは，たとえばロスアラモスのための三つの問題やハンス・ラーデマッヘルとデリック・レーマーによって遂行された数学的な実験のように，外部の利用者によってなされた。前に見たように，1945 年中頃には，ハーマン・ゴールドスタインとジョン・ホルバートンは，自分自身を ENIAC のプログラマというよりも，むしろ ENIAC のオペレータであると見なしていた。最初の 6 人の ENIAC オペレータの創造的な貢献が重要になるにつれて，彼らは機械を操作することに時間をかけることは少なくなり，当時の彼らの卓越さから推測されるほどには設定に貢献しなかった。表 4.1 は，稼働期間中に ENIAC で取り組まれた 100 以上の特徴的な科学的問題のほんの一部を表していて，弾道研究所における後継者に比べて，この特定の一団の女性に対して注目が集まるのは，ENIAC の歴史の理解を形作る「史上初」という装飾語や起源を示す物語が持つ一般的な魅力の一部であろう。

ハートリーの問題

　1946 年の夏に，英国の優秀な科学者ダグラス・R・ハートリーは，ENIAC を使うためにフィラデルフィアに到着した。物理学者として教育を受けたハートリーは，1920 年代に量子力学の発展に重要な貢献を果たし，原子とそれを構成する粒子の謎を探っていた国際的な物理学者としての名声を確立した。物理学の分野では，ハートリーは，新しく公表されたシュレディンガー方程式に基づいて原子構造を計算する「自己無撞着場法」(今日では一般的にハートリー－フォック法と呼ばれている) で，最もよく記憶されている。

　第一次世界大戦中，ケンブリッジの大学生としてのハートリーの研究は，兵

役によって中断された。兵役中，彼は対空砲学の実験研究においてある大学教授の助手を務めた。地上に配備された砲は，戦争の初期に英国を空襲したツェッペリン式飛行船をごく稀にしか撃墜できなかった。後年，ハートリーはよく，あれほど巨大でのろまな標的に対する大砲の性能の低さは，1916年に誰もが照準の合わせ方を知っている飛翔物体は雷鳥だけだったことを証明していると述べていた[40]。ハートリーの最初の公表された論文は，1920年にネイチャー誌に掲載された短い論文だったが，砲弾の全軌道を計算するための数値手法を記載していた[41]。彼の手法は，アバディーン性能試験場の米国の数学者らがとった手法とよく似ていた。彼らの数値計算に対する関心は，戦争中に弾道計算に接した経験によって形作られたものであろう。第1章に記したように，新しい戦術的な要求は弾道理論の革新に繋がり，そして，新しい手法によって軌道を計算する問題は，まさにENIACが設計された目的にぴったりの問題であった[42]。

ハートリーは，記号操作より数値を使って数学問題の解を求める分野（のちに数値解析と呼ばれる分野）の専門家として有名になった。その当時の優秀な科学者には珍しく，ハートリーは計算という行為に深い満足感を覚え，何千時間も費やして手計算や機械式卓上計算器による計算を行った。彼は，その特異な才能を広範囲にわたる物理問題に適用し，いくつもの方程式を，彼の使えるツールで解くことができる微分方程式系に再構成した。それは問題の物理的特性を詳しく理解していることを意味したが，初期値を推定し，計算器のハンドルを回し，途中の結果を記録し，解が定まる速さを評価するという，一連の流れから生み出された数値手法や，特殊な微分方程式の相互作用に関する技能的知識も要求した。

ハートリーは，計算技術分野の最新動向に関心があった。1930年代に，彼はマンチェスター大学で2台の微分解析器の製造を監督した。その1台はメカーノの部品（メカーノキットは同じ時代に米国の子供たちが遊んでいたエレクターセットとおおよそ同等の玩具）から作られた独創的なもので，もう1台はその後実物大のバージョンとして作られた。

第二次世界大戦が勃発すると，ハートリーは軍需省がその解析機を自由に使えるようにし，彼とその機械は広範囲にわたる戦時問題に充てられた。これら

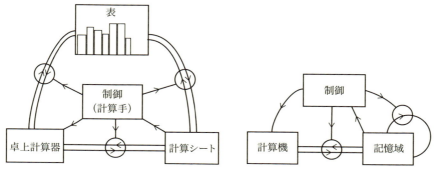

図 4.4 「手計算」(左)から ENIAC のような「自動計算装置」(右)への移行における計算の編成の変化と継続に関するハートリーの説明。(出典：Douglas R. Hartree, *Calculating Instruments and Machines*, University of Illinois Press, 1949)

の問題の多くは，砲弾やロケットの弾道に関連した計算も含めて，弾道研究所の研究と重なっていた。彼はまた，ウラン濃縮に関する計算や，爆発の衝撃の伝播に関する計算も行った。彼は空洞マグネトロン（携帯用レーダー装置の重要な部品）内の電子流をモデル化することに多くの時間を費やし，その研究は電子装置の最新の応用との接点を彼に与えた。

軍需省はイギリスの国立物理学研究所に対して責任があり，第二次世界大戦終了後，数学部門を設立した。その責任範囲は，計算機械の製造を含んでいた。戦争終結間際，国立物理学研究所の常務会の一員となっていたハートリーは，最新の事情に慣れ親しむために米国を訪問した。彼は，ハーバード大学で Mark I が動いているのを見た。けれども，当時完成間近だった ENIAC により強い感銘を受けた。翌年の春になり機密扱いが解かれた直後に，ハートリーはネイチャー誌での発表準備が整った新しい機械の詳しい解説を手に入れた。彼はハーマン・ゴールドスタインに「好印象」を植え付けて，（第 6 章で論ずる）ENIAC の後継機の計画に関する詳細な往復書簡を通じて，その計画に参加した[43]。

1946 年の初め，ゴールドスタインは，ENIAC のお披露目の式典に出席してムーアスクールにしばらく滞在しないかと，ハートリーを誘った[44]。その誘いは，ハートリーの予定と合わなかった。しかし，大西洋横断の乗船券の手配を

米国側に支援してもらったのち，ハートリー夫妻は4月にムーアスクールを訪れ，3か月間滞在した。戦時の緊急性が遠のき，弾道研究所とムーアスクールの環境はまたたく間に変化し，徴用された科学者たちは「もとの大学への逆流」を開始した[45]。4月，ゴールドスタインはポール・ギロンに書簡を送り，ハートリーの専門知識と名声によってスタッフの弱まった士気を高め，ENIACを新たな方向で利用することを提案した。ゴールドスタインは，とくに空気力学に関係した研究については「ハートリーを鼓舞して，計画と稼働を実現するためにあらゆる努力を払うべきだ」と感じた[46]。その研究は，たとえば，砲弾や飛行機の翼のような物体の周りを空気が滑らかに流れる領域を調べる「圧縮流体中の層流境界層」に関するものである。戦前，ハートリーは層流を調べるために微分解析器を使っていて，個人の研究に戻った際，それにENIACが使えるかを熱心に調べていた[47]。

　その研究に対する彼の関心は，「投射体の空力係数に及ぼす境界層の影響を質的とはいえ推定し」，「滑らかな流れが乱流に変わる境界層の剥離する位置を計算する」試みから始まった。その研究は，超音速の風洞を使って実験的に同じ現象を調査していた弾道研究所の研究と非常に関連していた。ハートリーのW・F・コープとの共著の研究論文には，飛行中の弾丸のさまざまな位置に起きる剥離の写真が含まれていた[48]。先行研究は平板という極めて単純化された場合に限定されていたが，弾道研究所のスタッフは，飛んでいる弾丸を撮影した写真から，さまざまな形状の周りに形成される境界層が著しく複雑であることを知った。

　多くの詳細な数学的作業ののち，コープとハートリーは，層流をモデル化する一組の関数を定義する三つの微分方程式によって，問題をENIACで処理できるような形にすることに成功した。射表問題と同様に，一つの方程式を満たす最適値を決定する代わりに，その計算は三つの方程式に同時にあてはまる数値を見つけなければならなかった。ハートリーが説明したように，そのような方程式は選ばれる初期条件に非常に敏感であり，微分解析器を使って方程式を解くには，解が見つかるまで少しずつ入力を変えて試験的な解を多数求める必要があった。ハートリーは，彼の器用さを使ってENIACの特徴的な長所と短所にうまく適合した新しい方法を開発した。その方程式は，さまざまな「次数」

の近似関数を定義した。0次近似式と呼ばれる基本的なケースでは，その方程式をかなり単純化することができた。ハートリーは，最初にこれらの方程式を解き，それからより複雑で一般的なケースに移ることを提案した。彼は0次近似式を解く二つのアプローチを考案した。一つは前向き反復法であり，もう一つは，ある関数に試算値を代入して計算した解の評価に基づく方法であった。前向き反復法は，数学的にはより洗練されていたが，ENIACの限られた記憶容量では，大量のカードを手作業で処理する必要があるため，却下された。試算値を使う手法は，完全に自動的に動かせることがわかった。

　その方程式の特徴は，境界条件が2点で与えられることであった。境界条件は，微分方程式のとりうる解に対する制約を表す。境界条件がすべて1点で与えられるならば，弾道方程式の場合のように，その点から計算していけば数値解を求めることができる。しかし，ハートリーの問題では，第2の境界点に向けて計算を進めても得られた値がそこで課せられた条件を満たす保証はなかった。そこで，ハートリーは，最初の境界点で必要とされる二つの関数のために推定した「試算」値から始めて計算を進めた。第2の境界点で得られた結果とそこにおける境界条件を比較することによって，彼はより良い試算値を計算することができた。この「生成と検査」手法を繰り返すことで，すべての境界条件を満たす解をかなり素早く作り出した。

　したがって，ENIACは，初期値から始めて方程式を積分し，結果を評価し，必要ならばより良い試算値を生成するように設定された。マスタープログラマは，これらの作業をスイッチで制御し，十分な精度の解が得られれば，計算を終了させた。ENIACは，試行解それぞれの結果をパンチカードに穿孔したので，あとで進行状況をたどることができた。正確な解が得られると，ENIACはもう一つの積分ステップを実行した。この場合，独立変数のそれぞれの値をカードに印刷したので，計算の進捗が完全に記録された。数値誤差の累積を防ぐために独立変数の増分を小さく抑え，個別の積分を250回行うことで値域を網羅した。ENIACはこの計算を1秒間に8回実行できたので，一つの試行解には約30秒かかった。代表的なケースでは，およそ五つの解を探し出すことが必要とされたので，合計およそ2分半の計算が必要だった[49]。

　方程式の0次近似解は，さまざまな流れの速度ごとに求められ，発表され

圧縮性層流境界層，0次近似式，積分手順の設定

...		累算器 9 ier	累算器 10 icand	高速メモリ	累算器 11 左方部分積	累算器 12	累算器 13 右方部分積	累算器 14	...
数字端子 桁上げ 削除子		$\alpha\,\beta\,\gamma\,\delta$ A 2 1 3 4 1	$\alpha\,\beta\,\gamma\,\delta$ 1 2 4 2 −12			$\alpha\,\beta\,\gamma$ A 2 3 4 1	$\alpha\,\beta\,\gamma$ A S 2 1 3 2 1	$\alpha\,\beta\,\gamma$ A S 2 3 2 4 2 −1	
積分演算列を開始するマスタープログラマからのパルス	→ A−1	0	0	0	0	0	0	0	
		F_0	H_0	A−1 1 α C α O S C 1 A−2			$F_0\,H_0$		
		H_0	H_0	A−2 2 β C OC A C 1 A−3			H_0^2		
		F_0	R_0	A−3 3 α C α C A C 1 A−4			$F_0\,R_0$	A−3 1 A O 1 H_0^2	

図 4.5 ハートリーが用意した「ペダリングシート」から再描画した詳細。積分手順に含まれる最初の三つの乗算を示している。(ジーン・ジェニングズ・バーティク計算博物館の厚意による)

た[50]。計算の実行は，チームの努力によるところが大きかった。ENIAC オペレータチームの長，ジョン・ホルバートンは，チームに密着してハートリーの方法に関する詳細な覚書を書き，その後 1947 年 11 月に，ACM（米国計算機学会）の会議でその計算について短い発表を行った。ダグラス・ハートリーは，とりわけキャスリーン・マクナルティに「ENIAC 向けの作業を編成し，研究のために ENIAC の設定計画を立案し，稼働させるにあたって受けた指導，助言そして支援」への謝意を表し，「彼女の積極的かつ友好的な援助によって，私たちはその研究に夢中になっただけでなく，真の喜びをも得られた」と言い添えている[51]。

　図 4.5 は，上記の問題用のペダリングシートの一部分を示しており，ENIAC で実際に動いた問題の唯一残存するシートとして知られている。縦の列は ENIAC の累算器や他のユニットを表していて，列の見出しで識別できる。見出しの下の最初の行は，数字端子アダプタとプラグ接続を指定しており，次の

行は初期値を与えている。以降のそれぞれの行は，計算の引き続く段階を表している。ハートリーの計算に対する意識は乗算に集中していたので，ENIACの「加算の繰り返し」ではなく乗算操作を用いて，4ページにわたる62ステップを図示した。個々のセルは，それぞれの段階中でそれぞれのユニットにおいて有効に結線されたプログラム線とスイッチの記号表現（アデール・ゴールドスタインの報告書で定められた表記法を使用）と，それぞれの累算器に格納された数値を定める数式を含んでいる。

　それから，ハートリーは1次近似式のさらに複雑な要求に注意を向けた。要求にまつわる難しさは，方程式の解そのものではなく，それぞれの解に必要とされる大量の数値情報の生成にあり，解自体が複雑な関数で定義されていた。これは，いまや計算を分割すること以外の選択肢がないことを意味した。最初に数値データが計算され，それをパンチカードの束に記録し，方程式を解いている間にその束を読み込んだ。

　これらの計算のために，詳細な計画が立てられた。複数のカード形式が定められ，それぞれが計算の特定の段階で必要とされる値を持っていた[52]。値はENIAC上で計算されカードに穿孔されることになっており，これを複数回行う場合もあった。ハートリーは，繰り返し実行に必要な複製を行うために，ある一つの関数に含まれる変数の全範囲の値を，どのようにして手作業で一組のカードに穿孔するかを説明した。これには，複製穿孔機と呼ばれる専用装置を用いた。この装置は，カードの8個の入力変数から決められた順序に並べ替えた新たなカードを作る。これらのカードはENIACで処理され，カードの変数を引数として関数を評価し生成された値が出力カードに穿孔される。その出力カードは，今度は方程式の系全体を評価するプログラムのための入力の一つとして使われる[53]。もう一つの専用パンチカード装置である分類機が，特定のパラメータのために穿孔された値に従ってカードを分けるのに使われた。ハートリーは，この補助パンチカード装置の利用を提案したマクナルティに感謝した。これは，アバディーンに迎えられた女性たちが受けた穿孔カード技術の初期のトレーニングがENIACの能力を引き上げたという証拠である。入力カードの束が準備され，1次近似式のいくつかの予備的な解が得られたが，7月中旬になると，ハートリーが「最優先作業」と記したものにENIACは割り当て直

された。今では，これが，この時は核分裂に関するメトロポリスとフランケルによって実行されたさらなるロスアラモス計算であったことがわかっている。

のちに，ハートリーは，ENIACの高速記憶域の「小さな容量」が「汎用計算機としてのその主たる限界」であったと述べた。彼の1946年の計算で実証されたように，これを回避する一つの方法は，中間結果をパンチカードに出力し，それからその内容を再度読み込んで処理を進めることであった。ハートリーの見たところ，数多くのカードの入れ替えが必要であったが，オペレータは「いかなる計算もする必要がなく，……異なる機械の間を数値の大きな塊をパンチカードの束によって移動させることにのみ注意を払えばよかった。このように，パンチカード装置，とりわけ複製穿孔機と分類機を一緒に使えば，ENIACを効果的に利用することができた。そして，その処理過程は完全自動ではないが，それでも，他の計算手段よりは速く確実に省力的であった」[54]。ENIACがこのように使われたとき，計算プロセス全体におけるその役割は，カードの束を処理または更新するために連続して使われるいくつかの機械の一つとして用いられたという点で，のちにIBMによって製造された専用電子パンチカード処理機（たとえば，モデル604電子計算パンチ）の役割とあまり違いはなかった。

英国に戻るとすぐに，ハートリーはケンブリッジ大学数理物理学プラマー教授職に任命された。ENIACを説明した彼の就任講義は小冊子として出版され，ENIACおよび電子計算という新しい分野に関するその当時入手できる最も明解で詳細な解説の一つとなった[55]。

レーマーの休暇中の計算

十分に記録されている1946年以降のもう一つの計算は，バークレーの数論学者デリック・レーマーによって行われたものである。レーマーは，1945年から46年にかけて弾道研究所でENIACの利用計画の立案を支援するグループの一員であった。ほかに使う人がいないときに，レーマーは「小問題」を走らせてENIACを実験した[56]。サービス運用日誌に残る彼のイニシャルは，4月には，欠陥のある真空管を交換するといった定期保守点検作業を遂行できるほ

ど，彼が十分 ENIAC に精通していたことを示唆している[57]。これは，ENIACが，一人の利用者が事実上貸し切りで操作できるような極めて個人向けの機械だったことを示している。

のちにデリック・レーマーが語ったように，彼とその家族は7月4日の週末（米国ではほとんど仕事などされない週末）に，ENIAC に飛び付いた（レーマーの妻エマは著名な数学者であり，この訪問での ENIAC の出力を公表するために必要な計算作業の多くを行った）。ジョン・モークリーから支援を得て，彼らは「機械からすべてを引き剥がして」，彼ら自身の問題を設定することが許された[58]。

数論学者として，レーマーは，ここまでの ENIAC の大部分の仕事を占めていた微分方程式とは異なる種類の問題に興味を持っていた。彼のプログラムは，「篩」を使って素数を識別する方法をテストするものだった。この意味での「篩」の一例として，おなじみの「エラトステネスの篩」がある。エラトステネスの篩は，素因数を持つ数を次々と弾き出し，素数だけを残す。レーマーは，自動化した篩を作ることにとくに関心を持っていた。1920年代と1930年代の間に，レーマーは，この処理を速くするために電気機械と光電子の装置を作った。そしてその後，一連の篩に特化した電子機器を作り，それは1970年代後半でも汎用計算機よりはるかに速くその仕事をこなした。

レーマーは，ENIAC に篩を実装するアイデアはモークリーのおかげだとしている。歴史家マールテン・ブリンクとリスベス・デ・モルによって部分的に再構成されたレーマーのプログラムは，計算のいくつかの部分を同時に実行する ENIAC の能力を利用していた[59]。そのプログラムでは，14個の累算器を用いて，異なる素数に対して一つの数を同時に調べた[60]。レーマーの論文は，彼のもとの実装がその技術を利用したことを確認できるだけの情報を提供していないが，のちにレーマーは，その計算を議論する際に，ENIAC は「フォン・ノイマンが台無しにする前は高度な並列処理機だった」と不満を述べた[61]。彼は，引き続き ENIAC 用のさらなるプログラムを準備した。その中には，ラーデマッヘルの定理用のプログラムとリーマンのゼータ関数の根を計算するための完全な設定が含まれていた。しかし，「そのプログラムが作動できる前に，ENIAC は大幅に修正されてしまい，その問題のためには役に立たないものに

なってしまった」[62]。その頃には，レーマーはカリフォルニアに戻っていた。彼は，すぐに別の機械に愛情を注ぐようになった。

§旅立ち

1946年6月30日，ENIACは連邦政府によって公式に受納された。それは，ムーアスクールが（大量の文書も含めて）契約において約束したすべてを引き渡したことに対する政府の満足感を示していた。フィラデルフィアから70マイル（約110 km）少々のアバディーンにある弾道研究所の終の棲家へENIACを移動するときが来た。しかし，ENIACが収容される建物は未完成で，すぐに移動しても良いことはなかった。のちに，ゴールドスタインは，移動の延期は，ENIACが当時長期間にわたって中断できないような重要な仕事を遂行中だったからだとも説明している。その猶予は，ごくわずかであった。ENIACは，1946年11月9日に電源を落とされた。

移動を計画する

1944年12月，ハーマン・ゴールドスタインは，ENIACが2か月以内に完成すると予想していた。その時点では，ENIACをテストしてアバディーンへ移動したのちに試行問題を実行する計画になっていて，そのために新しい居所を準備することが喫緊の問題となった。ゴールドスタインは，ENIACに割り当てられた部屋は，超音速風洞施設の中にあり，「誘導トンネルを収容する」ために建造されたという点を指摘した。これによって，「その部屋に突き出た多数の梁や支柱による」換気と空調設備の問題や，高い湿度，「ENIACの設置先が風洞用の給水塔のすぐ隣にあるという事実」が判明した[63]。

弾道研究所へのENIACの再配置の準備は，1945年1月に本格的に始まった。その戦時プロジェクトには2文字のコードを使うというムーアスクールのシステムに合わせて，移動作業はプロジェクトABというコードネームが付けられ

た。1945年1月26日，弾道研究所は移動計画とENIACの新しい設置場所の構成のために，15,000ドルの最初の契約を結んだ[64]。ムーアスクールの代表のジョン・ブレイナードと弾道研究所との調整役に任命されたハーマン・ゴールドスタインの間で準備が協議された。重要な事項はすみやかに合意に達した。ENIACの周囲の床はむき出しのままで，周りの壁には防音設備が施され，そして，板ガラスの窓があるロビーエリアは訪問客が作動中の機械を見学できるようにすることになった。配線，照明，電源，火災予防，ペンキと非常用排水の仕様が取り決められた。詳細な配線計画の設計と，新たに立案された「ENIACマスター制御パネル」（ENIACの停止や始動を制御するための壁に取り付ける装置）を含めた必要な機材の設置を行う業者として，地元企業のエグリー・エンジニアーズ社が選ばれた。

その計画は，当初ENIACに割り当てられた控えめな空間には，あまりに壮大であることがわかった。1月26日までに，頭上の風洞装置とメンテナンスアクセスのために，当初予定された大きな空間はわずか6フィート半（約2m）の高さしか使えないことがわかり，展示ロビーを縮小する羽目になった[65]。4月までに，状況はENIACにとって都合良く解決された。新しい居所が，弾道研究所の3階に見つかったのである[66]。新しい設置場所（計算別館と呼ばれていた建物の増築部分）では，ENIACは弾道研究所の他の計算機の近くに配置された。ENIACの周囲の空間は，ENIACを効果的に見せつつ，パンチカード装置，テスト装置そしてメインパネル用の二次的空間になるように設計された。メインパネルは部屋の間仕切りとして機能し，オペレータが働く狭い領域を囲んだ。

1945年6月に署名された契約では，ムーアスクールがENIACの全移転作業の元請負となり，ENIACの移動と設置にかかる全費用として96,200ドルが支払われることになっていた[67]。ENIAC開発を苦しませた費用超過と遅延を考えて，H・ペンダーは，大学を何であれ金を失う危険にさらすような仕事を引き受けることを嫌がった。したがって，その仕事は「主として下請けに回し」，「承認された計画に基づいて契約者から確定した対価を受領し……われわれは経費をきっちりと把握し，これといった危険を冒さないようにせよ」と指示した[68]。予定外のいかなる厄介事も，エグリー・エンジニアーズ社や，天井工事

や空調設備工事を請け負う業者に降りかかることになった。

ENIAC が燃える

　1946年10月26日の朝，ENIACの守衛は，ぼやでENIACが損傷しているのを見つけた。ある関数表パネルの真空管ヒーター入力に電力供給する電線の絶縁体がショートして発火し，小さな炎がパネルに被害を与えた。そのパネルの覆いは一晩中外されたままであり，そのことが換気効果を弱めたのかもしれなかった。ENIACのベークライト製ソケットは，プラスチック製やゴム製の絶縁体と同様に，ホットスポットが進展すると，少し燃えやすくなった。幸いにも，火が燃え広がる前に，自動安全装置が風を送る換気ユニットの電源を切った[69]。ENIACのそれ以外の部分は，損傷したパネルをリーブズ・インスツルメント社が修理している間も動かすことができた。復旧費用は5,794.90ドルで，他のパネルにまで燃え広がっていたら生じたであろう損害を思えば，ごくわずかで済んだ[70]。

　ENIACの所有者は，待ちに待った高価な計算機が，一晩無人のまま放置したら自然発火で燃えるという脆さを心配した。レスリー・サイモンに送られてきた火災の長い説明には，「近頃，ENIACの直流電源も交流電源も両方とも一晩中切らないのが習慣になっていたため」と書かれていた。交流電源をずっと入れっぱなしにするのは，「電源を入り切りするたびに18,000本の真空管のいくつかに生じる不具合の可能性に起因する苦労が絶えず繰り返されることを避けるために，過去の経験上不可欠である。直流に関しては，最近の経験が示すように，交流の場合ほど顕著ではないが，利用の継続性が運転の継続性の維持に役立っている」[71]。この事件は，これまで歴史家によって見落とされていたが，一晩中真空管ヒーターを入れっぱなしにすることを弾道研究所の職員が乗り気でなかったことを説明する助けになる。モークリーは，のちに，ENIACの信頼性を大いに損なった近視眼的かつ官僚的な過ちと見て，軍を嘲笑した[72]。

　ムーアスクールのチームは，単なる被害の対処ではなく「できる限り将来の火災被害を軽減する」ために16,000ドルの契約を提案した。変更点には，

直流電源を切るためのスイッチの設置，関数表の若干の変更，変圧器で使われるヒューズシステムへの変更が含まれていた。アバディーン性能試験場でENIAC が再び動き出す前に，これらの変更は ENIAC の対応する部分に組み込まれた[73]。

フィラデルフィアを離れる

移動のための梱包作業はおよそ3週間かかると見積もられ，1947年11月11日に開始し，主なユニットごとに一人か二人を割り当てて丸一日仕事をすることで，1, 2週間と予定された。パネルは慎重にテストされたあとで ENIAC の他の部分から切り離され，真空管と「プラグイン」モジュラーユニットやトレイは，取り外されて別々に梱包された[74]。すべてのケーブルと予備部品も，目録が作られて木箱に詰められた。

ENIAC に関する他の何事でもそうだったように，梱包開始は少し遅れ12月上旬になった[75]。ムーアスクールは，契約後30日間，移動中に生じた損失や損害に対して 100,000 ドルをカバーする保険契約に 2,000 ドルを支払った[76]。その保険は，おそらく木箱とパネルの最初の移動が行われた12月23日に有効になった。

フィラデルフィアのスコット・ブラザーズ社は，移動作業全体の比較的小さい部分に過ぎない「箱詰め，牽引，運搬作業」について，8,350 ドルを提示して運搬契約を勝ち取った。「牽引」は，ムーアスクールの外壁に穴を開け，動力ウインチを使って ENIAC のメインパネルとそれに付随する電源や換気装置を含む重量物を搬出することを意味した[77]。追加費用となった外壁の一部取り壊しと修復は，ENIAC がフィラデルフィアから出ていく際の最も印象的な光景であった。

チームの解散

エッカートとモークリーは，ムーアスクールを離れた。それは，ENIACよ

りも早かったが，やはりすんなりとはいかなかった。彼らは，1944年の秋くらいにまで遡って，ENIACで具現化した発明に対する権利を彼ら自身に付与するような特許出願を提出する権利を勝ち取るために，大学当局ならびにプロジェクト参加者とかなり不快な交渉になるとわかっていたことを始めていた。当時，これは物議を醸していて，ムーアスクールの同僚との関係を損なわせた。数十年後，特許裁判の裁判官は，軍との契約中にムーアスクールがその責任を果たすのをエッカートとモークリーが援助し続けなかったという理由だけで，大学がその発明に対する権利を持つと結論付けた[78]。この緊張は，1944年9月に結ばれた継続契約のもと，新しい計算機EDVACを作るためにムーアスクールで行われていた研究に，すぐさま負の影響を及ぼし始めた。双方の憤慨は膨らんでいき，1946年3月，モークリーとエッカートは，ムーアスクールから雇用を継続する条件として，将来の特許権を大学に譲渡し財政的な利益は個人より大学を優先させることが必要であるという最後通告を受けたのち，ともに辞職した。

　エッカートとモークリーは，最終的にはエッカート・モークリー計算機会社となる，世界初の計算機スタートアップ企業の創設に邁進した。人員不足と資金不足で，計算機は生産費用をはるかに下回る価格となり，それは必然的に引き続く財政危機に至った。1950年，当時有数の事務機械の会社であったレミントン・ランド社に買収され，1951年，最初のUnivac計算機が米国国勢調査局に受納された。エッカートもモークリーも決して大金持ちにはならなかったが，計算機だけではなく計算機産業も共同で発明したと，もっともらしく主張できただろう。ハーマン・ゴールドスタインとアーサー・バークスは，1946年に高等研究所に移り，電子計算機を設計するためにジョン・フォン・ノイマンが集めたチームに加わった。

　当初のENIACのオペレータチームの要員は，弾道研究所でENIACを稼働させているチームの中核をなすという発想で採用された。しかし，結婚，移転の延期，そしてENIACを信頼できるサービスにする長期間の再調整という複合的な事情によって，1948年夏にENIACが十分生産的な作業日程になるまで回復したとき，弾道研究所にまだ雇用されていたのは，当初の6名中わずか1名であった。ベティ・ジーン・ジェニングズとマーリン・ウェスコフは，ENIAC

に伴ってアバディーンには行かず，1946年末に退職を選んだ。ただし，ジェニングズは契約プログラマとして働き続けた。フランシス・スナイダーはアバディーンに行ったが，翌年，エッカートとモークリーの新しい計算機会社に加わるために去った（ENIACによるもう一つの縁組として，フランシス・スナイダーは，のちに前上司（ジョン・ホルバートン）と結婚した）。

　ENIACオペレータチームの他の3人のメンバーは，チームの新しいメンバーに彼女らの技術を伝えるために，かなりの期間，弾道研究所に雇われていた。弾道研究所におけるキャスリーン・マクナルティの最後の日は，1948年2月6日であった。彼女は，1946年にジョン・モークリーの最初の妻が溺死したあと，モークリーと結婚した。これは深読みすると，オペレータチームの女性たちがモークリーに好意を抱き，モークリーもまた彼女たちに同様な好意を抱いていたことを示している。モークリーは若い女性との同伴を楽しみ，ムーアスクール時代には，彼女たちと昼食や夕食をともにした[79]。ベティ・ジーン・ジェニングズがウィリアム・バーティクと結婚したとき，教会の側廊で彼女をエスコートしたのは，彼女の父ではなくモークリーだった[80]。

　フランシス・バイラスは，ENIACを操作している間一緒に働いていたに違いないホーマー・スペンスと結婚した。結婚後の名前は，1948年の3月下旬の日誌に見られるが，まもなく妊娠し，その後弾道研究所を去った。ラス・リヒターマンは，最も長く弾道研究所に留まり，その雇用は1948年9月10日で終わっている。伝えられるところによると，その理由は結婚であった。フィラデルフィアでENIACとともに働いた大勢の人々のうち，ジョン・ホルバートンとホーマー・スペンスだけが残った。二人にとって，結婚は継続的な雇用の障害にはならなかった。

　このあとの章で明らかになるように，1948年3月に施された変更によって，将来のプログラマとオペレータの仕事は，当初のプログラマとオペレータの仕事とはまったく異なるものになった。プログラムは，いまや，他の初期の計算機と同様に一連の指示として記述され，それらは数値に翻訳され，関数表のつまみを回すことで計算機に設定されるように変わった。こうして，プログラミング作業は，計算機の詳細な物理設計から抽象化され，計算機の操作や構成から得られる専門知識との関連は複雑ではなくなった。逆に，ENIACを操作す

る仕事は，以前に比べて他の初期の計算機の操作と似たものになった。一つの処理から別の処理に切り替えるためには，関数表上にコード化された情報を変えるだけでよくなった。

第5章　ENIAC, 弾道研究所に到着する

　1946年の夏，ムーアスクールの契約は成功裡に完了し，ENIACに関する責任はプロジェクトのスポンサーである弾道研究所に委譲された。ENIAC建造を正当化するために利用された射表の差し迫った必要性は，終戦とともに失われたが，弾道研究所は計算機の力を切に必要としていた。

　ENIACの建造と，それを構築するためにムーアスクールに集められたチームについては，多くのことが書かれている。弾道研究所で稼働した計算機としてのENIACの兵役期間については，弾道研究所が作製を依頼し，8年間稼働させ，適用した問題のほとんどを提供したにもかかわらず，よくわかっていない。そこで，この章では弾道研究所とその上位組織であるアバディーン性能試験場に焦点を当てることから始めたい。今日では，少なくとも計算技術の歴史家には，これらの組織はENIACに出資することで歴史に最大の貢献をした裏方として記憶されている。実際，彼らは，連邦政府が科学の重要なスポンサーとなりつつあった過渡期に，科学と技術のいくつかの領域の発展に重要な貢献をした。

　1938年に弾道研究所がアバディーン性能試験場の研究部門の再編の中で創設されてから，数年しか経っていなかった。20世紀後半，アメリカ国民は，連邦政府が自身の組織内で，あるいは大学への幅広い補助金プログラムによって，公益を図るための基礎科学研究を広範囲に支援するのが当然だと考えるようになった。政府は，鉱物資源の調査，農産物の増産，武器の新開発など，直接国益に繋がる領域の応用研究に科学者を雇用したが，弾道研究所の任務はそのやり方をもっと早く，そしてもっと有効に取り入れた。

　この新しい研究所は，MITや他の有名な組織からより多くの博士や学位を持つ人材を雇用することで，組織の知力を増強した。戦争の脅威によって作業の

緊急性が増したことで，研究所はジョン・フォン・ノイマンのような高名な科学者を諮問委員会に招聘することができた。これは主に，第二次世界大戦における科学的活動の調整に重要な役割を演じた数学者オズワルド・ヴェブレンの働きによるものだった。ヴェブレンは，先の戦争中はアバディーンの計算技術グループを任されたが，その当時はプリンストン高等研究所の教授に就任していた。ハーマン・ゴールドスタインによると，ENIACの建造に出資すると最初に決めたのはヴェブレンであった（ゴールドスタインが説明している途中で，ヴェブレンが有無を言わせぬ調子で「サイモン，ゴールドスタインに金を出してやれ」という言葉を残して席を立ったのが，ゴールドスタインの忘れがたい逸話となった[1]）。

　1940年代，弾道研究所は，質の高い科学者を職員とする若い組織であった。戦争が勃発したとき，研究所は約40名の小規模な組織から，約500名というかなりの大組織に急速に成長した[2]。その指導者らは政界との繋がりがあり，米国科学界の最高の人脈から支持を得ていた。たとえば，1944年には，米国初の超音速風洞を完成した。そのプロジェクトは，エドウィン・ハッブルが率いていた。ハッブルは，今日，宇宙が膨張していることを示す法則やNASAの軌道観測所にその名を冠する天文学者である。

　ENIAC開発の間，ゴールドスタインは軍需品部の中枢にいたが，終戦後は軍務に留まることを望まなかった。ENIACは新しい旗頭を必要としていた。1945年には，ENIACを弾道研究所に迎える計画を作成し，ENIACが生産的に利用されることを確認するための専門家のグループとして，計算委員会が設立された。計算委員会には，数学者ハスケル・カリー，フランツ・アルト，デリック・レーマー，天文学者リランド・カニンガムらがいた。彼らは，戦時中，弾道研究所の計算業務を補助するためアバディーンにやってきて，その後の数年間は（何人かは従業員として，他の者は頻繁に訪問することで）研究所との関係を保った。計算委員会の成果がどのようなものであったかは，明らかではない。のちにアルトは，弾道研究所の誰もがまだ戦時の仕事に追われていたし，ENIACはほとんど「部品の寄せ集め」程度に過ぎなかったので，委員会は「いくつかは本番，いくつかはテストとして，二つ三つの個別の問題に取り組んでいたに過ぎなかった」と書いている[3]。

委員会よりも永続的で実質的な何かが必要であった。1945年8月，弾道研究所内の一般的な再編の中で，ルイス・S・デダーリックの率いる新しい計算技術研究室が作られた[4]。デダーリックは民間の科学者であったが，すでに弾道研究所の参事として就任しており，役員であるレスリー・サイモンが直属の上司だった。のちにジーン・バーティクは，「デダーリックは非常に紳士的で，思慮深い人だったが，高齢で，職を解かれそうだった」と書いている[5]。彼女は，当時デダーリックがムーアスクールにオフィスを持っていて，そこからENIACの作業を監督したことを思い出した。デダーリックは1953年に退職した。若い女性には老け込んでいるように見えたかもしれないが，彼にはまだ残された数年の仕事があった[6]。

§ ENIACを弾道研究所に設置する

ENIACのアバディーンへの移動および弾道研究所への設置の本格的な準備は，1945年1月から進行していた。リスクを最小にするため，関連する作業のほとんどを下請け業者に任せていたのにもかかわらず，ムーアスクールの契約上の責任は，ENIACの到着で終わることはなかった。下請け業者は，ENIACの各パネルを取り付けて内壁を作り，必要となる特殊な電気配線を施し，適切な空調と換気システムを設置した。それに追加として，計算機を始動・停止させるボタンを収納する格調高いマスター制御ユニットが壁に組み込まれた。ムーアスクールでは，この作業は手持ち式のユニットで行っていた。

ENIACの所有者は，計算機室のつり天井の問題で渋っていた。つり天井は，機械の新しい設置場所を計画する初期から議論されていた。しかし，1947年6月までは経費の最終的な承認が得られず，1948年までは完成しなかった[7]。レスリー・サイモンは，ENIACが設置され，必要かどうかを彼自身が判断できるまでは，つり天井を承認しないと決めていた[8]。

レジスタとコンバータ

　ENIACが弾道研究所に搬入されてまもなく，ムーアスクールは，弾道研究所が「プログラミング機能を追加するために」エッカートとモークリーの小さなベンチャー企業エレクトロニックコントロールカンパニー社が作った二つの新しいパネルを追加すると決めたことを知った。1947年2月18日，レスリー・サイモンは，新しいパネルのための壁面スペース，送風機，電源，配線による導入契約の修正にかかる費用の見積もりをハロルド・ペンダーに依頼した[9]。

　新しいパネルは「レジスタ」および「コンバータ」として知られるようになる。レジスタは遅延線メモリであり，ENIACの書き込み可能な小容量なメモリの増大を目的としていた。これは，エレクトロニックコントロールカンパニー社が，信頼性が高く入手が容易な商用計算機を作るという野心を成し遂げるために，習得しなければならない技術だった。会社は慢性的な資金不足の危機にあり，即座の収益を必死に求めていた。エッカートとモークリーはENIACを新しい技術で改造するというアイデアを持って，ルイス・デダーリックに接近したと思われる。それによって，遅延線メモリの開発費を複数顧客に分散することができる。コンバータの目的が何であったか，また，（ここで「自動プログラム選択器」と記されている）二つの新しいユニットがどのように連携したかは明らかでない[10]。

　「プログラム選択」の概念は，新しいものではない。1945年8月11日付の手書きのメモには，「あらかじめセットされた多数のプログラムから選択する」ためにパンチカードから数値を読むアイデアが書かれている[11]。そのアイデアは現実的ではなかった（ENIACは1台のカード読み取り機しか備えておらず，それを制御情報で使用すると，入力データを完全になくすか，あるいは適切な制御情報をデータと同じカード上に穿孔して何らかの方法で読み取るかのいずれかとなる）。1946年の早い時期に，ENIACチームは，プログラム選択にパンチカードではなく関数表を使うアイデアを思いついた。アデール・ゴールドスタインのマニュアルは，「……14の異なるプログラムがあり，そのうちのいくつかが計算中のさまざまなときに呼び出される」状況を想定することによって，その技術を紹介している[12]。マスタープログラマからのそのような呼び出

しを恒常的に提供すれば，すぐに ENIAC の条件制御の許容量を圧迫するであろう。マニュアルは，呼び出すべきプログラムを示す情報を保持するために，関数表の数値格納機能をどのように使うかを説明した。関数表の数値出力がプログラム制御線に接続され，プログラム線の具体的な並びを指定するためのスイッチが用意された[13]。関数表の特定の行がアクセスされると，それに接続されたプログラム線により，ENIAC の通常の技法を用いて設定された最大 14 個の（今日ではサブルーチンと呼ばれる）演算列が同時に起動した。

コンバータもまた「プログラム選択」のための機構を提供した。2 桁の数を受け取り，それに応じて 100 本の出力線の一つに制御パルスを発信する。コンバータが関数表，あるいはレジスタ自身から順次読み込まれる数値に応じてサブルーチンを呼び出すことを意図したと推測されるが，それは，サブルーチンの長い命令列を動かす簡単な方法であったのだろう。弾道研究所とムーアスクールの上級スタッフメンバーは，新しい会社に頼ることは避けたいという意見で一致していた。EDVAC のプログラミングシステムを設計するために弾道研究所で働いていたルイス・デダーリックとサムエル・ルブキンは，アーヴン・トラヴィスと会談した（稀なことだが，その記録が残されていた）。デダーリックは次のように打ち明けた。「すでにモークリーとエッカートは，確定額をわれわれに提示した。個人的な考えや私情を除けば，モークリーとエッカートと契約するのが自然なのは明らかだ。なぜ，遠回しな言い方をするのか？個人的な意見はこうだ。われわれはこれまでムーアスクールと取引していたし，それを続けたい」。デダーリックとルブキンは，アバディーンの経営陣や連邦調達局の検閲を通りそうなことと通りそうにないことについて，トラヴィスに要点を伝えた。ルブキンは次のように説明した。「サイモン大佐は，エッカートとモークリーの入札よりもわずかに高い」競合案の承認を「躊躇しないだろう」[14]。

二つの新しいパネルを製造する契約は，ムーアスクールと結ばれた。トラヴィスの提言により，既存の移動契約のかなりの余剰金が新しいパネルの費用にあてられ，それは提案に対する有効な補助になった。新しいパネルのためのプラグインユニットは，ニューヨーク市のリーブズ・インスツルメント社によって製造された[15]。

信頼性の高いメモリを契約どおりの低価格で供給することに関して，デダーリックがエレクトロニックコントロールカンパニー社の能力に抱いた懸念は，同社の Univac 計算機の楽観的な価格設定，装置の低い信頼性，納期の遅れ，慢性的な資金不足が以後数年間続いたことで裏付けられた。1950年のレミントン・ランド社への強制売却だけが，ビジネスに持続可能な財政的基盤を与えた。一方，ムーアスクールは優秀な計算機技術者が流出したために力を失い，計算機構築者として将来性はなかった。デダーリックは，二つの悪い選択肢のうち，より悪いほうを選んでしまった。最終的にムーアスクールは，レジスタの納入に2年以上かかり，そしてそれが稼働することはなかった。未知の技術を調達する挑戦者とは，そのようなものである。幸いにも，コンバータはレジスタなしでも有用であることがわかった。

弾道研究所での ENIAC への要員配備

職員の入れ替わりが頻繁であったにもかかわらず，重要な地位にあった二人の人物は，製造段階からアバディーンでの最盛期までの継続性に一役買った。ジョン・ホルバートンは，弾道研究所計算技術研究室の ENIAC 部門の責任者だった。1945年に ENIAC がムーアスクールで完成してから，1951年6月に弾道研究所を去って国立標準局へ移るまで，肩書きは変わってもホルバートンはオペレータとプログラマのチームを監督し続けた。1950年に，ホルバートンはベティ・スナイダーと結婚した。スナイダーは最初のオペレータの一人であったが，すでにアバディーンを去り，初期の UNIVAC のプログラミングの開発に大きく貢献していた[16]。

ホーマー・スペンスは，ENIAC の担当者の記憶においても，またアバディーンでの最初の数年間を記録した ENIAC の運用日誌上でも，目立った人物である。彼は，第二次大戦中に ENIAC を完成させ，稼働させる手伝いとしてフィラデルフィアに送られた時には上等兵にすぎなかったが，すみやかに回路についての個人的知識を高め，それらを稼働させ続けるのに必要な秘訣を身につけた。スペンスは兵役から解放されたのち，民間の従業員として残留し，ENIAC

とともにアバディーンに移った。1948年半ばまで弾道研究所でENIACとともに働き，のちにそこでの歴史を多く文書にしたW・バークレー・フリッツによると，「スペンスは，入荷する真空管をテストし，プラグイン回路を準備・テストして，誤動作の原因を突き止め，また，ENIACを操作可能な状態に維持する少人数の保守要員チームを指揮していた」。スペンスは，「実質的にENIACの稼働期間全体にわたり」そのハードウェアを監督し続けた[17]。

その経歴の大部分で，ENIACは24時間稼働し，そのためには要員を3交替で運用する必要があった。1945年の兵役解除により，最初のオペレータを計算手の女性集団からのみ選ぶ原因であった特別な労働条件はなくなった。ENIACが再びきちんと利用可能になる頃には，大部分の女性は弾道研究所を退職していた。彼女らの後任はさまざまなところからやって来た。（ウィニフレッド・スミス，ホーム・マカリスター，マリー・ビアスタイン，オースティン・ロバート・ブラウンJr.を含む）何人かは，すでに弾道研究所で計算手として働いていた。ライラ・トッドとヘレン・グリーンバウムは，射表の仕事で戦時の監督としてムーアスクールに赴任していたが，アバディーンに戻ったのち，最終的にENIACチームに加わった。そのほかは，新たに弾道研究所に来たメンバーである。たとえば，W・バークレー・フリッツが夏休みのアルバイトでENIACグループに参加したとき，彼は数学の修士号を得たばかりだった。1948年にENIACチームに参加したジョージ・レイトウィズナーは，1952年にはホーム・マカリスターと結婚し，ENIACの縁結びの伝統を引き継いだ[18]。

§道具の一つとしてのENIAC

新しい計算技術研究室は，いくつかの計算機器に責任を負った。その結果，組織の更なる細分化を引き起こし，いくつかの「分岐」が生まれた。計算技術研究室は，ENIACと弾道研究所のパンチカード装置の幅広いコレクション，および4台の最新リレー式計算機の管理を担っていた。ENIACがなかったとしても，これらの所蔵品によって，弾道研究所は科学計算の重要な中心地として

確立しただろう。ロスアラモスはこの時代，パンチカード装置以上に高度なものを持っていなかった。

弾道研究所の最初の2台のリレー式計算機は，1944年の末にIBMによって納入されたが，翌年，大幅な改修のために返却された[19]。それらは，高度に改造されたIBMパンチカード装置を中心に構築され，パンチカードの例に漏れず，配線盤に配線することでプログラムされた。これをIBMは全部で5台を製造したが，他の2台は，IBMにかなりの支援をしたウォーレス・エッカートのいるコロンビア大学の研究所に主戦力として設置された。外部の人は，それらを「アバディーンリレー式計算器」と呼び，IBMは最終的に「プラグ着脱可能なシーケンスリレー式計算器」を公式名称としたが，弾道研究所内では通常「IBMリレー式計算器」として知られていた。この計算機は，2台が単独の機械として働くように連結することができた。電気機械式リレーは真空管ほど速くは動かなかったが，連結された機械はそれぞれの入力カードを機械的に処理する間に40回の計算を実行した。それらは当時の主力リレー式計算器であるハーバード大学のMark I（同じくIBM製）ほど複雑ではなかったが，エッカートによると，速度を最適化することで，最高20倍の速さで動作した[20]。また，処理能力を向上させるために，前の計算の結果をパンチカードに出力すると同時に，入力カードを読み込むことができた。それらはENIACが誕生するまでの約1年間，米国で最も速い計算器であった。これらの機械は，自動計算の歴史に付記する出来事として，また1940年代末にIBMが世に出した電気式パンチカード計算器の電気機械式の原型としては興味深いが，研究所員からは信頼性に乏しくプログラムしにくい機械と見られていた。1961年に書かれた弾道研究所の内部的な計算技術史では，「短期間」使われただけの「出来の悪い」機械として片付けられた[21]。

弾道研究所の他のリレー式計算器は，利用者からはるかに多くの愛着を得た。1944年に，弾道研究所は，ベル研究所でジョージ・スティビッツとS・B・ウィリアムズが設計した先進的な汎用リレー式計算器を注文することを決定した。最終的にベル研究所は，2機のモデルVリレー式計算器システムを製造し，1947年8月に2号機をアバディーンに提供した。IBMのライバル機と同様に，それは別々の計算器を共有制御システムで統合していた。マスターユニット

は6台の計算器を制御できたが、取り付けられたことがあるのは2台だけだった[22]。モデルVはENIACよりはるかに遅く、また、プログラムを紙テープから逐次実行したので、得られた結果に従ってその後の計算を変更するといった柔軟性に限度があった[23]。しかし、それは弾道研究所の自動計算器の中で最も信頼性が高かった。ベル研究所の技術者は、自動電話交換機の製造に用いられる技術のいくつかを流用した。計算のそれぞれの段階は特殊な回路によって検証された。数値は冗長ビットを付加して格納されたため、エラーは直ちに検出された。機械が停止した場合、専門家の長い診断なしで迅速に再スタートできるように、表示ランプが点灯して問題を伝えた。モデルVは、1955年までに弾道研究所で数多くの問題に適用され、同年、テキサス州フォートブリスに移設された[24]。

また、弾道研究所は微分解析器も稼働させていた。微分解析器は、1935年に完成し、戦争中は射表の計算にほぼ独占的に使われた。その計算は、従来の卓上計算器の数倍の速さで実行された。他の計算機が登場したことによって、微分解析器は他の用途にも開放された。この微分解析器は、厳密にはプログラム可能でなかったが、当時の他のアナログ微分解析器と同様、ネジ回しとスパナを使った長時間の調整により、別の方程式に対応するように再構成することができた。戦争前に確立されていた業務慣例をまとめた1949年の報告書によると、「単純な方程式」なら数時間以内に準備することができ、より複雑なものは（とくにそれが前回対応した方程式と似ていないならば）、「それなりに使えるように設定をするのに数日を要した」。微分解析器の設定には、変数の範囲や桁数を確定させるために、事前の手計算が多数含まれていた。個々の入力パラメータの組に対して解を見つけるには、数分から1時間以上が必要だった。けれども、機械から最初に得られた結果を確認できるという点において、少なくとも一つの解を手で計算することは「非常に望ましい」ことだった[25]。

V-2ミサイルの計算

計算技術研究室の職員がこの種の機械のさまざまな能力の感触を得るには、

いくらかの時間がかかった。弾道研究所においてENIACの最初の重要な，そしておそらくは1947年の唯一の重要な仕事は，ドイツのV-2ミサイルの試射からドップラーデータを分析することだった。米国が戦争終了後にドイツから入手したV-2は，実際に配備された最も強力なロケットであり，のちの米国のミサイルと宇宙ロケット発射システムの雛型となった。

V-2のドップラーデータを分析する仕事は，弾道研究所が射表作成の第1段階として長く実施してきた砲弾の試射の追跡と分析に似ていた。正確にV-2の飛行経路を測定することは，軌道のモデル化に熟練していた弾道研究所の科学者にとっても新たな挑戦であった。V-2は，どの飛行機よりも速く，どの砲弾よりも遠くまで飛んだ。そして，まっすぐ上へ発射されると，100マイル（約160km）以上の高度に達した。

計算はENIACと2種類のリレー式計算機で実行し，さらに，新たに加えられたさまざまな計算の選択肢との比較試験として手計算でも行われた。ロケットで反射された信号の周波数は，3か所の異なるレーダー基地で記録された。戦時中に開拓された技術（たとえば近接信管）を活かして，ドップラー効果の分析は基地局に対するロケットの移動速度を示した。この機器は，のちに警察がスピード違反の運転手を捕まえるのに使用したレーダー銃のようなものであったが，ロケット内の送受信機が受信信号を拾い，周波数を2倍にして返すため複雑であった。受信基地は，もとの信号と修正された反射信号の両方を中央基地に送信し，そこで35mmフィルムに記録された。ミサイルを1回飛ばすと，約5万組のデータが記録された。ロケットの瞬間的な位置と速度は，「約40の加算，乗算，除算，開平演算」を使用して，逐次近似の解法により決定された。計算手が機械式の卓上計算器を使って計算する場合，「軌道点当たり15分から45分かかる。実際の時間は個人の技量や，細かな手法の熟練度，必要な近似の数に依存する」[26]。大半のデータを破棄し，弾道の800か所のみに絞った計算でさえ，1回の飛行を分析するのには数週間を要した。

その計算は，海軍の計算業務に始まって職歴を積み重ねた天文学者ドリット・ホフレイトが監督した。ホフレイトは，ハーバード大学の観測所で働きながらラドクリフ大学から博士号を得た。彼女は，変光星に関する研究でよく知られた有能な天文学観測者であった。軍に志願した当初，ホフレイトはどこに

でもある数学の仕事をするために，MITに派遣された。そこではハーバードの天文学者がすでに海軍の射表を計算していた。6か月後，その仕事を辞めてまもなく，そこで戦時の仕事をしていた別のハーバードの天文学者によって弾道研究所に招かれた。天文学者は弾道計算と波形分析を得意としたので，彼らの多くがアバディーンに来た。

　ホフレイトは，弾道研究所で対空ミサイルのための射表を計算する約20人の女性グループの管理者となった。ムーアスクールではそうであったように，彼女は修士・博士号を持つ女性を管理者として信頼した。のちに彼女は，抗力関数を推定するデータを集めるために射撃練習場に出かける仕事が最も刺激的だったと回想した。それとは対照的に「表を作ること自体はぞっとするほどいやだった」[27]。

　回想録で，ドリット・ホフレイトは，弾道研究所での任務を，彼女の経歴の残りのほとんどと同様に，染みついた性差別の文化との絶え間ない戦いと見なしていた。レスリー・サイモンは，出産のために女性はすぐに辞めると信じており，専門職として格付けすることを許さなかった。ホフレイトは，これが地区の軍監察官に注目されたと主張している。軍監察官は，「準専門職」級の職に博士を雇用することに反対していた。サイモンは，最初は，ホフレイトが彼女の等級にふさわしいつまらない仕事をしているに過ぎないことを確認すると回答したが，最終的には折れた[28]。これは，何十年ものちに書かれた説明なので安易に信じることはできないが，初期のENIACオペレータが弾道研究所から専門職としての格付けを得て最終的に地位を向上させるに至った困難な過程と同じである。

　もっと資格に合った仕事を探していたホフレイトは，トーマス・H・ジョンソンの下でドップラーデータを分析する仕事があると聞いて志願した[29]。エール大学から博士号を得た宇宙線の専門家であるジョンソンは，そのとき弾道研究所の主任物理学者だった。ジョンソンは，他の多くの人々と同じように，戦時の仕事のために研究所に採用され，科学機器についての知識を投射体の動きや爆発の威力の文書化に生かした。

　ホフレイトの最初の実験的な分析は，標準的なIBMパンチカード装置で実行された。それらは，人が卓上計算器で行う計算の10倍以上の速さで動作す

ることが期待されたが，実際にはほとんど効果がなかった．機械を自動実行させるには，関係している操作が複雑すぎた．そして，必要な桁数は IBM Model 601 の乗算ユニットの容量を超えていた（厳しい作業負荷で破損することもあった）．

次は，新しく到着した，単一ユニットとして動作するよう連結された IBM リレー式計算器の番だった．試運転により，計算器がそれぞれの軌道点を 5〜8 分で処理しなければならないことがわかったが，すでに最初の適用で，信頼性の問題によってこの新しい機械の評判は落ちていた．ホフレイトはこう書いている．「相当量になる一連の軌道点についての計算は，まだ完了していなかった．……実際の統計値によれば，長期にわたる信頼性は検証できなかった」[30]．

入力データからミサイルの位置を計算するための ENIAC の設定には，2 日かかった．ホフレイトは，さらに 1 日あれば，ミサイルの速度を計算するように設定を拡張できると見積もった．そして，ENIAC は，人が卓上計算器で 10 週間かかったであろうところを 15 分で計算した．頻繁に発生した障害のいくつかは「反ったカードや，湿気や静電気を帯びたカード」に起因し，真空管および電気的接続が引き起こした障害もあった[31]．

ENIAC の次に，グループはベル研究所のリレー式計算器に取りかかった．リレー式計算器は，一つの軌道点の計算に 5 分かかり，ENIAC が 15 分で実行した 800 の軌道点を処理するために，3 日間休みなく動かされた．しかし，当面の作業において，リレー式計算器には二つの利点があった．第一に，リレー式計算器は信頼できた．弾道研究所の説明は，翌日の交替要員がまだ動き続けていることを確認するか，そうでなければ計算終了時点で自動的にシャットダウンしていると確実に言えるため，それらを一晩中動かしておくことができたと強調している．そして，その結果も同じく信頼できた．1,200 の軌道点データを使った試行で生じたエラーは，たった 1 回だけだった．第二に，ベル研究所によれば，命令テープの交換で，あるプログラムから別のプログラムに機械を切り替えるのに 5 分以上を要することはなかった[32]．新しい試射のデータが分析のため弾道研究所に届けられたとき，ENIAC が使用可能で，かつ機能していたとしても，データを処理するよう ENIAC を設定するのに 2, 3 日はかか

るとホフレイトは予想した。ベル研究所の計算器は，すみやかに結果が出る。いくつかの発射データの分析が「同じタイプの問題の多数の完全な実行」としてバッチ処理された場合のみ，ENIACのほうが高速だった[33]。

ドリット・ホフレイトは，大学の天文台で終身雇用職を得るためにハーバードに戻った1948年までには，別の天文学者がドップラーデータの解析の責務を引き継いだ。ボリス・ガーフィンケルは，1943年にエール大学で博士号を得て，1946年に弾道研究所に来た。ホフレイトは，彼女が「非常に不器用な方法で……考え出した」数学的手順を，ガーフィンケルがかなり改善したことを覚えていた。ただし，ホフレイトの仕事の成功と，コンサルタントとしてその後10年間頻繁に弾道研究所を訪れたことからすると，控えめすぎる言い方であるが。それでも，ホフレイトは，自分の天職は計算の専門家ではなく，愛すべき変光星を記録する写真乾板の製作者，説明者であり，熱心な教師であり，そして公益事業者であると感じていた。以後50年以上にわたって，天文学者としてのホフレイトの経歴は，エール大学の研究員，マリア・ミッチェル天文台（女性に対して天文学研究の訓練を行う珍しい施設）の管理職，*Bright Star Catalogue* の編集者と続いた。

ボリス・ガーフィンケルは，ホワイトサンズ試験場が自前の計算機を購入した1952年まで，ロケットの試射から得られたデータの分析にENIACを使い続けた[34]。その後の計算業務は，技術や使用される機器に対応して（五つの基本ステーションへの拡張を含めた）さまざまな調整が加えられ，さらに複雑になった[35]。この業務においてENIACを効果的に働かせるには，その信頼性の改善と，新しいプログラミング手法で一つの問題から別の問題に移行する時間の短縮を図る継続的な努力が必要だった。

§ ENIAC苦難の期間

歴史の記録によると，ENIACは1947年7月29日にアバディーンで稼働可能になったとされている。この主張は，「ENIACが再び動き出した」という日誌

の記述にまで遡ることができる[36]。しかし，それは，ENIACが1947年半ばにその処理能力を完全に出し切れたことを意味するものではない。恐らく1946年12月から1948年2月までの間にENIACにおいて実行された大きな新しい仕事は，ドップラー計算だけだった。それには，未完成であった施設や，ほぼ全員と言える新規の職員を訓練する必要性，機械に新しいプログラムを準備する困難さなどが関係していた。しかしながら，主要な原因は，仕事を完了するほどに機械が十分長く動くことがなかったことによる。それはあたかもENIACが渋っていると思えるほどの滑稽さであった。

工場主が高価な産業機材を扱ったのと同様に，初期の計算機の所有者は，労働を資本で置き換える手段として計算機を扱った。計算機には，適切なスペースの提供，電力供給の維持，そしてプログラマ，管理者，オペレータなど多数の職員の雇用に対する巨額の資本支出と継続的な投資が必要だった。計算機の耐用年数は極めて短かった。計算機にできる限り多くの有益な仕事をさせ，その高い固定費を多くの仕事に分散させることが課題であった。

最先端の計算機を維持することを正当化するには，できる限りほかのやり方よりも効率よく仕事を済ませることである。したがって，弾道研究所の計算技術研究室の職員は，取り組んだジョブの数，週ごとの有効な稼働時間，改修および修理のための時間，新たなジョブに移る際の設定やデバッグに要した時間，そしてアイドル時間に関する統計データをまとめて，ENIACの実績をていねいに記録した。当初の集計では，自信を持てる実績には程遠かった。ニューヨークタイムズ紙は，「人工『頭脳』は問題含み」という見出しで，新設された計算機学会（ACM）の1947年12月の会議中に弾道研究所職員が発表した資料を要約して載せた。この会議は弾道研究所が主催し，ジョン・フォン・ノイマンが基調講演者であった。ニューヨークタイムズ紙は，ENIACの週40時間のうち，5％が設定に，12％が「設定のテスト」に，31％がさまざまな「障害の検知」に，10％が検知した障害の「解決」に，8％がハードウェアのチェックに使われたと説明した。そして，6％はアイドルであった。生産的作業に費やされたのは稼働時間のわずか5％に過ぎないことは，「ENIACは週に2時間だけ動く」ということを示唆する。伝えられるところでは，担当者たちは「実施中の改良で」6時間にまで改善できると楽観的であった。また，別の5％は，結

果の確認のためにそれぞれのジョブを2度実行する慣例に従い「検査の時間」に費やされた[37]。

ニューヨークタイムズ紙は，注目された政府プロジェクトが生み出したのは，約束されたものの一部だけだったという速報を驚くほど肯定的な論調で報じた。機械は40時間中の生産的な2時間に「10,000人時の仕事」をしたこと，そして，「資金と労務の限度内でENIACのオペレータと保守要員が3交替で働くことができれば，実際の成果は3倍に増えただろう」と書かれていた。それでも，信頼性が改善されない限り，1日当たり1時間の有効な仕事をさせるには，ENIACを24時間運用するための資金が必要であったろう。

弾道研究所職員は，修理と設定に費やされる時間を最小にすることでENIACの生産的な時間を増加させるべく努力した。毎月多くの仕事（いくらかは全国的に知名度の高い組織の科学者や技術者のためのものであった）に取り組んだ計算機は，弾道研究所の科学的リーダーシップやその計算機事業の成長にとって，良い広告であったろう。ENIACを取り巻く労働規範が変化した多くの背景にはこうした利害関係があり，結果として機械自体の根本的な変化を引き起こすことになった。

1947年12月のACMの会議ののちの数か月は，問題の多くが改善しなかった。職員の多くは，第7章で説明する新しいプログラミング方法を採用するための準備に気を取られていた。機械の物理的環境は，まだ十分整っていなかった。それでも，最大の問題はいまだにENIAC自体であった。後年，エッカートとモークリーは，弾道研究所におけるENIACの問題について，移動や軍の手続きの硬直性による混乱を非難した。モークリーは，機械がフィラデルフィアにあったとき，稼働時間が「通常90％以上」だったことを思い出させ，そして，何十年かあとに初めて，弾道研究所では信頼性のなさに関する苦情を聞いたと主張した[38]。しかしながら，いくつかの問題は機械自体に内在した。たとえば，真空管があまりに接近して配置されたので，危険なレベルにまで発熱し真空管の寿命を縮めていた。空調設備を設置し，空気を循環させるために騒々しくも強力な送風機を取り付けたアバディーンの努力にもかかわらず，オーバーヒート問題が完全に解決されることはなかった。

1947年11月から1948年3月までの運用日誌には，ワイヤー破損，機械エ

ラー，問題の多いユニットを分解修理するムーアスクールのリチャード・マーウィンの訪問，そのほか ENIAC 個有の残念な話題で満たされていた。時折，ENIAC 製造の目的だった射表計算を含む問題を実行する試みがなされたが，関数表，定数転送器，電源，プリンタ，累算器，およびケーブルの不具合に悩まされた。生産的な作業が何もなかった数日ののち，1948 年 1 月 8 日の日誌には「現時点で，ムーアスクールがさまざまなものを導入して占拠する前に，徹底的な点検のために閉鎖を検討している」と記されていた。おおよそ一か月後にやっと次に機械を利用しようという記録が日誌に記された。2 月 6 日金曜日にハリー・ハスキーが週末一人で実行しようとした問題を設定しに現れたのである。

グラブスの問題

1948 年 3 月までは 2 交替の運用が試されていたが，ENIAC の生産性はまだ高くなかった。それに対する失望と期待は，いずれも運用日誌で「グラブスの問題」と呼んだものの進捗として捉えることができる。フランク・E・グラブス大尉は，軍需品部の新星であった。1941 年に彼が軍連邦準備制度理事会から現役勤務に召喚されたとき，弾道研究所は当然のように電気工学および統計学の学位を持つ彼を採用した。弾道研究所の役員であるレスリー・サイモンは，統計的手法の軍事作戦への応用に関する専門家であり，研究所のその分野での能力を高めるために戦争を利用した。1942 年に研究所の監視研究室の長になったグラブスは，統計的手法を戦時問題に応用することによってオペレーションズリサーチの分野を切り開いた，数学的素養のある人々の非公式なコミュニティに属していた。ノルマンディー上陸に備え，英国周辺に備蓄される何百種類もの大砲弾薬を査定する方法を彼は開発していた。グラブスは，何千もの試射の結果を分析することで，多様な軍需品の弾道特性は，標準方程式にわずか 4 組の補正を施すだけでうまく表現できることを示した[39]。

軍がグラブスを現役勤務に召喚したとき，彼はすでにミシガン大学のセシル・C・クレイグのもとで博士課程の仕事に数年間従事していて，統計的異常

値の検定の研究に注力していた。戦時の仕事は当初研究の邪魔となったが，最終的に学位論文の題材を提供し，それが弾道研究所における長い経歴の基盤になった。統計学の活動は，表を作り，それを使用することを基本としている。新しい統計的検定と計量法は，少人数の統計学研究者の間で評価された。うまくいった検定はもっと幅広い層で利用されたが，統計的有意性のための閾値を利用者が計算することは実用的でなかった。その代わりに，統計学者は標本の大きさや他の母数の範囲として適切な値を与える数表を用意し，利用者は自身のデータセットに最も近い値を数表から探した。これらの数表の計算に必要な労力は，新しい統計的検定の普及の上で大きな制約となった。

弾道試験のデータが「異常値を伴って読み込まれた」ので，弾道研究所にとって棄却検定の開発が学問的興味以上のものとなった[40]。グラブスは，すぐにこれまで法外な金額を要求されてきた統計的数表の作成が，ENIACで実行できると認識した。デリック・レーマーとラス・リヒターマンは，ムーアスクール時代にENIACのいくつかのプログラミングを仕上げていた。しかし，グラブスはのちに次のように回顧している。「いったんは私の異常値問題のためにENIACを配線したが，核弾頭の中心部を内破させる問題の最適解を得るためにENIACを使うように原子力委員会がサイモン所長とジョニー・フォン・ノイマンに依頼したことで，……結果，計算技術研究室が懇願したにもかかわらず，私の……ENIACを余すところなく使う大規模な計算の優先度はたちまち消え失せた」[41]。

ENIACに対する他の利用者の要求のため，そしてさまざまな問題のため，1948年3月にやっと，グラブスの計算が本格的に実行された。グラブスの問題が，とくに困難な問題というわけではなかった。ラス・リヒターマンは，まだアバディーン性能試験場でENIACと働いていて，ヘレン・マーク，マリー・ビアスタインとともに山ほどの計算の実行が課せられていた[42]。グラブスが最終的に作成した数表にはわずか96個の値だけで，それは異なる4特性の期待値を24種類の標本の大きさそれぞれの確率分布において与えるものだった。それぞれの値を計算するには，ENIACはいったん中間結果を出力し，それらをさらなる処理のためにあとで読み取る必要があった。カード操作が計算を遅らせ，それぞれの値の計算は秒単位ではなくむしろ分単位であったが，問題が発

生しなければ，与えられたジョブはわずか2度の要員交替の間に完了すると思われた．2度の要員交替であれば，チームは（理想的な状況下なら）1日の仕事と見ていた．しかし，状況は理想的ではなく，この仕事に1か月を要した．ニューヨークタイムズ紙で報じられた状況から，ほとんど改善できていなかった．ENIACのマシン室は，計算機をかろうじて収容できていたに過ぎず，オペレータは予定された実演をなんとか切り抜けなければならなかった．プログラムのエラー，使用している数値解析法の誤り，そして，機械の性能改善のための中断などで，進捗は遅れた．中でもハードウェアのエラーが最も壊滅的であった．電源と冷却システムは故障し，関数表は繰り返し修理され，乗算器は驚くほど苦戦を強いられた．歴史家は，ENIACを悩ませた主要な問題は，焼き切れた真空管だと見る傾向にあった．おそらく，それは，J・プレスパー・エッカートや他の技術者にその危惧が大きかったためであろう．しかし，実際には「断続的エラー」（計算の進行を止めたり計算結果を無駄にしたりする無秩序に発生する不可解なエラー）に，はるかに多くの時間を浪費した．

　2月25日水曜日の午後，ENIACの操作チームはグラブスの問題を設定し始めた．木曜日は除算・開平ユニットの修理に費やされた．翌日は，性能改善の取り組みが操作のための利用より優先され，新しく導入されたコンバータの試験に費やされた．そして，ついにはその面倒を見るために，金曜日の夜にムーアスクールからリチャード・マーウィンが呼び出された[43]．

　月曜日に，グラブスのための作業は，彼の問題の「ペダルを踏む」ことで本格的に始まった．「ペダルを踏む」という用語は，設定表あるいは「ペダリングシート」に含まれる情報に対してその動作を検証しながら計算を1段階ずつ実行する作業を指す．日誌には「プログラミングにおけるいくつかの誤りは，今後はより慎重なチェックとコーディングを必要とすることを示している」と記したにもかかわらず，チームは「実際に問題に取りかかり，最初の一連の計算を実行した」[44]．

　以前のENIACの議論では，当初のプログラミングモードの有効性を主に制限するのは，新しい問題を設定するごとに必要な時間および作業だという印象を与えていた．しかし，この場合は，ENIACを設定する時間は，プログラムを実行するために費やされる時間に比べてごくわずかであった．火曜日の朝は

電源の修理に費やされた。午後には，最初の結果が正しいかどうかを検証するために再度実行したが，日誌には「ENIAC は，昨夜の実行を再現することができなかった。おそらく断続的エラーによる」とある。入力カードの束を 2 度 ENIAC で実行させて，生成された出力カードを比較することが当時の一般的な慣例だった。これは，重要なデータは 2 度キー入力し，特別な「確認パンチ」を用いて双方で同じデータが供されたことを確認する，という従来の慣例に沿うものである。

水曜日，問題の仕事を開始してから 1 週間が経ち，「$n = 2$ に対してカード 632 がなぜ的外れであるかがわかり，桁上げなどを変更して動くようになった」。計算は再開され，そして，電源供給が「2 度落ちた」にもかかわらず，この初期値で良好な実行結果が得られた[45]。金曜日に，チームはなんと「グラブスの問題で組み込んだ関数の仮定に誤りがあるのを見つけた」。結果は捨てられた。もう 1 週間，ハードウェアの問題によって ENIAC は有用な仕事ができなかった。金曜日には陸軍長官のための実演が予定されていたが，陸軍長官は直前になって予定を取り消したため，「実演に関する懸念と遅れはすべて無駄だった」[46]。

3 月 15 日の月曜日に，リチャード・マーウィンはコンバータの作業に戻り，ENIAC を動かす試みはなされなかった。火曜日と水曜日は乗算器と関数表の修理に精を出したので，ホーマー・スペンスにとっては忙しい日となった。火曜日の夜勤はキャンセルされ，水曜日はさらに多くの「断続的エラー」によって浪費された[47]。3 週間，ENIAC の利用可能なすべての時間はグラブスの問題に使われたが，まだ一つとして有効な出力は得られていなかった。木曜日，断続的エラーに再び襲われたとき，チームは意気消沈したが，それでも「ニックが（原子力委員会から）新たな問題を持ってくる前にグラブス問題を終えるよう，あらゆる努力をする」と決心した。「一見したところ良さそうな 2 度の実行」が再び異なる出力カードの束を生成したため，夜勤の「断続的エラーを切り分ける」努力は水泡に帰した。日誌は，「機械は問題を実行する状態ではない」という明確な文言で結ばれていた[48]。

金曜日の午後の早い時間に，1 本のケーブルの短絡が断続的エラーの原因であることがわかった。チームは，突如として信頼できる存在になったことを悟

158 第 5 章 ENIAC，弾道研究所に到着する

図 5.1 保守技術者のホーマー・スペンス（左）は，稼働時間が停止時間を上回るまでに ENIAC の信頼性を改善することにおいて，重要な役割を演じた。この写真では，ENIAC のパネル間で数値を転送するために，いくつかのパネルを横切って取り付けられたディジットトレイを外している。(UV-HML, image 84.240.10)

り，前進を始めた。その後，停止したのは，「定数転送器か読み取り機の障害」による土曜日の午前 4 時だけであった。13 時間半をかけて，チームはグラブスの問題を $n = 2$ から始めて $n = 22$ まで実行した。

週末に電源と冷却の障害で，再び ENIAC は使えなくなった[49]。火曜日の午後に短時間だけ稼働できる状態に戻り，いくらかの数値実験ができた。数値を表現できる桁数の制限は，計算誤差をもたらす根源的な要因だった。そのような数値は，加算，乗算，除算されるたびに，誤差が倍加する危険性があった。誤差の倍加によって結果は実用にならないほど悪化したと操作チームが認めたとき，陸軍通信団技術研究所のための ENIAC のプログラムの設定は断念され

た。計算の過程で他の機械に比べてENIACは多く算術演算を実行することができたので，数値誤差にはとくに弱かった。誤差の増殖と蓄積は，ダグラス・ハートリー，ジョン・フォン・ノイマンや，他の初期のデジタル計算機の利用者にとって，当面の現実的な懸案だった[50]。グラブスの計算を繰り返したときに，故意に導入された誤差が取り除かれるか，または倍加するかを確認するために，ENIACチームは大雑把な数学的実験を行った。「一連のカードの末尾に加えた空白カードが，何らかの実質的な違いを生じさせたかどうかを見るために，$n = 7, 8, \cdots$の場合が」もう一度実行された。「2,3回の実行のあと，空白カードが引き起こした変化が消えた」ことがわかり，安心できた[51]。

チームには，これまでの実行を繰り返して結果を確認する時間もあった。水曜日の午後，ENIACは同じ最終結果を出力して，多くの断続的エラーを克服した。武器学校からの5グループの訪問者に対して実演が行われたのち，「午後4時30分に，機械は検査と修理のため，スペンスに引き渡され，現在の設定で取り扱える範囲においてグラブスの問題は完了したと考えられた」[52]。

フランク・グラブスは，世界で唯一稼働していた汎用デジタル電子計算機をたっぷり1か月使い，学位論文プロジェクトを成功させた。そして，それは彼が利用したいくつかの計算方法のうちの一つに過ぎなかった。一つの関数でのENIACの結果は，従来の機械式計算器上でヘレン・J・クーンがENIACより精度の低い処理を使って得た結果と比較された。さらに，のちに二人の匿名の男性と一人の女性により，関連する統計分布の計算が，弾道研究所のためにベル研究所で作られたリレー式計算機を使って実行された。グラブスは，1950年にこの学位論文を発表した[53]。この論文はかなり衝撃的なものだった。以前の仕事に対する偏見にもかかわらず，Google Scholarで見ると，この論文は500件以上引用されている。ENIACの同じ表を取り込んだ1969年の解説論文は，1,500件以上の引用を獲得している[54]。グラブスは，統計的異常値の検知を自分のものにして，それに取り組み続けた。彼の名は，科学者と技術者によって広く使われる検定に冠されるようになった。

わかる限りでは，グラブスの問題は，ENIACの当初の制御方法を使用して取り組まれた最後の問題だった。勤務日にして3日後，ニック・メトロポリスがENIACを変換する処理を始めるために到着した。ENIACは，まったく異な

る計算機になろうとしていた。フィラデルフィアからのアバディーンへの物理的な移動よりも，むしろこの変換こそが，ENIAC の期待されてはいても不安定な幼年期と，信頼性が高く生産的な問題解決機械としての円熟期とを分ける真の境界線であった。ENIAC が最終的に任務を履行できたのはチームの成果だったが，最も重要な二つの要因は，新しいプログラミング方法と，ホーマー・スペンスとその保守チームによる継続的な努力だった。この二つの要因は，相互に関連していた。ENIAC のプログラミングは，当初はパネルの配線やスイッチの調節が必要だった。それは，実質的に，新しいテストされていない計算機を作っていたに等しい。故障を修理するには，新しいハードウェア構成を理解し，デバッグしなければならなかった。この変換後には，プログラムを変えても，もはやケーブルが加えられたり取り外されたりすることはなかった。それは，断続的な問題の大きな原因の一つである接続不良を徐々に減らした。同様に，パネル上のほとんどのスイッチの位置を固定することによって，その回路を単一の動作モードで修理できるようになり，問題解決を単純化するのに役立った。

第6章 EDVACと第一草稿

　ENIACは，ムーアスクールに設置されている間に，広範囲な問題に取り組み，大規模な電子計算の実現可能性を劇的かつ公的に証明した。しかし，それは次世代の計算機の雛型ではなかった。この章では，1944年から1945年までのENIACチーム内での計算機設計に関する思考のめまぐるしい展開に焦点を当てる。

　歴史学の議論において，次世代の機械は一般的にプログラム内蔵型計算機と呼ばれていて，歴史家はそれらの機械とENIACを切り離す重要な要素を「プログラム内蔵方式」と記述するようになった[1]。第11章で明らかになるが，現代の計算機が単一の抽象的なアイデアで定義される印象を与えるため，この用語（プログラム内蔵方式）は語弊があると考えている。この章では，そうではなく具体的な技術的挑戦に根ざし，ENIACを作り個々の問題への適用を計画するにつれてムーアスクールチームが気づいた不備や非効率性が主な動機づけとなった漸進的な過程を確かめる。

§ ENIACの見直し

　迅速で目に見える進捗を示す必要が，ENIACの設計の多くの側面を制約していた。戦争終了前に射表計算の積み残し分を片付けるというただひとつの約束が，次第に大きな金額になるENIACの開発費を正当化した。1944年の初めまでには，主要な設計の大部分が決定されていた。プロジェクトの焦点が詳細なエンジニアリング作業へ移行するにつれ，エッカート，モークリー，ゴール

ドスタインは，将来の機械に目を向け始めた．

メモリ技術

ENIAC の汎用計算機としての最大の欠点の一つは，ごく小容量の書き込み可能な電子メモリであった．ENIAC を高速化できたのは，1940 年代中頃の他の計算機のように，単に，紙テープやリレーメモリから制御情報や数値データを読み込むために電子計算回路を長時間占有せずに済んだからである[2]．その代わり，その当時の文書で言うところの「電子的な速度」で情報が手に入るように，命令や数値は ENIAC のプログラム制御群と関数表に手作業で設定された[3]．

ENIAC の動きに追随できる大容量の読み出し専用メモリを作ることは，とくに困難ではなかった．三つの関数表は，それぞれ 1,248 桁の数字と 208 個の符号（正負）を保持し，機械式スイッチを回すことでセットされた．このやりかたは，真空管を制御回路にのみ必要としたため，安価で信頼できる大容量の数値の記憶域を供給した．しかし変数の記憶域には適さなかった．

大容量で速い書き込み可能メモリを作ることは，格段に難しかった．ENIAC のメモリは，わずか 200 桁の数字と符号 20 個しか保持することができず，また，20 台の累算器に散らばっていた．メモリが，その後の数多いアプリケーションにとって ENIAC がもつ有用性を閉じこめていた．エッカートとモークリーは，どうあっても新しい機械がさらに多くの累算器を持つことを設計書に含めることはできなかった．それぞれの「プラグイン方式のディケード」モジュールが一つの 10 進数字を保持するには，28 本の真空管を必要としたからである[4]．この設計上の決定は，他のあらゆる決定を集めたものよりも，機械を肥大化させた．20 台の累算器に展開された 200 台のプラグインディケードは 5,600 本の真空管を保持し，そしてほかにも符号記憶，算術演算，通信，制御回路のために真空管を必要とした．チームは，数値を格納し転送するのに必要な回路だけを含むメモリユニットを作ることを検討したが，それは大した助けになりそうもなかった．後継機は平時に引き渡され，そのため短期間で引き渡す

という要求が真空管の贅沢な使用に起因する膨大な費用と信頼性問題よりも重視されることはもはやなかっただろう。

エッカートは，最初の大容量電子メモリである水銀遅延線記憶装置を考案して，難問に立ち向かった。エッカートが ENIAC の前に働いていたレーダープロジェクトで考案されたこの遅延線は，レーダー技術と初期のデジタル計算を結び付けた，見事にわかりやすい実例であった。レーダーのアンテナは絶えず回転して，走査ビームが物体によって後方反射された時に輝点を画面に表示する。樹木や建物のような静止体によって，飛来する飛行機や他の移動体が見つけにくくなり，オペレータは混乱した。目標は，移動体のみを表示することであった。これは，アンテナがちょうど1回転する間に取得した一組のパルスを記憶し，それらを新しい信号と比較して変化しない輝点を取り除く方法を見出すことを意味した。エッカートの解決策は，電気的なレーダーパルスを水銀管の中を伝わる音波に変えることであった[5]。終端点で音波を検知して電気パルスに戻す。水銀管の長さを変えることで遅延時間の長さを調整した。

1944年初期に，エッカートは，その技術が大量の計算機データを格納して比較的速い速度で読み出すことに使えることを知っていた[6]。格納される一連の数字は，遅延線経由で移動する一連のパルスに変換された。パルスが流体の中を絶えず循環するように，遅延線の一端に届いたパルスは反対の端に書き戻された。計算機がメモリの特定部分の内容を読み込む必要があるときは，それらが水銀槽の端に到達する次のタイミングで，該当する数字が真空管にコピーされる。パルス列の特定部分に格納されている数字を変更するときは，計算機が遅延線メモリ制御装置に更新値を渡すと，対応するパルスを水銀槽に書き込む次のタイミングで，パルスが置き換えられた。データを一瞬でも確実に格納できる媒体を使うと，ビットを読み込み，それらが失われる前に「再生する」ことを繰り返して，そのデータをいつまでも保持することができる。今日のメモリチップは，これと同じ知見に基づいている[7]。

水銀は重くて有毒であるため，最も扱いやすい物質というわけではない。それでも，水銀遅延線は最初の商用の Univac や IBM のモデルを含む，最初期の多くの電子計算機で使用された。遅延線メモリは理想的ではなかったが，リレーメモリより高速で，真空管メモリより安価だった。遅延線メモリの容量は

その長さに比例していたため，大容量の遅延線が必要とする電子装置は小容量のものと変わらなかった。一つの遅延線で200桁の数字を収納し，必要とする真空管は，ENIACの累算器に必要な真空管に比べればほんのわずかであった。計算機は要求されたデータに到達するまでに何千ものパルスが通過するのを待たなければならないこともあったが，パルスは十分高速であり，またプログラマは要求どおりに数字が出現するように遅延線の内容を調整したので，致命的な欠陥にはならなかった。遅延線メモリとそのライバルである陰極線管記憶装置は，ENIACよりも安価で小さく強力な計算機を支える重要な技術であった。これらは，計算機が1つの実用的な商用機械となるのに一役買った。

§ EDVACに向けた共同作業

　成功したコンサルティング会社や研究グループはよく承知しているように，常に現在のものが完了する前に，次のフェーズやプロジェクトを売り込まなければならない。もちろん，通常は，何であれ今まさに納品しようとしているものの欠点が，次の契約に説得力を与える。ENIACチームのメンバーは，ENIACが完了するはるか前に，新しい契約の見込みがあるとすぐに知り，詳しく調査していた。彼らは，最初からENIACのプログラミングシステムの欠点を認識していた。すでに見てきたように，プロジェクトは，他のユニットの操作を指示する集中プログラム制御回路の構想から始めた。1943年末に作成された進捗報告書は，プログラミングが「かなり明らかに分散化され」，そして「自動的に問題を設定するための準備の試みがなされていなかった」ことを強調した[8]。これは，一度の設定で何度でも実行できるようにすることで「弾道計算の速度を上げることが開発の第1目的である」という発言によって正当化された。柔軟で汎用な計算機の必要性がより明白になり，チームがENIACの後継機を計画し始めると，集中制御と自動プログラム設定のアイデアに戻った。これらの計画は，新しい参加者である数学者ジョン・フォン・ノイマンを巻き込むことによって具体化された。

フォン・ノイマンの登場

　以下の話は，計算技術史の中で最も頻繁に繰り返された逸話の一つである。
　それは1944年の夏のことである。アバディーンの鉄道駅のプラットフォームに立っていたハーマン・ゴールドスタインはジョン・フォン・ノイマンに気づく。ゴールドスタインはこの偉大な人物に近寄り，フィラデルフィアで進行中の計算機プロジェクトについてさっそく話し始める。このとき，マンハッタン計画に深く没頭していて，多くの戦時プロジェクトにおける高速計算の切迫した必要性をまさに熟知していたフォン・ノイマンは，すぐに他人行儀な会話からこの強烈な関心事へと切り替えた。ゴールドスタインはすぐにこの新しい友人を，プロジェクトを見せに連れていった。このあと行われた共同研究によって，計算機設計とゴールドスタインの経歴はともに変化を見せる[9]。短期間ではあるが，フォン・ノイマンはムーアスクールで作業しているチームの緊密な共同研究者になる。ENIACの初期設計に対して何らかの既知の影響を与えるには，あまりにも遅い参画であったが，フォン・ノイマンはそれを詳しく研究し，この機械上で起こる多くの問題に対して貢献している。
　没後に社会的認知度は徐々に下がっていったにもかかわらず，フォン・ノイマン（1903～1957）は，その生涯と没後の数年間において著名な科学者であり，アルバート・アインシュタインほどではないものの，他のほとんどの米国の科学者よりも有名だった。20代半ばまでに数学の博士号と化学工学の学位を取得したフォン・ノイマンは，驚異的な数の重要な数学論文を発表し，その名を知らしめることになる学術分野との幅広い関わりを見せ始めた。彼は，量子力学に対する数学的な取り組みを開拓し，数学的手法をゲーム戦略と経済学関連の問題に適用することによって，ゲーム理論の分野を確立した。純粋数学の範疇でも，彼の貢献は同じように多岐にわたり，たとえば，幾何学，集合論，作用素論のような分野を進展させた。
　フォン・ノイマンはブダペスト生まれで，上流社会で物には不自由せず，社会的刺激を享受してきた。こうした社会的・経済的な地位に移民の科学者としてもう一度就くことは，自ら強く望んで始めた挑戦であった。ゴールドスタインに出会った頃，フォン・ノイマンは，企業，軍中枢，そして政府機関と数多

くのコンサルタント契約を結びながら，誇りと自信に満ちてワシントンの権力の回廊を闊歩していた[10]。

1944年まで，フォン・ノイマンは軍事に直接関連する仕事に専念していた。弾道研究所とのコンサルタント契約は戦争以前に遡り，また，弾道研究所の成果を監督するために1940年に設立された科学諮問委員会の創立メンバーでもあった[11]。ロスアラモスとの契約は最も差し迫っており，彼は砂漠にある秘密の科学の町を行き来できる数少ない科学者のうちの一人であった。また，米国の戦時科学センターに呼び寄せられたのは，衝撃波の数理モデリングに関して注目すべき専門知識を持っていたことによる。それは，ニューメキシコでテストされ長崎に落とされた爆縮起爆型原子爆弾にとって鍵となる技術であった。彼は，人生の最後の数年を，弾道ミサイルと原子炉に関する米国の政策の方向付けに助力することに費やした。こうしたさまざまな功績にもかかわらず，今日フォン・ノイマンの名を最も広く記憶に留めているのは，電子計算に関する成果である。

ENIACの後継機

ウィリアム・アスプレイは，フォン・ノイマンが1943年に自動計算への関心を強めたことを文書に残している。フォン・ノイマンは，英国王立航海歴編纂所で使用中の自動会計機を観察したのちに，ロスアラモスの穿孔カード処理機械を配線し，それらにカードを通す仕事をした。彼は，リレー式計算機では，ハーバードの海軍計算機センターとベル研究所で進行中の研究を見つけ出しながら，爆弾プロジェクトに役立つ可能性がある新しい計算装置を組織的に探していた[12]。彼がENIACに出会う可能性は低くなかったが，プロジェクトを見つけ出すのに非常に長くかかった[13]。フォン・ノイマンは，ロスアラモスでの電子計算の可能性にすぐに気づいた。1944年8月21日，ゴールドスタインはポール・ギロンへの手紙に「フォン・ノイマンがENIACに大きな関心を示し，機械の使用について私と毎週協議している」と書いた[14]。彼らは，フォン・ノイマンの爆風問題のうちの一つが，パンチカード装置では4時間かかるのに対

して，ENIAC では 10 秒で解けると見積もった。

フォン・ノイマンは，ENIAC の短所についてのチームの漠然とした思いつきを洗練して，まずは ENIAC の改良版として表現されたものを具体的な提案に仕立てた。1944 年 7 月，ハーマン・ゴールドスタインは「陸軍省が契約を縮小し始める前に，現在の機械設計を改良するために，あなたと新しい契約」を締結するのが「極めて望ましい」とハロルド・ペンダーに知らせた[15]。8 月 11 日にゴールドスタインは，レスリー・サイモンに次の手紙を書いた。

> 1 年半以内に ENIAC を製作することの …… 必要性により，設計上の問題，とくに与えられたプロセスを実行するためのユニット間の接続確立手段と高速記憶装置の不足に，ある種の当座しのぎの解決策を受け入れる必要があった。これらの欠点は，…… 新しい計算問題を設定する際に，研究所に少なからぬ不都合と時間的な損失を与えるだろう。設計を改良して最終的に新しい ENIAC を作ることを目的とした研究開発の継続を研究所に許可するために，ムーアスクールと新しい RAD（調査開発）契約を締結することは，非常に望ましいことと思われる[16]。

その後のゴールドスタインの回顧によると，この嘆願は，彼とムーアスクールチームがフォン・ノイマンと共同作業を開始してわずか数日後になされた[17]。歴史家は，チームを提案書の提示へと後押しするのにフォン・ノイマンの参画が役立ったと考察した。フォン・ノイマンは，ENIAC チームのメンバーよりはるかに良い人脈を持ち，大規模な技術的プロジェクトの立案や評価の経験が豊富だったので，これはいかにもありそうなことである[18]。物事はそれから非常に速く進展した。新しい機械の作業を開始するという最終的な提案書が，8 月末にもたらされた。射表評価委員会の 8 月 29 日の会合で，重要な決定がなされた。これにはフォン・ノイマンも出席し，また，ゴールドスタインと弾道研究所の上級職員もいた[19]。委員会での結論は，次のとおりである。

> 比較的少額のさらなる開発によって，次の条件を満たす新しい電子計算装置の製造が可能になるであろう。
> 1) 真空管を，現在の …… 機械よりはるかに少数に抑えることで，維持

することがより安価でより実用的になること。
2) 現在のENIACでは簡単には融通のきかない多種の問題を取り扱うことが……できること。
3) 大容量の数値データを安価かつ高速に格納できること。
4) 新しい問題を設定する作業が，現在のENIACの場合よりも短時間で済み，単純になること[20]。

この結論は，研究所が射表の作成をさらに捗らせるためにそのような機械を入手し，弾道方程式や「多くの基礎研究問題」の完全なシステムを処理するために計算能力を拡大し，超音速風洞のような新しい研究設備から発生しているデータを利用するように勧告した。

ムーアスクールでの新しい作業は，プロジェクトPYというコードネームだった。これは，このプロジェクトが，コードネームがPXであったENIACプロジェクトの継続であることを表していた。ジョン・ブレイナードは，そのような機械の「創造へと繋がる，かなり期待はできるが保証はできない研究開発作業」を行う12か月のプロジェクトのために，105,600ドルの見積もりを作成した[21]。ブレイナードは，遅延線と同様の「何千もの数値」を保持する候補技術として，フォン・ノイマンが興味を持っていたRCA社の新規開発した「アイコノスコープ管」（撮像管）に言及した。作業には，最初のENIAC契約に対する一連の追加資金の4番目があてられた。

「新しいENIAC」の初期構想

プロジェクトPYは，抜本的に新しい計算機EDVACの設計の概略を1年のうちに作り出した。1945年のEDVACの設計に誰がどのような貢献をしたかという問いは，計算機の発明に関するさまざまな論争話が蔓延する混乱の中で，最も論議を呼んでいるものの一つである。プロジェクトの最初の数週間のやりとりは，この論争を直接解決するものではないが，これらの野心的な目標を達成するためにチームが計画した技術と，新しい機械のために考えていた用途を描き出している。

人脈と経験だけでなく，フォン・ノイマンは，新しい数学的な課題ももたらした。それは，偏微分方程式の数値的解法である。彼は，この能力が重要だと強調はしたが，もちろん，マンハッタン計画の緊急で機密度の高い仕事との繋りは強調しなかった[22]。偏微分方程式を解くためには，大量の作業データを扱う必要があるため，電子的な速度で扱えるエッカートの遅延線の類のものが必要になった。ENIAC が射表問題によって方向付けられたように，EDVAC は原爆の流体力学によって方向付けられた。1944 年 9 月 2 日，ゴールドスタインはギロンに，彼とエッカート，フォン・ノイマンが遅延線記憶装置と「集中プログラミング装置」の利用を含む新しい機械の「ほぼ確定的なアイデア」を考案したと書いた[23]。研究維持のための資金がよどみなく供給されることをムーアスクールが切望している間に，弾道研究所はこうした機械が自分たちの仕事にとって価値があると気づいた。9 月中頃に，ブレイナードはギロンに，フォン・ノイマンの参加を強調し，ENIAC より大きな記憶容量を持ち，「投射体運動に関連した流体力学や空気力学の問題」で生じる偏微分方程式を解くことができる機械の必要性を述べた手紙を書いた[24]。

　遅延線メモリのアイデアはフォン・ノイマンが来る前に発案されていたが，彼の ENIAC チームとの共同研究を裏打ちした。射表評価委員会に約束した最初の三つの進展（少数の真空管，広範な用途，大容量メモリ）は，いずれも ENIAC の累算器を遅延線メモリに交換することに起因する。ゴールドスタインは「各タンクは 30 桁の数字を保持し，約 100 ドルの費用がかかるだろう。このやり方なら，新しい ENIAC は約 30,000 ドルで作ることができ，現在の機械の約 1/10 まで（真空）管を削減できる」と記した[25]。

　4 番目の目的である問題設定を単純に，そして短時間にすることは，最終的にプログラム情報とデータを同一の高速メモリに格納することによって達成された。この目標を設定するときに，チームがそのような方法を計画していたかどうか，あるいはアイデアがフォン・ノイマンの参加以前に遡るものかは，明確ではない。

　ほかにどのような方法が検討されたのだろうか？　第 11 章で論じるように，1944 年 2 月に，エッカートは，掛け算のような特定の演算を実行するのに必要な手順を並べるための制御コードを回転するディスクから読み込むことによっ

て，キーの押下に反応する電子計算器を作ることができると記述した。その頃には，チームは，ベル研究所を通じて紙テープから命令を一つずつ読み込むアイデアに触れたが，メンバーは格納された命令コードが直接機械を制御すべきであるという結論にすぐに飛び付くことはなかった。8月21日，新しい契約が承認される少し前に，ゴールドスタインはギロンに「われわれの研究を推し進めるべき方向性」に関する手紙を書いた。「ENIACの将来方針」のために遅延線メモリの可能性をすでに受け入れていたゴールドスタインは，次のように書いた。「累算器はこれほど強力な機器なのだから，このような道具を単に一時的に数値を保持するためだけに使うことは愚かと思われる。エッカートは，この目的のための非常に安価な装置に関する優れたアイデアを持っている」[26]。しかしながら，ゴールドスタインは，制御システムに関して，新しい命令が読み込まれるごとにリセットされる非常に少数のスイッチをイメージするより，むしろ計算開始前に多数の専用制御スイッチをセットするENIACのアプローチを想定していた。ゴールドスタインは次のように書いている。「ベル電話のS・B・ウィリアムズと話したのち，現在手作業で操作するように配置されているENIACのスイッチと制御装置は，……テレタイプ用テープで指示されている機械式リレーや電磁式電話交換機で簡単に置き換えられると感じている。このようにすれば，多くの問題のためにテープを切り取っておき，必要に応じていつでも再利用できるだろう。すると，われわれは，問題のある段階から次の段階に移行するときに，スイッチのリセットに貴重な寸刻を費やさなくて済む」[27]。

　EDVACプロジェクトが承認された1944年8月までに，チームは，より短時間により簡単に問題を設定するという目標の達成方法を検討したが，それを達成しうる一つの方法に行き着いたという証拠は見つかっていない。委員会の勧告は，おそらく意図的に，利用できる選択肢を制約しなかった。

　9月初めには，記憶装置から一度に1個ずつ命令を読み込み，直ちにそれらを実行するアイデアが明らかにされた。9月2日のゴールドスタインの手紙は，「上で提案された同型の記憶［原文のまま］装置に符号化形式のプログラムルーチンを格納する集中プログラミング装置」に言及した。これには，「現在のENIACは，累算器で利用可能なスイッチの数で制限されてはいるものの，

どんなに複雑なルーチンでも実行できる」という「重要な強み」を持っていた[28]。この最後の点から，格納されたこれらのコードを一つずつ実行することにより，専用の制御を行う分散システムを単に調整するというよりむしろ置き換えることをゴールドスタインが期待していたのは明らかである。

§ EDVAC 上の進展

　1944 年 8 月あたりから 1946 年前半まで，フォン・ノイマンは，ENIAC と EDVAC の作業に密接に関与し続けていた。ほかにも多くのことに深く関与したフォン・ノイマンにとって，比較的小規模で無名のプロジェクトに，驚くほど熱心に関わったことになる。エッカートとモークリーは，高速書き込み可能な大容量の計算機メモリが意味するところを考え抜いて，それを素晴らしい設計に落とし込むために，フォン・ノイマン，ゴールドスタイン，そしてバークスと，迅速かつ創造的な作業を行った。フォン・ノイマンは電子技術に没頭した。彼とのやりとりは，EDVAC 回路用の特別な真空管のモデルの利点に関する議論や，それらの性能特性曲線の概略図であふれていた。彼は，ゴールドスタインと非常に頻繁に論じ合い，最も密接に仕事をした。1944 年 12 月に，ゴールドスタインは，フォン・ノイマンが「彼の桁外れなエネルギーのうちの膨大な量を，機械の論理制御を考えることに捧げており」，そして「機械の回路設計を支援することにも多大な興味を示している」と記した[29]。

　EDVAC の開発は，計画より非常にゆっくりと進行した。1944 年 9 月にブレイナードは，ENIAC 技術者のうちで最も優秀で経験豊富なメンバーが，1945 年 1 月までに彼らの仕事を終了し，それから EDVAC 上の作業に移るための予算を計上した[30]。しかし，1945 年中は，これらの技術者の多くが ENIAC の長時間勤務に携わり続けた。1945 年 3 月末に刊行された最初のプロジェクト PY の進捗報告書で，エッカートとモークリーは，「PX（ENIAC）の技術者に対する要求が減少する」までは，計画している研究室をきちんと立ち上げられそうにないことを認めた。彼らは「PX の作業が押したために，予算期限内に PY

を完成できなかった」と付け加えた[31]。実際に行われたエンジニアリング作業は，実験用の遅延線メモリのために必要なパルス変成器と水晶の調達であった。ゴールドスタインは，何人かの技術者がMITやベル研究所で進行中の関連プロジェクトを訪問するように手配し，いくつかの必要な補給品を入手するために，軍需品部フィラデルフィア支部に支援を求めた[32]。

1945年3月と4月の間にフォン・ノイマンが参加した4回のプロジェクトPY会議の現存する覚え書き[33]からは，共同研究はまだ首尾一貫した一連の設計選択を生み出していない状態であり，精力的かつ熱心に行われていたという印象を受ける。たとえば，チームは，2進数記憶装置を使うことに決めたが，算術演算ユニットが完全に2進でなければならないか，2進符号化された10進数で動くべきかをまだ思案していた。使用可能な論理回路設計，遅延線からの信号切り替え機構，そして記憶媒体としての磁気テープの利用可能性も議論した。データと命令の双方をパルスとして水銀遅延線に格納するという決定はされていたけれども，異なる経路でアクセスし，メモリの別々の部分に置くことで，命令とデータを隔離する利点については依然未解決であった[34]。こうすると算術演算ユニットが命令の内容を操作することができなくなり，EDVACがプログラム命令に格納されているアドレス値を変更できるという，最終的な設計の中心的な特性であるアイデアがまだ受け入れられていなかったことを示している。

「EDVACに関する報告書の第一草稿」

のちにアーサー・バークスは，この次の段階を以下のように述べている。「ジョニー（フォン・ノイマン）は，われわれの議論の要約を書くと申し出た。後日，われわれが受け取ったのは，ある部分は過剰で，ある部分は不十分なものであった。つまり，機械の命令コードだけでなく提案されたEDVACの（制御を除く）論理設計までを含んでいた点で過剰であり，彼とわれわれの会議や，彼とわれわれ，そしてENIACやEDVACプロジェクトとの関わりにまったく言及しなかった点で不十分であった」[35]。この作業は，最終的に計算機設

計の歴史で最も影響力の強い文書である「EDVACに関する報告書の第一草稿（以降，「第一草稿」）」になった[36]。それゆえ，フォン・ノイマン対ENIACチームによる現代の計算機への貢献度合いに関する議論では，このグループ内で思考が漸近的に進化したという意味合いは薄められ，この報告書に対する相対的な貢献度に焦点が合わされることになった。フォン・ノイマンは，機械の命令セットと設計に関する彼のアイデアを発展させ続けた。弾道研究所計算委員会のメンバーであるハスケル・カリーから草案に対するコメントを受け取ったのちに，フォン・ノイマンは次のように応じた。「初めに，それを不完全な形でお渡ししたことについて謝罪しなければならない。その3分の2以上はとても完了したとは言えないことに加えて，すでに私はその中のいくつかを変更したいと感じている」[37]。

　これまで，歴史家は，フォン・ノイマンがEDVACのための制御システム提案を文書化すると約束した日を1945年3月の会議としていた。しかしながら，その時点ですでに，フォン・ノイマンは制御システムの提案書でしばらくの期間，忙しくなっていた。それは，「EDVACの制御機構に関して作業を続けており，帰るときまでには間違いなく完全に書き上げるつもりだ」とゴールドスタインに知らせた1945年2月12日付の手紙が示している[38]。PYプロジェクトの監督官であるリード・ウォーレンは，3月の初めにゴールドスタインが，フォン・ノイマンはその時点までのチームとの会議の結論の要約を書きたかったと話していたことを後日思い出している[39]。3月末に出された進捗報告書は，フォン・ノイマンが「いくつかの問題をどのように設定できるかという事例付き」で議論の要約を「ここ数週間以内に提出する」計画だと付記した[40]。ウォーレンによると，ゴールドスタインはこの要約をプロジェクトチーム内で謄写版印刷して回覧できるかどうかを問い合わせた。そして，この文献が部内限定の非公式の報告書であったため秘密扱いにしなかったと述べた。

　知ってのとおり，第一草稿は複雑な編集と作成過程を経た成果物であった。それは，含まれているアイデアの進展や起源について述べていない。そして，フォン・ノイマンの考えの要約としても，回覧される前ですら著しく古い内容になっていた。1945年4月にゴールドスタインは，頻繁なやりとりの間にフォン・ノイマンから草稿原稿を受け取った。5月8日，フォン・ノイマンは，ゴー

ルドスタインに「EDVACのコードに関する小規模な修正と注釈」と17ページの新しい資料を含む別の手紙を送り，チームから意見を付して返されたら原稿に取り込むつもりだと述べた。この新しい資料は，主として新しい機械のために磁気入力テープ上に用意すべきプログラムの形式に関することであった。そして，報告書草稿では放置されていた入出力操作を部分的に是正していた[41]。

一方，ゴールドスタインの監督下で，原稿は内部配布のためにタイプされていた。5月15日にゴールドスタインは，フォン・ノイマンに「数人の常識に欠けるタイピストが勝手な推測をしてタイプしたので多くの誤りがある。私はすっかり落胆した」という手書きの断り書きを付けて，コピーを1部送った[42]。フォン・ノイマンの手紙に添付されていた新しい資料は，このタイプ原稿に含まれていなかった[43]。フォン・ノイマンとのやりとりではいつものことだが，ゴールドスタインは，報告書に対するチームメンバーの最初の反応の要約の中で敬意を表している。ゴールドスタインは，フォン・ノイマンに「われわれ全員は，最重要な関心事であるあなたの報告書を注意深く読み込んでいる。そして，私は大いに利用価値があると感じている。なぜなら，それは機械の完全な論理的枠組みを与えているからだ」と断言している。

フォン・ノイマンは，報告書の完全な第二草稿さえ作成しなかった。ゴールドスタインが彼にタイプ原稿を送ったのは，最初の原子爆弾テストのわずか2か月前だったので，彼がそれに気が回らなかったことは同情できる。その代りに，ゴールドスタインは，それが機密扱いされておらず極めて広く配布できるのをいいことに，報告書の謄写版を6月に回覧した。最初に31部が発送された[44]。この版の報告書は，5月に準備されたタイプ原稿と同じでなかった。節の見出しは付け加えられていたが，内部相互参照表はあとで埋めるべく空白のままであった。遅延線メモリの技術的詳細を説明する二つの節と六つの関連する図は省略された。フォン・ノイマンから5月8日付の手紙で送付された追加資料は，本文に含まれていなかった。本文は，新しい機械の独自の命令セットを要約した直後で唐突に終結し，必要とされるプログラミング技法は説明されていなかった。

回覧された版の表紙には，フォン・ノイマンの名前と6月30日の日付があり，EDVACチームの他のメンバーに著作者としての功名を与えなかった。期

待される注釈と謝辞がこの発刊された文書になかったことが，エッカートとモークリーの側に長く続く大きな遺恨の原因となった。

報告書に対する EDVAC のスポンサーと潜在的利用者からの直後の反応は，極めて肯定的で，提案された論理設計の詳細に対する緻密な読み込みと深い関与の形跡が見られる。ハスケル・カリーは，弾道研究所計算委員会は報告書に「極めて関心を持っている」と書き，2, 3 の具体的な誤りを指摘し，表記法に関する改善を提案した[45]。ダグラス・ハートリーは，コロッサスの設計者であるトミー・フラワーズがゴールドスタインに届けた手紙において，提案された回路構造に具体的で詳細な反応を示し，フォン・ノイマンが論理命題体系の報告書の中で使った神経細胞表記とこの回路構造が同値であることにすぐに気づいた[46]。

功名を争う

モークリーは1944年と1945年の作業の多くを，特許請求の準備に費やした。軍需品部の弁護士がこれを主導したが，ムーアスクールも手続きにおいて利害関係があった。エッカートとモークリーは，ENIAC の発明特許権を取得して個人所有する計画に対して，ムーアスクールとの論争が次第に激しさを増していることに気がついた。特許権の問題がこの時点でチームをバラバラにし始めていたことは間違いなかった。

後年，バークスは，第一草稿の前からフォン・ノイマンとの緊張状態がすでに発生していたとそれとなく語っている。1945年3月31日付の最初の EDVAC 進捗報告書には，フォン・ノイマン，ゴールドスタイン，エッカート，バークスとモークリーによる議論は「装置の論理制御の問題にかなり集中した」と記されている[47]。この要約は，バークスの会議議事録で見ることができる。議事録にはそのような議論が含まれていなかったことから，この報告書が「ジョニーの特許性のある EDVAC のアイデアの一部または全部をエッカートとモークリーが特許申請することを計画していた，とハーマンやジョニーに信じさせるもっともな理由を与えた」とバークスは推測した[48]。これは，近い将来に予

定していることをすでに進行中であるとした，プロジェクトスポンサーへの定期進捗報告によく見られる誇張のように思われる。

　エッカートとモークリーは，ゴールドスタインが配布したフォン・ノイマンの名前による第一草稿に対して間髪を入れずに反応を示した。1945年7月の進捗報告書では，二人は第一草稿に記載されていることを，プロジェクトの論理的側面とその実験による（したがって特許性がある）業績が区別できるようにした。それは「計算機の設計と論理制御の一般的な視点とEDVAC用の論理制御をとくに強調した報告書」であり，「プロジェクトPY上の実験作業の背景をよく知っているプロジェクトの技術者に配布された」[49]。

　9月に，エッカートとモークリーは『自動高速計算』と題する，より野心的な長文の報告書を発刊した。この報告書は，計算機設計についての彼ら自身の一般的なアイデアを説明し，EDVAC用の設計として2通りの可能性をある程度詳しく提示している[50]。彼らは，1944年7月をEDVACプロジェクトに乗り出すことを決定した日付として，功績の配分に関する「歴史的な注釈」を書き始めた。その日付は，フォン・ノイマンが参画する前であった。そして，彼らは，フォン・ノイマンの功績は「EDVACの論理制御装置に関する多くの議論に寄与し，……ある種の命令コードを提案し，そして……特定の問題の命令をコード化し，それを使って提案されたそれらのシステムをテストした」ことのみであるとした。第一草稿では，初期段階での議論の要約として，「エッカートとモークリーによって提案された物理構造と装置」は「検討中の論理的考察から注意をそらしかねない工学的問題が生じることを避けるために，理想化した要素で置き換えた」と記述された[51]。

　エッカートとモークリーは，EDVACの設計の特許権も得ようとした。何年かのちにバークスは，1946年の初めにフォン・ノイマンが，エッカートとモークリーが「自分のアイデアを盗もう」としていると打ち明けたと主張した[52]。これに対抗して，フォン・ノイマンは，陸軍弁護士が特許性を考慮できるように第一草稿を提出した。これらの競合する特許申請は，至るところで不安を呼び起こした。ムーアスクールは，EDVACを作るためにこの知的所有権を使う必要があった。エッカートとモークリーは，彼らの将来の発明を所有する要求を満たすというより，彼らがムーアスクールを辞めて設立した計算機会社の成

功のために，特許が必要であった。1947年に軍需品部は，EDVACの特許問題をどのように解決するかを決めるために，エッカートとモークリー，ムーアスクール，フォン・ノイマンの間での会談を準備した[53]。軍需品部の弁護士が，第一草稿がEDVAC設計の最初の出版物であると結論したことで，話し合いは打ち切りになった。この発刊が1年以上も前だったので，その中に記載されている発明は，決して特許を取得することができなかったからである。

1945年には，すでにEDVACの共同研究者たちは，食い違う歴史的な物語によって敵対する陣営に分かれ始めていた。彼らの話は，エッカートとモークリーが，共同作業に対するフォン・ノイマンの独創的な貢献を最小限の認知に留めようとしていたことを踏まえて，読まなければならない。エッカートとモークリーのEDVAC特許の望みはまもなく打ち砕かれても，彼ら自身がその発明者として認められれば，彼らの話の信憑性，名声，そして他の特許への付加価値をもたらすかもしれない。フォン・ノイマンは，エッカートとモークリーほど積極的に議論に関与することは決してなかったが，何人かの歴史家が述べているように，第一草稿が彼自身のアイデアだけを含むとする誤認を訂正しようとはしなかった[54]。1970年代の特許訴訟の終結と，生き残っていた最後の参加者の死後の1990年代でさえ，第一草稿に関する議論にまつわる論争が続いた。

巨大な電子頭脳

ここで，少し時間を取って，第一草稿，そしてまさにENIAC自体とサイバネティックスの趨勢との関わりを概観したいと思う。ENIACは，1946年の実演ののち，多くの新聞に「巨大な電子頭脳」として大きく取り上げられた。こうした表明は，そのような計算機が何をするかまったく理解していない記者による気ままな空想として読まれがちである。C・ダイアン・マーティンは，『素晴らしい考える機械の神話』と題する1993年の歴史論文において，ロボットまたは頭脳としてのENIACへの言及を表にして，これらの擬人化されたファンタジーを「直接的で，かつ扇情的でない」非常にわずかな記述と対比した。

マーティンによれば，この無責任な誇張表現に対して，計算機設計者は直ちに反対意見を述べた[55]。エドモンド・C・バークレーが，彼の1949年の自動計算の入門書を『巨大頭脳，あるいは考える機械』と題したことは，今にしてみれば同様に常軌を逸していると見られがちである[56]。

　この種の批判で問題となるのは，ジョン・フォン・ノイマンを含む多くの計算技術の先駆者が，計算機を人工的な頭脳として着想していたという点である。フォン・ノイマンは，1939年以降，そう長い期間ではなかったが，頭脳を論理的スイッチに基づくシステムとして概念化する方法に興味を示していた[57]。ノーバート・ウィーナーの勧めで，彼はウォーレン・マカロックとウォルター・ピッツによる1943年の影響力ある論文『神経活動に内在する観念の論理計算』を読んだ[58]。マカロックとピッツは，神経の抽象モデルをスイッチとして表現した。そして，どのようにしてそのような神経のネットワークが論理計算における命題として表現できるかを示し，そのようなネットワークとアラン・チューリングの計算機械の抽象モデルとが同値であると断言した。フォン・ノイマンは，彼らの表記法を第一草稿で借用した。1945年1月に，彼はプリンストンで生物情報処理に関する2日間の会議を開催した。その会議には，マカロックやサイバネティックスの創始者として知られているノーバート・ウィーナーだけではなく，ハーマン・ゴールドスタイン，リランド・カニンガム，ハワード・アイケンのような自動計算の専門家も参加した。会議に先立って，ウォーレン・ウィーバーは，参加者に伝えてもよいENIACに関する情報はないかとブレイナードに手紙を書いた[59]。

　ウィーナーの1948年の著作『サイバネティックス—動物と機械における制御と通信』によって，頭脳と計算機が機能的に等価であるという考えに拍車がかけられた[60]。そのタイトルが示すように，サイバネティックスは，情報の流れに基づくシステムとして，生き物と複雑な機械の双方をモデル化する試みであった。サイバネティックスは，幅広い学問領域の一流科学者の後押しやメイシー財団からの財政援助を勝ち取り，数年間は科学としてふさわしい姿を維持した[61]。最終的には，サイバネティックスは科学の本流から押し流されたが，その遺産は明らかに人工知能や認識神経科学のような，さらに専門化された分野で生き延びている。

サイバネティックスは，ある意味で，語彙を置き換えることによって思考を広げる試みであった。かつては生物のために用意されていた用語が，今では機械にも使われている。現在では，第一草稿やバークレーの『巨大頭脳』を読むとき，「頭脳」や「神経」という単語が数学的な手順を実行する初期の計算機の当たり前の機能に使われていることに気づくと，すぐに読むのをやめるかもしれない。それにもかかわらず，同じ比喩に基づいた計算機の「メモリ」には気にせずに読み進むのは，単にこの言語の使い方がうまく広められたからである。また，サイバネティックスは，（感覚を持つ生物が何かを知らされることをそれまでは意味する用語であった）情報を機械は格納したり処理したりすることができるという考えを広めた。生物学との結び付きを取り去ることで，第一草稿で使用された目新しい神経表記法は，計算機ハードウェアを「論理ゲート」のレベルで記述する標準的な方法になった。とくに，新しい機械におけるより実用的な工学に関心のある人々，または，潜在顧客に機械の性能をきっちりと説明することを望んでいる会社にとって，計算機で実行される演算が，それらの根底にある人間の思考と基本的に等価だったという考えは，決して一般的に受け入れられなかった。少なくとも次の2点については，C・ダイアン・マーティンが正しかった。一つは，頭脳としての計算機というアイデアが常に論争の的であったということ，もう一つは，この分野に参画した専門家の大多数が1950年代までにそれから離れていったことである。

§第一草稿には何が書かれていたのか

　第一草稿は粗削りであったにもかかわらず，計算機アーキテクチャ，ハードウェア，そしてプログラム形式についての非常に独創的で理論整然とした一群のアイデアが，次の数年の間に着手された電子計算機プロジェクトに直接的な深い影響を及ぼした。本書では，第一草稿を単一の「プログラム内蔵方式」を提示したものと解釈するよりも，その中に三つの異なるアイデア（またはパラダイム）の塊があると見る（パラダイムとは，科学史家であり哲学者でも

あるトーマス・クーンの古典『科学革命の構造』によって導入された概念である[62])。これらのパラダイムは，それぞれ大きさと複雑さ，小容量の一時記憶機能，新しい問題向けの設定の煩雑さというENIACの欠点に対する，極めて直接的な答えと見ることができる。初期のEDVACの設計プロセスは，非常に大規模で，その結果としてとても高価で信頼性を欠くENIACの複雑さを系統的に取り除くことであった。ジョン・フォン・ノイマンは，唯美主義者でなかったが，ENIACに対する彼の理知的な回答は，華やかな大聖堂を引き受けて，フレスコ壁画を白く塗り装飾的な飾り付けを除去する作業に取りかかった熱狂的なカルヴァン主義者のそれにたとえられるかもしれない。

ここで，少し立ち止まって，「パラダイム」が何を意味するかを説明する。この言葉は，数十年前に科学研究の中で支持を失った。それは，経営者向けの文献で蔓延した濫用のためや，のちに否定されたが，科学集団とその実践における多くの諸相に適用するという，クーン自身の型破りな傾向によって傷つけられたためである[63]。私たちが「パラダイム」に引き寄せられる理由は，新たな問題の立て方や方法に基づいた模範例となる具体的な科学的業績という最も基本的な意味にある。クーンにとっては，それが，それぞれの科学集団が成長するための核を与えていた。ある新規のパラダイムは，初期の定式化は扱いにくく不完全だったかもしれないが，それを新種の問題に対して使用・拡大・適用する他の科学者を引き付けることは十分に期待できた。したがって，初期のパラダイムに関わる業績は，それとはほとんどわからないものになるまで「分節化」される。たとえば，後世の科学者が学んだニュートンの運動法則は，形式も計算の仕方も，ニュートン自身によって書かれたものと極めて異なるものだった。

このように，具体的なパラダイムの起点として第一草稿に焦点を当てることは，その後の計算技術の発展を支配することになったその巨大な力を理解する助けとなる。けれども，第一草稿は，その中に含まれるアイデアのいくつかが，廃棄され，再考され，そして追加された過程を遡ることによってのみ，パラダイムらしさを備えるようになる。教科書や論文におけるこのアイデアの論じ方は発展し続けている。第一草稿について，当初は何が新しくて重要だったかを理解するためには，後期のアイデアのいくつかを取り去り，1940年代の計

算機の実践規範という現実に基づいた分析が要求される。

EDVACのハードウェアパラダイム

　第一草稿の一つ目の主たる特徴を「EDVACのハードウェアパラダイム」と呼ぶことにする。EDVACは，主として，比較的少数の構成要素を用いた強力で柔軟性のある機械を設計するためのモデルとして，初期の計算機構築者を引き付けた。第一草稿の影響力のあるハードウェアのアイデアは，大容量の高速遅延線または記憶管メモリ，完全に電子部品で作られた論理回路，そして数値の2進表現を含んでいる。大容量メモリ付きの全電子式計算機の基本的なEDVACのハードウェアパラダイムがフォン・ノイマンの参加する以前からあり，エッカートの遅延線メモリの発明によって可能になったことは明白である。ハーバード大学，ベル研究所，IBMの計算技術グループが，まだリレー記憶装置と紙テープ制御をもとにした新しい高性能機械の計画を描いていた時期に，EDVACの設計選択は新技術への大胆な傾倒であった。こうして，第一草稿で規定されたEDVACのハードウェア選択は，強力で現実的な模範というクーンの最も基本的な意味でのパラダイムとして機能したと私たちは考えている。

　この分野におけるフォン・ノイマンの最も重要な貢献は，たぶん，潤沢な大容量メモリを考えることができる方向にチームを後押ししたことだろう。第一草稿は，主に命令よりも数値の格納を目的として，メモリとして8,000語（1語は32ビット）が規定された。従来の数学的手法では，それだけのメモリは必要とされなかったが，フォン・ノイマンは科学に関する幅広い知識を持ち，マンハッタン計画の要求を知っていたので，もしこの種のツールが開発されたならば，他の科学者が今まで無視していた問題にその関心をすぐに向けるであろうことを確信した。次の数年間，彼は講演の中で，新しい機械を使って「われわれは近いうちに，2次元や3次元のほとんどの（流体力学的な）問題を取り扱いたいという，もっともな要望を持つようになる」ことを示唆することで，「控えめな数字として，10万倍速い」計算能力の要求を作り出し，大容量メモ

リを提唱し続けた[64]。

　第一草稿の中で，フォン・ノイマンは，ENIAC プロジェクトの隠れた業績に言及することなく，EDVAC チームによってなされた基本的なアプローチを報告する方法を見つけ出す独創性も示した。彼は，具体的な構成要素を理想的な「神経」に抽象化することによって，これを可能にした電子工学の進歩にはまったく言及せずに，かつてない数の（水銀）管を保持し，見たことのない速度で動く機械の実行可能性を強く主張した。ENIAC は依然として「機密」に分類されていて，こうした戦術的な手抜きによって，報告書の詳細を熟知している身近な人たちを越えた拡散の機会を与えてしまい，エッカートとモークリーをいっそう怒らせていた。フォン・ノイマンに対してはるかに寛大でずっと好感を持っていたバークスでさえ，彼は「彼がデジタル電子計算について知っていたことを誤魔化した」と結論した[65]。第一草稿の執筆の際，「フォン・ノイマンは，公開された最新の『無線工学』と『詳細な無線周波数電磁気の考慮』から始めたように装ったが，実際にはそうではなかった。また，彼は，ムーアスクールでデジタル電子計算について学んだことに謝意を表すことも怠った」とバークスは断言した。

フォン・ノイマン式アーキテクチャパラダイム

　第一草稿の二つ目の主たる特徴は，「フォン・ノイマン式アーキテクチャパラダイム」である。「フォン・ノイマン式アーキテクチャ」のアイデアは，計算機アーキテクチャの教科書では今日に至るまで，その定義は進化しているものの，やや紋切り型のように見える。私たちは，制御と算術機構をメモリから分離することなどの，報告書に見られる「器官」の基本構造をこのパラダイムに含める。これに関連して，一度に一つのみの演算が実行される計算の直列化，全メモリの転送経路を中央算術演算ユニット経由にすること，算術および論理命令の演算対象と結果に用いる専用レジスタのシステム，そして，制御を目的としたプログラムカウンタと命令レジスタの提供がある。

　第一草稿に記述されている機械の美学は，先鋭な現代主義者のアーキテク

チャや設計と同類の急進的なミニマリズムのうちの一つである。アントワーヌ・ド・サン・テグジュペリは，その数年前に，設計について「完成は付加すべき何ものもなくなったときではなく，除去すべき何ものもなくなったときに達せられるように思われる。発達の極致に達したら，機械は目立たなくなってくるだろう」[訳注1)]と書いていた[66]。その基準に従えば，第一草稿のEDVACは完成に近づいていた。フォン・ノイマンは，かなりのものを取り除いたのである。それに比べ，ENIACは，機能の上に機能を重ね，そして機能が取り除かれることはほとんどない，無秩序に広がるゴシックのようであった。第一草稿を読んだのちに，ゴールドスタインはフォン・ノイマンが用意した「機械のための完全な論理的枠組み」を称賛して，それをENIACと対比する手紙を彼に書いた。手紙では，ENIACは「ジョン・モークリーの興味を引くという存在理由しかないガラクタの山」と書かれていた[67]。これはかなり辛辣であるが，それは二つのプロジェクトを支配している美学の根本的な相違と捉えられる。

　単純化を推し進めることは，いくつかの極めて現実的な利益をもたらした。初期の電子計算機の論理ユニットを構成した真空管は，かさばり，信頼性に乏しく，そして火災になる危険性がかなりあった。ENIACは，そのような管をおよそ18,000個保持していた。それよりもかなり能力の高いEDVAC型計算機は，その数を1桁削減した[68]。この削減の大部分は，遅延線メモリ（EDVACのハードウェアパラダイムの中心的な機能）のおかげであり，ENIACのように11,000本の真空管をすし詰めの高速メモリとして使用しないことによってもたらされた。しかし，ハードウェアの排除は，それに留まらなかった。ENIACの累算器は，それぞれ加算を実行する回路を含んでいた。これらは単一の中央加算器と取り替えられた。第一草稿によると，「装置は，可能な限り単純で，可能な限り少ない構成要素を含むべきである。これは，二つの演算を決して同時に……実行しないことによって成し遂げられる」[69]。フォン・ノイマンは，「これまで，高速デジタル計算装置に関するすべての判断は，逆の方向に進んできた」と認めた。しかし，経験によって妥協が必要な場合がないとは言い切れないと知るまでは，この事態は彼の新しい「妥協しない解決策を……可能な

[訳注1)] 邦訳は堀口大學 訳『人間の土地』（新潮文庫, 1955）による。

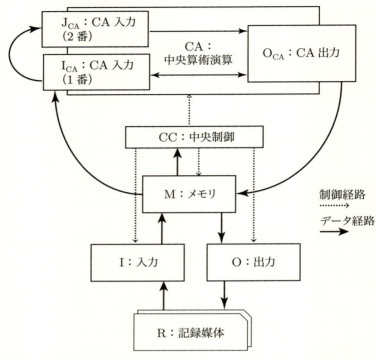

図 6.1 第一草稿に記載されている EDVAC アーキテクチャの提供した雛型は，世界中の計算機設計者に使用された。

限り完璧に」適用することの正当な理由になると感じていた。コードとデータの配置についての彼の主張は，この単純化の推進に比べて従属的であり，著しくあやふやな言葉でこう説明している。「このメモリのさまざまな部分が，それぞれ多少特性の異なる，そしてかなり目的の異なる機能を実行する必要があるように見えるとしても，それでもやはり，全メモリを一つの器官として取り扱って，その部分が……できる限り交換可能でさえあるということは魅力的である」[70]。

このような証言についての最善の解釈は，ENIAC チームとの合同会議で議論したアイデアを編集・組み立て・拡大することによって，フォン・ノイマンが初めて統一された全体像として EDVAC アーキテクチャを確立したというこ

とである。バークスは同じ意見だった。彼は，残されていた記録を厳密に調べたのちに，「ジョニーのモデルを知るまでは，EDVAC のアーキテクチャモデルがムーアスクールの誰かの頭にあったとは思わない」と書いた[71]。フォン・ノイマンによる選択のいくつか，とくにプログラムとデータを単一アドレス空間に格納するという決定は，彼による制御システムのための選択と明らかに関連していた。彼のアドレス修飾のシステムは，命令からアドレスを抜き出し，算術「器官」で数値的にそれを処理し，更新したアドレスを命令に書き戻すという能力に依存していた。第一草稿で提案された各種の「器官」が共同会議ですべて議論されたが，それらを結合する具体的な方法は，フォン・ノイマンの設計判断によって決められた。

のちの紛争は，参加者の個人的関心と事実の詳細に関する意見の相違だけでなく，EDVAC で何が本当に重要だったかについての視点の根本的な相違をも反映している。エッカートとモークリーは，回路と真空管，そして個々に追加する機構の設計に細心の注意を払いながら，ボトムアップで ENIAC を設計した。フォン・ノイマンは，EDVAC の全体的な構造と，それと彼の論理的な制御システムとの関係から始めた。これは，工学ではなくそれぞれ哲学と数学の博士号を持っていたバークスとゴールドスタインの興味を強く引いた[72]。彼らの目には，フォン・ノイマンによる EDVAC の「器官」の洗練された配置方法が快挙と映った。

エッカートとモークリーの第一草稿に対する直後の率直な反応が，彼らがすでにさらに詳細な設計を始めていた装置の基本機能をフォン・ノイマンが仰々しい抽象的な論理学の一種で言い換えたに過ぎないという思いだったとの見方も，同程度にもっともらしい。エッカートとモークリーが去ったのち，EDVAC の設計を引き継いだ T・カイト・シャープレスは，1947 年の宣誓供述書で，フォン・ノイマンの仕事を「神経学者の観点から」たどり着いたと言及し，それまでの研究成果の中に「すべての器官に …… 対応する物がすでに存在していた」として，フォン・ノイマンの仕事は「それほど実用的な助けにはならなかった」と書いた[73]。シャープレスには，フォン・ノイマンのミニマリズムの重要性と計算機工学における論理的抽象化の利点が即座にはわかっていなかった。

現代的コードパラダイム

　フォン・ノイマンによる EDVAC 記述の三つ目の重要な特徴を,「現代的コードパラダイム」と呼ぼう。この新しい用語を, 1950 年代の計算機設計の標準的特徴となった 1945 年の第一草稿の中でプログラムに関連する要素を説明するために使用する。1950 年代の特徴すべてが第一草稿を起源とするわけではなかったが, それらをひとまとめにするパッケージングや, フォン・ノイマン式アーキテクチャの新しいハードウェア技術との統合は, 注目すべき影響を及ぼした[74]。

- プログラムは, 完全に自動的に実行される。
  ——第一草稿から引用すると,「いったんこれらの命令が装置に与えられると, それは完全に, そしてさらなる人間の知的な介入を必要とせずに, それらを実行することができなければならない」。これは電子機械にとって不可欠であったが, ハーバード大学の Mark I のようなより緩慢な装置では, 分岐点での人間の介入は有効であった。もちろん, 依然として, オペレータは入出力装置に気を配らなければならなかった。そして, データには, 手作業かパンチカード装置による前処理や後処理が必要かもしれない。
- プログラムは, 第一草稿で「指令」と呼ばれる単一の命令列として記述され, 番号付けされたメモリ領域にデータとともに格納される。これらの命令は機械演算のすべての側面を制御する。同じ機構がコードとデータを読み込むために使われる。
  ——すでに論じたように, 第一草稿では, コードを保持するメモリ領域とデータを保持するメモリ領域の区分けを明示的に指定した。また, プログラムを可読なテキストと考えることも,「一連の論理命令の連続したステップを表現する副サイクルが自動的に互いに続けば, たいていは便利である」と指摘した。
- プログラム内のそれぞれの命令は, プログラマが利用可能な原子演算の集合の中の一つを指定する。

——通常，これは，少数の演算コードのうちの一つを使って，命令を開始することによって指定される。いくつかの演算コードでは，そのあとに作業するメモリ領域を指定する引数フィールドやその他のパラメータが続く。第一草稿では，3ビットでコード化される7種類だけの「指令型」を規定した。しかし，このうち4種類の命令は，10個の算術・論理演算のうちの一つを選ぶために，追加の4ビットをパラメータとして含んでいた[75]。いくつかの指令型では，追加で13ビットのアドレスを含んでいた。全体で，命令を表現するには9ビットから22ビットが必要だった。実際の機械は通常このパターンに従い，典型的には第一草稿の「指令型」と「演算」フィールドを統合し，それぞれの算術演算や論理演算に別個の命令符号体系番号が割り当てられた。アラン・チューリングのACEの設計とそこから派生した計算機は，その例外の主たるものであり，すべての命令を，特定の回路に関連付けられた演算対象と結果の間のデータ転送としてコード化して，下支えするハードウェアと分離されていなかった。

- 通常，プログラムの命令はあらかじめ定められた順序で実行される。
——第一草稿によると，機械は「それぞれの指令のあとで，次に実行することになっている指令を，どこで見つけるかを指示されなければならない」。EDVACでは，「標準的な手順」では「本来出現した時間的順序で指令に従うべきである」とされ，それらが格納された順序であることを暗に意味した[76]。

- しかしながら，プログラムは計算機にこの通常の順序から外れてプログラム内の別の場所へ飛び越すように指示できる。
——メモリ内には，「しかしながら，例外発生時に参照できる利用可能な指令がなければならない。その指令は例外発生時に次に制御を移す場所（すなわち，次の命令の取得場所）をCC（中枢制御器官）に指示する」[77]。これによって，飛越しやサブルーチン復帰のような機能を持たせることができた。

- プログラム実行の過程において，命令が作用するアドレスを変更できる。
——そのアドレスは，計算のためのデータの演算対象や結果，または飛び先である。このアドレス修飾機能は，第一草稿ではかなり曖昧に表現され

た。第一草稿の最後の文章として，命令を保持するメモリ領域に数値を転送するとき，アドレス $\mu\rho$ と表現されている最後の13桁だけを上書きすべきであると，注釈が付けられた。実際の計算機では，その代わりに，無制限のコード修飾や間接アドレス指定機構でこれを実現した。たとえば，ループを終了するために，EDVACではアドレス修飾が条件付き飛越しになることを利用したが，実際の機械の設計者は，この演算の重要性に気づいて，それを専用命令とした[78]。

これらの機能により，プログラムの論理的複雑性は，命令と作業データを保持するために利用可能なメモリ空間によってのみ，制約されることになった。これは，最初のENIACや，IBMののちのSSEC（Selective Sequence Electronic Calculator）のような機械において，プログラムの論理的な最大の複雑さを決定する要因が，プログラム線，配線盤機能，テープ読み取り装置のような他の資源に依存していたことと対照的である。

1945年のEDVACの設計がアドレス修飾に依存していたことは，ENIACの特化された多数の機構を少数の汎用的な機構で置き換えようという全体を見わたした判断の表れと私たちは見ている。EDVACを手本にした大多数の機械とは異なり，ENIACは平方根を計算するための専用回路を備えていた。当初の機器構成では，ループの調整，演算の繰り返し，そして分岐の実行は，マスタープログラマユニット内の専用ハードウェアに依存していた。新しい設計では，分岐やループは，両方とも単純な制御移動命令によって遂行された。多くの他の初期の計算機のように，ENIACは表検索のために専用ハードウェアを含んでいた。その関数表は，累算器内に格納する「引数」に送られたのちに適切な関数の値を返した。新しいパラダイムでは，同じ装置は汎用読み出し専用メモリと解釈し直された。そして「引数」は「アドレス」になった。

現代的コードパラダイムの諸相は，フォン・ノイマンとENIACチームが精通していた機械，とりわけハーバード大学のMark Iとベル研究所のリレー式計算機計画に見ることができる。しかしながら，鍵となる新しいアイデア，とくにアドレス修飾が，フォン・ノイマンとムーアスクール職員の会議で議論されたという証拠は見当たらない。そして，その当時の情報源は，フォン・ノイ

マンがEDVACのために制御システムと命令コードの設計に責任を負っていたという考えを支持する。記録されなかった議論がほかにある可能性もあるが，現代的コードパラダイムはムーアスクールチームからの重要な情報提供を抜きにして作られたというのが，最もありそうなことと思われる。

ここまでで，フォン・ノイマンの電子計算との関わりの背後にある，説得力のある実際上の理由について論じた。彼の現代的コードパラダイムの統合は，数理論理学の公理論研究とのそれまでの深い関わりに根ざした彼の人格の別の側面の表れと私たちは見ている。彼が数年後に言っているように，コーディングは「論理学の問題であり，形式論理の新分野を表すもの」であった[79]。

§徐々に進む反宗教改革

第一草稿に記述されたEDVACは，もちろん，可能な限り単純化された計算機ではなかった。それは，フォン・ノイマンの対立する，演算の最小セットを探求する論理学者としての衝動と，巨大軍事科学の新世界で研究者を支援する実用的な道具を構築する応用数学チャンピオンとしての衝動とが，せめぎ合った結果と考えることもできる。こうした傾向は，のちに別の方面でも展開されることになる。理論計算機科学者は，彼らの新たな学問領域の基盤になるさらに単純な計算のモデルを探し，最終的に万能チューリング機械に落ち着いた。フォン・ノイマンは，その活動の終盤に，並行してセル状オートマトンの研究に携わった。一方，計算機設計者は，第一草稿から取り去られたいくつかの専用機構を彼らの設計に組み入れるほうが都合が良いことに気づいた。最初のそのような変更は，遅延線から発生するデータの待機問題に対処するためにEDVAC自体でなされた。1945年9月に，機械に長短混合の遅延線を提供することが決定された[80]。短い遅延線は，それぞれ集中的に使用されている変数の値を保持し，高速な一時アクセスを可能にした。そのような変数を長い遅延線に置いたままにしておくと，耐えられないほど複雑なプログラミングをするか，受け入れられないほどの性能の低下を生じるかのどちらかになるだろう。

条件分岐の取り扱いの変化を見ると，対立する衝動が時間とともにどのように均衡したかがはっきりとわかる。初期の計算機は，それぞれの演算列を繰り返す何らかの方法を提供した。しかし，それらの設計者が，固定回数の繰り返しのあとや，一度でも特定の条件を満たしたあとに自動的にループを終了する機能の必要性を認めるには，さらに時間がかかった。ENIACは分岐やループの制御を行うための多くの専用ハードウェアを備えていたが，第一草稿では，この機能はいくつかの汎用機構を工夫して組み合わせることで提供された。

第一草稿で提示されたEDVAC命令セットは，すべての飛越しに単一，無条件，制御移動の命令を使用した。フォン・ノイマンは，条件分岐を二つ以上の基本演算として，すなわち，飛越しするアドレスの選択と飛越しそのものの実行の組合せとして扱った。前者は，算術演算 s によって処理され，計算された最終値が正か負かで二つの数のうちの一つが選ばれた。

条件付き移動には次のことが含まれた。(1) 計算結果の正負によって期待する成り行きが決まるように分岐条件を計算する，(2) 二つの飛び先アドレスの選択肢を算術演算ユニットに読み込んで，s 演算を実行する，(3) 無条件移動命令の中に結果アドレスを転送する。そして，(4) 無条件移動が実行される次の命令になるように制御を移す。EDVACの設計を短い遅延線付きに修正するための併合プログラム用にフォン・ノイマンが書いたコードの中に，この技法の実例がある。フォン・ノイマンは，「雛型」となる無条件移動命令を短い遅延線に記録することによって，前述の使い方を最大限に活用した。条件付き飛越しを実行しなければならないとき，それを実行する前に，この命令の中のアドレスを置き換える。雛型を再利用することで，スペースを節約するだけでなく，条件分岐が必要とされるたびに生じる余分な負荷を最小化し，即座に利用可能にした[81]。これは，独創的ではあるが，標準的な機械コードプログラミングから見ても，煩わしくて面倒なアプローチであった。

フォン・ノイマンの自己修飾コードの使用は，時折暗示されているように，チューリングの業績から持ってきた万能計算機の基本的な機能というより，むしろ彼のミニマリストとしての設計判断の帰結であった[82]。ほとんどのEDVAC型計算機は，条件付き分岐命令が追加され，それによってメモリに格納されている宛先アドレスの変更が不要になった[83]。前述の(2)〜(4)の段階を

統合した非常に便利な単一命令を提供することによって，第一草稿ではきれいに分離されている算術演算と制御が不明瞭になった。その詳細な設計が1946年に文書化される頃には，高等研究所のフォン・ノイマン自身の計算機でさえ条件付き分岐を備えていた。その追加された機能によって，第一草稿で示されたパラダイムの拡張または（クーンが言うところの）分節化としての影響が大きいことが証明された[84]。

　1950年代には，計算機は，一般に，ループを終了したりデータ構造を横断したりするためにコード修飾を利用しなかった。自己修飾コードは追跡してデバッグするのが難しいので，ほとんどの用途で望ましくないという合意が生まれていた。しかしながら，実際のEDVAC型計算機の利用者は，メモリに保持された命令を上書きするプログラムを容認する，別の揺るぎない理由をすぐに見つけ出した。初期の計算機は，現代のオペレーティングシステムに類する，メモリに常駐するプログラムを置いておく余地はなかった。しかし，それらの利用者は，すぐにモニタプログラム，ローダ（メモリ内でバッチ実行やサブルーチンの統合を可能にする他のプログラムを読み込むプログラム），実行コードを計算機のメモリに直接作成する「ロード・アンド・ゴー」コンパイラや，同種のツールを開発した。これらはどれも，既存の内容に上書きして実行可能な命令をメモリに格納することを必要とした。第一草稿に記載されているように，EDVACではこうすることはできなかった。メモリのそれぞれの語には，命令であるか数値であるかの標識が付けられた。プログラムは，数値全体を上書きすることができたが，命令のアドレス部しか上書きできなかった。これは，この計算機のためのオペレーティングシステムに類するものの開発を妨げた。もちろん，第一草稿は完成せず，そして，フォン・ノイマンが別途送付した補足資料をゴールドスタインが取り込まなかったため，どのようにして最初にプログラムをメモリに取り込むかは一度も説明されなかった。おそらくフォン・ノイマンは，新しい命令を読み込むことができるように，そのメモリを消去するリセットスイッチを想像したのであろう。ちなみに，第一草稿は，Rと呼ばれる永久記憶媒体の必要を認めていたが，機械の命令一覧には入出力のための専用命令は含まれなかった。

　より重要な点は，1940年代の計算機の先駆者がのちの世代の計算機科学者

と同じ展望を持っていたとか，同じ理論的な関心事に駆られていたと思い込まないように注意しなければならないということである。EDVACプロジェクトは，ENIACよりも安く小さく強力で柔軟な計算機を設計するために，その最初の資金提供を受け取った。プロジェクトの参加者は，初年度の仕事で目覚ましい成功を収めた。

第7章　ENIACの変換

　第一草稿に含まれている新しいアイデアとENIACの関係は，時間の経過とともにさらに複雑になっていった．前章で見たように，EDVACの設計は，部分的にENIACの設計者らの成果に基づくものであり，いくつかのENIACの行きすぎや非効率に対する反発の表れでもあった．しかし，新しいアイデアはすぐにENIAC自体にも適用され，1年間の組織的な努力の結果，1948年4月にENIACは新しいコードパラダイムで記述されたプログラムを実行する最初の計算機となった．その後，ENIACはこの方式が使用された．したがって，稼働期間の大半においてプログラマが接したのは，分散した制御パルスが大規模な自律したユニットの間を流れる当初のシステムではなく，フォン・ノイマンの報告書から最初に感じ取ることのできる現代的コードパラダイムを採用したマシンとしてのENIACであった．

§ EDVAC設計の急速な普及

　1946年の前半には，この新しいアイデアに基づいた計算機を作るいくつかの計画が進行していた．EDVAC自体の開発はムーアスクールで続いていたが，ENIACチームは分裂し，二つの新しいプロジェクトが生まれた．J・プレスパー・エッカートとジョン・モークリーは，フィラデルフィアにある事務所で，のちにUnivacとなるものの設計を計画する起業家になっていた．アーサー・バークスとハーマン・ゴールドスタインは，プリンストン高等研究所でジョン・フォン・ノイマンと合流した．これらの二つのチームは，第一草稿に含ま

れるアイデアを異なる方法で発展させた。両者の影響力は大きく，Univacは商用計算機がどうあるべきかを世間に印象付け，一方，1946年の報告書『電子計算装置の論理設計の予備的討論』に記述されたフォン・ノイマンの新しい計算機の設計は，そのまま米国の計算機の次世代を形作った。その末裔の一つとして，IBMの最初の計算機製品であるModel 701がある。英国では，アラン・チューリングが第一草稿を出発点として国立物理学研究所の計算機を設計し，マックス・ニューマン（コロッサスプロジェクトでの経験豊かな数学者）が，マンチェスター大学で計算機を構築する計画についてフォン・ノイマンに手紙を書いていた。

7月と8月には，まだENIACとEDVACのプロジェクトの本拠地であったペンシルベニア大学で，「デジタル電子計算機設計の理論と技法」に関する夏期講座が開催された。この夏期講座の開催は，ENIAC開発に深く関わり，その後散り散りになっていたメンバーを再び集結させ，より幅の広い聴衆に新しいパラダイムを提示する機会を与えた。歴史家は，この夏期講座を「プログラム内蔵方式」の普及に重要な方向付けを与えたものとし，単に「ムーアスクール講義」と呼ぶことが多い[1]。それは，このあとの計算機プロジェクト，中でもケンブリッジ大学でのモーリス・ウィルクスのプロジェクトに刺激を与えた。

EDVACの取り組みで，ムーアスクールに集まった電子計算機製作者になるつもりの人たちを即座にその気にさせたものは何だろうか？　ある講義で，エッカートは聴衆のために，彼やその同僚がENIACの欠点に対する反動としてEDVACを設計するに至った過程を振り返った。内部プログラム記憶域についてのエッカートの主張は，実用的なものだった。「EDVACでは，電線なし，差込口なし，そしてスイッチもほとんどないだろう。われわれは，単に情報を電子的に保持するためにメモリを使用し，逐次的に機械を動かすために，プログラミングに関連する情報をメモリから制御回路に供給する……」というエッカートの主張に従えば，設定の時間を短縮することになっただろう。エッカートは，ENIACの接続ケーブル，関数表，スイッチは，実質的に約7,000桁の数値情報や制御情報を保持していると見積もった。しかし，プログラムとデータ記憶域を結合する，それまでよりも大きくて安価な遅延線メモリは，「さまざまな種類のメモリ間の適切なバランスを見出そうとする問題に設計者が煩

わされることはなくなり，利用者にこの問題を投げかける」とエッカートは断言した[2]。こうしたコメントからわかるように，メモリ技術は1940年代後半の計算機構築者の最大の課題であった。さまざまなチームが機械を動作させるために懸命に努力する中で，主に手に負えない陰極線管と遅延線を統御する技能が成功か失敗かを決定づけた。それゆえ，最初の計算機の教科書や会議では，主としてドラム，電磁遅延線，セレクトロン，陰極線管，鋼線式磁気記録機，および蛍光体ディスクが議論の中心を占めていた。

モークリーは，翌年，ハーバード大学で開催されたシンポジウムで，EDVAC型計算機の最も重要な利点の一つとして現代的コードパラダイムを提示したとき，同じような意見を述べた。「EDVAC型機械の問題への布石」と題した講演で，モークリーは「現在の機械設計とは著しく異なる…… 基本特性」を検討した。そして，それらの基本特性のうちの三つは，「問題に対処する上で明らかに影響する(1)大規模な内部メモリ，(2)機械が応答する数少ない基本命令，(3)数値と同様に命令を内部メモリに格納し，それらの命令を他の命令に従って変更する能力」だと述べた。モークリーは，最後の点に関して，さらに次のような詳しい説明を加えた。

> 命令は，数値と同じやり方で内部メモリに格納され，命令セットは，…… 別の命令セットを変更するために使用できる。通常，命令が提供されなければならない操作の総数は非常に大きく，命令列は内部メモリ容量をはるかに超えてしまうだろう。しかし，そのような命令列は，決して不規則な列ではなく，通常は繰り返し現れる部分列から合成できる。
>
> 求められた回数だけ利用できる必要な部分列を，これらの部分列の使用を管理するマスター列と併せて提供することで，非常に複雑なプログラムを簡単に設定できるコンパクトな命令が実現できる。しかしながら，命令を使って別の命令を変更できるという機能により，さらに大きな力も与えられる。……（これは，）この機能がなければオペレータに降りかかる負担，すなわち，使用すべき変形を次々と明示的に書き出してコード化するという負担を，機械に転嫁する[3]。

初期の計算機のいくつかの入門書は，小さな命令セットを再現することで，

新種の計算機を簡潔かつ効率良く説明した。対照的に，長年にわたって数十の書籍や論文に現れるENIACのプログラミング手法の説明は，パネル，パルス，スイッチ，バス，および他のハードウェアの長くて著しく気の滅入る記述を含んでいた。初期の計算機製造会社であるエンジニアリング・リサーチ・アソシエイツ社のスタッフが1950年に発行した書籍『高速計算装置』を見てみよう。『機械設計の機能的アプローチ』と題された章では，高等研究所でフォン・ノイマンのチームによって設計された命令セットに基づく実例を示し，続いて次のように主張した。

> このように指令を書くことができる機械は，明らかに多目的な機械である。指令は数値であり，機械は，数値があるやり方で取り込まれることを期待しているはずなので，これらの符号化された指令を機械に入力することは，もちろん困難であってはならない。…… わずかな種類の操作しか必要としないので，機械の工学的な構造はかなり簡単に達成できると思われる[4]。

その章では，「わずかばかりの指令を書いて長い計算を指図するための要件は，(1) 不変な操作と必要に応じて変更できるアドレスを持つ指令を再利用できる機能と，(2) 通常の列から二次的な列への移動を許す操作によって達成される」と述べ，これが「汎用的な機械の使いやすい操作」に貢献するだろうと結論付けている[5]。

ダグラス・ハートリーは，1949年の著書『計算する器具および機械』において，二つの「最初に期待すべきさらなる開発の主な方向，すなわち，電子機器を増加させることなくはるかに大容量の高速記憶装置の一形態を供給することと，ハーバード大学のMark I計算器やさまざまなリレー式機械のように機械が計算する演算列に必要な接続を自力で設定できる方法」を割り出す基準点として，ENIACを用いた[6]。

ハートリーは，「大規模自動デジタル機械」の「開発の最初のフェーズ」として，ENIAC，ハーバード大学のMark I，およびSSECを説明した。彼は，「これらが複製されることは，どれも極めて起こりそうもないことのように見える」と断定した上で，こう続けた。

将来の機械は，原理や外観が大幅に異なるだろう。それは，より小さくより単純で，真空管やリレーの数は本章で検討した機械のような何万個ではなく何千個で，コード化や操作がより速く，より多目的で，より簡単になるであろう。現時点で計画あるいは構築中の機械は，かなり異なっているので，……開発の第2段階を形成すると見なすことができる[7]。

　数年後，モーリス・ウィルクスは，「最初のプログラム内蔵型計算機を構築することを運命付けられた（自分自身を含めた）技術者の小さな集団」に対するムーアスクール講義において，「ENIACの設計の詳細には……あまり興味がなかった」と回想した際に，これらのコメントをそのまま繰り返した[8]。コメントはやや不作法であるが，ENIACがきちんと稼働する前から，ENIACの製作者を含めた機械設計者の注目が新しいパラダイムに移っていたことに疑いはない。

　1946年には，ウィルクスにとってENIACは退屈に思えたかもしれないが，そのときから何年かの間は既存の機械として最速であり，それゆえ，実行すべき複雑な計算を持つグループにとってはまだ大きな関心事であった。アバディーンへの「聖地巡礼」[9]を行う者の中にジョン・フォン・ノイマンもいた。フォン・ノイマンは，計算機アーキテクトとしてENIACから学ぶことはほとんどなかったが，計算機利用者としてはENIACの力をよく知っていた。ロスアラモスは，高等研究所で作られている計算機を一刻も早く適用したい大規模計算要求のバックログを持っていた。しかし，1947年初めには，最も楽観的に見積もっても，数年間はその機械が稼働しないだろうと思われていた。

　フォン・ノイマンとロスアラモスの共同研究者らが，新たに開発したモンテカルロ法を用いた核連鎖反応のシミュレーションに電子計算機を使用したい場合，短期的にはENIACが唯一の妥当な選択肢だった。1947年3月までに，フォン・ノイマンは，緊密な共同研究者でENIACのムーアスクール時代の豊かな経験を持つハーマンとアデールのゴールドスタイン夫妻にモンテカルロ法のためのENIACの「設定」の調査を依頼していた[10]。モンテカルロ・プロジェクト自体については，次の二つの章で論じることにする。この章では，そのプロジェクトがきっかけとなってENIACをEDVAC式の機械に変換するこ

とになった相互に関連した取り組みについて述べる。

§変換プロジェクトの立ち上げ

　弾道研究所のENIACチームのW・バークレー・フリッツは，のちに，ENIACの当初のプログラミング手法での設定の設計過程を，「ENIACの構成部品を材料として，新しい用途ごとに専用の計算機を設計し開発することに似ているというのが，最もうまい説明だろう」と評した[11]。

　1947年4月中かその前後に，ジョン・フォン・ノイマンは，プログラミング手法という点で高等研究所の次世代計算機と類似した機械を構築するためにENIACの部品一式が使えると知った。新しい設計パラダイムとEDVAC型計算機のために必要なプログラミング技術に没頭していた彼とその協力者たちは，プログラミング方法論や，豊富な流れ図作成技法，サブルーチンを処理する手法を提案する一連の報告書を作成した[12]。当時，おそらく世界のどのグループよりもこれらの問題について深く考えていたので，モンテカルロ法にENIACが使えるかどうかを調査している最中に，新しいコードパラダイムの多くの利点をENIACが備えられると認識したということは，まったく驚くに当たらない。

　変換の目標は，範囲が固定されたEDVAC型の基本命令を解読および実行するように，ENIACのスイッチと配線を構成することであった。プログラムは，数値にコード化された一連の命令としてENIACの関数表上に格納され，その後一度に一つずつ取り出されて実行されることになる。

　ENIACの当初の制御モードでは，プログラムできる容量の制約は，設計の多くの側面に埋め込まれ，予測できない形で影響し合った。たとえば，20個の累算器は，数の転送，加算，減算を提供する240の制御群を保持し，高速乗算器上の24個の制御群は，それぞれに同一の乗算演算を定義した。制御群の量が，プログラムが含むことのできるそれぞれの種類の演算の数に上限を設けた。マスタープログラマは，10個のステッパだけを含み，それによって，プログラム

の全体的な論理的複雑さがさらに制限された。条件テストを設定することは，マスタープログラマのステッパの一つを結び付けるだけではなく，累算器の一つの出力端子を独占し，別の目的で累算器を使用することが制限された。機械の設計者らは1945年にこれを次のように評した。「ENIACに対して問題の設定を計画する際には，プログラムのさまざまな部分へのプログラム機構の割り当てにおいて機械の内部経済を考慮しなければならない」[13]。変換後には，プログラムの論理的複雑さを制限するのは，関数表上で利用可能な比較的余裕のある10進3,600桁のアドレス可能な高速記憶装置のみになった。

ロスアラモスのためのモンテカルロシミュレーションのプログラムの作業は，新しいプログラミングシステムの設計と並行して行われた。高等研究所の計算機プロジェクトのリーダーの妻たち，クララ・フォン・ノイマンとアデール・ゴールドスタインは，1947年の夏の間，プロジェクトを支援するコンサルタントとしてロスアラモスに雇われた[14]。アデール・ゴールドスタインは，まだ26歳であったが，その資質はずば抜けていた。彼女は数学の学位を保持しており，ENIACがムーアスクールで稼働していた間，その文書化とプログラミングの仕事をした。こうして，チームはENIACの機能の比類のない理解と新しいプログラミング概念の深い知識とを兼ね備えることになった。

すでに言及したように，アデール・ゴールドスタインは，1946年のENIAC報告書で，関数表によって14個までのサブルーチンを直接開始するようにパルス出力をリダイレクトする方法を説明する際，「関数表を用いたプログラミングデータの記憶域」について書いていた[15]。1947年のアプローチはまったく異なっており，命令を表す数値は，関数表から読み出されて，機械内の別の場所で解釈された。それでも，すでに関数表がプログラミングデータのためのリポジトリと考えられていたことで，新しいシステムはより自然に思えたかもしれない。

そのとき弾道研究所で働いていた数学者リチャード・クリッピンガーは，あとになって，ENIACをEDVAC流の制御手法に変換する最初のアイデアについて功名を争った[16]。しかし，クリッピンガー自身は，1948年の報告書では次のような異なる説明をしている。

1947年の春に，J・フォン・ノイマンは，……設計時に意図された方法とはかなり異なる方法でENIACを実行することができるだろうと私に提案した。彼の提案は，A・ガルブレイス，（ジョン・）ギース，（ケイ・）マクナルティ，J・ホルバートン，（ベティ・）スナイダー，（エド・）シュレイン，（ケーテ・）ヤコビ，（フランシス・）バイラス，および（サリー・）スピアの貢献もあり，J・フォン・ノイマン，（アデール・）ゴールドスタイン，（ジーン・）バーティク，（リチャード・）クリッピンガー，および（アート・）ゲーリングによってでき上がっていた枠組みにうまく組み入れられた。細部を詰める際に，J・フォン・ノイマンは中心的な役割を果たした[17]。

　ENIAC特許裁判におけるクリッピンガーの証言は，変換作業の先覚者だと認識されるためにしていた後日の奮闘の根拠を次のように明らかにした。彼はサブルーチンを順序付けるために関数表のパルスを用いるという考え方を考案した。変換の過程全体は，この基礎的な洞察を洗練する「何段階かの進化」とみなされる。このアイデアを思いついて，アデール・ゴールドスタインが1946年の「4月か5月」にダミープログラム技法を説明した後しばらくして，一連の複雑な気流計算に取り組んだ。彼女は，彼の功績を認めることなくこのアイデアを使った[18]。

　クリッピンガーは，「F・T・プログラムアダプタ」ケーブルのための1946年1月のエンジニアリング図を示されたときの反対尋問で苦戦した。それは，おそらく，そのケーブルを手段とするアイデアをクリッピンガーが思いつくはるか前，いやそれどころか，そのケーブルが何をするのかがわかるほど十分にゴールドスタインがENIACについて彼に教える前に，何らかの形で設計されていた。のちに，エッカートは，次のように書いている。ENIACを設計しているときに「われわれは，いつか誰かがこうすることを求めるだろうと予想し，必要なケーブルを作っておいた。……のちに，クリッピンガーは，すでに最初からハードウェアとして用意されているとは知らずに，関数表をこう使うことを『再発見』した」[19]。出来事の順序はさておき，現代的コードパラダイムへのENIACの変換と，それより早期の関数表による直接制御という考えとを融

合することは，やや的外れであった[20]。

§51 命令の符号体系

　1947年の5月中旬まで，ENIACの変換のための集中的な計画作業が進められた。リチャード・クリッピンガーは，ジーン・バーティクを事前に手配した。バーティクは，フィラデルフィアで5人のグループを率いて弾道研究所との1年契約の仕事があったため，機械と一緒にアバディーンには来ていなかった[21]。ENIACの変換計画は，グループの最大のプロジェクトになった。バーティクは，次のように回想している。アデール・ゴールドスタインと「2,3日」働くために，弾道研究所の代表団がクリッピンガーと一緒にプリンストンを訪ねることが何度もあった。ジョン・フォン・ノイマンは，彼らに「1日に30分程度」付き合った[22]。

　クリッピンガーとの詳細な議論は，5月中旬に始まり，その月の終わりまで続いた。6月中旬に，ジョン・フォン・ノイマンは，弾道研究所の副所長ロバート・ケントに次のような手紙を書いた[23]。「ENIACの設定とプログラミングの新しい手法に関して，私があなたと，そして詳細についてはクリッピンガーと議論し始めてから4週間が過ぎ，そして，私たちがこれらの事前の議論をまとめてから2週間が過ぎた」。そして，「いまや，この手法のいくつかの発展型が，一方ではクリッピンガーとそのグループによって，他方ではゴールドスタインによって，うまく進められている」。これが，ゴールドスタインの提案した「プリンストン」構成，およびバーティクとクリッピンガーの提案した「アバディーン」構成へと繋がった（これらは，二つの構成に対する非公式の名前であった）。二つのチームは，1947年夏と秋を通して繰り返し会合を持ち，アデール・ゴールドスタインは，フィラデルフィアに何度か，そして，アバディーンには少なくとも一度は出かけた[24]。

　7月までに，アデール・ゴールドスタインは，詳細な予備変換計画と命令セットを準備していた。彼女の報告書では，この提案手法を「中枢制御」と呼んで

いた[25]。これは，それぞれの適用に固有なプログラミングをすべて関数表のスイッチに集約することをうまく捉えた名前である。報告書には，「51個の命令語彙」と，ENIACが命令を解読し実行するために必要な配線とスイッチの構成を示す設定図が含まれている。この設定は実装されることはなかったが，その後の変換プロジェクトを通じて，この原則に従うこととなった。

ENIACの累算器は互いに，そして機械の他のユニットと，制御パルスを交換する。これを使うと，パルスが特定の入力端子に取り付けられたワイヤー上に到着したとき起動するように，プログラム制御群で設定された動作であれば，何でも動かすことができた。したがって，「プログラムパルス」は，引数や命令を直接符号化するのではなく，唯一，Go! というメッセージだけを送信する。この分散制御システムを集中化して，現代的コードパラダイムをサポートすることは容易ではなかった。ゴールドスタインの提案が採用した手法は，ENIACの第一草稿で論じられている抽象EDVAC器官を三つの機能グループに分割して，それらをENIACの20個の累算器に重ね合わせることだった。

この提案は，8個の累算器を「算術システム」に割り当てた。累算器15は，現代的な意味での機械の「累算器」となった。アデール・ゴールドスタインは，それを「算術・移動中枢器官」と呼んだ。累算器13は，補助算術レジスタであった。算術システムとして割り当てられた残りの6個の累算器は，のちの計算機アーキテクチャにおける専用レジスタと同種のもので，乗算，除算，開平演算の引数と結果を受け渡しするためにENIACの特殊なハードウェアユニットに取り付けられた。累算器11と15は，関数表やパンチカードから読んだデータを保持するためのバッファとしても使用された。これによって提供された算術演算は，その時点でジョン・フォン・ノイマンのチームが高等研究所での計算機のために改良した演算に基づいていて，ENIACの独自の算術回路の特性ゆえにいくつかの修正が必要となった[26]。

さらに3個の累算器が，命令を取り出し解読するために必要な基本的構造を提供する「制御システム」に割り当てられた。命令は2桁のコードで識別され，読み取り専用関数表のそれぞれの行には，6個までの命令を格納することができた。制御システムには，のちに命令レジスタと呼ばれるものを含んでいたが，これは，ハードウェアの変更によってその後のバージョンの計画では不

要になった。

　それぞれの命令は，累算器のクリアや増分またはユニット間の数値を転送するといった ENIAC の基本演算を起動するためにスイッチとワイヤーのシステムを使用する，従来からの「局所的な」プログラミングを通して行われた。これは，のちのマイクロプログラミングにおける実践規範を思い起こさせる。たとえば，命令「FTN」は，その後の文書では，六つの別個の動作の組合せとして説明された。そのうちの一つは，累算器 8 の最初の 3 桁に格納されたアドレスを増分する。また別の一つは，累算器 11 をクリアする[27]。

　マスタープログラマは，それぞれの命令コードを，対応する演算列を開始するプログラム線に写像した。そのステッパによって提供された 60 個の出力端子のうちの 9 個は，命令番号の解読に結び付けられている。したがって，ゴールドスタインの提案は「51 命令の符号体系」として記憶されている。この文脈では，「符号体系」は命令セットを意味した。

　制御システムは，関数表内のいくつかの場所のアドレスも保持していた。すでに見たように，フォン・ノイマンの EDVAC 命令セットは，条件付き飛越しや計算された場所からのデータ読み込みなどの操作を遂行するためのアドレス変更に依存していた。ゴールドスタインとその同僚も同じ機能を必要としたが，ENIAC プログラムは，関数表に格納されたデータあるいは命令を変更することができなかった。その代わりに，指定された累算器内にこれらの命令で使用されるアドレスを格納するように制御システムを設計したので，プログラムによって操作することができた。

　格納されたアドレスの一つである「現在制御引数」は，命令の現在行を指している。通常，それは 1 行の命令が完了するたびに増分され，したがって，命令は逐次的に実行された。「無条件移動」命令は，現在制御引数を新しいアドレスで上書きし，次の命令コードが読み取られる場所を変更する。

　また，別の格納されたアドレスである「将来制御引数」は，「代入命令」で書き込まれる。条件付き移動命令は累算器 15 の数値の符号を検査し，それが正ならば，現在制御引数を将来制御引数で上書きすることで，分岐を実装している。同じメカニズムは，のちに，サブルーチンの戻りやフォン・ノイマンとゴールドスタインの流れ図表記で用いられた「可変遠隔接続」を実装するため

にも使われた。「可変遠隔接続」では，飛越し先の場所が計算内であらかじめ求められ格納されている[28]。ENIACのハードウェアの制限は，これまでは抽象的な機能であったものを直接実装できる新しい機構を引き出していた。

また，「F.T.3数値」命令でも，関数表のアドレスが必要になる。それは，第3の関数表から数値データを読み込み，移動命令と同様に，指定された累算器に要求されたアドレスを格納する。格納されたこれらのアドレスによって，ENIACで簡単な形式の間接アドレス指定ができるようになった。インデックスレジスタのような，より洗練された間接アドレス指定のメカニズムは，のちの計算機ではコードを変更する必要性を限定するために広く使われた。前章で見たように，ジョン・フォン・ノイマンは，メインプログラムとは独立に格納された雛型の命令を変更することによって，EDVACコードに条件分岐をプログラムした。

ゴールドスタインの計画では，すべての必要な事項が対処されたのちに，9個の累算器が残った。設定はこれらの累算器の算術およびプログラミング能力を隠したので，プログラマには単純な記憶装置に見えた。これらの累算器は，関数表上のかなり高価な読み取り専用メモリと合わせてフォン・ノイマンが「メモリ器官」と呼んでいたものを構成した。それぞれには，そのデータを累算器15にコピーする別個の「話す」命令と，その逆を行う「聞く」命令が授けられた。算術システム内の累算器も，特定の算術演算には必要とされない場合には一般記憶域として使用できるように，同様の対処がなされた。

§60命令の符号体系の計画

変換計画は，いくつかの改訂を経た。1947年の後半は，「60命令の符号体系」に焦点を当てて取り組まれた。これは，当初の変換計画の改良で，ジーン・バーティクの率いるフィラデルフィアの下請けグループが主として開発した。そのときまでに，アデール・ゴールドスタインの焦点は，Hippoとコードネームが付けられた非モンテカルロ核シミュレーションのプログラミングに移って

いた。

　新しいハードウェアは，51種から60種に拡張した命令をサポートする計画で登場した。命令の解読の速度向上と単純化のために，「10段階ステッパ」という単純な名前で知られているカウンタが追加された。その出力は，それぞれマスタープログラマの内部ステッパの一つに接続されていた。新しいステッパは命令コードの第1桁に対応する段階に進め，マスタープログラマの各ステッパは第2桁に対応する段階に進める。新しいステッパに送られたプログラムパルスは，マスタープログラマのステッパの一つに送られ，60個の出力端子のいずれかが適切な演算を開始する。さらなる二つのステッパ「関数表選択器」と「命令選択器」は，演算コードを解読する特定の状況のための専用ハードウェアによるサポートを提供した。この再設計は，計画された制御システムを簡略化し，貴重な累算器をアプリケーションデータの記憶域として使えるようにした[29]。

　60命令の符号体系の候補は，以前の草稿の基本構造を維持しているが，主として（現在制御アドレス，将来制御アドレスと関数表の引数を設定するための）より多くの制御命令と，より柔軟なシフト命令を組み込むという点で大きく相違した。1947年の計画では，弾道研究所が2月に約束していた「レジスタ」メモリユニットを組み込んでいなかった。おそらくそれは最初の変換に間に合って確実に動く可能性についての十分に根拠のある悲観論によるものだった。11月までに，バーティクは，60命令の符号体系の実装の完全な説明を用意した[30]。それには，そのコードで書かれたプログラムを実行するためにENIACを設定するのに必要な構成と配線の詳細もすべて含まれていた。その文書では，「プリンストン」命令セットと「アバディーン」命令セットの両方が記述されていた。

　バーティクと彼女が率いていた4人のプログラマは，リチャード・クリッピンガーの勧めでムーアスクールに許可されていた1年契約を使って雇用された[31]。プログラミング役務のために契約をするという概念には前例がなく，連邦政府の調達規則を満たすために，グループは契約期間中に12のENIAC設定を供給しなければならなかった。計算機プログラミング自体が職務としてきちんと確立されたのは，1945年の当初のオペレータの雇用より，むしろ1947年

3月のこのグループの形成による。

　クリッピンガーは，しばらくの間，契約によってバーティクのチームが取り組むべき問題の中でも重要なテーマである超音速気流のシミュレーションにENIACを適用する方法に取り組んでいた[32]。その仕事の開始からまもなく，チームの労力はENIACの変換に向けられた。詳細な変換計画に加えて，彼女たちは初期のリストから多くのプログラムを開発した。そして，それらは当初見込まれていたような設定図ではなく，60命令の符号体系で書かれた命令として引き渡された。チームは，ENIACの最初でかつ最も頻繁に繰り返して適用された弾道軌道の計算に取り組んでいた。この計算は，形状などの投射体特性の影響をモデル化し（そのうちの一つのプログラムは「円錐・円柱」問題として知られていた），弾道研究所の数学者L・S・デドリックが考案した数値積分のためのホイン法の簡易版を用いて検証を行った。これらのプログラムのための流れ図とコードリストは，それぞれ，段階的に手作業でトレースした実行の詳細を添えて保存されていた[33]。60命令の符号体系はENIACに実装されなかったので，これはバーティクのチームが利用できる唯一のテスト方法であった。チームは，彼女たちがはっきりと「サブルーチン」と呼んだプログラム部分を開発しながら，指数関数と三角関数を計算するための技術にも取り組んだ[34]。

　バーティクのグループは，ENIACの全ユニットをテストすることを目的とした一連のプログラムも作り出した。バーティクは，リチャード・クリッピンガーとアデール・ゴールドスタインから，それらのプログラムについて意見をもらった[35]。ENIACの信頼性は低いままだったので，オペレータは，新しい仕事を開始する前に機械が正しく動作していることを検査するためや，それがトラブルの兆候を示した場合に問題を診断するために，テストプログラムを規則的に実行したのだろう。テストプログラムは，60命令の符号体系を説明している1948年の報告書で公開された[36]。この報告書には，クリッピンガーによる超音速気流問題の非常に長い議論も含まれていた。クリッピンガーの報告は，問題の数学的側面の広範な説明から始まり，格納すべき変数をENIACの累算器にどのように分配するかを示した流れ図と格納表で終わる。クリッピンガーは，ハーマン・ゴールドスタインとジョン・フォン・ノイマンによって提

案された方法論を順守して,「記述された計算を機械に実行させるための一連の命令を書くことは, …… いまや, たやすい」と付記し,(おそらく, ジーン・バーティクのチームが作成したか, そのチームからのかなりの支援による)完全なプログラムのコードを示した表も報告に含めた[37]。

変換計画は, 1947年12月12日にアバディーンで行われた記者会見において発表され, 次の日, ニューヨークタイムズ紙で報じられた。これは, 計算機学会の1947年の会議で研究者に対してクリッピンガーが行った変換計画の最初の説明とつじつまが合う[38]。ニューヨークタイムズ紙は, ENIACを繰り返し「ロボット」と呼ぶ報道で, これらの変更によって「Edvacに組み込まれる能力のかなりの部分」がENIACにも与えられたであろうことを明らかにした[39]。

§ 変換の実装

変換のための計画は, モンテカルロプログラムの作業と並行して継続した。その取り組みに参加した一人に, そのときシカゴ大学の核研究所で働いていたジョン・フォン・ノイマンの親友で, ロスアラモスでの経験が豊かなニコラス・メトロポリスがいた。メトロポリスは, モンテカルロプログラムの準備を始めるために1948年2月20日にアバディーンに到着する予定だった。そのときまでに, ENIACはムーアスクールチームによって2月9日には修正が完了すると見込まれていて, そのあと弾道研究所の職員が「順調に」再構成しているはずだった[40]。実際には, メトロポリスとクララ・フォン・ノイマンが到着したとき, 60命令の符号体系のための再構成はまだ始まっていなかった。メトロポリスによると, 彼とクララ・フォン・ノイマンが命令セットの拡張に取りかかったのは, 新しいコンバータパネルを目にして, それを使って効率よくすべての可能な2桁コードを解読すると決めた後のことである[41]。そのコンバータは, まったく新しい命令セットの中心的存在になるであろうレジスタとともに到着すると期待されていた。それゆえ, その中間にあった60命令の符号体系は, どちらのユニットにも依存していなかった[42]。コンバータを早急に組み

込むようにその計画を変更することで，利用可能な命令セットを拡張し，コードの動作は高速になり，マスタープログラマを解放できるようになった。シフトの処理は大きく変更され，複雑にパラメータ化された二つの命令は，20個のより単純な命令によって置き換えられた。それらの命令は，特定のシフト演算を実行するために，マスタープログラマによって部分的に解読された。

　これまでのいくつかの説明に反して，ENIACのオペレータによって書き綴られた日誌には，60命令の符号体系が実装されなかったと明記されている[43]。命令を解読する10段階ステッパはコンバータで置き換えられ，マスタープログラマとともに使われたことはなかった。10段ステッパがそもそも実装されたかどうかは明らかではないが，新しいコードは，60命令の符号体系で規定されたそのままの方法で関数表選択器と命令選択器を使用した[44]。

　コンバータユニットは，1948年3月15日にENIACに取り付けられた。日誌は，2週間後の3月29日に「ニック（・メトロポリス）が，午後4時頃到着し，A.E.C.のための背景コーディングを始めた」ことを示している。言い換えると，メトロポリスは，新しい命令セットでENIACを構成し始めたということである。次の日，「ニックは，連続する基本演算と2, 3の命令を使えるようにした」。その翌日，ENIACは，「新しいコーディングスキーマを用いた初めての実演」を行った。さまざまな「不具合」が進捗を遅らせ，コンバータを修理するためにムーアスクールからリチャード・マーウィンが再び召集されたが，4月6日までに新しいコーディング手法の実装は完了した。

　山ほどの「断続的」，「一時的」，そしてその他の「不具合」に続くテストとデバッグの期間は非常に長かった。その期間中に，ジョンとクララのフォン・ノイマン夫妻は到着した。ジョンはその後すぐに去ったが，クララは残って，メトロポリスがそこにいる間は彼とともに働いた。日誌によると，4月12日の応用物理学研究所の学生に対する実演は「問題なく進行し」，「新しいコーディング技術を用いた最初のそれ相応の実演だった」。これが，現代的なパラダイムで書かれたコードが成功裡に実行された最初のときであった。

　4月17日から，モンテカルロ問題に対する「最初の本番実行」が続いたが，すぐに「各種の不具合」が再発した。4月23日には，士気が衰えていた。日誌には，「1日，何の進展もなく」，そして「ENIACを正常に動作させるためには，

大規模な分解修理のような何か思い切った対処が必要だ」という記録がある。

4月28日に，メトロポリスは，ENIACのクロックを100キロヘルツから60キロヘルツに落とすというやや地味な介入によって，この状況を救った。これにより，ENIACの信頼性の高い演算は途端に珍しいことではなく日常的なことになった。モンテカルロシミュレーションが本格的に始まり，1948年5月10日に完了した。関心を持って作業の進捗状況を追っていた何人かのうちの一人であるスタニスワフ・ウラムは，ジョン・フォン・ノイマンへの手紙で「私は電話でニックからENIACでまさに奇跡が起きたと聞いた」と書いた[45]。その後のENIACの操作は，すべてこの新しいモードによるものである[46]。

§ コンバータコード

「60命令の符号体系」に対して広範な準備作業が実施されたにもかかわらず，中枢制御のもとでのENIACで実行された最初の適用では，「79命令の符号体系」と操作日誌に記述された拡張命令セットが使われた。それは，コンバータによって供給された追加の能力を活用するために，メトロポリスとクララ・フォン・ノイマンが考案したものだった[47]。彼らの成功によって，「60命令の符号体系」は陳腐化した。4月14日，クリッピンガーが，モンテカルロの実行が完了したら直ちに彼の問題を実行するための準備として，「彼のコードや現在のコードになすべき変更を議論」しにやってきた。そして，5月中旬に機械は「83命令の符号体系」によって設定された[48]。プログラマの視点からは，命令セットの間の最大の違いはシフト操作の拡張範囲だったので，クリッピンガーの既存のプログラムにそれほど大掛かりな変更は必要なかったであろう。

1948年半ばに配布された多くの文書では，新しいシステムのわずかな相違点が記述されている。翌年まで，それは「コンバータコード」として参照された。それは，W・バークレー・フリッツによって，1949年と1951年の弾道研究所の報告書に公式に記録された[49]。この命令セット（または，それを多少修正したもの）は，このあとENIACが稼働している間は使用され続けたので，その

1951年の生まれ変わりの主な特徴をここでまとめておこう。

フリッツは，ENIACを通過するデータの流れを説明することから始めた（図7.1を参照）。数値は，パンチカードから，あるいは関数表と定数転送器のスイッチを調節することによって，ENIACに入力された。定数転送器は10個のレジスタを含み，それぞれのレジスタから10桁の符号付き数値を読み取ることができた。8個のレジスタは，パンチカードの内容を保持するためのバッファとして使用され，残りの2個は，プログラムが開始する前に手作業で指定された定数を保持した。関数表としては，12桁と符号二つを1行として100行が利用でき，それぞれの行は，2桁操作コード6個，（FTC命令で読まれる）10桁の符号付き数値，または（FTN命令で読まれる）6桁の符号付き数値2個のいずれかを保持する[50]。読み込み命令は，数値を定数転送器と関数表から累算器11と15に転送する。印刷操作は，数値を累算器1, 2および15〜20からプリンタのバッファに移動したのち，それらを非同期にカードに穿孔する。

表7.1にまとめたENIACのメモリの使用において，「コンバータコード」は1947年にアデール・ゴールドスタインが記述したモデルに従った。フリッツは，「記憶域の制限なし」に使用することができた13個の累算器を記載した。累算器6は，現在命令のアドレスと条件分岐操作のあとで使用されるべき新しいアドレスを保持する「コード操作の制御中枢」だった。これらは，ゴールドスタインが現在制御引数，将来制御引数と呼んだものの再現である。累算器15は，まだ「コード操作の算術中枢」だった。累算器13は，ほとんどの操作に関連するが，記憶域として一般的には利用できなかった。表7.2にまとめたENIACの命令セットは，一般的に，現代的コードパラダイムを用いている初期の他の機械で使用できた命令と非常によく似ている。

§強みと弱み

ENIACの変換後も，弾道研究所の職員は，ENIACの新しい性能を他の計算機械と同程度と見ていた。「弾道研究所の計算機械についての問題の準備」と

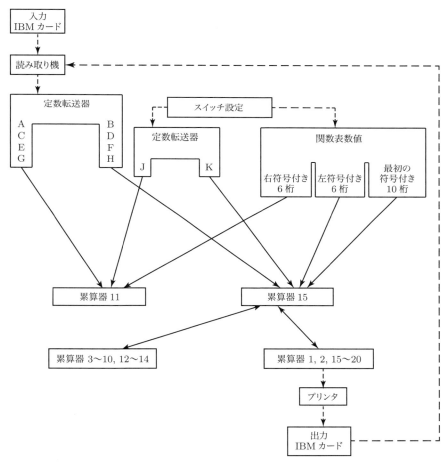

図7.1 1951年時点でのENIACを流れるデータの経路。(Fritz, *Description of the ENIAC Converter Code*, figure 2 のあと)

表7.1　1951年「コンバータコード」におけるメモリの使用

機能	使用される累算器やその他のメモリ
変数記憶域	1〜5, 9, 10, 14, 16〜20 6（7〜10桁と符号） 7（除算の分母を保持しない場合） 8（関数表のアドレッシングに使わない場合）
定数記憶域	関数表，定数転送器レジスタ J, K
カードに書かれたデータ	1, 2, 15〜20
算術システム	7（分母を保持） 11（乗数を保持） 12（被乗数，余り，シフト桁あふれを受け取る） 13（作業レジスタ，大半の演算で上書きされる） 15（EDVACの意味での「累算器」。数値の加算および引数と乗算，除算，開平演算の結果の保持）
関数表からの入力	11, 15
カードからの入力	定数転送器レジスタ A〜H 11, 15（定数転送器からのデータを受け取る）
FTNおよびFTC命令のための関数表のアドレス	8（1〜4桁目）
現在命令アドレス	6（1〜3桁目）
将来制御アドレス	6（4〜6桁目）
指示コード	関数表（カード制御を使う場合は定数転送器）

題した1949年9月の報告書は，弾道研究所計算技術研究室の機械の利用者のために2年間の蓄積された知恵を要約している。その著者にはENIAC部門の長ジョン・ホルバートンが含まれているので，実践による根拠が十分にあると考えられる。冒頭の章では，ENIACと，弾道研究所で当時使用中だった2種類のリレー式計算器の基本的類似性が，たとえば，いずれもプログラミングユニットによって制御され，いずれも入出力装置があるというように強調されていた。続いて報告書は，「機械は問題を解かない」のであり，ただ単に「問題の作成者によって設計された算術演算の列」を実行するに過ぎないと，利用者に注意を促した。それぞれの事例において，機械の限界を超えないように算術演算の列を作成することが課題であった。

　ENIACは，その比類なき電子的速度とともに，プログラムの論理的複雑性

表7.2 「コンバータコード」の1951年バージョンの命令セット。(出典:Fritz, *Description of the ENIAC Converter Code*)

コード	簡略記号	定義概略
記憶域命令		
44	Rd	IBMリーダの次のカードから数値を読み込み,定数転送器に格納する。
50 51 54 55 56	AB CD EF GH JK	数値を二つの定数転送器レジスタから累算器11と15に転送する。
72ab 73abcd 74abcdef	N2D N4D N6D	次の2桁,4桁,または6桁を累算器15にコピーする。定数をプログラムコードに書くために使用される。
47, 97	FTN, FTC	関数表から二つの6桁の数値を累算器11と15 (FTN) に,または10桁の数値を累算器15 (FTC) に読み込み,そして関数表アドレスを増分する。
01, 02, 03, 04, 05, 06, 07, 08, 09, 10, 11, 12, 13, 14, 16, 17, 18, 19, 20	1L, 2L, 3L, 4L, 5L, 6L, 7L 8L, 9L, 10L, 11L, 12L, 13L, 14L, 16L, 17L, 18L, 19L, 20L	累算器αは,累算器15 (から数を受け取るために)「聞く」。それからクリアする。13を除くすべての累算器は,聞く前にクリアする。
15	CL	累算器15をクリアする。
92, 93	$6_1, 6_2$	累算器15からの数字を累算器6の一般記憶域の数に加算する。
91	S.C	現在命令アドレスを除いたすべての累算器メモリをクリアする。
45	Pr	累算器1, 2, 15〜20の内容をカードに穿孔するためにプリンタに送る。
シフト命令		
32, 60 43, 71 42, 70 53, 81 52, 80	R1, L1 R2, L2 R3, L3 R4, L4 R5, L5	累算器15の数字を右または左にシフトする。シフトされた数字は捨てられる。
38, 66 49, 77 48, 76 59, 87 58, 86	R'1, L'1 R'2, L'2 R'3, L'3 R'4, L'4 R'5, L'5	累算器15のの数字を右または左にシフトし,最初にクリアしておいた累算器12に送る。

表7.2　（続き）

算術命令		
21, 22, 23, 24, 25, 26, 27, 28, 29, 30, 31, 62, 33, 34, 36, 37, 68, 39, 40	1T, 2T, 3T, 4T, 5T, 6T, 7T, 8T, 9T, 10T, 11T, 12T, 13T, 14T, 16T, 17T, 18T, 19T, 20T	累算器 α は「話す」，すなわち，その数は累算器 15 に保持されている数に加算される。
41	M	累算器 15 の x を $-x$ で置き換える。減算を遂行するための話す命令の前置きとして使用される。
57	×	乗算命令。累算器 11 と 15 の積に，累算器 13 の内容を加えて，累算器 15 に入れる（この累算器 13 の使用は，積の合計を効率よく計算するのに役立つ）。
63	÷	累算器 15 を累算器 7 で割り，商を累算器 15 に，余りを累算器 12 に入れる。
64	√	累算器 15 の平方根を累算器 15 に，余りを累算器 12 に入れる。
82	A.V.	(Absolute Value) 累算器 15 の絶対値をとる。
46	D.S.	(Drop Sign) 累算器 15 を正にする。
制御命令		
78, 830abc	6R3, N3D6a	無条件移動（飛越し）を実行するために，累算器 15 (6R3) または 3 桁のインライン数 (N3D6) から，現在命令アドレスをセットする。
79, 89abc0	6_3, N3D6_3	累算器 15 (6_3) または 3 桁のインライン数 (N3D6_3) から将来制御アドレスをセットする。
84abcdef	N6D6	インライン数から現在および将来制御アドレスをセットする。単一の命令で，サブルーチンを呼び出し，戻りアドレスをセットするために使用される。
69	C.T.	(Conditional Transfer) 累算器 15 が負ならば，次の命令を続ける。そうでなければ，ジャンプのために，将来制御アドレスから現在命令アドレスをセットする。
94, 85, 96	i, di, cdi	マスタープログラマを制御する[a]。
75abcd	N3D8	4 個のインライン数値を関数表アドレスに追加する。
90, 99	D	(Delay) 次の命令に進む。
00, 35	H	(Halt) 機械を停止する。

a. 1951 年までに，これらの命令は，（初期のコンバータコードによって完全には利用されなかった）マスタープログラマに設定されるループを許すために追加され，変換前の仕組みを使って制御されていた。

に対する恣意的な制限がないことが称賛された。しかし，報告書は，短期記憶域としてパンチカードが必要になる場合は，その速度の優位性が大きく犠牲になると警告した。ベル研究所のリレー式計算器は，これまでと変わらず，その信頼性と，自己検査，無人操作，浮動小数点機能を称賛された。IBMのリレー式計算器はまだ使われており，「非常に多くの種類の問題」を解決するために使用されてきたが，プログラムするには最も厄介な機械だった。このプログラミングは，3段階の過程を経る。「演算タイムチャート」は，配線盤図を作成するのに使用され，次に制御盤を配線するのに使用された。報告書は，どのスケジュールも「いくつもの予測できない遅延」を見込まなければならないと警告した[51]。

　ENIACは，これがなければ「多数の計算手による手計算で数か月」を必要とする仕事には最適であっただろう。そのプログラムテープの無制限の長さのために，「操作に極めて長い日程を必要とする手法」はベル研究所の計算機に回すことになった。したがって，（長い設定を必要としない）作業が行われることはごく稀で，浮動小数点ハードウェアが「実際の値を表すための桁合わせを広範囲に行う必要性を取り除く」という理由から「ある計算の中間または最終結果の大きさが1周期ごとに大幅に変化するかもしれない」問題が実行されたのだろう[52]。他の機械では，プログラマは，各変数がとることができる可能な値の範囲をプログラム設計時に十分に理解しておかなければならなかった。ベル研究所の機械は，大量のデータを持つプログラムにはあまり適していなかった。そのようなデータは，IBMのリレー式計算器がパンチカードの能力によってうまく扱えた。数学的な手法は，1946年にハートリーが示したように，それぞれの機械の弱点に合わせて調整することができた[53]。

　3種類の計算機は，それぞれ独特ではあるが，同種の機械のほぼ同等の例として示されており，ENIACがすぐさまリレー式計算器を単なる歴史的な骨董品にしたと決めてかかる最近の傾向を打ち消していることは興味深い。どの計算機もアバディーンから手計算をなくすことはなかった。標本関数の表形式化という解法付き例題では，それぞれの機械で実行する計算に必要な時間を見積もる前に，その関数を適切な数学的手法に帰着させた。そして，2, 3週間の人間の作業だけが必要であり，「機械よりも手計算のほうが簡単に求める」こと

のできる立方根が含まれているという理由から,例題の計算は手作業で対処するのが最善であるという結論を出した。計算手は,より効率的な手法を用いることができ,また事前に計算された表の値を調べることで人手による遅さの一部を相殺することができた。計算技術研究室のメンバーは,学習用の例だけからこのような結論を導くことで,従来の手法のほうが効果的に対応できる問題のために同僚がマシンタイムを要求しないようにしていた(報告書は続けて,問題に対して多少の変更を加えることで要求がさらに厳しくなることもあり,ひいては機械で解くのが適切ともなるだろうと説明した)。

第8章　ENIAC，モンテカルロに向かう

　前の章では，ENIACの現代的コードパラダイムへの変換の経緯について語ってきたが，この章と次の章では1947年に立ち返って，モンテカルロ解析プログラムの開発と実行についての物語を始めたい。このモンテカルロ解析プログラムこそ，この変換作業の発端であり，また改造された計算機の最初の仕事となったのである。

§交易圏の内側

　モンテカルロ計算の構想については，ピーター・ギャリソンの古典『計算機シミュレーションと交易圏』の中で論じられている。そこでは，この初期の計算機シミュレーションは異種の学術が入り混った共同体の産物であり，「計算機を中心に展開された共通した活動」によって誕生した「広く共有できる新しい一連の技法，科学知識を生み出す新しい様式」を伴うと紹介されている[1]。異なる種類の高度な専門知識が，計算機を中心として「交易」されたのである。ギャリソンはこれについて，次のようにも論じている。ENIACのモンテカルロ計算は，「実験と理論から導き出される伝統的な事象と一見矛盾する物理現象」を，計算機の中の「人工的に構築した世界で，（彼らの言葉を借りれば）「実験的に」発生させることができる」[2]。新しい種類の科学的実験としての計算機シミュレーションにいかなる地位を与えるべきかという課題は，このとき以来今日まで，科学哲学者や計算機史家の重要な関心事であり続けている[3]。
　ギャリソンの主張は，初期の核反応計算の特性の分析や他の初期のシミュ

レーションによる分析の内容そのものによってではなく，そこに持ち込まれた概念と議論によって，より重みを増している。ギャリソンは，まず核爆弾の爆発の過程で生ずる衝撃波の数値解析に関するジョン・フォン・ノイマンの1944年の業績について詳細に解説している。この計算は，核融合兵器の起爆核反応に関する非常に簡素化されたモデルについて1945年の終わりから1946年の初めにかけてENIACで実行されたもので，ENIACの最初の実問題への適用だったが，モンテカルロシミュレーションによるものではなかった。ギャリソンは，フォン・ノイマンが1947年に発表した文献を紐解いて擬似乱数生成の技術を解説し，核分裂反応における中性子の拡散のシミュレーション計画を概説している。しかし，ギャリソンは，1948年と1949年に少なくとも4回行われた核分裂のモンテカルロシミュレーションのために拡張されたENIACのプログラムの開発について一言も言及していない。その代わりに，彼の解説は，フォン・ノイマンの1947年の成功から，それとは完全に別系統で1949年と1950年に開発されたロスアラモス研究所の科学者たちによる物理システムのシミュレーションに飛躍する。この物理システムは，エドワード・テラー設計の「スーパー」核融合爆弾である[4]。この間の経緯については，アン・フィッツパトリックがロスアラモス研究所の視点から補足している[5]。

ENIAC上でのデビュー以降，モンテカルロ法は科学計算とオペレーションズリサーチにはたいへん重要なツールであることが証明された。そのオリジナルコードの後継プログラムは，その後ロスアラモス研究所とローレンスリバモア研究所の計算機上で稼働し，核兵器設計の中心的なツールであった。この世界で最も重要な二つの研究所における高性能計算機の購入理由がモンテカルロ法を実行することであった。そしてさらに，ドナルド・マッケンジーによれば，この計算の必要性が，のちのスーパーコンピュータアーキテクチャの開発に直接的な影響を及ぼしている[6]。モンテカルロ法は，科学的実験の置き換えを可能にした計算機シミュレーション技術の中で最も重要で，最も広範囲に適用された技法である。

この定評のある科学の歴史に対する重要性に加えて，ENIACの上で1948年に稼働したモンテカルロプログラムは，ソフトウェアの歴史においても相当に重要と考えられている。1948年4月から5月に実行されたこのプログラムは，

最初の計算機化されたモンテカルロシミュレーションであり，また，他の計算機の上でも稼働可能な新しいパラダイムで書かれた最初のプログラムでもあった。そのプログラムのいくつかのオリジナルの流れ図（その中には，1948年春の計算のために用意された最終版もあった）や，プログラムの第2版のコード全体，第1版と第2版の間に施された主な変更に関する詳細な資料を，私たちは確認することができた。また，ENIACの操作日誌も調査した。そこには，ENIACが現代的なパラダイムで書かれたコードを実行できる計算機に変換されていく過程の各段階における，日々の作業が記録されていた。私たちは，ENIACのモンテカルロプログラムこそ，1940年代に稼働していたすべての応用プログラムの中で最も完全に記録されたものだと確信している。そして，その完璧な資料によって，当時のままの状態のプログラムを詳細に再構築することができる。

コンピューティング計画書，いくつかの流れ図，数世代にわたる改良版やコードの拡張に関する計画書などの進化を詳細に記載することで，後世においてソフトウェア開発のライフサイクルという概念で定義される最初の全面的な大変革を目の当たりにすることができる。たとえ，計算技術史の研究者がこの分野の揺籃期において，重箱の隅をつつくようにそれ以外の「史上初」を探し回ったとしても，この完備された資料がある限りは，ENIACのモンテカルロプログラムのコードの歴史的価値を否定することはできない。

また，この計算は，ジョン・フォン・ノイマンとプリンストンでの共同研究者の業績のうち，これまであまり評価されてこなかった側面に光を当てた。ここから，現代的コードパラダイムの意味することや，分岐とループの制御構造による柔軟性を吸収するに従って，彼らの計算の構造に関する考え方が変化していく様子を再現することができる。現代的コードパラダイムと比較すると，それまでの制御方式では，計算は逐次的計算手順の直線的な並び，命令紙テープ，あるいは制御用紙テープなどの物理的なループでしか表現できなかったのである。

§モンテカルロシミュレーションの起源

　モンテカルロ法は単一の手法ではない．むしろ，「モンテカルロ」という用語は，たくさんの特殊な技巧を含む方法論の総称である．陽気な名前から連想されるように，それを特徴づける要素は確率法則の応用である．物理学者は伝統的に，膨大な数の粒子の相互作用の結果としての現象を記述する，洗練された方程式を作り出すことを探求してきた．たとえば，ブラウン運動に関するアインシュタインの方程式を使って，個々の分子の不規則な動きを模擬する必要なく期待されるガス雲の経時的な拡散を記述できた．

　多くの場合，状態を構成する個々の粒子の動きに影響する要因が許容範囲の正確さをもって説明できたとしても，状態全体の振る舞いを予測する扱いやすい方程式についてはつかまえどころがないという難問は残されていた．そのような難問の一つであり，ロスアラモス研究所が大いに関心をもっていたことの一つでもあったのが，核兵器から放出された自由中性子の挙動であった．第二次世界大戦中にロスアラモス研究所に参加し，のちに水素爆弾の発明を手伝った数学者のスタニスワフ・ウラムは，「ロスアラモス研究所で取り扱ったほとんどの物理現象は，その中の個々の粒子が互いにぶつかり合い，飛び散り，時には新しい粒子を発生させる，粒子の集まりについての研究に帰着した」と後述している[7]．

　物理学者は，ある速度，方向，位置，およびいくつかの物理定数を一つの中性子に与えて，核分裂として知られる現象が起こる確率を実に簡単に計算することができた．核分裂とは，その中性子が次のほんの短い瞬間に，不安定な原子の原子核に十分な力で衝突して，目標の原子核を破壊し，さらに多くの中性子を解き放つという現象である．また，彼らは，中性子が完全に兵器（爆弾）の外に飛び出すか，衝突の後で向きを変えるか，あるいはそのまま停止してしまうかという可能性を推測することができた．しかしながら，このように核爆発の非常に短い一瞬の間の単純な事象であったとしても，それはほとんど無限に近い数の互いに異なる事象が相互結合した結果であり，この爆発的に増殖していく確率現象の連鎖を従来型の解析的な解法へいきつくよう十分に単純化す

ることは，ロスアラモス研究所に結集した高名な物理学者や数学者が総出でかかっても手におえなかったであろう。

電子計算機の登場により，まったく別の代替解法が提案された。それは，一連の仮想的な中性子の経時的な振る舞いを模擬するというものだ。この中性子は，核爆弾の中心部に密閉した通常火薬の爆発が作り出す臨界状態によって励起され放出された大量の中性子全体を代表する。ランダムな条件での仮想的中性子の何千回にも及ぶ振る舞いを重ねると，解くべき問題は統計的に静定するので，実際の中性子の振る舞いにたいへんよく似た確率分布をプログラムで算出することができる。核分裂の数が増加すると，反応の連鎖が自立的に継続する。この連鎖反応は，核爆弾の中心部が粉々に吹き飛ぶ瞬間に終焉する。兵器開発者が「アルファ」と呼ぶパラメータで測られる自由中性子の急激な増殖こそが，濃縮ウランを破壊力に変換する爆弾の性能として重要であった[8]。

広島に投下された兵器は，装填された141ポンド（約64kg）の高度濃縮ウランのわずか1％が核分裂しただけだったと推定された。これは，爆弾設計者にとって，まだまだかなりの改良する余地が残されているということである。設計者は，モンテカルロ法による解析によって構想段階のさまざまな核兵器の爆発力を推定することができたので，核実験の実施回数を最小限に抑えることができ，米国は兵器用に貯蔵している貴重なウランやプルトニウムを浪費せずに済んだ。つまり，モンテカルロ法による解析は，シミュレートされ簡素化された仮想現実世界の中で行われた実験なのであった。

モンテカルロ法による解析の起源については，多くの歴史や回想録の中で検討されているので，ここでは無駄な重複は避けることとする。スタニスワフ・ウラムは，のちに1946年にロスアラモスからラミーまでの長い移動の車中で，ジョン・フォン・ノイマンとその基本的なアイデアを展開し合ったことを後述している[9]。その後の数年間の間に，二人はロスアラモス研究所の数人の同僚とともに，この新しい解法を科学者仲間に積極的に推奨したようである。たとえば，フォン・ノイマンは，1946年の8月13日にムーアスクールでの講演で，その利用法の可能性について論じている[10]。

§ロスアラモス研究所におけるモンテカルロシミュレーションの初期計画

ENIACによるモンテカルロシミュレーションの構想に関する現存する最古の文献は，1947年3月11日にジョン・フォン・ノイマンからロスアラモス研究所の物理学者ロバート・リヒトマイヤーへの手紙として送られた手稿である。そこには，原子爆弾内部のさまざまな材質を通り抜ける中性子の拡散のシミュレーションに関する詳細な計算法について記述されている[11]。その最初の手紙でフォン・ノイマンが提唱した物理モデルは，複数の同心の球殻をなす区画のそれぞれにおいて，3種類の物質が所定の割合で混在している形のモデルであった。その3種類の物質とは，核分裂が起きる「活性」物質，中性子を中心方向に跳ね返す「タンパー」，衝突前の中性子を減速させる物質である[12]。

球殻モデルは計算を簡略化する。なぜならば，中性子の軌跡モデルに必要なデータは，中心からの距離と，半径に対する運動方向の相対角度，速度および経過時間だけだからである[13]。ここで確立された物理モデルは，ENIAC上で長年にわたって使用された。1959年に行われた講義の中で，リヒトマイヤーは次のようなたいへん説得力のある説明をしている。「この計算モデルは，これまでのどんなモデルよりも洗練されており，臨界状態や超臨界状態にある連鎖反応を，与えられた位置と速度の分布と開始時間から出発して完全にシミュレートする」。そして，「この初期の研究で扱った種類の問題を理解するために，U235のような放射性物質の小さな球体の周りを……拡散制御物質の殻で覆った臨界集合体を考えてみよう」と続けた[14]。

この計算モデルについて，フォン・ノイマンは「もちろん，これは計算（手）のための計算シート専用でも，ENIACの設定専用でもなく，そのどちらにもたいへん有用な基盤として利用できると思う」と記している。しかしながら，このモデルの活用法に関する彼の詳細な考察や，「デジタル化したこの問題は，ENIACにとても適している」[15]という彼の結論から，フォン・ノイマンのENIAC贔屓はこの時点ですでに明らかである。そのとき以来，彼がENIACのプログラミング方法を変更する考えを持った様子はない。

初期のプログラミングモードにおいて，ENIACプログラムの最大の複雑さは，機械の周辺に広がるさまざまな結線から生じていた。これらの結線は，解くべき問題ごとに複雑に絡み合っていた。フォン・ノイマンは「こんな計算方法の指定の仕方では，とてもENIACの『理論上の』能力を最大限活用することはできない」と考えた[16]。彼は，個別の物理的構成を記述するすべての数値データを一つの関数表に収めて，その関数表に新しいデータを与えさえすれば，ENIACの別のユニットに設定されたモンテカルロ法のプログラムを変更せずに別の物理的構成を吟味できるような，ENIACの単一の設定を作ることを意図した。

　フォン・ノイマンは，それぞれのパンチカードを一つの中性子のある瞬間の状態に対応させた。カードを読み込んだのち，ENIACが原子爆弾の中の中性子の次の瞬間の状態を計算し，その更新状態を新しいカードに穿孔した。一つの中性子が他の粒子に衝突するまでの飛行距離を決めるために，乱数が使われた。もし中性子が別の物質の区画に入ったら，「離脱」と称して，その中性子が存在していた区画から隣接する区画に進入した位置をカードに記録した。それ以外の場合は，中性子と粒子の衝突の種別を決めるため，次のようなさらなるランダムな選択が実行された。すなわち，中性子は衝突した粒子に吸収される（この場合この中性子はシミュレーションの対象から除外される）か，あるいは粒子によって跳ね返され，方向や速度が不規則に変わって散乱するか，さもなくば衝突が核分裂を誘引し，それぞれ不規則な方向へ散乱する4個の「派生」中性子を生み出すかである。それぞれの衝突の結果を記述したカードが打ち出された。こうして出力されたカードの束は，連鎖反応の次の段階を計算するための入力として読み込まれ，この処理が必要な回数だけ繰り返された。

　この外付けの結線の束からなる計算装置をロスアラモス研究所へ導入することにフォン・ノイマンが熱心だった理由は，想像に難くない。1952年まではロスアラモス研究所では，IBMのパンチカード装置よりも洗練された計算機は稼働していなかった。強力な計算能力を渇望するあまり，研究所のチームは，1945年末に完全に稼働可能と宣言される数週間前にENIACの引き渡しを受けた。数年後，国立標準局のEastern Automatic Computer（SEACとして名高い）が稼働停止すると噂が広まったとき，ロスアラモス研究所からこの計算機を引

き取るために，ニック・メトロポリスとロバート・リヒトマイヤーが乗り込んできた[17]。ロスアラモスの計算コードは，ニューヨークのIBM本社に陳列されていたSSEC (Selective Sequence Electronic Calculator) 上でも稼働した。

フォン・ノイマンは，スタニスワフ・ウラムに1947年3月に送った手紙で，「計算機の設定はH・H・ゴールドスタインとA・K・ゴールドスタイン夫人によって，ENIACの視点からより注意深く検討されている」と報告している。そして，「彼らは数日のうちにほぼ完全なENIACの設定を完成するだろう。その設定は，前に手紙に書いたように，すべての分布関数を3次多項式で近似するものだが，おそらくENIACのプログラム容量の80〜90％を使い果たしてしまうだろう」[18]。ゴールドスタイン夫妻がこのENIACのモンテカルロシミュレーションの設定をどこまで完成に近づけたかは不明であるが，彼らはこのアプローチを放棄している。そしてその代わりに，前章で述べたように，遅くとも1947年5月の中頃には，現代的コードパラダイムが使えるようにENIACを再構成することに注力することになった。汎用計算機としての多能性を保証するために課されていたENIACのさまざまな制約が取り除かれたことで，モンテカルロプログラムは当初フォン・ノイマンが構想したものよりも，かなり大掛かりな作りになった。そのため，ENIACが新しい制御方式に変換されるまで，実行を先延ばしするという代償を払うことになった。その再構築は，ENIACの独特なプログラミング様式と1945年から1946年にかけてムースクールでの操作で培われた経験を放棄し，EDVACや高等研究所で作られていた機械で採用された不慣れなアプローチに乗り換えることを意味していた。

1947年の後半，プリンストンの高等研究所の一研究室で行われたロスアラモスのモンテカルロシミュレーション計算に関する再構築は，ほとんど終了した。高等研究所の職員には，アデール・ゴールドスタインとロバート・リヒトマイヤーが含まれていた。彼らは，「プリンストン別棟」の実験室の非公式な情報を持ち帰るためにロスアラモス研究所の代表として派遣されていた[19]。しかし，ここでの仕事の焦点は，モンテカルロシミュレーションから，別な種類の原子核シミュレーションであるHippo[訳注1)] に移っていた。アデール・ゴール

[訳注1)] 水素爆弾の起爆に核分裂を利用することの実現性を検証する解析のコードネーム。

ドスタインは，プリンストンに残留して 1947 年から 1948 年までの間，Hippo のための ENIAC コーディングに従事したが，ENIAC の累算器メモリの回避不可能な制約により，IBM の SSEC に切り替えてコーディングを完成させた。

モンテカルロシミュレーションの流れ図の作成とコーディングの主たる責任は，多忙なロスアラモスの事務所にいた 3 人目の職員であるクララ（「クラリ」）・フォン・ノイマンに移されたようであった。クララ・ダンは，ジョン・フォン・ノイマンが故郷のブダペストに帰省していた 1937 年に彼に出会った。1938 年に，二人はそれぞれの配偶者と離婚し（当時，フォン・ノイマンの妻はすでに彼のもとを離れていた），結婚した。フォン・ノイマンにとっては 2 度目，クララにとっては 3 度目の結婚であった。欧州で戦争が始まった頃，フォン・ノイマン新夫人はプリンストンで研究者の妻としての立場に落ち着いた。戦争の激化に伴い，彼女の夫は，これまでになく忙しくなり，ますます有名になり，ますます不在がちとなった。彼らの結婚生活はゆがんでしまっていた[20]。

クララ・フォン・ノイマンが 1947 年の 6 月頃に ENIAC の移植とモンテカルロシミュレーションに正式に関与し始めたとき，彼女は 35 歳であった[21]。裕福で仲睦まじい家庭で知性を育まれる環境に育ったが，数学と科学に関する勉強は英国の寄宿舎学校の授業止まりであった。のちに，「私は，大学入試合格レベルの代数と幾何の単位は持っていたが，それも 15 年以上前のことであり，しかも私はそのときの数学の試験を，本当は習ったことの一つたりとも理解できていないという私の正直な告白が気に入った数学の先生のお情けでパスした」と書き残している[22]。1945 年のクリスマスに，彼女はロスアラモスでこの東欧出身の科学者（ジョン・フォン・ノイマン（ジョニー））と再会し，夫婦の絆を取り戻した。ジョージ・ダイソンは『チューリングの大聖堂』と題する著書において，「クラリとジョニーの心が再び通い合うようになって，二人は協力して（計算機の仕事に）取り組んだ」と彼女を評している。クララは，意外なほどに苦も無くこの仕事になじんだ。それは後に，見込みのない原石を計算機コード作成者に仕立てる（ギリシャ神話の転身譚における）ピュグマリオンのような試みの中で，「実験用ウサギ」の如くジョンに奉仕する「数学オンチ」と述べた独特の不安定で自虐的な言葉と反していた。彼女は，プログラミング

とは「たいへん楽しく，どちらかと言うと込み入ったジグソーパズルみたいなもので，しかも何か役に立つことをしているという意欲を高める」と気づいたのであった[23]。

§コンピューティング計画から流れ図へ

プリンストン大学のチームは，独自のコンピューティング計画を ENIAC 用に組み上げたプログラムの設計に変換する仕事を進めるにあたって，ジョン・フォン・ノイマンとハーマン・ゴールドスタインの開発した体系的なアプローチに準拠した。チームの最初の報告書である，1947 年 4 月に発刊された『電子計算装置における問題の計画とコーディング』において，流れ図は，数学的な表記を新しいコーディング方法論で書かれたプログラムに変換する，かなり厳密な作業の核心に位置付けられた[24]。この技法は，のちの時代のコンピューティングの入門教科書で使われている簡単な流れ図とはかなり趣の異なる数学的な表現を伴うものであった。

ジョン・フォン・ノイマンは，リヒトマイヤーに宛てた手紙の中で，この計算を次のように説明している。「そのほとんどが一つの値の参照か計算をするだけに過ぎない，81 ステップの単純な手順の連なりである。現在の状態のある性質を記述した述語が評価され，続く次のステップを実行すべきか無視すべきかの判定に使われている」。

一方で，流れ図は，計算の中の起こりうる制御の流れの分岐や合流を明確に示している。彼らは，現代的コーディング方法論で書かれ，その可能な実行経路上を条件付き移動命令に従って分岐していくプログラムの振る舞いを，図で示している。たとえば，中性子が爆弾の中を移動するか，外に移動するかを判定するような状況において，コンピューティング計画を流れ図に変換することはとても直感的でわかりやすい。それ以外の場合においては，もとになる計算の構造をかなり変更する必要があった。

1947 年当時の二つの完全なモンテカルロ計算の流れ図と，いくつかの部分

流れ図および概略流れ図が保存されている．それらの助けを借りて，1947年12月9日に完成した初版プログラムのための準備作業をかなり詳細にたどることができる[25]．その開発においては，表記法と方法論が検討され，報告書"Planning and Coding..."にかなり詳細に書き留められた．その努力が結実し，流れ図の有用性が認知されたようである．流れ図そのものは，かなり簡単にたどれる形で残っていて，その最終版の1枚の紙上には，プログラムのさまざまな観点から大量の情報が詰め込まれている．

初期の流れ図は，ジョン・フォン・ノイマンの手書きである．それとともに，ENIACの3番目の関数表の中の数値データの格納計画とプログラムの実行時間の推算も存在した[26]．この推算は，流れ図の各ボックスの「繰り返し回数」（典型的な計算において，そのボックスが実行される回数）と，それぞれのボックスのコードの実行時間とを掛け合わせて計算された．これを計算するには，「加算時間」を単位としてさまざまな命令の実行時間を知る必要がある（「加算時間」はENIACプログラムの時間を計測するための単位とされた）．このプログラムのコードはほんの断片（とはいえ，それは擬似乱数を発生するための最も重要なサブルーチンだった）しか見つかっていなかったが，この推算の存在により，1947年の秋時点では，モンテカルロコーディングは「60命令の符号体系」の命令セットで実行されていたことがわかった[27]．実行時間推算は，のちに計算の上位レベルの構造を表した概略流れ図を利用して改善されている[28]．

1947年12月当時の水準で考えるとたいへん複雑なそのプログラムは，79個の操作ボックスを含んでおり，その多くが複数の計算ステップからなるものであった．この流れ図は，表8.1にまとめられているように，その後のさまざまな箇所での計算アルゴリズムの変更による設計の改造や変更に追従して，最新に保たれた．プログラムは，ほとんどが一つの入口と一つの出口を持つほぼ独立した関数領域で注意深く構成されていた．フォン・ノイマンの流れ図に最初に現れた構造図は，10個の別々な部分流れ図に分割され，連結線で結ばれていた．続いて，1947年12月に作られた概略流れ図には，ラベル付きの12個の領域が示されていて，たいへんわかりやすくなっていた．多くの領域の境界には，前段の領域で計算された変数とその領域に割り付けられた累算器を示す「格納表」形式の注釈が付いていた[29]．

表 8.1 モンテカルロプログラムの領域の構造と改良のまとめ。説明は私たちによるものだが、構造とそれに付加された文字列は、当初の流れ図にあるものを継承した。表中のセル内の番号は、いくつかの流れ図の中で使われているボックスのラベルである。

領域	説明	フォン・ノイマンがヒトマイヤーの計画 1947年初期	フォン・ノイマン流れ図 1947年夏	「第1ラン」プログラム (1947年12月の流れ図から) 1948年春	「第2ラン」プログラム 1948年秋
A	カードの読み込みと(カードに記述された)中性子の特性の格納。中性子が核分裂する場合は、新たに(生まれる中性子の)方向と速度の値を計算する。	0	0*～8*	1*～8*	再構築された新規カード:0～6 カード出力:10～16
	領域Eでの衝突までの予想距離を決めるために用いられる乱数パラメータ A^* を計算する。	N/A (乱数は外側で生成される)	9*～17*	新アルゴリズム 1°～4°	40～45
B	中性子の速度区間を検索する。この値は領域Dにおいて適切な断面積を見出すために用いられる。		1～13	簡易化1～7	30～36
C	区域の境界までの距離を計算する。	1～15	18*～23*	18*～23*	20～26
D	区画内の物質の断面積を計算する。		14*～17.1	14*～17.1, 24*	46
E	対象としている軌跡の終了事象が衝突か離脱かを判定する。	16～47	24*～27*	25*～27*	47～49
	「調査」を先に行うか否かを判定する。		28*～29*	28*～30*	50～54
F	終了事象を識別する。必要に応じて中性子の特性を更新する。	47	30*～35*	31*～35*	55～57
G	乱数を新たに発生させる。		インラインコード6*	サブルーチン ρ/ω	サブルーチン ρ/ω
H	衝突型(吸収、散乱、核分裂)を決定する。	48～53	18*～27	18～27	65～69
J	弾性衝突による散乱を計算する	54～59, 61～68	51*～52*	51*～52*	74～76
K	非弾性衝突による散乱を計算する。		53*～54*	53*～54*	75～78
L	吸収/核分裂を計算する	54～59, 65～81	36*～46*	簡易化36*～39*, 46*	70～73
M	カードを印刷(穿孔)して主ループを再開する。	ループしない 51, 69, 73, 77, 81	47*～50*	37.1*, 47*～50*	58～64
N	区画から離脱する。	48～50		印刷なしの計算ループ	新プロセス79～85

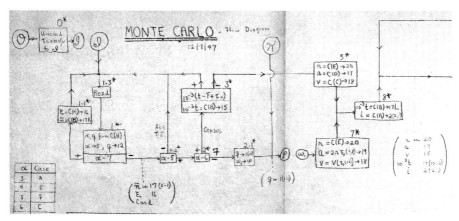

図8.1 11〜79番目の操作ボックスを示した1947年の流れ図の細部。（マリーナ・フォン・ノイマン・ホイットマンの厚意により国会図書館の原本から複製）

表8.1から，流れ図内の操作ボックスの番号割り付けルールがやや混乱していたのを改良した様子も読み取れる。基準となる0*〜54*の一連のボックスは，4月初旬にロスアラモス研究所でフォン・ノイマンの当初の提案に若干の修正が加えられた，独自のコンピューティング計画の機能を表している。ENIACが当初のプログラミング手法から現代的コードパラダイムによる新しい実装へ切り替えられたことによって，プログラムの適用範囲と複雑度は大幅に拡張できるようになった。開発が進むにつれて，当初の計画における手の込んだデータ格納機構やさまざまな記号によって表現された処理が，計算手順自体が構造化されたモンテカルロプログラムの初版に姿を変えた。とりわけ，この変更で，電子的な処理より何千倍も遅いパンチカード操作が最小限になり，ENIACは，これまでになくモンテカルロ処理の多くの部分を自動化できるようになった。このあとの項で，1947年になされた重要な五つの変更についてまとめよう。

変更1：記法の緩和

草稿の流れ図の遷移を詳しく眺めると，実際のプログラムの開発にこの技法

を使いこなす経緯がよく見て取れる。ジョン・フォン・ノイマンの初期の流れ図は，"Planning and Coding…"報告書に公開された記法に忠実だった。そこでは，記憶場所のために記号名が使われ，数学的な記法を記憶領域の処理と切り離しておくために，代入と操作のボックスが系統的に使われていた。フォン・ノイマンは，分岐ボックスに処理を含め，操作ボックスや記憶ボックス内でのその場限りの注釈を使うことで，入力や出力の操作の結果を記述できるように，記法を少し拡張した。

　チームのメンバーは，報告書の中で定義された完璧な方法論がとても煩瑣であることに気がついていたようである。12月までには，彼らの流れ図表記法の使い方は著しく改善された。たとえば，格納領域のラベル名は ENIAC の累算器の明示的参照に置き換えられた。その記述をプロセスのあとのほうの段階に遅らせたとしても何の利益もないことは明らかなので，データ格納領域に関する判断はその場に記述された。報告書の中ではさまざまなタイプのボックスとその中身が注意深く厳密に区別されていたがだんだん曖昧になった。制御ループで囲まれた代入ボックスはほとんど操作ボックスに置き換えられ，形式的に別々の操作ボックスの中に置かれるべきとされていた格納領域の更新も，どんどん他のボックスとして表記されるようになっていった。

変更2：乱数を取り扱うサブルーチン

　可能なさまざまな結果の中から，それぞれの確率に応じて一つを選び出すことが，モンテカルロシミュレーションの核心である。この選択は乱数によって駆動された。したがって，1947年にはロスアラモス研究所において，前例のないほど多数の乱数が必要になった。フォン・ノイマンのオリジナルのコンピュテーション計画では，一つの中性子の運命を決めるために，乱数を記述したカードを1枚ずつ読み込むことになっていた。乱数をカードで与えるということは，乱数を記述したカードを作り出す処理が別途必要だということである。そして次に，伝統的なパンチカード装置で，個々の中性子の既存のデータ（を記録したカード）と乱数（を記録したカード）を読み込み，これらを統合して

新しいカードに穿孔するという作業が必要になった。

　計画を進めるうちに，フォン・ノイマンは，ENIAC が必要なときにいつでも自分で擬似乱数を作り出せるようにすることを考えついた。彼はいろいろな書簡で，8桁あるいは10桁の整数を2乗し，その中央部の桁の数字列を抜き出して擬似乱数として出力するとともに，次の擬似乱数の計算の初期値にするという方法について語っている[30]。新しいプログラミングモードのおかげで，プログラムの論理的複雑さを縛るのは，その計算指示を記述した関数表として使える領域だけになった。このようにして，モンテカルロプログラム自身の内部でこれらの擬似乱数が生成できるようになり，パンチカードから読み込む場合に比べて格段に高速になった。

　初期の草稿の流れ図では，使うべきアルゴリズムの詳細を述べることなしに，新しい乱数を必要とする4か所に，この処理を示す三つのボックスの塊を単純に複製している。1947年12月版では，詳細な処理手順が特定のボックスに置かれ，流れ図の異なる2か所から使われている。新規に計算された乱数は ENIAC の一つの累算器に格納され，必要なときに参照されるようになっている[31]。これは，新たに開発された「サブルーチン」の概念の活用であり，ゴールドスタイン-フォン・ノイマンの流れ図の記法に，間違いなく初めて，「サブルーチン呼び出し」が取り入れられたことを物語っている[32]。一連の"Planning and Coding…"報告書ではサブルーチンを取り扱っておらず，1948年に最終実装が発表されたときには記述に含められている。しかし，1947年4月版において，飛越し先を動的に指定できるコードを表記する「可変遠隔接続」記法が導入されている。1947年12月の流れ図では，可変遠隔接続は，サブルーチンボックスの終わりでメインの処理手順に戻るための制御に使われていた。

　「クローズドサブルーチン」は，歴史家マーティン・キャンベル=ケリーの定義によれば，「プログラムの中に一度だけ現れて，必要なときにプログラムの任意の位置から特別な制御移動手順で呼び出す」ものであり，その発明は1949年に稼働した EDSAC の開発においてデビッド・ウィラーによってなされたものと一般に見なされている[33]。これは，ハーバード大学の Mark I でその数年前から使われていた，一連のコードを必要に応じて複製できるという「オープ

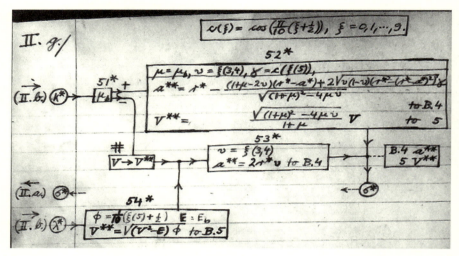

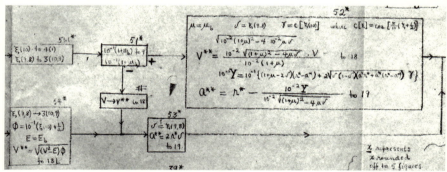

図 8.2 二つの草稿の間で，この部分の計算の構造と数学的処理に変化はないが，ジョン・フォン・ノイマンの初期の草稿（上図）では，流れ図は B.4 という名前の格納領域を参照している。1947 年 12 月版（下図）では，19 番の累算器が直接指定されている。52*のボックスに見られるように，複雑な数式が流れ図の一つのボックスの中に収められていることに注目してほしい。（マリーナ・フォン・ノイマン・ホイットマンの厚意により国立図書館の原本から複製）

ンサブルーチン」の技術とは異質なものである。私たちは，このENIACのモンテカルロプログラムがクローズドサブルーチンを実行した最初のコードだと考えている[34]。

変更3：断面データの検索

移動する粒子が一定の時間の間に障害物と衝突する可能性は，その粒子の速度に依存する。衝突の結果起こる現象の可能性も然りである。核物理学においては，中性子が原子核と衝突して，吸収，核分裂あるいは散乱などの何らかの結果を起こす確率を衝突の断面積と呼ぶ。この確率は，中性子の速度とそれが通過する物質の性質に依存する。フォン・ノイマンの当初の計画では，この断面積は速度の関数として表現されており，この関数は数値表で定義して補間するか多項式を用いて近似するのがよいだろうと注記されていた。最初の流れ図が作られる頃には，フォン・ノイマンは表検索を用いて実装することに決めた。中性子のとりうる速度範囲は10の速度区間に分割され，衝突型と速度区間と通過物質の可能な組合せ160種類が準備された。そして，そのそれぞれの組合せに対して，断面積関数を表現する数が数値関数表の配列に収められた。そして，フォン・ノイマンの流れ図には，この検索処理を行うために，1〜27のラベルが付いた新しい一連のボックスが追加された[35]。

速度区間の境界値の表を検索することにより，中性子の速度区間が決定される。この探索はループとしてコード化されているが，これは単純ではない計算を目的とした繰り返し処理の初期の例である。速度区間が特定されると，パラメータの組合せに対応するアドレスを計算して関数表を参照し，適切な断面積値を得る。

この表検索処理の設計は，何回も改訂を経ている。まず表の中央にくる値と中性子の速度が比較され，適切な表の前半分あるいは後半分が線形探索されて，求める速度区間が決定された。この探索戦略は，図8.4の流れ図の最初の分岐に見ることができる。そこには，それぞれの場合に対して二つの類似したループ構造が存在している。当初は，表の現在位置のアドレスmがループの制

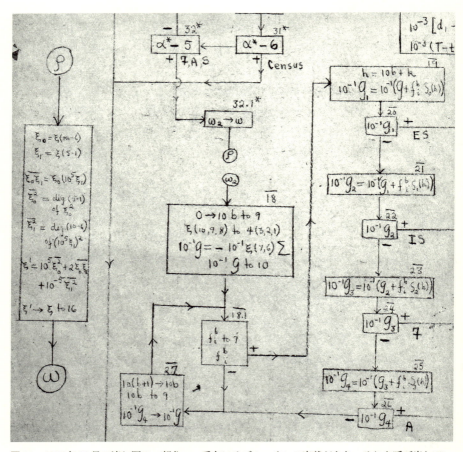

図 8.3 1947 年 12 月の流れ図の一部分。一番左にサブルーチンの定義があり，それを呼び出している点の一つが見える（ボックス 32.1 の下の接点 ρ。そこでは，可変遠隔接点 ω に実ラベル ω_2 がセットされ，サブルーチンが終わるとボックス 18 から処理が続く）。（マリーナ・フォン・ノイマン・ホイットマンの厚意により国会図書館の原本から複製）

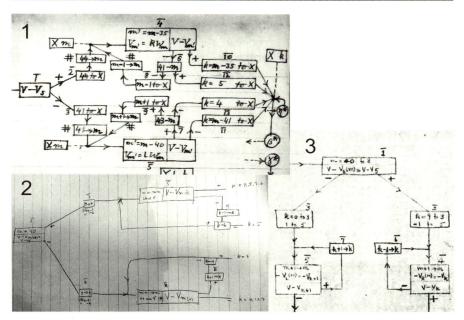

図 8.4 中性子の速度区間の検索処理の流れ図の領域 B に関して，次第に最適化されていく三つの版。左上はフォン・ノイマンの最初の流れ図からの抜粋，右は 1947 年 12 月の流れ図からの抜粋，左下はその中間の版からの抜粋である。（文献 JvN-LOC, box 11, folder 8 の，9 個のボックスの手書きの流れ図を含む日付のないページより。マリーナ・フォン・ノイマン・ホイットマンの厚意により国会図書館の原本から複製）

御に使われていて，区間番号 k はループの終了条件によって決まる別の方法で計算されていた（ボックス 10〜13）。しかし，このやり方はすぐに変更されて，区間番号そのものがループの制御に使われるようになり，それによってループの終端処理が非常に簡単になった。この変更は，現代的コードパラダイムの効率的なプログラミングの定石技術を徐々に修得していたチームのメンバーに鮮やかな印象を与えた。

　速度区間の導入によって，現実により近い核分裂のシミュレーションができるようになった。初期の計画では，核分裂で生ずる「派生」中性子は皆同じ速度を持っていた。速度区間が導入されてからは，各区間に「重心」と称される代表値が格納された。これによって，乱数によって決められた番号の区間の重

心を使って，派生中性子にそれぞれ違う速度を簡単に与えることができるようになった。

変更4：個体数調査の時間

　スコープの観点から見ると，当初のコンピューティング計画から，1948年の春に実行されたプログラムへの最大の変更点は，前者は個々の中性子が次の「事象」に到達するまでを追跡したのに対して，後者は中性子の個体数を経時的に管理するようになったことである。コンピューティング計画をENIACのプログラムに翻訳する過程で，複数の中性子と複数のシミュレーションサイクルを明示的かつ半自動的に管理する必要があった。初期の計画にあった一つの中性子に対して一つの事象の処理を実装するコードは，自動的に繰り返されるものと手作業を介して繰り返されるものからなる多重階層のループの中に置かれた。

　このプログラムは，「個体数調査の時間」という概念を中心に構成されていた。このアイデアは，フォン・ノイマンの当初の提案に対するリヒトマイヤーの「広い時間範囲のさまざまな時点で中性子の動態図を表現するカードの束を出力してもらいたい」という要望をきっかけに生まれた。リヒトマイヤーは「この難問の解法」として，「所定の回数のサイクルを回すのではなく，所定の時間まで処理を続けるほうがよい」と提言している。さらに，彼は次のように続けた。「それぞれのサイクルごとに，あらかじめ決めておいた時間より大きなt（時間）を持つカードは捨ててしまい，残ったカードだけで次のサイクルを回せばよい。そして，このサイクルを残るカードがなくなるまで繰り返せばよい」[36]。このあらかじめ決めた時間は，「個体数調査の時間」と名付けられた。

　それぞれの個体数調査の時間においては，中性子の個体数全体の統計的に正しい動態図が作られるはずである。これはちょうど，政府がその国民の特性について定期的に測定する国勢調査と同じ考え方である。調査間隔には1シェイク（10ナノ秒）が選ばれた。このシェイクという単位は，マンハッタン計画の最中に，核爆発の瞬間を刻む便利な尺度として考案された[37]。この個体数調査

の概念は，モンテカルロシミュレーションの中で広く用いられた[38]。

変更5：1サイクルで複数事象のシミュレーション

　当初のコンピューティング計画では，各サイクルでは一つの中性子が次の事象（散乱，区画からの離脱，計算からの除外，吸収，核分裂）に到達するまでの経過を追跡計算することになっていた。そして，その事象の結果を示す何枚かの新しいカードが打ち出された。新しいプログラミングモードのおかげでより複雑な論理を記述できるようになったため，ENIACは，新たにカードを打ち出すまでにその中性子に関する複数の事象をシミュレートすることが可能になった。中性子が新しい区画に跳ね飛ばされ，あるいは移動しても，まだ個体数調査の時間に達していない場合，プログラムは直ちにカード出力はせず，中性子の次の振る舞いを追跡するために分岐して計算の初期領域に戻る。このためプログラムはさらに複雑になったが，必要な手作業によるカード操作の量を削減することができた。

　図8.5に，この変更作業が実際にどのようになされたかを示す。中性子の初期状態のカードの束が，入力ホッパから1枚ずつ読み込まれる。カードを読み終えると，ENIACは何枚かの出力カードを穿孔する。もし，中性子が何も事象に出合わず現在の個体数調査の時間に達したら，その時点でその中性子はもはや追跡されず，ENIACは中性子の情報を更新して「個体数調査」カードを出力する。自由中性子が吸収されるか，爆弾の外側に離脱したら，のちの分析のために終了事象が履歴として出力カードに記録される。中性子の終端での衝突が核分裂を引き起こしたら，生成された派生中性子の数が出力カードの「重量」欄に記入される。

　続いてENIACのオペレータは，しかるべく構成された専用のパンチカード装置である分類機を用いて，出力されたカードを三つのトレイに仕分ける。一つのトレイには，散乱か吸収によりこれ以上処理する必要がない中性子を示すカードが蓄積される。もう一つのトレイには，何も事象を起こさずに個体数調査の時間に達した中性子を示す個体数調査カードが蓄積される。3番目のトレ

238　第8章　ENIAC，モンテカルロに向かう

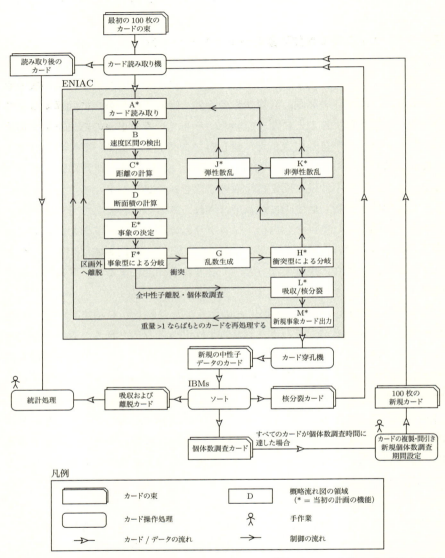

図 8.5　網掛けの領域は，モンテカルロシミュレーションの「第1ラン」のときのプログラムを含む処理構造を示す．その外側の領域は ENIAC 外でのカード処理を示す．

イには，シミュレーションで核分裂事象を検知したことを示すカードが集まっている。爆発する核爆弾の中では，各自由中性子は，平均的には，ほぼ1シェイクごと（つまり次の個体数調査の時間まで）に核分裂を引き起こす[39]。これらの中性子はまだ現在の個体数調査の時間に達していないので，核分裂カードは ENIAC の入力ホッパに運ばれて，繰り返し処理されるために読み込まれる。それぞれの処理の実行では，核分裂によって生成された一つの派生中性子は，次の個体数調査の時間に達するか，何らかの終了事象に遭遇するまで，その進行が追跡される。さらなる核分裂が起こった場合は，出力カードは分類される。この一連の処理が ENIAC の出力カードホッパに1枚も核分裂カードがなくなるまで繰り返される。

すべての中性子が個体数調査の時間に達したとき，対象となる個体数調査の時間は増分されて，次の個体数調査期間が開始される。オペレータは，直前の調査期間の終わりにまだ活性状態にある中性子を表す個体数調査カードを，出力カードの束から手作業で複製または除去し，新たにちょうど100枚の入力用カードの束を作る。実際の爆弾の中の中性子の数は，起爆したのちに爆発的に増加するが，チームの決め事として，各個体数調査期間では同じ数の中性子カードから開始することにした。シミュレーションする中性子の標本数に増減があると，精度か作業効率が犠牲になる。標本数を大きくすると，より多くのカードの穿孔が必要になり，時間がかかり，作業が増える。標本数を小さくすると，処理は容易になるが，シミュレートしている多数の中性子の代表としての統計的な信頼性が低下してしまう。

計算過程で穿孔されたカードはすべて保存された。これらは前にリヒトマイヤーが欲しいと言っていたものであり，中性子や核分裂の時間的・空間的分布を知るための解析に利用できる。それらはまた，中性子の速度の傾向や，各瞬間の離脱や核分裂などの事象の相対的頻度，個体数調査期間ごとの自由中性子の総数の増加率を明らかにする。自由中性子の総数の増加率を追究することにより，ロスアラモス研究所はシミュレーションの任意の時点での自由中性子の総数を推定することが可能になった。ただし，この追求は ENIAC 自体では行わなかった。

これら五つの変更をすべて考えると，ジョン・フォン・ノイマンがモンテカルロシミュレーションのために注意深く詳細に設計したコンピューティング計画でさえ，それをデジタル計算機に実用的かつ効率良く実装するために，いかに多くの努力が必要であったかが推察できる．この過程で，サブルーチンやループを使った効率的なコーディングのような，プログラミングの実践規範において今日では必須の定石とみなされるであろう技術を開発し適用するために，このチームは多くの実務的かつ概念的な課題を乗り越えたのである．

第9章　ENIACの運試し

　ジョンとクララのフォン・ノイマン夫妻は，1948年と1949年にロスアラモスにおける研究のために実行されたモンテカルロ連鎖反応計算の主要な3種類のセットを「第1ラン」「第2ラン」「第3ラン」と呼んだ。各ランでは，さまざまな物理構成をモデル化して，多くの「問題」を探究していったが，実行のたびに得られた経験の蓄積によって，使用されるプログラムコードも進化していった。「ラン」という語は，のちによく使われるように，プログラムを「実行する」という意味で使われたものだと推察されるが，あるいは，この計算のたびに人やモノがアバディーンへ物理的に行き来したことを表現するために，ちょうど「爆撃航程」(bombing run) や「学校への送迎」(school run) などで使われるのと同じような感覚で使われたのかもしれない。フォン・ノイマンは，これらの計算のためのアバディーンへの移動や，それに続く数値的な気象予測の実験のためにアバディーンに行くことを「遠征」と呼んでいた[1]。「遠征」というのは，印象的な語である。日食観測や，埋もれた遺跡の発掘，極地探検を実現するために行われてきた，伝統的な科学的手法を駆使したとてつもなく長くて骨の折れる野外遠征を連想させる言葉を使うことにより，計算機というものが恐くて，風変りなものであると考えられていたその頃の世相を表現しているのである。探検家たちは，家にいたのでは決して得ることができなかった知識を得て帰途についた。ENIACを使うということは，冒険であり，未知の場所への旅であり，そして，厳しい試練であることが多かった。

§第1ラン（1948年4月，5月）

　アン・フィッツパトリックは，ロスアラモス内部の進捗報告書やその他の機密文書にアクセスして，1948年と1949年にロスアラモスで行われたENIACのモンテカルロ計算はすべて，水素核融合爆弾に直接関連したというより，むしろ原子爆弾に焦点を当てたものだったと結論付けた。1948年の春に行われた最初の七つの計算は，「基礎技術をチェックすることが主目的であり，さらにニック・メトロポリスによれば，いかなる形式の兵器に関する懸案を解決する試みも行われなかった」[2]。しかし，ロスアラモスにおいては，ENIACによる解析作業が，新兵器の開発の進捗にとって極めて重要であると見なされていたことは明白である。フィッツパトリックは次のように続けた。

> 　3月から4月にかけて，（この研究所の理論部門長である）カーソン・マークは月報の中で，ENIACの変換と安定性改善の進捗の遅れにより核分裂プログラムが遅延したことについて不満を述べた。マークは，核分裂問題の解析を最初にENIACで実行させたことの意義は，計算の「機械化」によって理論部門の研究を加速することであったと記している[3]。

　ジョン・フォン・ノイマンほど素晴らしい人脈を持った人でさえ，アバディーンにふらっと現れて，友人からENIACのある部屋の鍵を借りることはできなかった。そのためには，数々のお役所的な手続きが必要だったし，一連の指示を守らなければならなかった。1948年2月6日，フォン・ノイマンは，ロスアラモス研究所長のノリス・ブラッドベリーに，ENIACの正式な利用申請を頼む手紙を書いている。フォン・ノイマンは，天性の組織的政治力を駆使して発展途上の連邦科学省において影の実力者に上り詰めたが，ブラッドベリーに「弾道研究所があなたのスタッフに示したすべての好意にどのくらい感謝しているか，また，ENIACがあなたの研究にとってどれほど重要であるかなどを，手紙の中で述べる」ように念を押している。さらに，「それによってサイモン大佐を政治的に大いに助けるであろうし，また弾道研究所とわれわれの将来の関係を良好なものにするだろう」と付け加えている[4]。

レスリー・サイモン大佐およびその部下との作業は，非公式にはうまくいっていたが，つり天井の工事，テスト，そしていくらかの新しいハードウェアの設置の遅れによって遅延した[5]。ブラッドベリーは必要な公式依頼を，お世辞を添えて，軍需品部長官房局に送った。3月13日，フォン・ノイマンはモンテカルロ問題が「準備完了して，実行できる状態」になったことをロスアラモスの理論部門のリーダーであるカーソン・マークに手紙で知らせた[6]。ジョンとクララのフォン・ノイマン夫妻は1948年4月8日にアバディーンを訪問し，クララはメトロポリスと一緒に働くために翌月まで残った。メトロポリスは，そのときまでに現代的コードパラダイムをサポートするようなENIACの最初の再構成を完成させていた。フォン・ノイマンが残課題の処理を頼んであったアデール・ゴールドスタインとロバート・リヒトマイヤーは，アバディーンに来なかった。おそらく，この二人はHippoプロジェクトに没頭していたのであろう。

モンテカルロ問題に対して，最初に「本番実行」に成功したのは1948年4月17日であった。しかし，ENIACはまだ「トラブル」に悩まされており，本格的にこの計算が始まったのは4月28日になってからだった[7]。プログラムのバグよりハードウェアの故障のほうが，はるかに多大な遅延を進捗に与えたようである。このことは，現代的コードパラダイムによって書かれたプログラムのデバッグをこれまで誰も試みたことがなかったことも考え合わせると，興味深いことである。発見されたプログラミングエラーの少なさは，プログラムの計画時に払われた配慮と，新しいプログラミング様式に与えたプリンストンのグループの深い意図と，そしておそらくENIACの相対的なデバッグしやすさのたまものである。

第1ランで用いられたプログラムコードを，私たちはまだ探し出せていない。しかし，次に述べるいくつかの情報源から推測して，最初のモンテカルロシミュレーションがどのように動作したかについて，確かな感触が得られた。一つ目は，前章で議論した一連の流れ図である。二つ目は，1948年末期に実施された第2ランのための完全なプログラムリストである。三つ目は，両方のランで使われたプログラミング技法について記述した「ENIACでのモンテカルロ問題の実際のラン」と題された長大な保存文書である。そこには，二つの

ランの間になされたプログラム変更の数々が明示的に強調されている。四つ目は，第2ランのための流れ図の草稿である。それは，多くの部分で第1ランのために作られた流れ図と同一である。最後に，第1ランについての保存資料には，ENIACの累算器へのデータの割り当て，3番目の関数表に含まれる定数データのレイアウト，使われたカード形式，定数転送器の活用方法が記述されている[8]。

第1ランの間に実行された計算は，3番目の関数表に格納されたデータをいくつか変更することで記述できる，七つの異なる状況についてのシミュレーションだった。リヒトマイヤーは次のように書いている。

> 実験に基づいて決定されたいくつかの原子核のデータは明らかに必要である。巨視的反応断面積と呼ばれているものを知らなければならない。すなわち，各媒体中における吸収，弾性散乱，非弾性散乱といったさまざまなプロセスの，中性子の単位移動距離ごとの発生確率が，中性子速度の関数として得られている必要がある。散乱については角度分布，すなわち，さまざまに散乱する角度の相対確率を知らなければならない。非弾性散乱については，散乱する中性子のエネルギー分布を知らなければならない。そして，核分裂については，放射される中性子の平均個数とエネルギー分布を知らなければならない[9]。

この一節の中で言及されている上記のデータは，すべてのオペレーションの中で最も軍事的機密に抵触する部分であった。クララ・フォン・ノイマンがさまざまな場面で，機密資料を受け取ったことを記録した正副3通の受領書が，保管書庫に保持されている。これには（1948年1月16日の「断面積データ」のように）彼女の夫から受け取った機密資料も含まれる[10]。

計画段階でENIACのために作成された命令セットのいくつかの草稿については，すでに論じてきた。第1ランのために，ENIACは計画されていた60種の命令ではなく，79種の命令を実装するように設定された[11]。命令のニーモニックコードに対応する2桁コードの変更以上に，モンテカルロプログラムの改修作業における重要な挑戦は，シフト命令を新しい命令セットに追加したことだろう。

1948年5月10日までに，最初のモンテカルロのランはすべて終わった。ジョン・フォン・ノイマンは，5月11日にウラムに向けて次のように書いている。「ENIACは10日間動いた。10×16時間のうち50％は有益な計算に使えたが，残りは2回の日曜日とあらゆるトラブル対応で費やされた。…… 七つの問題で160サイクル（それぞれ100枚の入力カードの「個体数調査」）を行った。この期間の終わりには，興味深い計算はすべて終了している。その結果はたいへん有望であり，この解析法は明らかに100％の成功である」[12]。3日後に彼はこう付け加えている。「今では全部で2万枚以上のカード出力がある。われわれはそれらの分析を開始したところだが，…… 解読するにはいくぶん手間がかかるだろう」[13]。

　クララ・フォン・ノイマンには，この仕事は厳しい試練であった。彼女の夫によれば，彼女は「アバディーンでの戦いで疲れ果て，15ポンド（約7kg）も痩せ」，健康診断を受けた[14]。ウラム一家とともに過ごす休暇はとりやめとなり，彼女は6月にスタニスワフ・ウラムにこう書いている。彼女がヨーロッパに行くことを夫が「やめ」させたから，彼女は「たいへん腹立たしく」て，「少しは気分が良くなったが，決して良好というわけではなく」，「さまざまなテストや処理にまだ悩まされている」[15]。彼女が落ち込みがちなことは，他の文献にもよく記述されているが，これらの手紙から明らかな病の兆候は読み取れない。

　それでも彼女は力を振り絞って，「III：実際の技術—ENIACの使用」という謎めいた見出しの手書き原稿の中で，使われた技術を文書化した[16]。新しいコードパラダイムを利用するためのENIACの変換についての議論で始まり，その後，パンチカードで使われたデータ形式を文書化し，それぞれの段階で行われた計算と操作の全体構造について適度な詳細さで概略を記述した。

§第2ラン（1948年10月，11月）

　モンテカルロ法によるアプローチは，中性子散乱のシミュレーションにとっ

て価値があることがわかった。いよいよ，ロスアラモスで研究している実際の兵器の設計に応用するときが来た。アン・フィッツパトリックによれば，この第2ランにおける一連の課題は「実際の兵器に関する計算を構成すること」である。それには，「三水素化ウラン（UH_3）のアルファ状態の調査」，「水素原子核の爆縮の構成」，「ゼブラと呼ばれる超臨界状態の構成」が含まれた[17]。その計算は，1948年10月初めから12月後半まで，原子力委員会（ロスアラモスを監督している組織）によって確保された長大なENIAC利用時間に取り組まれた，三つの主問題のうちの一つとして行われた。クララ・フォン・ノイマンは1948年10月18日にアバディーンに戻り，2日後にメトロポリスに合流した。本番計算は10月22日に始まった。11月4日に，ジョン・フォン・ノイマンはウラムに次のように書いている。「アバディーンでのことはすべてうまくいっている。モンテカルロプログラムの現在のセグメントは，今週末か来週初めには完了しそうだ」[18]。

モンテカルロプログラムの最初のランと2番目のランにおける変更点は，「ENIACでのモンテカルロ問題の実際のラン」の中で，やや詳しく述べられた。以前にクララ・フォン・ノイマンによって書かれた「実際の技術」報告の拡張・更新版は，1949年9月にメトロポリスとジョン・フォン・ノイマンにより共同で編集された。そこには，計算の詳しい記述と，二つのランにおける，流れ図，プログラムコード，手作業による手続きについての強調したい変更点が含まれている[19]。

使われた物理モデルや，個々の中性子の進路をたどるために行われた計算は，ほとんど変更されていない。異なる物質の区画に関する表現方法と，領域からの中性子の脱出に関する表現方法が変更された。変更点のほとんどは，操作の最適化だった。たとえば，プログラムの最初のほうのいくつかのセクションの順番を入れ替えて，全体の効率をほんのわずかばかり向上させたり，それぞれの区画における衝突断面積の比率は，必要となったときに毎回計算する代わりに，前もって計算して関数表に格納させたりしておいた。

最も重要な変更は，モンテカルロ手順全体にわたって，自動化のレベルをさらに向上させたことだった。第1ランでは，新たに穿孔されて，最新の個体数調査の時間まで生き延びた中性子を表すカードは，別のカードの山に分類され

た。それ以前に起こっていたすべての核分裂を処理してから，次の周期における中性子の振る舞いをシミュレーションするために個体数調査カードが読み戻された。フォン・ノイマンとメトロポリスは，それぞれの個体数調査期間が終了して次の個体数調査に進む前に，全中性子を調べて中性子の総数を調整することができたが，逆にそれはかなり非効率な作業でもあった。ENIACで作られたカードの束は，IBMの分類機にかけられ，それぞれの中性子に何が起こったかによっていくつかのグループに分類された。そして，個体数調査期間の最後に，次の期間のための入力カードの束が手作業で組み立てられ調整された。

第2ランでは，「プログラムの論理的順序やコーディングにおいて，1周期の始まりと終わりの部分の処理を自動化する」ことで，上記のような2種類の手作業を削減した[20]。これにより，個体数調査期間の終了時まで生き延びた中性子は，他のすべての中性子の処理が追い付くのを待つことなく，次の周期へと進めるようになった。こうして，核分裂カードを個体数調査カードや他の種類のカードと分ける必要がなくなり，ENIACによって穿孔されたそれぞれのカードの束は，次の処理の入力ホッパにすぐに移せるようになった[21]。

自由中性子は，完全な離脱，吸収，あるいは核分裂によって，その生存期間を終える。第2ランで問題として発覚した，外側のタンパー区画に散乱した中性子の処理にかかる時間を削減するために，区画外への離脱についての処理が変更された。第2ランでは，一つの中性子がある区画から別の区画に離脱するたびに，カードが1枚穿孔されて次の中性子の計算へと進んだ。しかし，これらの「区画外への離脱」は第1ランでは記録されていなかった。

第1ランでは，シミュレーションされる中性子の総数がほぼ一定になるように，それぞれの個体数調査期間の初めに入力カードの束を100枚ずつにするという手作業が採用された。第2ランでは，クララ・フォン・ノイマンの報告によると，「入力スタックを一定数にするための試みは，まったくなされなかった」。その代わりに，個体数調査の最後に生き残っている中性子に「重み付け」することで，次の期間においては二つの中性子を生じさせるように調整された。このことにより，シミュレーションされている実存の個体数がたとえ減少していても，標本個体数の増加が保証された。そして，統計的により興味深いシミュレーションの終了時点において，多数の中性子の標本が利用できること

が保証された[22]。

　最初の中性子のカードの束も自動的に生成された。いわゆる未処理カードを読むために，新しいコードセクションが導入された。個々の中性子の特質を明記するのではなく，これらのカードは単に，新しい中性子がシミュレーションに加わる時間を定義した。そして，ランダムな速度が自動的に割り当てられた。シミュレーションの一つの反復では，これらの中性子から通常形式の出力カードを生成し，それを通常どおり次のシミュレーションの入力とした。

　新しい操作手順では，臨界未満（臨界前の）反応，近臨界（臨界直前の）反応，超臨界反応を区別した。臨界未満の系では，単純に物理法則に従って，中性子数が減少していく。このため「未処理」カードは，シミュレーションの全過程を通して開始時間で穿孔された。新しい中性子の注入によって，シミュレーションの終了時にまだ活性状態のままの中性子の個数を最大数にまで増加させた。それにより，最終分析のために十分な標本数を確保した。したがって，第2ランのためのプログラムは，二つの別々のカード読み取り処理を含むことになった。計算を開始する前に，関数表上に無条件移動命令の飛越し先アドレスを指定することによって，適切なほうの読み取り処理が選択された。区画離脱の処理で特定の局面を制御するため，また，特定の問題で必要になった特殊なコードセクションを含むためにも，同じ技法が使われた。

　1948年11月7日までに，ENIACはこの一連の問題の処理を終えた。11月18日にジョン・フォン・ノイマンは次のように書いている。「2番目のモンテカルロはすべてうまくいっているようだ。ENIACは素晴らしく機能した。3週間で約10万枚のカードが作り出され，それらはまだ分析されていないが，かなりの量の重要で有用な情報を含んでいることが十分に期待できる」[23]。

　私たちは，このランを記述する二つの流れ図と，そのうちの一方にほぼ一致している完全なコードリストを発見した[24]。これら二つの流れ図は，1947年12月の第1ランの図と同程度に形式化されており，それは，経験により流れ図表記に関して安定した慣習的な使用法が出てきていることを示している。クララ・フォン・ノイマンの手書きのコードリストは，28ページに及んでいる。それは，連番を振られた6行ごとのセクションに分割された。それぞれのセクションは，コードを格納してある関数表の1行に対応している。多くの場所

に，典型的なデータ値に対する命令の実行結果を確認して，プログラムの進行を模擬的に追跡するための注釈があった．

そのコードは，第1ランと第2ランの流れ図の構造に忠実である．戻りアドレスを変えることができる，二つの場所から呼ばれるサブルーチンを含んでおり，規範に沿った入口と出口を持つコードブロックとして，図表のモジュール構造を実装している[25]．そのメイン処理手順は，第1関数表の -2 行目，-1 行目，$12 \sim 97$ 行目と，第2関数表の $-2 \sim 96$ 行目を占めているが，これらの行のうちの約100桁は未使用である．総計で約2,220桁のプログラムコードを格納していて，それは約840個の命令を表現していた[26]．第2ランでは，いくつかの箇所が単純化されたものの，新しいデータフィールドが多少追加されたのと，第1ランでは手作業でのカード分類が必要だったのを自動化したことで，第1ランと同程度に複雑になった．

第2ランのコードはさまざまなパスとセクションを含んでいた．実行前に手作業で移動アドレスと定数を少しだけ変えることで，個別の問題を構成できた．最も重要な可変セクションは，「軽量物質」内での中性子の弾性散乱を扱う部分である．これは，中心部に水素化ウランを採用するロスアラモスの関心に端を発する．水素は，ウランから分離して中性子を減速させる干渉材として振る舞い，兵器を作るために必要なウランの必要量を減少させることができる．エドワード・テラーは，希少な兵器級濃縮ウランから原爆もより多くの核爆弾を作れるという可能性が，爆発規模の不可避な低下を正当化できると信じていた（後に誤りと判明した）[27]．

クララ・フォン・ノイマンは，12月1日頃にロスアラモスを離れた．おそらくそれは，第2ランの結果の解釈を手助けするためと，さらなる計算の下準備をするためだった．彼女は，「深い当惑」を表した夫からの手紙の中で，この単独旅行によって「（彼女の）知的独立性を証明」する準備をしようという，不安定と言える状態にあるように見える，と追及された[28]．2通目の手紙は，電話中にクララが「破滅的に落ち込んでいること」が分った後で書かれたものだが，そこでは，ジョン・フォン・ノイマンは「ひどく驚いて」，ストレスが妻を「肉体的にも精神的」にもずたずたな状態に陥れているのだろうと断言した．スタニスワフ・ウラムやエドワード・テラー，（すでにノーベル賞受賞者だっ

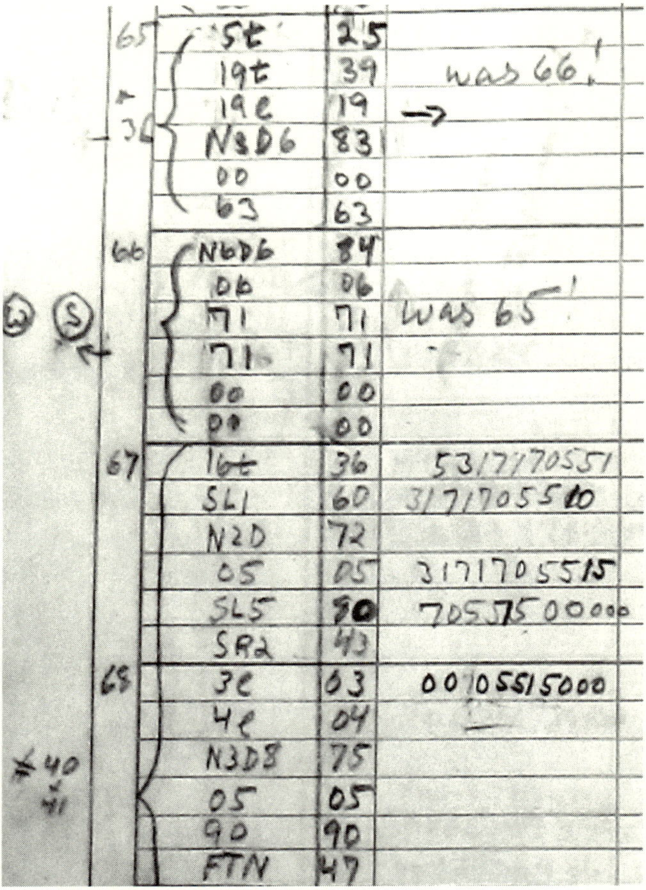

図 9.1 第2ランのプログラムコードの7ページからの詳細。プログラム中の840命令のうち13命令を示している。65〜68の番号は関数表上の位置を示し、左側の欄外にある注釈は、流れ図上の対応するボックスを示している。それぞれの行の2桁の10進数は、関数表に入れられる位置を示す。それらはデータフィールドではなくて演算のコードであり、3*l* や N3D8 といったその操作に対応するニーモニックが与えられている。いくつかの修正が鉛筆でなされており、コードの65ブロックと66ブロックは入れ替えられている。（マリーナ・フォン・ノイマン・ホイットマンの厚意により米国議会図書館より複製）

た) エンリコ・フェルミに対して自分の数学的能力を擁護する見込みを問われれば，大いに自信にあふれ頑健な精神状態に恵まれている人であっても，かなり怖気づくだろう。彼女の老化や知性，性格への悩みを (「君が抱える問題や気質は多年にわたるもので，年齢は些細なこと」「よくできる生徒」「そしてとても優しい人」といった言葉で) 鎮めようとした彼の熱心な試みにもかかわらず，夫の影響力のもとで自立を求めることは，クララの前に立ちはだかる困難を増やすだけだった[29]。

水素化合物の計算で誤りが見つかり，クララ・フォン・ノイマンの悩みはいっそう大きくなったことであろう。2月7日に，ウラムがジョン・フォン・ノイマンに「問題4において，1か所の電子の挙動計算が間違っているようだ」と書いた。「ニックが，どれがそうだったのを見つけた。この問題は繰り返されるに違いない」[30]。カーソン・マークは，理論部門の定期進捗報告において，これは「ENIACがまだ実験段階の域を出ておらず，このプロジェクトのための重要な計算を行える段階には達していないことの証拠だ」と苦言を呈した[31]。

§アルゴンヌ国立研究所によるシミュレーション（1948年12月）

ロスアラモスのためのモンテカルロ計算の第2ランの直後に，ロスアラモスの物理学者ジョン・ライツにより一連のシミュレーションが行われ，それは11月8日に終結した。11月29日に，アルゴンヌ国立研究所からマリア・メイヤー，エルマー・アイスナー，ジェイムズ・アレキサンダーが，別のモンテカルロシミュレーションを行うためにENIACを訪れた[32]。メイヤーの問題は反応炉内での中性子散乱に関するものであり，物質の八つの異なる区画をシミュレーションした。それは，フォン・ノイマン夫妻の業績を大幅に取り入れたもので，クララが「通常のモンテカルロ手順」として簡潔に記述したいくつかの重要な変更を加えたものである。それには，たとえば，（反応炉では重要であるが爆弾では重要でない遅い中性子をモデル化するために）個体数調査間隔を

一定時間から一定距離に変えたり，区画や移動に関するより複雑なシステムを取り入れたり，外部の減速材区画を特別扱いすることにより計算を簡略化したりする変更が含まれていた．

1週間後にジョン・フォン・ノイマンは妻に宛てて「問題の挙動はまったく不合理だ．おそらく論理的あるいは代数的な何らかの誤りによるものだろう」と書いている．2番目の手紙で問題をもっと明瞭に詳述している．

> a) シカゴ市民（アルゴンヌ国立研究所の人々）は12月1日からENIACを使っていた．b) それはしょっちゅう故障していて，6日のうち3日ばかりしか動いていなかったが，改善は進んでいた．直近の36時間で，一度は24時間連続で稼働した．c) マリアは「ペダリング」や試し計算の比較によって，そのコードには「誤りがない」ことがわかっていると言った．d) しかし，12月6日には論理的（あるいは幾何学的？）にひどい障害に遭った．個体数があり得ないほどの速さで……増加し続けていた．シカゴ市民にも，彼らと2時間をともにした私にも，分析できるものはほとんどなかった[33]．

ENIACの記録によれば，24時間昼夜運転により，空調や，累算器の一つ，関数表に不具合があったにもかかわらず，計算は12月19日に成功裡に終了している．

§ 第3ラン（1949年5月，6月）

カーソン・マークは第2ランにおけるトラブルを把握していたが，それによってENIACでのモンテカルロシミュレーションへの熱意が冷めることはなかった．そうは言うものの，残されている手紙は，協力者たちの間にかなりの緊張があったことを示している．クララ・フォン・ノイマンは，中断している第3ランのための武器計算を改良するもろもろのアイデアを調査しに，マリア・メイヤーとともにシカゴへ旅立った．アイデアには，距離に基づく個体数

調査方法も含まれていた。1949年3月27日付の手紙の中で，ジョン・フォン・ノイマンはそれらの採用に反対を唱えている。「昨年の間に起きたことがあれだけ無意味であった後に，—— どれも君の責任ではなく，最悪なもののいくつかは君の反対者によるものだが —— 追加の実験をするという特権はもはや私たちにはない。少なくとも次のランでは」[34]。

この時点までは，計算の第3バッチのために計画が進行中だった。クララの役割は，遠征するごとにより重要になっていった。ウラムは次のように書いている。ロスアラモスへの準備旅行の間に，クララは「コーディングや流れ図の知識によって人々を驚き感動させた」[35]。ロスアラモスで，クララはハリス・メイヤー（マリアとは無関係）に次のように書いている。「数値の関数表上の使用可能スペースをもう少し注意深く見たし，ジョニーの助力を得て，タンパー区画を扱うマリアのやり方の流れ図を設定した」。ここから，クララは，この新しいコーディング方法の計算に要する時間と関数表の行数を見積もった。「ほぼ35行の命令になる。また，計算するのにかなりの時間（衝突当たり約1/2秒）を要するようにも見える」[36]。

クララとニック・メトロポリスとの関係は，そのときすでにぎくしゃくしていたようである。おそらく，第2ランで生じたエラーの直後にあったいさかいのせいだろう。ジョンは彼女を慰めた。「お願いだから，長い目で見て，ニック・Mとの出来事で君の専門家としての態度や意欲を損なわないように。こうしたことは何度も起きるものだが，君は今までやすやすと切り抜けてきたし，エドワード（・テラー）も私もその …… ことで君を軽蔑したりしない」。彼女に才能があることを安心させ，「平穏に過ごすことや独立自営する機会」に簡単にあこがれるのではなく，「しっかり練り上げられた専門家としての成功」を切望する限り，成功は彼女の手の届くところにあると断言しながら，ジョンは手紙の中でクララを不安や意気消沈から救って支えようとした[37]。

計算のやり直しのための諸設備の手配や，ENIACの仕事をするために「ハリス・メイヤー夫妻，フォスター・エヴァンズ夫妻，自分」を含むロスアラモス代表者を招集する手配に際して，クララ・フォン・ノイマンが率先して送った明快で自信に満ちた覚書からは，彼女が感じた内心の動揺は明らかではなかった[38]。モンテカルロの仕事は，今度も原子力委員会が確保したENIACの

長い占有使用期間の一部であった。ENIAC の操作日誌によると，その一団は5月23日に到着した。彼らは，数日かけて関数表にプログラムとデータを構成してから，ENIAC を1日に3交替，1週間に6日間の操作を開始した[39]。

ENIAC に「不具合」がいくつかあったのち，1949年6月1日に「最初の本当の進展」があった。6月3日までに「最初の A.E.C.（原子力委員会）プログラムの三つの部分の一つ目」が完了したが，空調の問題が ENIAC の問題を悪化させ，進捗の遅れが続いた。6月6日に，日誌には「月曜日はいつもどおり機械は動いている」という無味乾燥の記録があったが，「経験のないよそ者に機械を任せるとひどい目に遭う」という抗議によって「オペレータトラブル」を訴えてもいた。おそらくこのことを反映して，その後の日誌には，それぞれのAEC問題を支援するオペレータ要員の割り当てについて言及されていた。

モンテカルロの仕事は，原子力委員会のための別の短い仕事によって何度も中断された。しかし，6月24日の記録簿から，「A.E.C.#1 の問題53（モンテカルロ法）は午後の早いうちに完了した」ことが確認できる[40]。クララ・フォン・ノイマンはプリンストンに戻り，（少なくともいくつかは爆発の可能性を示していた）計算の成功についてカーソン・マークに報告を書いている。原子核の断面は，データの最も敏感な部分であり，計算過程で使われた「すべての機密資料をプリンストンに持っていかなければならなかった」[41]。それとは対照的に，（シミュレーションの過程を追跡できる）出力カードの「10個の大箱」と「すべての問題のリスト」が入った二つの小さめの箱は，弾道研究所職員によって直接ロスアラモスに郵送されていた。クララ・フォン・ノイマンは7月7日にニューメキシコに飛ぶ予定だったので，その調査結果をレビューすることができたであろう。

次に ENIAC で実行されたプログラムもロスアラモスのものだったが，それは「爆縮グループ」のものであり，その詳細な目的は明らかではない。それは「不具合」に悩まされたが，数字を確認するためにロスアラモスにかかってきた必死の電話や，追加で派遣された研究所職員の到着により，最終的にはエラーの場所がわかり，修正された。1949年7月8日にそのプログラムはうまく動き出し，仕事は7月29日に完了した。

「スーパー」爆弾のための計算（1950年）

入手可能な保管データから，ロスアラモスのためにENIACで行われたモンテカルロの次のセットの詳細について言えることはほとんどない。機密扱いでない通信経路を使ったやりとりでは，提案された計算の目的については意図的に曖昧にされており，たとえば，極めて関心のある「ある問題」とか，「ロスアラモスのIBMグループの主なプログラムであったし今でもまたそうであるような，あるカテゴリの問題……」へENIACを適用可能かというように参照されていた[42]。

ENIACの最初の適用は，ロスアラモスの一連の（モンテカルロでない）水爆計算に対してであり，エドワード・テラーの「スーパー」爆弾の実現可能性を検討するために設計されたものであったが，再びENIACが水素爆弾に適用されたのは，核分裂兵器に対する3種類のモンテカルロ計算がすべて終わったあとだった。アン・フィッツパトリックによると，ジョン・フォン・ノイマンは1948年終わりからスーパー爆弾のモンテカルロシミュレーションにずっと従事してきていた[43]。それには，エヴァンス夫妻，フォン・ノイマン夫妻，メトロポリス，テラーがすべて関わっていた。1949年中頃に，フォン・ノイマンがウラムに何通か出した手紙は，「流体力学的モンテカルロ」と「S」の計画に関するものだった。フォン・ノイマンは，ENIACは後者を扱えないと結論付けたが，それは「今後の機械では24～30時間かかる問題」になりそうだった[44]。1945～46年のもろもろの計算と同様に，自立的な核融合プロセスの起爆に必要な三重水素の量を決定するための計算が企画された。1950年初めに，ウラムと同僚の一人は，このシミュレーションの一つのバージョンを手作業で行ったが，その結果は失望するものだった。そこで，「エヴァンス夫妻，フォン・ノイマン夫妻と他の人たち」はENIACを使って「1950年の春と夏」に，核融合反応の起爆をシミュレーションした[45]。高等研究所のマシンの完成が遅れたため，また，急いで結果を得たかったために，彼らはシミュレーションを単純化せざるを得なかった。

ジョン・フォン・ノイマンは1950年4月にテラーに手紙を書き，「ENIAC向けに計画中のデジタル計算」についての最新情報を伝えた。「この方式の詳

細」についての研究は「50％をかなり超えた」。そして，フォン・ノイマンは「われわれが計画している計算がENIACにふさわしいと言えることに満足して」いた。彼は「アバディーン当局から，5月中は希望すれば基本的にいつでもENIACを使用できるという非公式な保証を得た。」[46]。クララ・フォン・ノイマンは，引き続き中心的な役割を果たしていた。ジョンはカーソン・マークにENIACの準備を助けるために彼女は前の週からアバディーンに行くだろう，と手紙を書いている。そして，次のようにも書いている。「今日，クラリがコードの最後の部分をフォスターとセルダ・エヴァンズに郵送する」[47]。

　新しいENIACでのシミュレーションの結果は，手計算の結果を裏付け，スーパー爆弾の設計は捨てられた。1952年以降からテストされている水素爆弾の設計は，1951年にスーパー爆弾の中止を受けてテラーとウラムが定式化した，まったく別のアプローチで行われた。まもなく，ロスアラモス研究所の計算機使用契約は満了となった。高等研究所の計算機は，1951年夏までに，ようやく稼働できるようになってきた。また，ロスアラモスのメトロポリス専用のMANIACが完成間近だった。クララ・フォン・ノイマンのコードのいくつかは，この新しい機械に移行した。1952年の初め，MANIACが成功裡に初稼働する直前に，セルダ・エヴァンズは彼女に次のように書いている。

　　運命の日がやってきたとき……，あなたは，その問題を最終的に実行するグループの一員になっているだろうと思います。流体力学は本質的にあなたの独自のコードであるから，あなたがもう一度それを調べることは，あまり意味がないでしょう。私の記憶が正しければ，あなたがすでに調査していた遷移Iは，すでにいくつかの変更があり，新しいシートが送られてきたら，どのような変更がなされたかわかるはずです。それをよく見てもらえば，私たちはまったく常軌を逸していないとわかるでしょう。中性子–陽子セクションと光子移転IIはあなたにとってはおそらく新しいものでしょうし，系統的に確認してもらえると助かります。それは，いろいろなときにいろいろな変更をしてきているために，本当にきちんとつじつまが合っているかどうかの確信がないからです[48]。

　彼女の専門知識がまだロスアラモスによって高く評価されていたことは明ら

かだが，クララ・フォン・ノイマンと計算機の関わりは終わりつつあった。主要な研究所は自分の計算機を備えたので，外部のコンサルタントや請負技術者よりも，徐々に常勤のプログラマやオペレータに頼るようになっていった。彼女は何度もひどいうつ病発作を起こし，不安定になり，彼女にとってこの仕事はいつもストレスとなった。そして，彼女の夫は1955年に末期的な病気になった。1957年に夫が亡くなったのち，彼女は再婚しカリフォルニアに移った。そこで平安を見つけたかに見えたが，1963年に彼女は自殺した。

§モンテカルロシミュレーションを振り返って

　1948年の春から実行されたENIACのモンテカルロシミュレーションは，その複雑さや，図式化とコーディング様式がフォン・ノイマンとその協力者の考え方に忠実だという点で，1940年代に実行されたプログラムの中で突出していた。第1ランと第2ランについての私たちの詳細な分析により，初期のENIACプログラムに対する一連の流れ図を使った計算の初期計画を通じて，また，それに続く改訂と改良の重要なサイクルを通じて，2年以上にわたるプログラムの進化が明らかになった。これが，歴史上画期的なプログラムという（類を見ないほど詳細で，十分な裏付けのある）概観を与える。

　事務管理データ処理では，カードやテープユニットからデータを入出力できる速度が，処理効率をほぼ決めていた。それとは対照的に，計算機を用いる初期の科学的な問題の一般的な特徴は，計算速度を重視し，入力はほとんど必要とせず出力は少量であると見なされることがよくある。私たちの分析は，このことに異議を唱える。弾道表の計算というENIACの当初の作業は，確かにこの特徴付けに当てはまる。同じように，マンチェスター大学の「ベビー」計算機やEDSACで動かされた有名な「最初のプログラム」も，これに当てはまる。どちらも，いつまでも続く長い計算を行ったが，入力データはなく，出力される解もわずかなものだった[49]。それとは対照的に，新しいコードパラダイムへの変換後にENIACで実行された最初のプログラムは，主として機械にデータ

を送り込む速度に依存して，計算を完了するのに何日もかかるような複雑なシミュレーションシステムだった。

そのプログラムは，現代的コードパラダイムのいくつかの特徴を含んでいた。それは，少ない種類の演算コードで書かれた命令で構成され，そのうちのいくつかの演算コードのあとには引数が続いた。プログラムの異なる部分間で制御を移動するために，条件付きあるいは無条件の飛越しが使われた。命令とデータは一つのアドレス空間を共有し，また，表に格納された値に対して反復するために，ループはインデックス変数と組み合わされた。一つのサブルーチンが，プログラム中の2か所以上から呼ばれた。戻りアドレスが格納され，完了時に適切な場所に飛越して戻るために使われた。このプログラムこそが，現代的コードパラダイムを特徴づけるすべての機能を組み込んで実行された最初のプログラムだった。ハーバード大学のMark Iで動かされたような初期のプログラムは，一連の命令として書かれ，数値でコーディングされるという特性だけを実現していた。

また，私たちの調査は，初期のコンピューティングの人間的側面に新たな光を当てた。モンテカルロの仕事でのクララ・フォン・ノイマンの中心的な貢献は，以前に引用したニック・メトロポリスによるコメントや，ジョージ・ダイソンの最近の記述以外には，ほとんど述べられていない[50]。ここで述べた話は，最初のモンテカルロシミュレーションを交易圏として描写したギャリソンの有名な記述と，概略において一致する。しかし，計算の詳細については，ギャリソンよりも深く掘り下げた。それは，何が，そして誰によって交易されていたかについての理解を深めることになった。ギャリソンによれば，モンテカルロシミュレーションは物理学を「どこにもないと同時にあらゆるところにある冥界」に導いた[51]。そのモンテカルロシミュレーションの知的な遺産についての記述は，予期せぬ場所で謎に包まれた機会を作りだした，このプロジェクトの異例な社会構造についても述べている。モンテカルロシミュレーションには，ギャリソンの物語に登場する，さまざまな学問的な経歴を持つ偉大な人物ばかりでなく，科学についての一流の学歴が無い広範な人物をも引き込んだ。

ギャリソンは，クララ・フォン・ノイマンを初期の女性プログラマに名を連ねる一人としてしか言及していないが，この交流において彼女は驚くほどに

中心的な関係者として登場した。天賦の才と夫から借りた社会関係資本をたずさえて，しかし科学分野での学歴はなく，交易圏に入っていき，まもなく彼女は自身の職域を成功裏に営むようになった。60年以上ものちの視点から，ENIACでの初期のコンピューティング業務を振り返ると，機械操作のあらゆる場面において夫妻が多いことに目を見張らされる[52]。クララ・フォン・ノイマンとアデール・ゴールドスタインにとって，彼女らのその仕事への貢献は，常に周辺的なものと見なされていただろうが，聡明な人との結婚が，非常に重要なプロジェクトにおける華々しく成功に満ちた共同作業への扉を開いた。フォン・ノイマン夫妻とゴールドスタイン夫妻は，ロスアラモスの仕事において，メイヤー夫妻およびエヴァンス夫妻という2組のカップルとともに緊密な共同作業を行った。その世代の娘や孫娘たちであれば，夫と一緒の仕事にその創造性を向けるというよりも，独立したキャリアをもっと自由に築くことを楽しむであろう。しかし，家庭でのパートナーシップと同様に，知的な共同作業を構築していったその団結の成功に対して，私たちは称賛を捧げたい。

第10章　ENIACの稼働が落ち着くまで

　1948年の初め，ENIACはいまだ満足に稼働していなかった。変換を始めるためにニック・メトロポリスが到着する直前まで，1日分の計算作業を完了できずに丸1か月も苦闘していた。メトロポリスがサイクリングユニットを設計値の100 kHzから60 kHzに変更しただけで，苦労していたモンテカルロプログラムをうまく稼働させることができた。この変更はたいへん有効だったが，ENIACの信頼性を向上させ，その構成を標準化するためには，その後の長い年月にわたってはるかに多大な努力を必要とした。電源や電気的接続の改造，手順の改善，そして有益な作業をこなせる経験豊富なオペレータの大幅な増員が喫緊の課題であった。1950年代の初めには，改善努力の対象は性能や能力の向上のための一連のハードウェアの追加に移っていた。この章では，1955年までのこうした変更と弾道研究所計算機研究室の主力機械としてのENIACへの影響について掘り下げることにする。

§ ENIACの安定化

　ENIACで実行される次の問題のための準備は，最初のモンテカルロ解析の実行が完了に近づく頃には順調に進んでいた。1948年5月6日，リチャード・クリッピンガーは「彼の問題での教訓」を伝えるためにENIACグループを訪れ，また，ユナイテッド・エアクラフト社の2人が「ターボジェット問題を……託した」。それは，次にENIACに投入される予定の問題であった。メトロポリスは5月11日にアバディーンを去った。操作チームは最初に，メトロ

ポリスの置き土産である「83命令の符号体系」を実装するために構成を調整し，当初計画との一貫性を保証するために「行の数え上げ機能」を修正した[1]。週間のテストと調整が終わった時点においても，ターボジェット問題を実行する許可はまだ届いていなかった。クリッピンガーは，長年構想を練ってきた超音速気流の計算作業を始めるために，ジーン・バーティクとフィラデルフィア在住の請負技術者を伴って5月17日早朝に到着した。

　次の3か月の間，新しい構成の安定化に伴い，両方の問題の作業はともに順調に進展した。機械の公開実演が頻繁に行われ，さらに頻繁に問題が発生して全交代要員が解決に専念したことによる損失にもかかわらず，クリッピンガーのプログラムを実行する試みは相変わらず順調だった。7月6日までに84種の命令を定義する「ENIACの問題をコーディングするための命令群」のほぼ最終版が完成した[2]。7月12日，クリッピンガーは機械から引き離され，「ターボジェット問題が投入される」前に，「新しい命令」，すなわち当初プリンストン大学の関係者から提案されていた二つの制御命令の設定が行われた。このコードは「極めて成功裡に」数日間作動し，その後再びクリッピンガーが超音速気流計算にいそしむ順番になった[3]。彼の計算が終了したのち，オペレータは再び機械のスイッチをターボジェット問題用に戻し，その計算は8月初旬に完了した[4]。

　ENIACの構成と命令セットのさらなる調整が1948年の夏まで続いた。関数表制御とパンチカード制御を切り替えるスイッチが，8月6日に取り付けられた。その主な目的は，関数表に設定されているプログラムを中断することなく，カードの束から読み込んだ診断プログラムを実行することであったと思われる。9月に，その時点で91命令からなる「コンバータコード」の設定に関する完全な説明書が，関係者に回覧された[5]。

　上限の100kHzで機械を作動させるために1948年5月から集中的に作業が行われたが，「開平器を除き，100KCでの機械の稼働はOK」という喜ばしいニュースが日誌に記録されたのは10月であった[6]。ほとんどの仕事の処理時間は，ENIACのパンチカード装置の速度によって制約されていたため，電子的に最高速度で作動させることは，より頻繁なエラーや機械の故障を正当化するには程遠かった。1950年代にENIACを計画したハリー・リードによると，「も

しそのまま作動し続けると，より多くの誤作動が生じてしまうので，すべてが申し分なく作動するかどうかを見極めるためにその週の初めだけ100 kHzで実行した」[7]。その実行は結局，「信頼性に欠ける真空管を突き止めて取り除くためだけに，通常よりも高い動作周波数で反復動作テストとパルス波形のオシロスコープ検査を行うこと」に終始した[8]。

レジスタコード

　最初の調整後，命令セットは5年間ほとんど変更されなかった。1948年の構成変更では，永続的な安定性を確保するための作業は計画されなかった。クリッピンガーは，最初の変換作業よりもレジスタの設置がすぐさま優先されるだろうと期待していた。このレジスタは，弾道研究所が1947年の初めにムースクールに注文していた遅延線メモリであった。1948年7月の終わりに，彼は「『1948年9月に』この報告書が入手できるようになるときには，より良いコードが使用できるようになっているので，『使用中のコード』を詳細に説明する意味はない」と指摘した[9]。1948年の4月以来，実際にはたぶんそれより長い間，彼は新しいハードウェアに実装することを意図した完全に異なる命令セットの作成に取り組んでいて，1949年の計算機学会の会合でその命令セットを発表した[10]。

　遅延線記憶を持つ計算機（たとえばEDVACやアラン・チューリングによるACEの設計に基づく機械）では，長い遅延線と短い遅延線が混在するのが一般的であった[11]。短い遅延線は，長い遅延線よりも，高速なアクセス時間を提供したが，わずかな数の数値しか保持できなかった。「レジスタコード」では，短い遅延線の代わりに既存の累算器のうちの10個を使用した。データは，関数表への転送で用いたのと類似の間接アドレス機構を使って，レジスタから累算器に転送され処理された。レジスタに格納されている命令は直接実行することができたので，「プログラミング性能を無限に増やす」ことができた。算術命令は，二つの送り元累算器と一つの送り先累算器を指定する3アドレス方式が用いられた。3アドレス命令セットは，基本命令サイクル自体の高速化によ

り全体的な速度の大幅な改善が見込まれたが，一方で，ほとんどの場合一つの命令が三つの場所を使用することになってしまった。

第5章で論じたように，弾道研究所はムーアスクールとレジスタ製造の契約を交わし，そこでレジスタはリチャード・マーウィンの管理のもとで製造された。もしレジスタが約束どおり引き渡されていたら，ENIACは大容量で高速な電子メモリを備えた最初の計算機になっていただろう。しかし，レジスタは順調に進展しなかった。同じムーアスクールで製造されていたEDVACの遅延線メモリも，そして町の反対側のエッカート・モークリー計算機会社で製造されていたUnivacや1台限りのBINACの装置でも，やはり進まなかった[12]。レジスタの引き渡し予定日は，繰り返し先送りされた。

1949年の初め，「ENIACグループがその芸術品（ENIAC）のさまざまな面について議論する」ための週次会議が，弾道研究所で始まった[13]。レジスタコードについては，初めの頃の会議で数回議論された。5月27日，ついにレジスタはアバディーンに到着した。レジスタは，数日後に接続されたが正しく動作しなかった。6月29日の首脳者会談ののち，「ムーアスクールは，それを動作させるためにより多くのお金をつぎ込むか，あるいは大幅な割引価格でアバディーンに売却するかを持ち帰り検討することになった」[14]。レジスタについて日誌で再び言及されなかったことからすると，実際にはすべてを断念すると判断されたのであろう。

先行きの見えないレジスタ本体と「レジスタコード」を切り離すための努力がすでに行われていた。新しくなったENIACの専門家の一人であるジョージ・レイトウィズナーは，この新しい設定が現在の「コンバータコード」より速く，そのプログラムはよりコンパクトであると示すことで，遅延線メモリがない場合にもレジスタの設置は価値があると主張した。彼は，制御目的のためにレジスタコードが必要とする二つの追加の累算器を補う「（真空管）メモリセルのブロック」の製造を計画した[15]。この着想は，多くの賛同は得られなかったようである。代わりに，すでに時代遅れとしてリチャード・クリッピンガーに一度は却下されていた命令セットが，ニック・メトロポリスとクララ・フォン・ノイマンによって実装され，この機械のアバディーンでの生産的な期間全体にわたってコーディングの基礎として利用された。

改善された信頼性

　弾道研究所が集めた統計資料は，1948年の初めから1952年の初めまでのENIACの性能を明らかにしている。1948年の第2四半期には，修復時間に半分以上を使い，生産的作業には約4分の1の時間しか使えなかった。6か月後には「いつもの問題群を解くために正常稼働」していた時間は約57％になった。峠は越えていたが，真空管固有の低い信頼性のため，ENIACの信頼性はベル研究所のリレー式計算機に比べて低いままだった。ホーマー・スペンスがまとめた数字によると，1952年だけでおよそ19,000本の不良真空管がENIACから取り除かれた[16]。

　1948年以降，ENIACが問題を処理していた時間割合が50％を下回ったのは一度だけであり，1951年の初めには，ハードウェアチームが回路を修理し続け，操作チームは経験を積んで機械の弱点を熟知し，70％のピークに近づいた。ENIACの生産的な期間のほとんどにおいて，1週間の約30％を「機械の故障箇所の発見と修復」に使用する時間に消費するのが普通だった。それは苛立ちを引き起こすのに十分ではあったが，著しい作業負荷をENIACがこなす妨げとはならなかった。

　1952年8月まで，ENIACは新しい制御モードでおよそ75種のプログラムに取り組んでいて，その多くが射表の生成やミサイル遠隔測定法の分析のような繰り返し実行される仕事であった[17]。その処理能力の向上は，多くの面で進行中のハードウェアの改善に依存していた。

　弾道研究所の関係筋は，信頼性の改善の多くは「1950年の初め」に着手された「真空管監視計画」によってもたらされた。この監視計画では，「真空管の寿命が検査され，故障の統計データがまとめられた」。これが，「独自」の真空管検査方法の確立と「真空管自体の多くの改善」に繋がった[18]。歴史家は長年にわたって，ENIACの初期の頃にムーアスクールでエッカートが始めた，同様に入念で広範囲な真空管についての調査と検査についてまとめている。そのため，弾道研究所の方法が完全に新しくなったのか，それともENIACをかなり信頼できるようにしたもともとの技術の単なる再導入であったかは，明確でない[19]。当時の電子装置関連企業は常に製品を改善し，デジタル計算用途に最

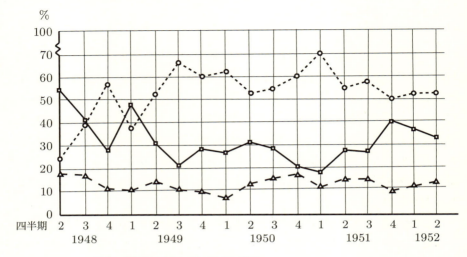

1. ○------○　通常の問題を解くために正常に稼働
2. □―――□　ENIACの故障箇所の発見と修復（重複時間なし），および特別な予防保守による停止時間
3. △――△　ENIACへの新たな問題の配置，プログラミングのチェック，データ分析，および人為的誤操作による停止時間

図10.1　1948〜1952年において，問題の解決，修復および準備に使われたENIACの時間。（W. Barkley Fritz, BRL Memorandum Report No 617: A Survey of ENIAC Operations and Problems: 194652, Ballistic Research Laboratory, 1952）

適化し始めていたので，いくつかの改善は単に新しい真空管を使うだけで達成できていたかもしれない。たとえば，シルバニア社は1948年に「計算機用真空管」という触れ込みで7AK7を市場に投入した[20]。

歴史家は，ENIACの不十分な信頼性の主な理由として真空管に注目してきたが，電源のようなそれほど珍しくない技術の改善も，同様に重要だった。電源は，その調達を論じた際に述べたように，壊れやすい特注の装置だった。誤動作と真空管の故障の原因となる電圧変動を除去し，入力電力を十分に「きれいにする」ことは，苦闘の連続であった。1950年に弾道研究所は，電動機で回るはずみ車に接続された発電機でENIACに電力を供給することで，入力電源をきれいにするという難問を回避した。このことにより，ENIACと配電系統間を直接的に電気接続できるようになった。

ENIACの信頼性を向上させるもう一つの実務的な動機は，回路中の軽微な欠陥の除去であった。1945年の壮絶な夜勤の間に，にわか仕立ての「電気配線工」によって行われたハンダ付けは，必ずしも最高水準ではなかった。アバディーンへの移動で揺さぶられて剥がれかけた接合部分は，弾道研究所でのENIACの最初の18か月を台無しにした断続的エラーの原因となった。ENIACの特許裁判の証言で，クリッピンガーは，スペンスが「ただ一回りしただけで，ぞっとするようなハンダの接合部を大量に見つけ，それらのハンダ付けをやり直して回った」とのちに回想している[21]。何週間そして何年にもわたって，スペンスのハンダごては，ENIACのパネルの至るところを動き回り，未熟な電気配線工が残したハンダの小塊を取り替えた。世界で最も複雑な電子機器の運命は，そのような職人技に依存していた。

弾道研究所は，ENIACが成し遂げたさまざまな仕事の数を時折報告書にまとめた。それらの報告書は，操作技術とハードウェアの改善は，プログラム開発者やオペレータの経験の蓄積と相まって，ENIACの有効性を劇的に向上させたことを雄弁に物語っている。たとえば1950年11月から1951年3月の間に，以下に挙げる問題が完了した。

> (a) いくつかの砲内弾道の特性の解析，(b) 軸対称的な超音速気流の誤差の評価，(c) 燃焼装置内部の四つの基本要素の平衡組成の決定のための二つの追加プログラム，(d) 二つの完璧な爆撃表，(e) 誘導ミサイルデータの9,950か所のデータ削減，(f) 通常の弾道計算を伴う二つのプログラム。

これは多様なリストであるが，1か月当たり平均三つのプログラムしか解析できなかったことを表している[22]。次の四半期には，そのグループは短期での切り替えに慣れたようである。ENIACは「(53のプログラム変更を伴う) 24の異なる問題のための計算」を成し遂げた。これは，1か月当たりほぼ18回の切り替えを完了したことになる[23]。これに続く数年間には，さらなる改善が報告されている。

ENIAC との日々の生活

　ENIAC について，人類がデジタルの時代に突入した元年となり，10 年ごとの記念日を祝うくっきりとした出来事であるかのように論じられることが多い。けれどもそれはまた，ほぼ 9 年にもわたって，メリーランド州アバディーンの特別室でもあった。そこで ENIAC の世話に長期間従事した人は多く，プログラムの作成，計算機とやかましいパンチカード装置の操作，接合部のハンダ付けのやり直しと真空管の交換，厄介な電源と空調機の保守点検，あるいは中央にある床の造作無い掃除などをした。1948 年の終わりには，ENIAC グループは，「最初の ENIAC クリスマスパーティとディナー」に 22 人が出席するまでに大きくなった[24]。すでに ENIAC は，多少有名で紛れもなく興味の対象だったが，諺にもあるように，「英雄も召使いにはただの人」であった。来る年も来る年も機械とともに働いた人々は，伝説に残る壮烈な興奮というよりも，日常業務の単調な充足感と鬱憤を経験したのであった。

　ENIAC の 80 フィート（約 24 m）のパネルはかなり大きな内部屋の壁を形成し，大勢の訪問者を収容できるように，中央の空間が残されていた。ハリー・リードにとって，そこは見世物小屋だった。この考えは，操作日誌に記録された，庶民や権力者などからなる訪問者の陳述が裏付けていた。1996 年にアバディーン性能試験場で開催された「シンポジウムと祝賀会の記録」には，次のような記述がある。

　　　毎年春に，ウエストポイントの卒業生が …… やってきた。彼らが見に来たのは ENIAC であり ……，大勢のグループが …… 歩き回ると，事態はいつも悪くなった。彼らはいつもケーブルなどに躓いた。 …… すると，私たちは …… 通常特別な診断テストがいくつか入っているパンチカードの束を取り出す。これらのテストは …… レジスタを通した数の分類の流れを見えるように作られた立派な展示品であった。それは …… ニューヨークのタイムズスクエアを思い出させた。それから …… 案内係は …… あらかじめ概要を説明し，「あちらでは，これが弾丸の速度であることをこのレジスタで確認でき， …… それがどのように動いているかを見るこ

とができる」と言う。これらのどれも …… 真実ではなかった。しかし，見学者はそれだけで満足して帰り，展示は良い見栄えだった[25]。

1946年10月に起きた小火の後には他の火災の記録がないことから，ムーアスクールからの移転の際にENIACになされた防火対策は有効に働いていたように思われる。ムーアスクールで繰り返していた浸水事故も，アバディーンでは起きなかった。日誌には電源と空調設備の故障が記録されていたが，慎重に構成された新しい環境は，その要求にかなり良く適していた。しかし，それは現代的コードパラダイムを実装した永久的な配線構成が意図せずに変更されるというような，ありふれた脅威には脆弱だった。弾道研究所のENIAC操作チームのホーム・マカリスター・レイトウィズナーによると，清掃員は常に機械の安定性に脅威をもたらした。

> 私たちは，朝出勤したらENIACの足元周りを隅々まで見て回る。もしあるプラグが，周囲の汚れ具合が他と違っている場所にあったら，清掃員がそれを抜いてしまい，近くにあるプラグの脇に差し込み直したことがわかる。ある日，何が間違っていたかを突き止めるのに何時間もかけた後で，私たちは清掃員がプラグの一つを動かしたことにやっと気づいた。それから，私たちは毎朝点検をした[26]。

リードは，うだるような中部大西洋沿岸の夏の間に湿気がパンチカードに与える影響は「最も大きな問題のうちの一つ」であると記録している。「弾道研究所で空調設備のある唯一の部屋は，IBMカードの保管と処理のために使われた。…… それは，IBMカードには湿気を吸収するという厄介な性質があり，当時所有していた読み取り装置と印書装置は，カードの大きさの変化に極めて脆弱だったからだ」[27]。1949年7月28日の日誌には，「別の記録的な真夏日」にENIACのオペレータが故障に遭遇し，バーナード・ディムスデールはENIACの予備のパンチカード装置が収容されている部屋にカード保管庫を移動させることを提案した，と書き留められている[28]（ENIACの経歴の後半，弾道研究所の職員はその空間の付加的な用途を見つけた。科学計算用計算機の最も頻繁な利用者である弾道研究所は非公式な情報交換ネットワークの中核をな

図10.2 アバディーンで設定される ENIAC。ベティ・ホルバートンが手前に立ち，後方にグレンベック（彼についての詳細は不明）がいる。1948年4月以降，壁パネル上の配線とスイッチはめったに変更されず，（右側にある，整然と並べられた）三つの可搬式関数表のスイッチだけが頻繁に動かされた。吊り天井や特注の部屋は，押し寄せる訪問者に対して ENIAC が最も良く見えるように工夫されていた。（米国軍隊提供の写真）

していた。1950年代に，この情報交換活動は，稼働しているとわかっているすべてのデジタル電子計算機に関する詳細な技術情報を提供する一連の報告の発刊により，正式のものとなった。しばらくの間，プロジェクトリーダーであるマーティン・H・ウェイクと彼の「特別システム部門」は，夏の熱気と湿気から保護された ENIAC の内部に机を置いていた[29]）。

§気象シミュレーション

　科学史家の間では，弾道研究所で行われた最も有名なENIACの計算は，1950年の気象の数値シミュレーションだと言われている。モンテカルロシミュレーションと多くの類似点を持つこの計算は，1950年代のENIACの実行の中で最もよく記録文書が残されている。

　モンテカルロの「ラン」と同じく，計算機によって解析するべく高等研究所でじっくりと具体化されてきたこの問題も，ジョン・フォン・ノイマンによってENIACを使うことが決まった。気象シミュレーションにおいても，プリンストンから出向いた「遠征」団が数週間をかけて，膨大な量のパンチカードをENIACで穿孔し，マージし，再投入した。モンテカルロシミュレーションと同様に，この研究は，科学的な実践規範において将来極めて重要な分野になりえるものの実現可能性を示すために，ENIACを使用した。数十年後，アメリカ大気研究センターなどの天候や気候の研究センターは，記録を塗り替えるようなスーパーコンピュータの新型が出るたびに，最初でもっとも影響力のある購入者の座を，巨大なモンテカルロ・シミュレーションを実行する原子力研究所と張り合うことになる[30]。

　フォン・ノイマンは1946年以来，高等研究所にまもなく導入される計算機の潜在能力を気象関係各所に売り込んでいた[31]。ウィリアム・アスプレイによると，彼は「これまで数値解析で取り扱うことは困難とされていた，複雑で非線形な現象の代表例」として大気の流体力学解析を挙げていた[32]。海軍の研究発明事務所は，1946年の5月から高等研究所の5人の専門家とそれを支援する職員によって開始された数値気象学プロジェクトを支援した。気象学と数値解析の双方を専門知識とする研究者を見つけ出して雇うことは難しく，1948年になってやっとジュール・チャーニーを雇うことができた。そして，初期の計算機の計算能力不足や正確で等間隔の気象観測データの欠如と，実際の天候の著しい複雑さとのバランスをとりながら，解くべき大気の流れの数理モデルの作成に注力することから研究は始まった。チャーニーは，1949年までに有望な2次元モデルを製作した。残念ながら，そのモデルをテストする機会はほとん

なかった．それは，高等研究所の計算機プロジェクトがそれに見合った飛躍的進歩を遂げなかったためである．

1949年9月29日に，軍需品部は，現代的コードパラダイムを実装した，米国でその当時唯一の計算機だったENIACを2週間の使用に供するという気象局からの要求を承認した[33]．直ちに，作業は適切に簡素化されたモデルを設計し，コード化することに移行した．結果報告では，「ENIACのコーディング手法の教育と最終コードの検査」についてクララ・フォン・ノイマンに謝意を表している[34]．クリスティン・ハーパーの数値気象学の歴史によると，ジョン・フォン・ノイマンは「計算機プログラムの数値解析に関連する部分」を担当し，ジュール・チャーニーは彼のモデルの計算機コードへの変換に深く関わった[35]．

リチャード・クリッピンガーは，「オペレータがコーディングをあらかじめ検査できる」ように，「ENIACの操作のための詳細なコードの流れ図」を少なくとも1か月前に送るように要求した[36]．検査は，計算機の利用時間枠の効果的な利用を確実にし，結果を無駄にするかもしれない誤差を検出するために，非常に完璧に実施された．ジョン・ホルバートンは，彼のスタッフが見つけ出した疑問や曖昧な点，疑わしい間違いなどを大量に列挙してチャーニーに送った[37]．

気象学者のアバディーンへの1950年2月の「遠征」は，ENIACがまず完了させるべき弾道計算について「機械の故障が通常より多く，進捗が予想より遅れている」とホルバートンが指摘したことにより断念された[38]．3月には，高等研究所，シカゴ大学，米国気象局の5人の気象学者からなるチームが，2週間の予定でENIACを使うためにアバディーンに到着した．彼らは，それぞれ実験場に入ることを許可される前に，機密保全の許可を受けなければならなかった．この「遠征」方式は，ENIACの初期の頃に逆戻りしたようなものであった．1950年まで弾道研究所はかなり伝統的なやり方で運営されていて，仕事は通常内部の職員によって処理され，数週間というより数時間または数日以内に終えることのできるものだけだった．

気象学者が計算機を使用する時間は，3月5日の日曜日の真夜中に始まり，「短時間の中断だけで」休みなく動かして33日後に終了した[39]．通常の実地訓

練に続き，最初の2日はそのプログラムの「ペダリング」に費やされた。これは，プログラムの正しい動作を確認するためにゆっくりと1ステップずつ進めることである[40]。

一行は，ENIACは1948年の頃に比べてかなり信頼性が向上したが，まだ故障なしのレベルに至っていないことを知った。気象学者の支援を命じられたオペレータのホーム・マカリスターとクライド・ハウフは，事前にコードを調べ，計算終了後には作表結果の郵送や，出力カードがまだ必要かどうかの確認などの事後処理を行い，高等研究所のグループと密接に連携して働いた[41]。ENIACが正しく機能しないことは何回もあったが，そのいくつかは，検査だけで計算結果に紛れ込む誤差を見つけられた。ハードウェアの問題は職員により対処され，それは数時間の遅滞の原因となった[42]。事前の検査にもかかわらず，当初の実行は誤った結果を引き起こしたりあまりにも時間がかかりすぎたりして，関数表の設定が完了したあとも，土壇場でコードのブロックや定数値をかなり変更する結果を招いた。チャーニーは，計画されたマシンタイムの41％が有益な仕事に使われ，19％が「プログラミングの誤り，すなわちわれわれ自身の愚かさ」により浪費され，残りの40％が機械の問題により失われたと推算している[43]。

高等研究所の機械向けに計画された改良点のいくつかは，ENIACに欠けていた。とくに浮動小数点演算は，アスプレイが記述しているように，「計算に先立って，変数の桁数を見積もる試行錯誤に大幅な時間を費やした」[44]。ENIACの限られた累算器メモリは，もう一つの明らかな限界であった。チャーニーは，モデルの規模は当時構築中のいかなる計算機の記憶容量も凌駕しているかもしれないが，「外部メモリの欠如は終わりのない頭痛の種だ」と訴えた[45]。シミュレーションは入出力に大いに依存していた。通常の計算とは異なり，さまざまなパンチカード操作を表す図表が必要であり，それらはモデルのさまざまな段階と関連していた。これらの計算は，これまでにENIACで試みられた中で最も複雑だった。1回で20時間と見積もられた計算は36時間の連続作業を必要とした。

チャーニーとその同僚は気象シミュレーションを多くの個別処理に分割し，それぞれの処理は手元にある機器で実行可能な簡単なものになった。ENIACに

図10.3　ENIACの前に並んだ，1950年の気象学者によるアバディーン遠征の参加者たち。ジュール・チャーニーが右端におり，ジョン・フォン・ノイマンは左から2番目にいる。（マサチューセッツ工科大学博物館の厚意による）

入力されたそれぞれのカードの束は，比較的すみやかに処理された。操作5は最も長いものの一つで，その入力カードの束全部を実行するのに23分かかった[46]。それは決して瞬時ではないが，時単位ではなく分単位で測られた。しかし，操作5は一つの気象シミュレーションサイクルを構成する16の操作のうちのほんの一つであり，20時間先の気象予報を作り出すには，最低でも六つのサイクルが必要だった。このように，気象予報を作り出すには，多くの個別の処理を通じて多くの中間結果のカードの束を混ぜる作業が必要であり，そのほとんどが手作業で行われた。日誌の記述によれば，複数回のテスト実行の結果，二つの工程の実行結果を比較するには，機械の信頼性はまだ不十分であることが明らかになった[47]。

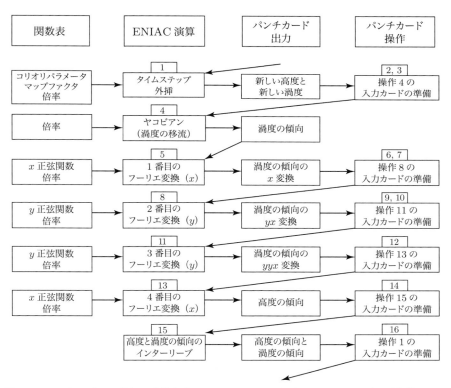

図10.4 1950年に動いた最初の数値気象シミュレーション手順。ENIAC の手順と手作業によるパンチカード処理を示している。（米国気象学会の厚意による。Platzman, "The ENIAC Computations of 1950 — Gateway to Numerical Weather Prediction" から再描画したポール・エドワーズに感謝する）

ENIAC自体がカード束を処理し終わるよりも，パンチカードの束を取り扱うのに多くの時間が費やされた。この適用のために必要なパンチカード操作は，1948年のモンテカルロ問題の「第1ラン」よりもずっと複雑だった。モンテカルロシミュレーションと同様に，天気予報も，問題とする気象システムの進展を模擬するために，一連の時間間隔ごとに同じ手順を繰り返し実行する計算を基本にしている。気象シミュレーションでは，それぞれの完全なサイクルは少なくとも1時間分の時間経過を表していた[48]。図10.4に示す当時の図の複製では，各サイクルは7種類の中間結果のパンチカードの束を生成し，それぞれ次の処理段階のための入力を形成することを明示している。幸運にも，ENIACの関数表メモリは，プログラムコードと（一番左の列に示されている）全工程の定数を保持できるほど十分に大きく，工程ごとにスイッチを調整する必要がほとんどなかった。予報を行うように要求されているすべての操作が，ENIACによって扱われたわけではなく，これらの7種類の中間結果のカードの束のうちの6種類は，ENIACに戻される前に手作業で処理する必要があった。たとえば，操作2と操作3は，ENIAC処理の第2段階である操作4への入力を提供するために，最初の中間結果のカードの束に対して実行された。それらの操作において，カードの束は「照合機で2回ひとまとめにされる」前に，「まず複製され，手作業で変更され，さらに複製され，そして再び手作業で変更された」[49]。

出力はいろいろな方法で検査された。初期の結果は手作業で計算された結果と比較され，両方の結果を比較することにより誤差が明らかにされた。誤差は，コード自体や，関数表に設定された桁数を表す定数値，丸め処理での手法で見つかった。間違いは一定の確率で発生したが，とくにパンチカード操作では，「それぞれが人為的な誤りの危険をはらんでいた」[50]。24時間予報の処理ごとにおよそ25,000枚のカードが穿孔され，そのほとんどはそのあとに手作業で処理された[51]。作業は3交替で進んでいて，作業員は順に睡眠をとっていた。

それぞれがENIACの限られたメモリ容量で実行できる小さな工程に仕事を分けることの必要性は，数学的手法の選択にも影響を与えた。参加者の一人によると，ENIACの「重要な」貢献は工程5, 8, 11, 13に現れて，それらは「ポアソン方程式を解くためにラプラス演算子を逆変換」する工程だった。フォン・

ノイマンは，指定したステップ数で厳密解が求められる直接解法をその変換に採用した。高等研究所の計算機で稼働したモデルは，代わりに反復解法を用いた。この解法は，計算はより高速になるが，どれだけのステップ数が必要か予測しにくく，非常に小さいメモリという制約を満たすように問題を分割するのが難しかった[52]。

遠征の成果は，直ちに「天気予報の新しい時代の始まり」であると認められた[53]。1951年に2度目の「遠征」があったが，ENIACの能力の限界によって，その技術がさらに改善されることはなかったようである。1952年の夏までに，気象局および軍の天気予報グループは，新しい計算機処理技術を取り入れる準備をすでに始めていた[54]。その時点でようやく高等研究所の計算機が稼働しており，さらなる実験のために利用できるようになっていた。ENIACで使われたモデルが，テストとして再び実施された。ENIACで36時間かかっていた予報を，その新しい機械は90分で実行した[55]。IAS計算機は，その核となる電子回路がENIACよりかなり速かったが，最も性能を高めたのは，書き込み可能なより大きい内部メモリと磁気ドラムであり，それによってカード記憶装置や外部カード処理への依存が大幅に減った[56]。ENIACがIBMのパンチカードユニットを使用していたのに対して，IAS計算機は紙テープと低速テレタイプ読み取り装置を使っていたので，データを外部記憶に出力する必要がある場合には，初期性能ではENIACが優位に立っていた。しかし，IAS計算機がパンチカード装置を使うように改修されると，予報はたった10分しかかからなくなった[57]。また，気象学グループは，ENIACによる実験結果を大気の流れの最初の3次元モデルに組み入れることができた。

§ ENIAC の使用における進化

ENIACの新しい制御モードは，当初の設計の際になされた妥協点に挑んだ。具体的には，現代的コードパラダイムでは，常に関数表から命令を取り出すことになっていた。関数表の比較的豊富な容量によって，より複雑なプログラムが

できるようになったが，以前は使用可能だったいくつかの累算器空間が使えなくなったことも相まって，これまで以上に，ENIACのメモリ容量の不足が深刻化することになった。1951年から1954年までに，これらの欠点をすべて解消し，新しいパターンの使用形態を支援するための一連の変更が，ハードウェアに加えられた。その変更により，検索命令とシフト演算の速度は大きく改善され，また，プログラムを配線盤に保存して必要に応じて取り付け・取り外しができるようになり，高速で書き込み可能な記憶領域を5倍に増やした先駆的な磁心メモリが設けられた。

ENIACのいくつかの部分は，予想されていたよりずっと集中的に使われたが，ほとんど，あるいはまったく使われない部分もあった。マスタープログラマはほとんど使用されず，ほとんどの累算器は単なる記憶装置として扱われていた。これは，より複雑な機能を制御する電気回路とプログラム制御群が，それらの当初の目的のためにはもはや必要でなかったことを意味していた。

より多く，より速い関数表

ENIACの用語における「関数表」とは，電気回路とプログラム制御群を含む二つのパネルからなる固定ユニットのことであり，「可搬式関数表」と呼ばれる独立したユニットのスイッチで指定された数値にアクセスした。この構成は，より柔軟な利用方法を意図しており，たとえば，可搬式ユニットをENIACに接続しないであらかじめ設定しておき，必要なときに関数表に差し込むことができた。可搬式関数表は，データ表やプログラムパラメータが容易に変更できるように設計されていた。それらは，標準関数の表のように長い寿命を持つデータや，何度も実行されるかもしれないプログラムコードには，あまり適していなかった。

ENIACの設計者は，関数表としていくつかの異なる設計を検討していた。1944年5月，ジョン・ブレイナードは，三つの関数表のうち二つは，データを自動的に再ロードできるように，手作業ではなく「テレタイプ機構で設定」されるべきであるというリランド・カニンガムの提案に乗り気になっていた[58]。

アデール・ゴールドスタインの1946年の報告は，異なる可能性について言及した。それは，「(内容の) 固定された」可搬式関数表を構成すること，すなわち特定の機能が必要なときにはいつでも接続できる読み出し専用メモリである[59]。そのような関数表は作られてはいないようだが，1948年12月に，標準のプログラムコードを記憶するために同じような計画が議題にあがった。ジョン・フォン・ノイマンは，そのすぐあとのクララへの手紙に，「『固定された』関数表をもう一つ作ることは，大した仕事ではない」から，弾道研究所の技術者は「彼女のコードのいくつかを『ハンダ付けした』関数表を作ることに決めていた」と書いた[60]。

　後者の考え方の一つの変形が，第4の関数表を追加することによって1951年にようやく実装された。それらの値のほとんどは，つまみを回すのではなく所定の位置に配線盤を取り付けることでセットされた。配線盤は，IBMパンチカード装置で使われた制御方法で，小さな穴に通された配線のパターンで数を蓄える。データを蓄える仕事は骨が折れ，製造されたボードは絡まった配線で覆われていたが，プログラム，サブルーチン，あるいは定数の表が頻繁に必要とされたときは便利であることが判明した。何千個ものスイッチをリセットする代わりに，あらかじめ配線された配線盤が棚から出され，取り付けられた。これは，プログラムを焼き付けたROMカートリッジを必要なときに所定の位置にはめ込むことに似ていた。サブルーチンとデータ表の組み換えによって柔軟性を増すためであろうが，新しい関数表にはいくつかの異なる大きさの配線盤が使用された。「二つの三重パネルと四つの単一パネルIBM配線盤」は合計1,152桁の数値を保持できた[61]。残りの48桁はスイッチで指定でき，パラメータの変更が簡単になった。

　ここまでの詳細な説明で，ENIACのハードウェアがどのように利用者の必要と実践規範に呼応して進歩し続けたかがわかる。たとえば，繰り返される仕事の間で簡単かつ迅速に切り替えを行う必要性や，標準の関数表に設定された特別なプロジェクトを中断せずに，緊急の反復的な作業を実行する必要性であった。新しい関数表は，プログラムと定数データを格納するために利用できるメモリ全体の容量も増加させた。副作用は，ENIACのもともとのハードウェアを少し時代遅れにしたことだった。最初の三つの関数表には104行あ

り，もともと2桁の「引数」によりそれが選べるようになっていた。104行のすべての範囲を2桁でアクセスできるように，受け取った引数に自動的に加算する −2〜2 の値をオフセットスイッチで指定した。もともとはプログラムを手作業で補助することを意図していたこのオフセット機能を，オフセットをアドレスの一部としてコード化することで，当初の変換後も使えるようにした。100行しかない第4の関数表の導入によって，それぞれの関数表に対して100行にしかアクセスできないようにコードは変更され，もとからあった三つの表のそれ以外の行とそれらにアクセスするスイッチは使われなくなった。

　1952年の初めに，機械は「高速関数表」に変更された。この変更は，固定された関数表ユニットに実施された（文書の記録からは，それらが取り替えられたのか，それともただ修正されたのかははっきりしない）。当初の設計者にとって，表検索の速度は優先事項ではなかった。関数表へのアクセスは，参照表からパラメータや値を取得する必要があったときだけ発生し，そのたびに5加算時間が必要だった。しかし，変換後は，実行される各命令はまず関数表から読み込まれるようになった。これによって，ENIAC はかなり遅くなった。一つの加算に（賢明な読者には推測できると思うが，当初の ENIAC では1加算時間だけしかかからなかった），現代的コードパラダイムへの最初の改造後には，6加算時間が必要になった[62]。高速関数表は，1加算時間だけでデータを取得できるようにし，命令サイクルを速めた。たとえば，その後 ENIAC はたった3加算時間で加算ができ，20加算時間ではなく17加算時間で乗算ができるようになった[63]。

シフト命令の最適化

　現代的コードパラダイムへの変換後，ENIAC はその時間の多くを数値のシフトに費やした。累算器は，10進数で10桁までの符号付き数値を格納するように設計された。実際に格納された数値の多くは，1桁のコードや，決して100を超えないカウンタなど，もっと小さかった。記憶容量の厳しい制限を考慮すると，これらの数値のうちの一つを格納するのに累算器を丸ごと割り当てるの

は，とても無駄であった。もとのENIACで「アダプタ」として知られる装置は，入出力端子に挿入され，入力された数字の振り分けを行う。ENIACはそれぞれの桁を別々の配線で運んだので，これを実現するのは簡単だった。シフタは，10の冪による乗算や除算を一瞬で行うよう数値をある桁数だけ左または右に移動し，一方，「削除子」は指定された桁をゼロで置き換える。

　変換後，プログラマは，これらの演算をシフト命令によって実装した。現代的コードパラダイムによりもたらされた豊富な機能は，単一の累算器にいくつかの変数（たとえば，5桁の数，3桁の数，二つの1桁のコード）を詰め込むことで，貴重な記憶領域をより効率的に使うことを容易にした。これらの変数を使用した計算は，かなりの負荷になった。累算器18の6〜8桁に保持された数を取り出すのに，次のような五つの命令が必要だった。(1) 累算器18の内容を累算器15にコピー，(2) シフト命令R5を使い累算器15の1から5桁を右にシフト，(3)「シフトプライム」命令R'3を実行して必要な3桁を（一時的な作業領域として扱われる）累算器12に移動，(4) 累算器15をクリア，(5) そして累算器12の内容を累算器18にコピーする。その変数が更新された場合，新しい数で累算器18の関連3桁を上書きするために，同様に手の込んだプロセスが必要であった。計画中の命令セットの最適化では，必要なシフトの量の減少が図られた。たとえば，関数表から2桁のデータを探し出す51命令の符号体系の中の命令は，そのあとに続く4桁および6桁に対して同様の操作をする派生命令と結合され，複数の読み取りやシフト演算を不要にした。

　モンテカルロの「第2ラン」のプログラムの実行において，およそ18％の命令がシフトであった。ENIACの当初の設計では，シフタは計算速度をまったく落とさなかったが，いまやそれぞれのシフトは基本的な「(命令)取り出しと解読」処理の影響を直接受けていた。モンテカルロチームは，これらの命令によって消費される計算時間の量に敏感に気づいていた。「第1ラン」プログラムの初期設計についての分析では，総計算時間の32.2％がシフトに費やされることを示唆していた。計画された60命令の符号体系では，それぞれのシフト命令のあとにはシフトの向きと幅を示す2桁の数値が続いた。シフトには20加算時間がかかり，その大部分がこの引数の処理に費やされていた。モンテカルロのために実装された拡張命令セットで，より簡単かつ速いシフト命令へと

切り替えが行われたのは，おそらくこれが契機だったと思われる。引数を必要としないその 20 種類のシフト命令は，それぞれ実行に 9 加算時間しかかからなかった。

　シフトが非常に多用され，その上，不釣り合いに遅いことがわかり，弾道研究所は ENIAC のために一組の新しい回路を設計した。それらは，「電子シフタ」または「高速シフタ」として知られている[64]。シフタは，格子状に配置したダイオードを用いて，入力とそれぞれのシフトによる可能な出力を直接的に対応させることで，シフト中に累算器間で数値を動かすことを回避した。この再構成は，シフトが，基本的な実行手順でかかる 3 加算時間以外にオーバーヘッドをまったく必要としないことを意味していた[65]。最も頻繁な演算は，いまや最も速くなったのである。また，新しい桁上げが 1952 年の初めに設置されたのち，「大量の真空管とプログラムユニットが不要になった」と報告された[66]。

磁心メモリ

　1949 年にレジスタが失敗したのちに，まったく別系統のユニットであるバロース社で製造された初期の磁心メモリが設置される 1953 年 7 月までは，ENIAC の書き込み可能内蔵メモリはとても小容量のままであった。その新しいメモリは，100 個の追加累算器分の記憶容量を ENIAC に提供し，ニューヨークタイムズ紙は，「人手によるメモに頼ることなく，機械がより大きな問題を取り扱えるようになる」と報じた[67]。

　磁心メモリによって，ENIAC はメモリ技術のすべての世代を飛び越えて，一気に技術的な最前線に躍り出た。1951 年以降の最も顕著な例を挙げれば，磁心メモリは MIT の超高速 Whirlwind 計算機において使用されていた。小型で，簡単で，そして信頼性が高く，要求されるいかなるメモリ領域にも迅速にアクセスできた。完成するや否や，それは 1950 年代初期の主力の計算機のメモリ技術となり，遅延線と陰極線管記憶装置は廃れていった。それらは大きすぎて，複雑で，信頼性に欠けていたからである。遅延線は，水銀槽メモリから現

れる信号を必要な計算機のデータとして同期するのに，プログラマに多くの努力を要求した。ENIACに適合していた磁心メモリは内製品ではなく，初めての外部業者からの調達品として，バロース社のフィラデルフィア研究所に特注されたものだった。

　新しいメモリ技術と特有の既存技術を持った機械を組み合わせることで，独特な挑戦が可能になった。ENIACは，一連のパルスとして伝達される10進数によって動作した。たとえば，8は連続する8個のパルスとして送られた。10進数のそれぞれの桁に4ビットの2進数を使ったメモリの内部表現と，ENIACの連続するパルスとを変換するために，特別なハードウェアが必要とされた[68]。全部で48本の信号線が，新しい記憶装置とENIACの間を結んだ。この比較的大容量で書込み可能なランダムアクセスメモリの追加によって，ENIACのコードに四つの新しい命令を追加する必要が生じた。コードのすべてのバージョンには，汎用累算器と累算器15とのデータ転送のために二つの異なる命令コードが割り当てられていた。この方式では，磁心メモリが提供する100個の新しい記憶場所を活用した処理能力の拡大は，明らかに実現できない。その代わりに，改訂された設定では，磁心メモリユニットを5番目の関数表として扱った。新しい「store」命令と「extract」命令は，関数表に対する間接アドレス指定の方法を拡張して，累算器8のサブフィールドで指定されるアドレスに対して動作した[69]。ここでも，ENIACのモジューラーアーキテクチャによって提供された柔軟性に感心させられる。

　新しいメモリの設置は，「計画」と「計画外」の両方の作業時間の急激な増加をもたらした。その増加が原因で，「電気回路構成と機械ロジックのサービス要員のさらなる養成」が必要となり，新しいハードウェアでの「実際のトラブルシューティング経験」の蓄積が遅れ，そして「見慣れないエラーの兆候とテスト手順の不備」が顕在化した。新しい7個のテストが「メモリの故障に伴って出くわした難しいトラブルの調査から導き出されて」，機械の使用可能な時間が回復し始めた[70]。このことから，初期の計算機の設置時における保守員の重要性と，磁心メモリなどの不慣れな新しい装置で発生した問題に工学的専門技術を適用し，その後日常的に使用する新しい手順に反映させる過程の重要性についての洞察が得られる。

§ ENIAC と次の世代

　実用可能になってから 4 年以上を経た 1950 年の初めまで，ENIAC は米国で実用上最も強力な計算機として，ヘビー級タイトルを保持し続けた．計算が複雑すぎて，従来のパンチカード装置，あるいはハーバード大学とコロンビア大学で使用中の数少ないリレー式計算機のいずれでも実行不可能であったときには，ニューヨーク市に行って SSEC で実行するか，アバディーンに行って ENIAC で実行するのが通例であった．ENIAC の使用料金は 1 日につき 800 ドルだった．「1 日」は 24 時間の計算機利用時間を意味した．ENIAC の 2 日分の費用は，当時の新車の平均価格とほぼ同じである．外部利用者のためのプログラミングは，通常，弾道研究所職員によって行われ，利用の承認はワシントンの軍需品部長官房局から得る必要があった[71]．

　1950 年に ENIAC はそのチャンピオンの称号を，ワシントンの国立標準局で作られた計算機 SEAC に譲った．SEAC は，機能を発揮するのに十分な大きさで企画されていたが，製作期間を優先して規模が縮小されたので，当初「暫定的な計算機」と呼ばれていた．（ほとんどの初期の計算機がそうだったように）かなり予定より遅れて完成したが，それでも IAS 計算機を雛形として作られたほかのどの機械よりも，すみやかに完成した．SEAC は，ENIAC より少し高速で，はるかに大容量の書き込み可能な高速メモリを備えていた．それは，すぐに ENIAC と SSEC に取って代わって，ロスアラモスの仕事を実行する機械として選択された．

　続く 18 か月の間に，かなり多くのグループが，計算機を動作させることに成功した．これらの機械の中には，（カリフォルニア大学ロサンゼルス校で国立標準局のために作った）SWAC，（MIT の）Whirlwind，ミネソタのエンジニアリング・リサーチ・アソシエイツ社が作った 2 台の計算機，そしてプリンストン高等研究所のジョン・フォン・ノイマンの計算機があった．最初の Univac 計算機は，実際の引き渡しはその翌年であったが，1951 年に顧客である米国国勢調査局に採用された．1952 年が明けてもなお，ENIAC はまだ米国中の通常の業務に使用されていた 12 台ほどの計算機の中で一番強力だった．しかし，

その年の終わりには、同じ建物の中で、一番強力な計算機でも2番目に強力な計算機でもなくなった。それは、弾道研究所が、所有する計算機群にEDVACとORDVACを加えたからである。

　EDVACという名前は、実際の計算機の名前としてより、『…に関する報告書の第一草稿』という語句と組み合わされた形で目にすることが多い。EDVACプロジェクトの初期の進展、および極めて影響力のある第一草稿とムーアスクールのチームにより実行された仕事との競合関係についてはすでに論じた。計算機史について熟知している人以外は、EDVACが実際に弾道研究所に引き渡されていることを知らないかもしれない。

　J・プレスパー・エッカートとジョン・モークリーの指導のもとで作られ、1946年のムーアスクールの講義で論じられた設計は、ほどなく放棄された。ジョン・フォン・ノイマンとハーマン・ゴールドスタインは、そのときはすでに高等研究所で彼ら自身の計算機プロジェクトに没頭していて、エッカート、モークリー、アーサー・バークスもムーアスクールから移動していた。ENIAC設計チームの何人かの経験があるメンバー（中でもとくに著名なのはT・カイト・シャープレス）は、もう1, 2年ムーアスクールに残り、1947年までに高いレベルの修正設計を生み出した[72]。次の数年の製造期間には、数人のEDVACプロジェクトリーダーが交代し、最終的な製品は才能の大量流出の影響を大きく被った。

　EDVACの設計は、第一草稿で描かれた斬新な単純さから徐々に離れていった。たとえば、その命令セットでは、ENIACで提案された「レジスタコード」のように、算術演算を三つのアドレスフィールドを持つ単独の命令として定義し、（ACE試作版のような）他の遅延線機械と同じく、次の命令を取得すべき場所を指定するもう一つのアドレスが追加された。その複雑さと真空管の数は、構想期間中にかなり増えた。

　EDVACは、1949年に弾道研究所に出荷され、かろうじて収容できる大きさの部屋に設置された。以降数年間、それは失望以外の何も引き起こさなかった。遅延線メモリシステムは絶望的に不安定で、入出力のために機能する周辺装置を持っていなかった。磁性線記録方式で進めるという決定は、1940年代の半ばには、それと同じく未完成の磁気テープ技術の代案として期待できそう

に思われていたが，ムーアスクールのチームを技術的な袋小路に追い込んでしまった．結局EDVACは，記憶装置システムなしで引き渡された．それは特別なレジスタさえも欠き，物理的なインターフェイスとしては従来の紙テープ装置かパンチカード装置を接続するしかなかった．

EDVACの作りは粗悪で，アバディーン到着3年後の1952年になって，ようやく割り当てられた仕事をうまく処理し始めるようになった．公式記録には，遠回しな言い方で，「動作するまでに修正しなければならなかった不良回路の割合は，通常の基準を超えていた」と記述されている[73]．マイケル・ウィリアムズのもっと明瞭な説明によれば，「EDVAC ⋯⋯ に取り組んだ多くの人々が『もう大丈夫だ』と言う」までに，膨大な数の欠陥を記録している[74]．

その後，EDVACは進化を続け，ムーアスクールで作られた（不安定な電源などの）周辺のハードウェアが交換され，新しい入出力装置が追加されたことにより，より堅牢になった[75]．そしてついには安定し，1962年の退役まで，10年にわたり信頼に足る実績を弾道研究所に提供した[76]．

ORDVACは，1952年に弾道研究所に導入されたもう1台の計算機であり，1950年代初期の多くの米国の計算機と同様，高等研究所のフォン・ノイマンのチームが作った設計に基づいていた．その設計は広く配布されて，機械そのものよりもはるかに多くの影響を及ぼした．しかし，それに基づいて作られた機械を「クローン」と呼ぶには，いささか語弊がある．というのも，それらの設計は多くの重要な箇所で変容し，命令セットは通常互換性がなく，多様な記憶装置やメモリ技術を使用していたからである．それでもなお，それらのアーキテクチャには明確な類似点があった．

ENIACの「レジスタ」メモリやEDVACを含め，1945年以降にムーアスクールが作った機器によって弾道研究所が経験した問題の数々は，次の契約はどこかよそと結んだほうがよいと，弾道研究所に気づかせたことだろう．ORDVACはイリノイ大学によって作られ，1952年2月に引き渡された[77]．初期の計算機プロジェクトの基準からすれば，ORDVACのアバディーンへの移設とそこでの初期の問題解決は，迅速かつ順調に進んだ．イリノイ大学は，独自のデジタル計算機研究所向けにORDVACのコピーを作るために，それぞれの部品を二つずつ作った．ILLIACと呼ばれるそのコピーは，のちにその時代の最も重要

な計算技術研究グループの中心となり，のちの計算機科学の代表的な中心地としてイリノイ州を確固たるものにした。

1952年の終わりに，弾道研究所はEDVACとORDVAC，そしてその傍らのENIACの性能値を集計している。数年にわたる運用で蓄積した経験のおかげで，ENIACの（修理のための休止時間を意味する）「エンジニアリング時間」の週当たりの平均は，ほんの48.1時間であった。それはEDVACが修理に費やした時間の半分以下だった。週に67.1時間の生産的作業をこなしたENIACに対して，EDVACは21.7時間，そしてORDVACは29.4時間だった。もちろん，初期の計算機は，それぞれのハードウェアが完全に信頼できるようになるまでに，長期にわたる問題解決と調整を経ていた[78]。

最終的な比較は，期待外れの結果をもたらした。ENIACに新しいプログラムをロードするには，手作業で何百個ものスイッチをセットする必要があった。それよりも新しい機械は，わずかな時間で紙テープから自動的にプログラムをロードした。それでも，ENIACは「問題の設定とコードの確認」に週当たり20.4時間を要しただけだった。他方，EDVACは23.3時間，ORDVACは39.1時間を浪費した。仕事を実行する際のENIACの効率は，弾道研究所のプログラマがそれまでに得た経験や，テスト済みのプログラムライブラリ，その命令セットの単純さ，そのコードのデバッグの容易さに起因したのだろう[79]。

新しい機械はどれもそうだが，とくにEDVACの場合は，1953年まで手を加え続けることになり，いくつかのハードウェア部品の導入が，プログラムの実行に費やす時間をさらに減らした。しかし，ENIACは研究所の主力として揺るぎない地位を保ったままであった[80]。

ENIACが追い越される

ENIACがそうであったように，弾道研究所の新しい機械も，利用者の需要をより良く満たすために進歩した。たとえば，EDVACはデータやプログラムの記憶機構がないまま引き渡されたのち，間に合わせに考案された解決策として，紙テープインターフェイスが加えられた。紙テープは，標準的な穿孔機と

読み取り機で利用できる慣れ親しんだ技術だった。ただし，パンチカードより遅く，大量のデータを取り扱うことは困難だった。1953年にはパンチカードのインターフェイスが加えられた。1955年には磁気ドラムメモリ，1958年には浮動小数点演算ユニット，そして1960年には磁気テープユニットが常用に供された[81]。

　弾道研究所は，所有している計算機同士の間の連携性とデータの互換性を最大化するために，それぞれの計算機の改良を進めた。ENIACは，特別な「ENIAC部門」の職員によって稼働していた。EDVACやORDVACのプログラミングと操作を扱う同等の部門ものちに作られた。しかし，すぐに研究室の指導者は，特定の機械ごとよりも，担当する問題の領域ごとに専門化できるように，すべてのプログラマを3台の計算機すべてを扱えるように養成したほうが効果的であることに気づいた。そして，利用者にとって3台の計算機がもっと同じに見える方法を見つけることを重視して，たとえば，ENIACで使われるのと同じ媒体のデータを読み書きできるように，EDVACとORDVACにもパンチカードの入力を追加した。当初ORDVACは，1,000語のメモリを紙テープから満たすのに38分かかっていたが，比較的速くて柔軟なパンチカード方式の経験から，それは長すぎるように思われた[82]。ENIACは，バイナリや文字列のカードを読むことはできなかったが，カードインターフェイスをいくつか微調整することによって，他の機械で穿孔されたバイナリの数値カードと互換性を持つようにした[83]。

　古い機械が永久に競争力を維持することはできず，磁心メモリが設置されたのち，保守技術者の手を煩わす時間が増えた。1954年の夏の間に，ENIACはEDVACやORDVACより多くの時間を予定外の保守に費やしたが，それでも生産的作業に多くの時間（週当たり平均84時間）を提供し，使用されていないのは週に2時間だけだった。しかし，ENIACがどんなに多くの時間稼働したとしても，生産性ではあとからきた機械とまったく勝負にならなかった。週平均で，ほんの五つの別個のプログラムを実行するために，14回の「問題の変更」が必要だった。平均的な仕事の場合，設定と命令セットの確認に1.2時間，処理に5.4時間が必要だった。ENIACは，5年前に1か月間で達成していたよりも多くの仕事を，通常1週間で処理していたが，その速度はいまや新し

い世代に劣ると判断された．ORDVACは252回の切り替えを行い，1週間で平均31のプログラムを実行したと報告された．典型的な仕事では，確認してから実行するのに1時間もかからなかったので，ENIACのオペレータがスイッチを確認している間に計算が終了してしまうことになる．弾道研究所に到着した5年後にもまだ利用されていなかったEDVACは，当時，問題を週当たり24時間しか本番実行できなかった．しかし，ついにその夏に，119回の問題の切り替えを伴った24種のプログラムを実行することで，終生の怠け者は，なんとか業務作業量でENIACを追い抜いた[84]．

　最終的に，ENIACのクロック速度は，新しい磁心メモリの導入によって，ニック・メトロポリスが発見した最も安定する速度60 Hzから高速化された．1954年の報告によると，「ENIACは現在，（新しい磁心）メモリがより信頼性高く動作するように，通常90〜100 kcの範囲で生成されるパルスで運転されている」[85]．残念ながら，磁心メモリはENIACの信頼性を損ねることになった．1954年12月から1955年5月の間で，1週につき60.8時間を保守点検に費やし，そして，生産的作業はわずか44.6時間しか実行できなかった．クロック速度の高速化は，増大した修理時間を相殺し，ENIACを「全体的にもっと高速な計算機」にしたという前向きな主張にもかかわらず，もはや仕事不足のため週に51.8時間は使用されていなかった．常連だった仕事は他の機械に移されて，その長い経歴は終わりに近づいていた[86]．

ENIACの退役

　ENIACが世に出たときは，全国紙の一面で報道され，始動ボタンは将官によって厳かに押され，そして豪華な晩餐会が注目を集めた．それらの派手な出来事は，のちに数十年にわたる法的議論の的になり，個人的な不平の種を提供し続けた．対照的に，その最後のシャットダウンは世界中の人にほとんど気づかれず，回顧録，口述歴史，保存資料にその出来事の説明を見つけることはできなかった．ただ1955年10月2日午後11時45分という日付と時間だけが残っていた．

ENIAC の業績と改修について忠実に記録していた *Digital Computer Newsletter* でさえ，弾道研究所の計算機使用可能時間の最新四半期の要約に，その消滅を次のように脚注で記しただけである。「ENIAC の数値は，（12 週間ある四半期のうち）8 週分（だけ）の平均である」。この生涯最後の 8 週間の間，保守点検が平均 49 時間，未使用が 33 時間であり，仕事の実行には 2.3 時間を費やしただけであった。

　いくつかの資料は，ENIAC が落雷で損傷したのちに捨てられたことを示唆している[87]。それは劇的な終わりであった。ENIAC は計算実行のために真空管の中を流れていた電流，まさにその力によって破壊されたのである。しかし，その落雷は，避けられない最期の日をほんの数週間早めただけのことだった。この古い機械に残された作業はほとんどなかったが，それまでと同じように要員を置き，保守するには，費用がかかった。役目を終えた ENIAC は，計算技術研究室から撤去され，次の 10 年ほどをかけて，アバディーン性能試験場のどこかでゆっくりと朽ちていった。

第11章 ENIAC 世代の計算機，「プログラム内蔵方式」に対峙する

　この章では視野を広げて，ENIAC とその稼働最盛期に作動していた他の計算機とを比較し，初期のコンピューティングの歴史的な議論において常に現れる「プログラム内蔵方式」の文脈で ENIAC を検討する。多くの歴史家は，1940年代にこの概念を明らかにし，採用したことが計算機の歴史におけるもっとも重要な分割線であり，進化した現代の計算機とそれ以前の先行者とを切り離していると同意している。それにもかかわらず，最近ドロン・スウェードが指摘したように，なぜこうでなければならなかったかについて，歴史家の意見は一致しない。長い間，スウェードは「プログラム内蔵の重要性は自明にちがいない」と決め込み，この困惑を計算機科学教育における自分の「理解不足」あるいは「何らかの欠如」によるもの考えた。彼が「大胆になり」，計算機の歴史家や先駆者たちに「問い始めた」とき，彼らの答えは「すべて異なり」，「主たる利点が原理におけるものか実践におけるものか」は腹立たしいほどはっきりしなかった。スウェードは「一つの特性についてはすべての回答にわたって完全に意見が一致していた。つまり，現代のデジタル電子計算機の決定的な特性としての内蔵プログラムの立ち位置に誰も異議を唱えなかった」と結論付けた。そして，「このことについての理由付けは異なっていた」が，「誰もその重要性を疑わなかった。しかし，単純な言葉でその重要性を明晰に述べるよう求められると悪戦苦闘し，原理と実践を見かけの上で一緒にすることは明瞭さを妨げるようだ」と続けた[1]。
　フォン・ノイマンの『EDVAC に関する報告書の第一草稿』において「プログラム内蔵方式」という考えが浮かんでいたことは，ほぼ例外なく合意されている。この方式は，現代的コードパラダイム，フォン・ノイマン式アーキテクチャパラダイム，EDVAC のハードウェアパラダイムという第6章で切り分け

た特徴の組合せとして(多くの場合は暗黙的に)定義されている。私たちは，第一草稿がこの方式に対する最初の，あるいは最も影響を与えた記述であったかという点について論争している。その真の創案者はアラン・チューリングだ，あるいはJ・プレスパー・エッカートとジョン・モークリーだという意見を支持する人たちもいる。従来ENIACは，効率的でないモデルを提供したことで，それを上回るものとしてこの方式を構想する意欲を起こさせたに過ぎないと見られてきたけれども，ENIACと新しいパラダイムの実際の関係はそれ以上に込み入っていた。すでに見てきたように，第一草稿に従って逸脱なく具体化された最初の稼働可能な計算機として作り直すことで，ENIACは稼働期間の半ばに現代的コードパラダイムで書かれたプログラムを実行するように再構成された。この設計をENIACの後継として考えると，ある意味でENIACはそれ自身の孫になり，そのいとことして，EDVAC，プリンストン高等研究所の計算機とそこから派生した計算機，Univac，EDSAC，ACEファミリー，マンチェスターマシンなどがあった。

この章では，歴史家が現代の計算機を，どのようにして，そしてなぜ「プログラム内蔵方式」への忠実さという観点から定義するに至ったかという歴史学の疑問を探り，その方式と1948年以後のENIACとの関係性について歴史学における既存の議論を調べ，その次に，ENIACの汎用計算機としての機能をIBMのSSECのようなEDVACの枠組みに従わなかった計算機を含めたその世代の他のマシンの機能と対照して，より広く，より実践志向的に分析して提示する。

本論に入る前に，まずはじめに「プログラム内蔵方式」の最初の記述と理解されることの多いものを詳細に見ていこう。それは，新種の計算機械についてのエッカートの1944年1月の記述である。

§エッカートの磁気計算機

のちにエッカートとモークリーは，命令の変更を含む，画期的な「内蔵プロ

グラム」が，1944年初頭までに完全に開発されたと主張した。エッカートは，自明という言葉を多用した。

> 簡潔に「内蔵プログラム」と今日呼ばれる私の最高の計算機のアイデアは，私たちにとって「自明な考え」で，当たり前なものになった。計算機の命令が……数値コードで伝達できることは自明であった。ループを制御したり，繰り返しを数えるといったマスタープログラマにより提供される機能は，計算器内で命令を変更できるようにすれば非常に自然に達成できることも自明であった[2]。

モークリーは晩年，EDVACを設計する際に「『アーキテクチャ』または『論理的構成』は，当然，最初に取りかかる事柄だった」ので，1944年初期までに，単独の記憶装置，単独の演算ユニット，完全な中枢制御に決まった，と書いている[3]。しかし，ムーアスクールの記録から，EDVACに複数の演算ユニットを与える可能性はその年の終わりまで保留されていたことがわかる。それは，ENIACから最終的なEDVACアーキテクチャへの移行は，エッカートとモークリーがあとになって示唆したよりも，ゆっくりと漸進的であったことを暗示している[4]。

エッカートの1944年1月の「磁気計算機の開示」は，しばしば彼らの主張を支持するものとして引用されている。これは，回転する軸に取り付けた金属ディスクや，ドラムに基づく計算機メモリのアイデアの概略を説明したものであった。全文が難解であるが，その中に次のような重要な一節を読み取ることができる。

> 多軸システムを使うと，より長い時間尺度が得られるので，関連する設備とプロセスの自動プログラミングを可能にする機能が大幅に使いやすくなる。これにより，このような機械の有用性と魅力が大幅に拡張する。このプログラミングは，合金ディスク上に設定する一時的なものでも，あるいはエッチング処理が施されたディスク上に設定する永続的なものでもよい[5]。

この一節は，エッカートがすでにENIACの後継機では命令やデータを区別

なく格納する計画であったことを証明している、という主張もある。重要な初期の歴史の中で、ナンシー・スターンは、「フォン・ノイマンがムーアスクールを知る数か月前に、『プログラム内蔵方式』は開発はされていないとしても、考えられてはいた」と結論付けた[6]。一方は、フォン・ノイマンがエッカートとモークリーによる画期的な成果を横取りしたという主張もある。ジャーナリストであるスコット・マッカートニーは、おそらくこの立場の最も熱烈な支持者であり、エッカート、モークリーや、他のムーアスクールのベテランから、フォン・ノイマンの道義と誠実さに疑問を呈する多数の引用を集めている。マッカートニーは、「フォン・ノイマンの行動の多くは、……計算機の誕生に関する名声を得るための計算された動きのように見える」と結論付けた[7]。

「磁気計算機の開示」が「プログラム内蔵方式」の初期の記載を表しているという考えには、それが、書き込み可能でアドレス指定可能な単一の記憶媒体内でプログラム命令とデータを区別しないという狭い意味であろうと、第一草稿のほかの主要なアイデアを包含するという広い意味であろうと同意できない。そのような結論を妥当としているのは、エッカートが汎用計算機をENIACのスコープと一般性を含んだものとして、つまりENIACがEDVAC試作品の一種であるように、特徴付けているという一つの前提である。しかし、この「開示」は、その発明を「数値計算する機械を構成する簡単な手法」と紹介している。そこでは、「通常の機械式計算器の機械的な特徴のいくつかは、より速くてより単純な機械を製造するためのいくつかの電子式、磁気式装置を組み合わせて維持される」。結びの段落で、エッカートはこの主題に立ち戻り、この機械は「安価に製造できなければならない。なぜなら、電気部品の精度は、同等の機械的な部品よりもはるかに低いからである。残りの機械部品は、長寿命を与えることができる非常に単純な軸受面を持つだけにして、保守作業は、電気部品の信頼性と長寿命によって軽減されるべきである」と指摘している。

問題にしている時期には、「計算器」や「計算機」という用語で、異なる種類の機械を系統立てて指し示すことはなかったとしても、「開示」で与えられた説明は、エッカートが提案しているのは卓上計算器の改良された電子版であったことを示唆している。マーチャント・カリキュレーティング・マシン社が製造したような計算器は、その時代における最も複雑な機械装置であった。その

計算器は，キーボードを使って制御され，目盛り盤に出力を表示した。基本的な加減乗除の算術演算を提供するための歯車，駆動軸，レバーによる複雑な構成が，机の上に置けるほど小さな箱の中に詰め込まれていた。製造の許容誤差は非常に小さく，組み立ては困難で，専門家による定期的なサービスを必要とした。これらの機械は，科学，工学，ビジネスで広く使用されていた。したがって，原価が何千ドルもする巨大な自動計算機の市販の見通しは非常に不透明だったが，この優れた代替品に対する明確な商業市場は存在した。

エッカートが，従来の計算器から継承したものの一つは，「電動モーターの駆動により連続回転する，時間軸と呼ばれる軸」であった。機械式計算器は，歯車の歯の位置によって数値を格納した。エッカートは，その代わりとして，「少なくとも外縁が高速に繰り返し磁化・消磁できる磁性合金で作られたディスクあるいはドラム」に格納することを提案した。データは，「セクタ」内に格納された。この用語は現在でも使用されている。(1960年代から広く使用される)ハードディスクドライブと(1950年の主要な記憶装置技術だった)磁気ドラムメモリについて説明したのは，エッカートが初めてである。電子回路で従来の機械式表示目盛り盤を駆動することは困難だったので，エッカートはまた，「通常0〜9の数字を保持するディスクあるいはドラム」という特殊な種類の表示子を提案した。これは，ディスクが回転すると，点滅するネオン管が数字に光を当て，「ストロボ原理」によって結果を表示する。

ジョン・アタナソフの計算機は，作業データを格納するのに回転ドラムを使用していたが，数値を表現するのに磁力ではなく静電容量を使用していた。電子論理の動作タイミングに比べて，データをドラムから読み取る速度が非常に遅いため，計算速度は大幅に減速した（モークリーはあとで厳しくそれを批判した），一方費用は劇的に削減された[8]。実際，いまや有名なモークリーの1941年6月のアイオワ州への訪問は，データ記憶域の非常に安価な方法を見つけたというアタナソフの主張を契機としていた。コストを下げて容量を増やす代償として速度を落とすことは，ENIACなどの最高級の計算機には望ましくないかもしれないが，卓上計算器には非常に魅力的であった。アタナソフ・ベリー計算機（ABC）の試作機の費用は，7,000ドル以下だった[9]。それゆえ，エッカートは，大量生産したもっと単純な計算器は約1,000ドルで販売でき，最高

級の機械式計算器と価格競争力があると見なしたのであろう。1940年代の電子計算機プロジェクトの費用と期間を見積もるために使用された楽観的な基準からすれば，不合理とは思えなかっただろう。

　歴史学の議論は，機械の回転ディスクに対する「自動プログラミング」の設定についてエッカートが言及していることに焦点を当てている。しかしながら，エッカートが現在の意味で「プログラミング」という用語を使用していたという結論に飛び付くべきではない。ENIACの開発を通じて，「プログラム」は主として単一の操作を指示する「プログラム制御」の行為を指していて，のちにそれが指すことになるような，特定の問題を解決するために必要な一式の命令群を意味していない[10]。エッカートがこの「開示」を準備していた1944年初めの資料である，ENIACプロジェクトの最初の進捗報告書では，「プログラミング」という用語は，ごくまれに外部スイッチを設定する行為を指す大まかな用法によって今日の意味に近づきつつも，概してこのスイッチの設定に従って動作を順序付ける各ユニットの「プログラミング回路」について言及する箇所に現れた。「問題を実行するためにこれら（の基本操作）を繋ぐこと」は，「プログラミング」ではなく「問題の設定」と記述された。そして，報告書の「ENIACでの問題の設定」の章には「プログラム」という用語は現れない。報告書の別の箇所には，「相互接続とプログラムの自動的な設定のために別の装置を考案し構築する必要性」を回避することで，ENIACの設計・構築・テストが捗ったと付記されている[11]。

　「自動的にプログラムされた」という表現は，ENIACの乗算器の接続の記述において初めて登場する。乗算される数値は，乗算器に直接接続された累算器内に配置しなければならない。1944年6月の進捗報告書は，「プログラムパルスが乗算器の特定のプログラム制御に送られると，乗数および被乗数累算器は自動的に乗数と被乗数を受信するようにプログラムされる」ことを提案している[12]。ここでは，人間のオペレータではなく乗算ユニットが累算器を「プログラミング」すると言っている。

　エッカートの「自動プログラミング」の議論は，こうした同時期に起こったいくつかの用途に照らして理解されるべきである。この言葉は，完全な問題のための命令というよりも，むしろ乗算のような複雑な操作を実行するために，

制御ユニットによって受信された指令信号が，計算機の算術演算ユニットのより基本的な一連の演算の自動的な引き金になる過程を指している。高速な乗算や除算の機能によって，機械式計算器は，加算だけの機械よりもはるかに高価なものになり，ある程度小型のユニットとして設計できるものの限界を押し広げた。エッカートの「開示」は，基本的な操作を加算だけにすることで，これを大幅に簡略化することを提案した。彼の計算器では，「減算，乗算，除算」は，決められたある順序の「連続する加算の処理で実行される」。エッカートは，回転したときに「計算に必要な操作を時間調整・制御・開始するパルスや他の電気信号を必要に応じて生成する」ための「縁や表面に刻印されたディスクやドラム」について論じて，自動制御の考え方を紹介した。これは「いくつかの電気オルガンで使われている音の発生機構と類似している」と付記されている。それは，鍵が押されると，回転ディスクの周縁の凹凸を磁気的に読み取り，生成される周波数の組合せを決定する。

　エッカートが提案した手順は，のちのマイクロプログラミングの概念に似ている。(たとえば，乗算などの) 利用者によって要求された単一の数学関数は，ディスク上にエッチングされた制御の並びに従った (加算やデータ転送などの) 一連の動作の実行を引き起こす。これで，「多軸システム」は「自動プログラミングを可能にする機能を大幅に使いやすくする」，なぜなら「より長い時間尺度が得られる」からであるというエッカートの謎めいたコメントの意味が通る[13]。エッカートは，プログラムやデータは別々のディスク，実際には異なる種類のディスクに格納されていることを想定した。彼は，それぞれのディスクにデータトラックが一つしかないならば，ディスクの外縁だけを磁化すればよいと述べている。したがって，(たとえば，乗算のために) プログラムされた演算の最大の複雑さは，プログラム用ディスクが1回転する時間によって制限されうる。軸をゆっくりと回転させるほど，演算に対して「より長い時間尺度」を提供することができる。プログラム用ディスクよりもデータ用ディスクを速く回転させられるように別個の軸にすれば，計算器は，遅い回転のプログラム用ディスクが次の動作を引き起こす新しいコードを配信する前に，高速回転するデータ用ディスクでの数値の検索や更新を含むコード化された動作を完了させる時間があるだろう。確かにエッカートとモークリーは，単一の機械内

で異なる回転速度を使用するという考えに精通していた。アタナソフの計算機は，桁間の繰り上がりを一時的に格納するために，主記憶ドラムの16倍の速さで回転する軸に取り付けられた小さなドラムを使用した。

　要求に応じて実行できるように，演算列をハードウェアに組み込むという考えも同様であった。ENIAC自身の乗除算器ユニットについては，すでに触れた。1943年後半には，関数の特定の値を格納し，中間値を生成する補間アルゴリズムを実装した「関数生成器」が，ENIACのために計画された[14]。ハーバード大学のMark Iでは，乗算，除算，対数，指数関数，正弦関数のための専用ユニットや補間に物理的配線という類似した手法がとられ，これらの演算の一つの呼び出しが機械をまたがる複雑な一連のステップの引き金となった。振り返って，この手法は「サブルーチン」と呼ばれることもあった。一つの演算が完了するのに，丸々1分かかることもあった[15]。これらの関数などを実装するのに，エッカートの「自動プログラミング」の仕組みが容易に利用できたかもしれない。

　「開示」を読むと，エッカートは対話的で個人的に使えるように設計された計算器を提案していたことがわかる。その計算器は，計算技術のエコシステムにおいて，時代の最も先進的な機械式計算器が占めているのと同じような地位を占めることができただろう。エッカートは，「数値は通常のキーボードを用いて機械に入力されるべきである」と指摘した。これとは対照的に，1940年代の実験的な電子式および電気機械式計算機は，パンチカードや紙テープで数値を読み，結果を出力した。これらの媒体は高価で，とくにパンチカードによってIBMは高い利益率を享受していた。特許となりうる発明の予備報告書である「開示」の中で，エッカートは，いかなる結果として生じる特許の範囲も最大限になるように，その可能性をできるだけ広く表明した。彼は，入出力に紙媒体を使用する可能性に言及したが，「この機械の演算には通常いかなる材料も使用せず，電力だけを消費する」ので，彼の計算器は「カードやテープ機械以上の経済性」を実現していると述べ，結論としてキーボード制御を前提としていることを繰り返し述べた。

　電子式卓上計算機を作るという一般的な目標は，ENIACプロジェクトよりも前から存在していたかもしれない。ENIACの特許裁判において，モークリー

は，早ければ1941年の1月に「かなり簡単な」機械を設計し始めたと証言した。その機械は，「基本的に十分な情報を格納できる卓上計算器で，それによって何度も使用される数値を繰り返し入力する必要はなくなるだろう。……しかし，必ずしもパンチカードからではなく，キーボードからも動く」[16]。同僚たちよりもはるかに優れたエンジニアリング能力を持つエッカートは，1944年までにこのアイデアに立ち返ったようである。

　提案された計算機は，ENIACよりもはるかに単純で安く，その機能は1944年の夏に弾道研究所に約束したENIACの後継機よりもはるかに劣っていた。しかし，エッカートが「開示」で検討したアイデアと，EDVACのハードウェアパラダイムと呼ばれているものの間には，いくつかの類似点を指摘することができる。計算器の論理回路は，10進表現ではなく2進表現を使用することで簡素化されていた。その挑戦的な目標原価によって，単純さを重視することになり，エッカートは，並列ではなく逐次に数字を転送することで論理回路を最小化する方向に進まざるを得なかった。

　エッカートは，制御テープから命令列を読み込む可能性や，内部記憶装置用のディスクやドラム上にそのような命令をコピーする可能性には言及しなかった[17]。「開示」から，データとコードを区別なく格納されているアドレス指定可能な記憶媒体から命令コードを一つずつ取り出し実行するというEDVACのアプローチをエッカートが固めていたと結論することは，確かに妥当ではない[18]。第一草稿以前のENIACの改修や後継機を論じる現存する資料には，命令の形式やアドレッシング体系の議論は含まれない。残されている潜在的な特許のアイデアの開示からは，1945年の初期でさえ，エッカートとモークリーがEDVACに注力した短い時間は，主として遅延線と磁気ディスクを含む記憶装置技術に費やされたように見える。実際，彼らに付与された特許は，遅延線メモリに関するものであった[19]。

　「開示」の詳細から話を戻すと，私たちの結論は，歴史家はただ「プログラム内蔵方式」ひとつだけに集中して考え，それをエッカートの崇拝者に否応なく認めさせたことで，この幾分曖昧な言葉に基づいて，EDVACに対する彼の貢献を明らかにしたというよりもかえって不透明にしたというものだ。このようなアプローチによって，現代の計算機に対するエッカートの貢献は過小評価

されている。1944年初期の，大容量で高速な書き換え可能メモリを構築するために遅延線を使用するというエッカートのアイデアは，制御についての未完成のアイデアよりも，EDVACプロジェクトを前進させるためにはるかに重要であった。エッカートの画期的な発明以前に，有用ないかなるプログラムを格納するにも十分な大きさの高速で書き込み可能なメモリ技術は存在しなかった。データと同じようにプログラム命令にもENIAC流の累算器を使用するなどと言えば，その発案者は天才ではなく愚か者であることを示しただろう。ENIAC式の累算器の有望な代替としてのメモリ技術に注力したエッカートの推進力と，遅延線と回転する磁気媒体を同一視するという彼の判断は，技術者としての偉大さを裏付けるものである。

§「プログラム内蔵方式」

本書では，「内蔵プログラム」という未分化の用語を使用することを避け，現代的コードパラダイム，フォン・ノイマン式アーキテクチャパラダイム，EDVACのハードウェアパラダイムという複数の観点から，第一草稿の貢献を明確にすることのほうを選ぶ。これによって，現代のコンピューティングの発展は一つの素晴らしいアイデアから導かれる結果に取り組んでいるに過ぎないという，「プログラム内蔵方式」の議論での暗黙の含意を避けることができる。

この節では，「内蔵プログラム」という用語を歴史的に位置付けることで，この選択の正当さを示す。ここまでに見たように，1940年代後半の「EDVAC型」の機械の議論で，はっきりと区別できるいくつもの進歩を見分けてきた。新メモリ技術に関連して，フォン・ノイマン式アーキテクチャは，それまでに造られた計算機よりも小さく安価で信頼性のある計算機の構築を可能にした。ここで興味深いのは，二つの絡み合った歴史である。その一方は，第一草稿とそれに関連した文書で探求された多くのアイデアから，1940年代後半の計算機がその先行機と一線を画する唯一の重要な特性は命令とデータを共用のメモリに格納することだという最終的な合意に至った過程である。もう一方は，「内

蔵プログラム」という特定の用語がその概念に関連付けられた過程である。

「内蔵プログラム」という用語の最初の使用

　第一草稿は，のちの歴史的研究により割り当てられた役割にもかかわらず，「内蔵プログラム」の意味を定義していない。実際，「プログラム」という語は第一草稿にはまったく現れない。ジョン・フォン・ノイマンは，一貫して「プログラム」よりも「コード」を，「ストレージ」よりも「メモリ」を好んだ。「内蔵プログラム」よりも「コード記憶」のほうが，命令ストレージという構想の要点をより自然に表現している。したがって，この方向で作られた計算機の記述に現状の「内蔵プログラム」という用語を結び付けるには，いくつかの歴史的な説明が必要である。文字どおりに読めば，この用語はほとんど何も伝えない。計算機により実行可能な任意のプログラムは，ある形式で格納されなければならない。第一草稿自体には，「命令は，装置が認識できる形式で与えられなければならない。その形式として，パンチカードシステムあるいはテレタイプテープに穿孔されたもの，鋼帯や鋼線に磁気的に記録されたもの，映画フィルムに写真で記録されたもの，いくつかの固定または交換可能な配線盤に配線したものなどがある。この一覧は必ずしも完全でない」と述べられている[20]。

　「内蔵プログラム」が現れるまでには，数年かかっている。1948年に発行されたムーアスクール講義の講義録には，この語句は含まれていない[21]。1947年にハーバード大学で開催された会議の会議録にも，1947年と1949年にダグラス・ハートリーによって出版された入門書にも，1949年のケンブリッジ大学の計算機に関する会議の議事録にも，工学研究所によって1950年に出版された書籍にも，この語句を見つけることはできなかった[22]。それどころか，1940年代のあらゆる出版物で，この語句を見つけることができなかった。

　1940年代の執筆者は，計算機の新しい種類を記述するために，さまざまな他の用語を使用していた。最も一般的なのは「デジタル自動計算機」であった。「デジタル」は，それらを微分解析器のようなアナログ機械と区別するものである。「自動」は，人間ではなく機械であることを示すために使われた。別の

普及している「電子的」という形容詞は，それに先行する電気機械式とは一線を画する高速機械を意味する。こうした語彙では，ENIACやIBMのSSECとEDVAC後の計算機との区別が必ずしも明らかではなかった。『高速計算装置』では，ENIACやEDVACのような機械を「大規模デジタル計算機システム」としてひとまとめにする[23]。同じような暗黙の分類法が，1951年のAIEE-IRE共同会議で発表された。その分類法では，「動作する高速デジタル計算機」という扱いで，ハーバード大学のMark IIIだけでなく，カードでプログラムするIBMの質素な計算器までが，新しいEDVAC型機械とひとくくりにされた[24]。

「内蔵プログラム」という用語は，実際にいつ使われるようになったのか？ そして，なぜそれが最終的に計算機の新しい種類の説明として「EDVAC型計算機」の代わりに使われることになったのか？ はっきりと確認できた最初の使用は，1949年にナサニエル・ロチェスターの指示のもとで通常「試験組み立て」と呼ばれるIBMの最初のEDVAC型計算機を作った，IBMのポキプシーの施設の小規模なチーム内である。その実験的なシステムは，急仕立ての計算機の算術ユニットとして，IBM初の電子計算器である604電子計算パンチを配するものであった。これには，新たな制御ユニット，陰極線管メモリ，磁気ドラムが付けられた。

604はすでに最大60命令のプログラムを保持できる配線盤を持っていたので，こうしてできた計算機には潜在的に二つのプログラミング機構があった。その結線プログラムと，250語の電子メモリやドラムに保持されたより複雑で柔軟な命令列とを区別するために，チームは後者を「内蔵プログラム」と呼ぶようになった。1949年にロチェスターによって書かれた提案では，プログラムに必要な作業と配線盤の費用は，ひとたび複雑さのあるレベルに達すると，非現実的になると指摘されている。こうして，ロチェスターは「この困難を解決する最善の方法は，一揃いの集計カードを扱う機械に計算プログラムを導入し，数値データとともに，計算機の記憶部にそれを保持することである」と主張した。その報告書は，「静電記憶装置と内蔵プログラムを使用した計算器」と題された[25]。

これまでに私たちが遭遇した，「内蔵プログラム」が最初に現れた印刷物は，ノースロップ航空機社の「内蔵プログラムの新しい形態で制御された」磁気

ドラム式デジタル微分解析器（MADDIDA）という1950年の説明である[26]。MADDIDAはその制御情報を磁気ドラム内部に保存したが、今日では、プログラム内蔵型計算機、あるいはプログラム可能な計算機とは見なされていない。この例では、この用語は、現代的コード・パラダイムの使用ではなく、ドラム制御につけられているように思われる。

1950年代に広まった「内蔵プログラム」という用語

ナサニエル・ロチェスターとIBMの共同研究者は、「試験組み立て」からその後継機、テープ処理機、そして最終的には701（IBMの最初の計算機製品）へと発展するに従って、それらに「内蔵プログラム」という用語を採用した。たとえば、「試験組み立て」プロジェクトでの豊かな経験を持つクラレンス・フリッツェルは、701は「内蔵プログラムによって制御された」と記している[27]。

その後の使用法では、内蔵プログラムによって制御されるデジタル計算機は「プログラム内蔵型計算機」という呼び名に簡略化された。1951年のAIEE-IRE計算機会議で発表された論文では、二人のIBM社員が、カード駆動の制御ユニットで604電子計算パンチと結合した、カードでプログラムされる同社の計算器について記述している。彼らは、「プログラム内蔵型機械」と対比して、その構成の柔軟性とスピードを称賛した。そこでは、プログラム内蔵方式は「利用可能な記憶域が限られているために、通常、（命令）列の長さを節約する必要がある」とされた[28]。

1953年の「デジタル計算機プログラミングの基礎」と題された論文で、別のIBM社員ウォーカー・トーマスは、「すべてのプログラム内蔵型デジタル計算機は、メモリすなわち記憶素子、演算素子、制御素子、端末装置すなわち入出力装置という四つの基本的な要素を持ち」、「メモリ上に現れる命令は数値でコード化された形式なので、計算のためのデータを表す数値と命令を表す数値の間に区別はない」と主張している。したがって、命令には「他の命令が作用して、その意味が変更されうる」[29]。ここで、「内蔵プログラム」は、その文字

どおりの意味を越えて，現代的コードパラダイムの二つの重要な特徴を包含するように進化した。その特徴の一つは，プログラムとデータがともに同じ内部メモリを使用することであり，もう一つは，数値データを修正するのに使用されるのと同じ命令および技術によって内蔵されたプログラムを変更する計算機の能力である。

1953年には，ランド社のウィリス・ウェアが「われわれが今日『プログラム内蔵型計算機』として知っていること」と参照しているように，「内蔵プログラム」は電子計算機利用者の小さな世界の中では十分に確立された[30]。この語句は，1950年代に非常に一般的というわけではなかったが，会議録，とくにIBM社員の発表では，かなりの頻度で現れた。IBM 650が「電子データ処理の基本になるプログラム内蔵の原理をビジネスや業界で普及させるのに不可欠な要素」になるだろうという一文は，1953年のその計算機の発表に込められた期待であった[31]。しかしながら，この語句は，注意深く管理されたIBMの資料作成や広告用の公式の語彙には入らなかったようである。

「プログラム内蔵型計算機」が史料に現れる用語となる

「内蔵プログラム」は，1950年代とは違って，1960年代にはもはや一般的ではなかった。おそらくその理由は，時代の主流であるすべてのデジタル計算機が，紙テープ，配線盤，あるいは外部スイッチから直接プログラムを実行するのではなく，アドレス指定可能なメモリからプログラムを実行したことにある。本や記事のタイトルでの「デジタル計算機」は，内蔵プログラム制御を意味するものと理解されていた。コンピューティングの歴史に興味を抱くときにのみ，再び，プログラム内蔵型計算機を他の種類のデジタル計算機と区別する必要があった。『計算機の歴史：パスカルからノイマンまで』という表題の本の中で，計算機の先駆者であるハーマン・ゴールドスタインにより頻繁に使用されて以後，「内蔵プログラム」が復活した[32]。ゴールドスタインはその後IBMのフェローになり，拡大する歴史的論考の中心にこの比較的無名な専門用語を定着させることに貢献した。

歴史家により，ENIACは「汎用」計算機ではあるが「プログラム内蔵型計算機」ではないと一般的に考えられてきた。この二つが分離しうるという考え方はしばしば論争されてきたが，アーサー・バークスとアリス・バークスは，1981年の読み応えのあるENIACの記事で，汎用計算機の能力を正確に定義しようとした[33]。これに応えて，この分野の歴史的成果の初期の第一人者であるブライアン・ランデルは，ENIACは「プログラム内蔵型計算機の最も重要かつ明確な特徴の一つ」である「それまでに計算した結果に基づいて，その読み書きメモリに保持したデータ項目から選択」できるという重要な機能を欠いているため，汎用とは考えられないとほのめかした[34]。言い換えれば，ランデルにとってはEDVAC型計算機のみが汎用であると考えられていた。ENIACが1940年代の時点では「汎用」と呼ばれていたことを考えると，これはやや修正主義的な立場であった。たとえば，ジョン・ブレイナードによる1946年の記事には，「数学ロボットは，これまでに開発された全電子式汎用計算機の中で最初のものである」という副題が付けられていた[35]。

歴史家が，勝者を決めずにその形容詞の多い称号をまとめて取り下げることで「最初の計算機」についての1970年代の論争を決着させたあと，初期の計算器に残された最も輝かしい栄誉は「最初のプログラム内蔵型計算機」というものであった。その栄誉は，ケンブリッジ大学のEDSACと，1948年6月21日に最初のプログラムを実行したマンチェスター大学の小規模実験機（愛称「ベビー」）という二つのイギリスの機械の間で分け合われた。

マンチェスター大学のこの小さな試作品は，データ記憶用に陰極線管を使用するというこれまでにない方法を試験するために作られた。それは，八つの命令コード（加算は含まれない）と32語のメモリだけを保持するメモリ管一つという最低限の構成で手短に組み立てられた。ベビーは，メモリの信頼性を証明するためにいくつかのテストプログラムを実行したが，その部品がフルサイズの計算機を作るために移動されるまで，実用的なプログラムにはまったく取り組まなかった。

これとは対照的に，EDSACは当時の基準からすると，強力な計算機であった。EDSACは，1949年5月6日にその最初のプログラムを実行し，1958年まで使用された。その作成者は，豊富なサブルーチンライブラリを構築し，プロ

グラミングの最初の教科書を書いた。そして，アセンブラを含むシステムプログラミングの基本となるいくつかのアイデアの先駆者となった[36]。EDSACは，ENIACと同様，多数の科学的・数学的問題に適用された。マーティン・キャンベル＝ケリーとウィリアム・アスプレイは，計算技術史の信頼できる概説で，1949年5月のEDSACの最初の実行の成功を「世界初の実用的なプログラム内蔵型計算機が現実のものとなり，それによって計算機時代の幕開けとなった」と書いている[37]。この合意が，歴史的分水嶺の向こう側に，（配線とスイッチを使ってプログラムする）ENIACと（紙テープからの命令を読む）ハーバード大学のMark Iを置くことになった。

「内蔵プログラム」は「方式」となる

「プログラム内蔵方式」の出現は，「内蔵プログラム」という用語の発展における第3段階であった。この用語は，初めは文字どおりプログラムの種類を説明していた。しかし，すぐにそれは「プログラム内蔵型計算機」という一つの種類を表すために使用された。歴史的考察は，「プログラム内蔵方式」は最初の真の計算機とその先行機の境界線であるという意味合いで，これをさらに拡張した。区別すべき機械はそう多くないが，（たとえば）ハーバード大学のMark Iはプログラム内蔵型計算機ではなく，EDSACはプログラム内蔵型計算機であるということは，これらの多くの違いをどう並べると必要十分となるかを決めなくても認めることができただろう。新しい合意は，データ列をメモリにロードし，それをプログラムとして実行する能力が備わっているかが境界線であった。しかし，ドロン・スウェードが発見したように，これが唯一の重大な違いとみえるか，またはもっと大きな転換の一局面とみえるかの度合いは大きく異なる可能性があり，実際，大きく異なった。

現代の計算機の決定付ける特性としての「プログラム内蔵方式」に関する合意によって，その定義には多くの特徴が詰め込まれようとした。アラン・G・ブロムリーは，『プログラム内蔵方式の起源』と題した報告書で，異なる発明者のものは別の方式として「プログラム内蔵方式」を10種類に細分した。ブロ

ムリーによれば，こうした発明の「段階」は，電子デジタル演算が発明された第一草稿のかなり前から始まり，マイクロプログラムとアセンブラの発明の数年後に終わった[38]。また，ACEの設計に関するチューリングの作業は，彼が第一草稿を最初に読んだ数か月後に行われ，フォン・ノイマンが見逃したか完全には開発できなかった概念の重要な側面を追加したことが示唆されている[39]。私たちは，現代の計算機の個別の特徴を分離し明確にするための努力に共感してきた。そして，第一草稿で長い年月をかけて広められたさまざまなパラダイムの継続的な作業に感謝している。しかし，これらすべての側面を「プログラム内蔵方式」という一つの用語で表すことは，むしろ全体を損なう。

また，歴史家は，「プログラム内蔵方式」と「フォン・ノイマン式アーキテクチャ」のそれぞれの意味を曖昧にして，同意語として扱う傾向にあった。たとえば，キャンベル＝ケリーとアスプレイは，「計算機科学者は，詩情に乏しい『プログラム内蔵方式』という用語ではなく，決まって『フォン・ノイマン式アーキテクチャ』と口にする。これは，フォン・ノイマンの共同発明者を不当に扱っている」と苦言を呈した[40]。

近年では，「プログラム内蔵方式」は，計算機が十分な大きさのメモリを搭載していれば「チューリング完全」または「万能」であるという，より定式化された概念とますます混ざり合ってきている。1940年代に計算機を構築した人々の議論の中に，チューリングの理論的研究に言及するものはほとんどない[41]。しかし，より最近の議論では，プログラム内蔵型機械の利点は，多くの場合，それらの設計者にとって最重要の実際的な問題よりも，のちの世代の計算機科学研究者の理論的な関心事に訴えることで論じられてきた[42]。

このような今や社会通念となっている多くの例の中から最近の三つを引用しよう。これを書いている時点で，「プログラム内蔵型計算機」に関するウィキペディアのページでは，これを「電子メモリ内にプログラム命令を格納するもの」と定義し，そこに「この定義は，メモリ内のプログラムとデータを区別せずに扱うという要件を拡張している」と付け加えられている。そして，「プログラム内蔵型計算機の考えは，1936年の万能チューリング機械の理論的な概念に遡ることができる」と述べている[43]。また，ポール・セルージは，『計算技術：歴史の概要』において，プログラム内蔵型計算機を「命令（プログラム）

が操作する同じ物理メモリ装置に，この命令とデータ双方」を格納するものと定義した。そして，この「チューリングの考えを実用的な機械の設計に拡張した」ことを示唆した[44]。ドロン・スウェードは，最終的に，この章の前の部分で引用した，自身の混惑についての微笑ましい大胆な告白を覆し，「内部内蔵プログラム」は「チューリング万能性の実用化」であったと結論付けた。そして，「計算機やそれに類似する人工物の著しい増殖をかなり説明する，機能の適応性」を授けた[45]。アラン・チューリングがプログラム内蔵型計算機の真の発明者であったと主張する者もいた[46]。

「プログラム内蔵型計算機」としてのENIAC

　プログラム内蔵方式に特有の曖昧さを反映して，最新の文献では，プログラム内蔵型計算機としての1948年以降のENIACについて，矛盾した描写を与えている。初期の計算機の議論に関する文献の多くは，いずれかの機械のうたい文句にかなり寄り添っている。たとえば，私たちの初期の論文のある査読者は，第一草稿からのアイデアについてENIACが実装した点と，しなかった点を議論することに異議を唱えた。「変換されたENIACを真のプログラム内蔵型汎用計算機と同一視する試み」を非難し，「計算機史家の人々にとっては，これは言葉遊びのように見えるだろう。ENIACは，それ自体で非常に重要な計算機だったが，真のプログラム内蔵型汎用計算機ではなかった」と述べた。ENIACをその後の世代の計算機と分かつ境界線として「プログラム内蔵方式」を実質的に定義する際に合意された「史上初」による伝統的な歴史の体系化に対して，私たちの挑戦は明らかに異端であった。そのため，査読者は証拠や推論の具体的な欠陥をまったく示さずに不採用を提言した。

　これとは対照的に，変換そのものに関わった何人かは，ENIACをプログラム内蔵型計算機だと考えた。晩年，ジーン・バーティクは「ENIACは世界初のプログラム内蔵型計算機であったし，私にはそれがわかっている。なぜなら，ENIACをプログラム内蔵型計算機に変えたチームを率いていたのだから」と書いている[47]。同じように変換のための重要な功績を主張していたリチャー

ド・クリッピンガーは，1970年の口述歴史では微妙な差異を示し，ENIACは「マイクロプログラムされた機械であり，それは関数表に格納されていたという意味では内蔵プログラムを有するが，同じメモリに格納されるという意味や命令自体によって操作されうるという意味では内蔵プログラムを有していなかった」と述べた[48]。

これらの主張は，2通りの方法で反論しうるし，実際に反論されてきた。その一つは，ENIACはプログラム内蔵型計算機ではなかったという反論である。もう一つは，専用のプログラム内蔵型計算機であるマンチェスター「ベビー」が1948年6月21日に最初のプログラムを実行したあとだったという反論である。

二つ目の異議，つまり時期について申し立ては，変換についての第7章の議論で引用した一次情報源によって全面的に反証される。ハーマン・ゴールドスタインの影響力のある本『計算機の歴史：パスカルからノイマンまで』は1972年に出版され，その本の中でゴールドスタインはいくつかの段落をENIACの変換にあて，一見すると厳正に，しかし全く情報源を示さずに「1948年9月16日に新システムがENIACで稼働した」と述べた[49]。これは，マンチェスターでのプログラム実行の数か月後であり，ENIACの読み取り専用メモリシステムの地位に関して論争点を残すとはほとんど思われなかった。その後の執筆者（その中にはENIACの変換の詳細を公表したハンス・ニューコンも含まれる）は，一般的にゴールドスタインの日付を受け入れている[50]。

ENIACは真のプログラム内蔵型計算機でなかったという一つ目の異議は，そこまで明確に論じることはできない。擁護派とは言いがたい，変換後の構成を間近に見た専門家は，概してENIACをプログラム内蔵型計算機だと述べるが，それには一つや二つの修飾詞が付けられた。

ニコラス・メトロポリスは，計算機の歴史の最も初期の記事の一つでは，ENIACは，プログラム内蔵型計算機に向かう第3段階（1946年の「計算の内部制御」）と第4段階（1948年の「計算機の記憶制御」）にあるが，「内蔵プログラムのためのメモリを読み書きする」最終段階にはないと評価していた。このように，「ENIACは読み取り専用の内蔵プログラムを実行した最初の計算機」だが，「BINACとEDSACは動的に変更可能な内蔵プログラムを実行した最初

の計算機」だとする人もいた[51]。ゴールドスタインは，ENIAC を「やや原始的なプログラム内蔵型計算機」と呼んだ[52]。アスプレイは，フォン・ノイマンによるコンピューティングの業績を完成したものと扱い，ENIAC を「プログラム内蔵モードで使用され」，「内蔵プログラムで操作するように修正」された「(読み取り専用) プログラム内蔵型計算機」と呼んだ[53]。「プログラム内蔵型計算機」の前に「原始的」と付けてはいるものの，ENIAC をプログラム内蔵型計算機の一種と認めている。アスプレイとゴールドスタインの記述は，論理的には，ENIAC を稼働した最初のプログラム内蔵型計算機だとしているが，このことを彼らは取り下げている。彼らは，おそらく時期の前後関係に惑い，別のところで EDSAC を最初の有用なプログラム内蔵型計算機，そして SEAC を米国で最初の価値あるプログラム内蔵型計算機と認めたのである。

アーサー・バークスは，1970年代に ENIAC の変換を研究し，この矛盾を指摘した。彼は，「フォン・ノイマン型計算機には革新的なアドレス置換命令があったことを除くと，ENIAC のプログラム言語はフォン・ノイマン型計算機のプログラム言語と同じ能力の命令を持っていた」と結論付けた[54]。バークスは，これらの置換命令が「プログラム内蔵方式」に不可欠であったと主張した。1990年に，バークスは，IEEE スペクトラムに掲載された「プログラム内蔵方式」というアスプレイの1ページの記事を査読した。バークスのコメントは，4ページにわたった。アスプレイの草稿は，ENIAC を「プログラム内蔵型計算機として本格的に動いた最初のモデル」と呼び，ENIAC に重要な役割を与えた。バークスは，「内蔵されたプログラムは読み書きできなければならず」，そして，それゆえ ENIAC は「プログラム可能ではあるが，広く受け入れられているプログラム内蔵方式の定義によるとプログラム内蔵型計算機ではない」と主張した。バークスは，アスプレイの言葉を論理的に読めば，暗黙のうちに1948年の ENIAC を最初の真の計算機と認めていると注意した。発表されたアスプレイの論文は，バークスの助言に従い，「1948年の ENIAC への言及はすべて削除」されていた[55]。

このどちらの立場も，納得のいくものには見えず，また，「プログラム内蔵方式」が分析の範疇として適切でないことのさらなる証拠を提供している。私たちは，40年前にメトロポリスが提案した段階的な定義にいくらか共感する

が，計算技術史のコミュニティは別の方向性に転じた。アスプレイとゴールドスタインが選んだ語句は，同じように1948年のENIACがEDVACの設計の，すべてではないがある側面を実装したという現実を捉えていたが，「プログラム内蔵方式」の論考の中では，ENIACの役割が従属的だと認めるために，形容詞を付けたことでことの真相を曖昧にしか表現できていない。バークスは，ENIACが満たさないように「プログラム内蔵方式」の明瞭な定義を設けた。さらに，それは第一草稿と変換されたENIACの間の実際上の直接の繋がりを恣意的に否定した。バークスは，とくに，フォン・ノイマンのEDVACが命令のアドレスフィールドを直接操作可能にすることで達成したアドレス修飾機能と同じものを，ENIACが書き込み可能な累算器メモリに飛び先を格納すること（間接アドレッシングの一形式）で達成したということを認めなかった。

「内蔵プログラム」を定義するこれらの戦いは，映画『ウォーゲーム』の重要な教訓を思い出させてくれる。それは，「勝つための唯一の手はプレーしないこと」というものである。この用語は先駆者や歴史家の手によって，複雑な履歴をたどり，どうしようもないほどにあい矛盾する意味が積重なったまま置き去りにされた。1948年のENIACは，その用語のある意味とは合致していたが，別の意味とは合致しなかった。私たちの「現代的コードパラダイム」の定義は，1945年の第一草稿で導入された新しい種類のプログラムを特徴付ける。1948年のモンテカルロシミュレーションから維持されたENIACのコードと流れ図は，フォン・ノイマンのチームが執筆した文書に記述された新種のプログラムと紛れもなく関連している。

一方，1940年代には，「EDVAC型」計算機の重要性は，多くの場合，新しいフォン・ノイマン式アーキテクチャの単純さと柔軟性の観点から理解されていた。それは，EDVACのハードウェアパラダイムの中心となる新しいメモリ技術との組み合わせにより，高価で信頼性の低い真空管の必要量を大幅に削減することを約束するものであった。ENIACは，その変換後も同じようにかさばる真空管でいっぱいのままであり，したがって，他のコンピューティンググループの視野外にあった。他の計算機の設計には，1948年の変換からの直接的な影響がないことはわかっている。これとは対照的に，陰極線管記憶装置が作動したマンチェスターベビーの実演は，世間をあっと言わせるニュースとして

扱われた[56]。

§ ENIAC とその仲間

　前の節では，用語の成立ちや意味を言葉の使用から探った。この節では，実用的なツールとして，そしてフォン・ノイマンとその共同研究者が第一草稿およびその後の出版物で導入した計算機の設計とプログラミングに関する新しいアイデアの実体として，1948 年の ENIAC と 1940 年代後半の他の計算機を比較しよう。以上のような点で EDVAC の特定の側面だけを特別扱いし，その他の側面を無視することによってのみ，マンチェスターベビー，EDSAC，（必ず「プログラム内蔵型計算機」と記載されている）ACE の試験版と，1948 年の ENIAC の間に明確な境界線を引くことができる。

　1948 年の ENIAC は EDVAC の構想の多くの側面にかなり近づいているため，マンチェスターベビーの場合にはとくにこの境界線がわかりやすい。たとえば，フォン・ノイマンは，大容量のメモリを主張し，8,192 語（32 ビット/語）を支持した。しかし，ベビーは 32 語のメモリしか持っておらず，そこにプログラムやデータが詰め込まれ，実行できるのは取るに足らない範囲のプログラムだけだった。ENIAC の書き込み可能なメモリは，同様に小さかったが，その読み出し専用メモリは，フォン・ノイマンが提案した容量にかなり近づいていたし，彼が推奨したように，個別の問題の要求に応じてプログラムコードと数値データを分離することができた。1948 年の ENIAC とベビーは，ともに通常のスイッチを動かすことでプログラムしたが，ベビーが入力を一度に書き込み可能なメモリの中の 1 か所にしかコピーしないのに対し，ENIAC は，大きなスイッチ配列をアドレス指定可能メモリとして扱った。第一草稿には，結果を外部媒体に格納でき，さらに計算機に入力として戻せる必要があると明記されていた。ベビーとは異なり，カードの穿孔機と読み取り機を備えた ENIAC は，これを行うことができ，その上パンチカードから直接プログラムを実行できた[57]。

SSECと「プログラム内蔵方式」

　ENIACと同時代で無視されがちな機械の一つ，IBMの風変わりな選択的シーケンス電子計算器（SSEC）とENIACの比較は，とくに興味深い。どちらも，独創的な機械だった。そして，SSECは，現代の計算機へと否応なく繋がる「最初の」計算機の継承機として良く文書化されている1940年代のコンピューティングの物語から外れた。IBMのニューヨーク本社での通りに面したガラス越しの展示品として数年間設置されたSSECは，同時代の同程度に多用途な他の計算機より早い1948年1月に稼働した。ENIACと同じように，SSECは厄介な計算要求を持つグループに引っ張りだこであった。当初ENIACで予定されていたロスアラモスの計算のいくつかは，ENIACの記憶容量を超過することが判明し，直ちにSSECに移された。

　SSECの設計は，第一草稿で表現されていた考えの影響をそれ程受けなかった。それにもかかわらず，時折，最初のプログラム内蔵型計算機だと主張される。それは，その比較的大きな機械式リレーメモリや小さな電子メモリから命令を取り出して実行したからである[58]。SSECは，特定の命令をデータと一緒にメモリ内に保持でき，プログラム制御のもとでそれらを修正することができたので，広く使用されている「プログラム内蔵方式」の定義を満たす。それにもかかわらず，全体として計算機を見ると，多くの資源を自由に使えるグループが，EDVAC型計算機よりも複雑であるのに能力がかなり劣るものを作り出したという事実が，むしろ印象的である。

　SSECは，まもなく，見ごとに風変わりな見栄えとなった。SSECは，多くの高速パンチカード読み取り機とテープ読み取り機を備えていた。テープ読み取り機は，珍しい80列の設計に基づいていて，「テープ」1巻が，本質的にパンチカードの一山であった。それぞれの命令には，次の命令を取り出すための読み込み先（通常，紙テープドライブの一つ）を指定する2桁のコードが含まれていた。このようにサブルーチンやループの内側部分として繰り返し実行されるようにコード化された部分は，物理的なループを形成するように両端が糊で貼り合わされた。条件分岐は，同じプログラム列内の別の番号位置に飛越すのではなく，別のドライブに装備された別のテープに制御を渡すことによって達

表 11.1 変換前および変換後の ENIAC, 1945 年のフォン・ノイマンの EDVAC の計画, 1948 年の ENIAC, 1940 年代末の 3 種類の計算機の比較

	1945 年の EDVAC	1945 年の ENIAC	IBM SSEC	1948 年の ENIAC	マンチェスター「ベビー」SSEM	EDSAC
稼働開始時期	該当せず	1945 年 12 月〜1946 年 1 月	1948 年 1 月	1948 年 4 月 12 日	1948 年 6 月 21 日	1949 年 5 月 06 日
プログラムのロード	仕組みは指定されていない, 記憶域は「organ R」	「設定図」から再配線	カードやテープから直接実行	スイッチ切り替え	フリップフロップスイッチ	5 チャンネルの紙テープ, メモリの 31 語の「初期命令」の端子に結線されている。
プログラムの通常の実行形式	水銀遅延線	スイッチと配線盤, アドホックのバスの分散システム	高速紙テープ	スイッチの並び	ウィリアムズ管	水銀遅延線
プログラムの別の実行形式	該当せず	該当せず	リレーメモリ, 電子メモリ	パンチカードから直接	該当せず	該当せず
読み込み可能, アドレス指定可能なメモリ容量	8,192 語 (32 ビット/語)	10 進 4,000 桁 (データのみ)	最大 100 語 (19 桁/語) (8 個だけが電子メモリで残りはリレーメモリ)[a]	10 進 4,000 桁	32 語	512 語 (17 ビット/語)[b]
ビット換算でのおおよそのメモリ容量	262,000	12,800	7,700[c]	12,800[d]	1,024	8,704
書き込み可能な高速メモリ容量	読み込み可能と同じ	10 進 200 桁	読み込み可能と同じ	10 進 200 桁 (多くは専用レジスタと重複)	読み込み可能と同じ	読み込み可能と同じ

表11.1 （続き）

	1945年のEDVAC	1945年のENIAC	IBM SSEC	1948年のENIAC	マンチェスター「ベビー」SSEM	EDSAC
ビットでのおおよその大きさ	262,000	640	7,700	640	1,024	8,704
加算時間	該当せず	200マイクロ秒[e]	285マイクロ秒[f]	1,200マイクロ秒[g]	2,880マイクロ秒[h]	1,500マイクロ秒
入力/出力	さまざまなオプションを検討	パンチカード装置（1台は毎秒133文字の出力、もう1台は毎秒133文字の入力）[i]	多くのカード読み取り装置と高速80トラックテープ読み取り機	パンチカード装置（1台は毎秒133文字の出力、もう1台は毎秒133文字の入力）[j]	結果は真空管から読む 数値はスイッチから入力	5チャンネルの紙テープ（毎秒6.23文字[k]）、テレプリンタ
条件分岐機構	命令の修正	アダプタおよび「ヌルプログラム」が、比較からの出力を制御入力データに変換する	配線盤経由でマッピングされた2桁のコードで指定された装置へ制御を移動	N3D6は、累算器6内に3桁の引数をロード 累算器15が正の場合、CTはそのアドレスに飛越し	飛越しは、命令で指定されたメモリ領域の内容によって番地に飛ぶ	累算器の符号に基づいて、または命令の変更を介して、命令で指定された場所への条件分岐
間接アドレッシング機構	命令の修正	該当せず	電子メモリやリレーメモリから取られた命令はプログラムで修正することができる	固定メモリ領域に配置された値によって指定された場所の数から取られた命令を移動/飛越し命令	メモリの間接的方法として（移動命令に先立って飛越しかプログラムカウンタのアドレスかプログラムカウンタの増分量のいずれかを取り出すためのアドレスを含む）	命令の修正

表11.1（続き）

	1945年のEDVAC	1945年のENIAC	IBM SSEC	1948年のENIAC	マンチェスター「ベビー」SSEM	EDSAC
命令の形式	1アドレス	該当せず	4アドレス	0個または1個のアドレスの混在	1アドレス	1アドレス
命令語の大きさ	32ビット	該当せず	10進19桁	10進2〜8桁	16ビット	17ビット
命令セット	8操作 三つのレジスタのスタック状構成に対する10種類の算術操作を行う命令で、異なるレジスタにロードし格納する	該当せず（機械全体に分散する複数の制約）	1語当たり一つの命令 演算コードのための3桁の数字 各アドレスの2桁 次の命令のソースの増加 完全な命令セットにはなっていない	79種の命令 40種が格納やロード 20種がシフト	減算、否定、転送、条件付きスキップ、条件付き飛越し、無条件飛越し、停止	加算、減算、乗算、レジスタへのコピー、乗算 (x2)、転送(x2)、照合、シフト (x2)、条件付き飛び越し、データを読み込み、印刷、出力確認、操作なし、丸め、停止
最大プログラムの大きさ	8,192命令 データの場合にはそれよりも少ないスペースでよい	該当せず（機械全体に分散する複数の制約）	事実上無制限 大規模なプログラムは多数の紙テープにまたがることもできる。それぞれのサブルーチンは、別のデータには置かれる。飛越しの数は2桁のアドレスコードによって制限される。	1,460指示（1命令当たり平均2.6桁と想定） 定数の場合にはそれよりも少ないスペースでよい	32命令 データの場合にはそれよりも少ないスペースでよい	512命令 データ（と初期命令）の場合にはそれよりも少ないスペースでよい

表 11.1 （続き）

a. SSEC は、150 語のリレーメモリと 8 語の電子メモリをもっていたが、配線経由を経て、そこから命令を読むための各場所には、固有の 2 桁のコードを与えなければならなかった。これらのコードは、配線経由を経て、実際のメモリ領域に写像された。リレーや電子メモリから読み出された。分岐には、別の紙テープドライブに制御を転送することによって行われた。そこから命令は、複数の配線盤のエントリーを必要とせずに順次読み取ることができてきた。そこから命令は、複数の配線盤のエントリーを必要とせずに順次読み取ることができた。各サブルーチンや内側ループは別のドライブに保存された。

b. EDSAC のもとのメモリサイズは、35 ビット/語のデータならびに 17 ビット/語の命令を処理する能力を反映して、しばしば 36 ビット/語で 256 語として与えられる。遅延線メモリのタイミングの問題で、どちらのサイズの語も最後の 1 ビットを常に無駄にした。

c. SSEC は、数値 76 ビットに符号とパリティを加え、2 進化 10 進数形式 19 桁を 1 語として格納した。ここでは、それぞれの語を 77 ビットのデータとして扱っている。

d. 変換は 1〜20 桁の 10 進数 1 語が、64 ビット/語と同等であることを前提として、2 進化 10 進数を使用すると、桁ごとに 4 ビット、または 20 桁の 1 語ごとに 80 ビットを必要とする。

e. 1945 年の ENIAC は、いくつかの加算を同時に行うことができたので、ここでは比較することは困難である。

f. しかし、SSEC は通常、高速紙テープからロードする命令を待つのに長時間を費やした、一度に二つの命令をロードする複雑なシステムでもこの問題は部分的にしか解決しなかった。リレーメモリからの読み込みでさえ、必要な場所にアクセスするためにリレーが動かなければならないので、電子的な速度にはなり得なかった。

g. 紛らわしいが、変換後の ENIAC は、一つの加算を実行するために、それぞれが 200 マイクロ秒の「加算時間」6 回分を必要としていた。減算は 8 加算時間、乗算は 20 加算時間、シフトは 9 加算時間を必要とした。ここでは、100kHz の操作を想定している。これらの時間は、その後の改善により、削減された。

h. 加算は、減算と否定によって行うので、2 演算が必要である。

i. ゴールドスタインの Report on the ENIAC, VII-1 によれば、「筆は、読み取り機が停止することなく連続して読み取る場合は毎分 160 枚、読み取りの間停止する場合には毎分約 120 枚か 160 枚だった。出力に関しては、ゴールドスタインは「毎分約 100 枚の割合でカードを穿孔できる」(IX-1) と述べている。

j. カードの穿孔 (PR) または読み込み (RD) のために、それぞれ 3,000 加算時間、すなわち 60 万マイクロ秒 (0.6 秒) かかる。各カードは 80 文字分の穿孔、毎秒 133 文字のスループットである。

k. 1949 年時点で、「入力は、毎秒 6⅔ 文字で動作する。電気機械式データ読み取り機経由でテレプリンタの紙テープ 5 トラックより入力された。」そして「出力は 6⅔ 文字/秒でテレプリンタ経由で配信された。」(http://www.cl.cam.ac.uk/conference/EDSAC99/statistics.html)

l. 第 7 章で論じたように、ENIAC では、それぞれの累算器にデータを格納する演算コードと、それぞれの累算器からデータを取得するための演算コードはすべて異なっていた。飛越しと命令コードは、関数表から読み出し、これらの数値を格納する命令は、文字どおりアドレスだけを含んでいた。関数表に事前に格納されたアドレスを使用した。いくつかの他の命令は引数も伴っていたが、文字どおりアドレスだけを含んでいた。

成された[59]。

　次の命令の読み込み先のために 2 桁のコードを使用することは，メモリからプログラムを実行する SSEC の能力を厳しく制限した。SSEC には，150 個のリレーメモリ領域，数十台のテープ読み取り機，8 個の電子メモリ領域があり，実際のメモリ領域を指定するには 3 桁の数字が必要だった。2 桁のコードを特定の紙テープドライブ，カード読み取り機，カード穿孔機，印刷機，またはメモリ領域と結び付ける配線盤を再配線することで，そのコードを物理的な場所に対応させた。アドレス「移動を伴った読み込み」コードによる同じテープからの反復読み取りは，自動前進の開始させ，命令あるいはデータが順次読み込まれた[60]。SSEC は，ランダムアクセスメモリに対して同様の機能を提供しなかったので，命令を読み込む場所は，それぞれ配線盤にエントリーが必要となった。

　SSEC の設計者は，テープ制御のリレー計算器モデルをスケールアップした。このモデルは収穫逓減のポイントを過ぎたいくつかの初期の計算機で使用されていた。クーンはこの事態を，よく適合する問題の範囲を超えて推し進めることが求められたときに立ち行かなくなることだとして，古いパラダイムの「機能不全」と呼んだ。これは，一つの例を詳細に説明すれば十分であろう。SSEC は，表を参照するために比較的高速で大容量のテープループを提供した。オペレータは，特注の機械で 400 ポンド（約 180 kg）のカードの束を特設の斜面に沿って押し上げた。その機械が作り出すテープは，持ち上げるのに鎖巻上機を使うほどかさばり，両端をしっかりと糊付けするために別の機械が設計されるほど幅が広かった。他の計算機は，これほど大規模になるこのアプローチをとらなかった。計算機の設計者が第一草稿の考えを理解してからは，リレーメモリから順次命令を取り出すためにプログラムカウンタを追加すれば，テープを糊付けしたり，ループや分岐に用いる巨大で高価な入力装置を数多く設置したりする必要性が劇的に減るということが自明なことになった。SSEC は，計算機構築者が第一草稿の教訓を取り入れたのちに当たり前になったことが，その 1, 2 年前には熟練した創造的な設計チームでさえそれほどわかっていなかったということを示している。

ENIACとEDSAC

　初期のプログラム内蔵型計算機に関する歴史的文献において，有用性についての問いの扱いはやや一貫性を欠いている。おそらく，この問いが，最初の近代的な計算機を祝福する権利をマンチェスターとケンブリッジの両方の町に与える手段として使われたという理由による。EDSACは，一般的に「有用な」，「実用的な」，または「本格的な」プログラム内蔵型計算機と最初に呼ばれた。それゆえ，EDSACは，ベビーよりも意義のある歴史的役割を果たしたという功績が与えられた[61]。EDSACは1949年に稼働し，ENIACと同様，厄介な計算を必要とする科学者が広く使用する計算機としての役割をすぐに果たした。しかし，1948年のENIACは，多くの種類の問題に対して，ベビーとEDSACのいずれよりも便利で実用的で大規模だった。

　1948年のENIACの命令セットは，EDSACのそれに匹敵する範囲で，マンチェスターのベビーよりはるかに完全であった。ほとんどのENIACの命令はわずか2桁で格納されたので，EDSACより複雑なプログラムを格納できる可能性があった。EDSACは，最も単純な命令を格納するのにも，512語（17ビット/語）の一つを丸ごと割り当てなければならなかった。1948年のENIACのコンパクトな2桁の命令形式は，開平や，ある範囲の10進シフトオプション，電子メモリとのパンチカード1枚相当の情報のやりとりなどを含む，いくつかの非常に強力な命令を備えていた。

　しかしながら，1948年のENIACは，その大規模な読み出し専用メモリにはプログラムコードと定数を保持するのみで変数を格納できなかった。その代わりに，変数はENIACの20個の累算器に分散された真空管メモリに詰め込まれた。ENIACのモンテカルロ用コードは，実際に使用されたときに，その性能が明らかになった。いくつかの累算器は，大域変数のような，プログラムの多くの箇所からアクセスされる特定の物理量を保持するために使用された。他の累算器は，さまざまな箇所で一時的な記憶域として再利用された。この方式が実装された変換後のENIACでは，累算器のメモリの10進131桁は上書きされるという脅威から完全に安全だったので，特別な予防措置なしで大域的データを格納するために使用することができた。別の30桁は，開平のようなあまり

頻繁に使われない演算と結び付いた特殊な役割を持っており，一時的なデータを格納するために使うには注意が必要だった。

　モンテカルロプログラムを分析すると，これに適用した際のENIACの実際上の性能は，二重メモリシステムによってそれほど損なわれなかったことがわかる。短いプログラムを実行する場合には，EDSACはENIACよりも変数のために多くの書き込み可能メモリが利用できたが，それが構成された1949年に，モンテカルロ用コードの800の命令を確実に収容できたとはとても言えない。プログラムと数値定数がなんとか収まるように整備されていたとすると，EDSACは，ENIACよりも作業データのために残されたメモリは少なかっただろう。

　ENIACの比較的堅固な入出力機能のみが，モンテカルロを可能にした。データ集約型のシミュレーションでは，どちらの計算機も内部メモリをすぐに使い果たしてしまい，全体的なスループットは入出力性能によって抑えられた。ENIACは，高性能のIBMユニットを使用してパンチカードを読み書きでき，従来のパンチカード装置で計算機を動かす間に，モンテカルロ用カードはソートおよび処理された。EDSACは，多くの他の初期の計算機のように，標準的な5チャンネルの紙テープを使用した。それは，パンチカードよりも遅く，大量に使う場合には面倒で，ソートすることができなかった。EDSACの初期のある利用者は，「粗悪で信頼性の低い自家製の穿孔・印刷・確認装置で正しい紙テープ一つ作るのに信じられないほどの苦労をして」やっと使えたと回想した[62]。たとえモンテカルロプログラムをそこに押し込むことができたとしても，この記憶媒体がロスアラモスの要求を満たしていたかどうかは不明である。

　ENIACの1台のカード読み取り機と1台のカード穿孔機という制限は，その限られた書き込み可能なメモリよりも大きな実用上の制限であった。多くの問題は，まだ必要な情報をまとめてカードの束一つにするための分類機，併合機，複製穿孔機での準備作業に依存していた。これらの手作業による操作は，伝統的なパンチカード作業の一部であった。たとえば，事務処理ではパンチカードが使用され，出勤票を従業員のマスターファイルと相互参照して週給原票を生成するのが一般的であった。そして，すでに述べたように，ENIACの1950年

の気象シミュレーションには，手作業によるさまざまなパンチカード操作が大量に必要だった。もし，ENIAC が 2 台のパンチカード読み取り機を持っていたとしたら，そのような雑用の多くは自動化することができたであろう。

　使い勝手は，実用性のもう一つの側面である。その時代の機械としては，1948 年の ENIAC は，信頼性高く動作しているときには，プログラムやデバッグが非常に簡単であった。ENIAC は，1 ステップごとのデバッグと可変クロックを常に提供していたので，オペレータが計算の進行状況を確認できるくらい，ゆっくりと計算機を作動させることができた。それぞれの累算器のネオン灯は，電子メモリの内容をすべて表示した。現代的コードパラダイムへの変換後，プログラム全体は関数表で見ることができ，いつでもスイッチを回して変更することができた。これにより，ブレークポイントの指定や，対話的なデバッグが簡単になった。

　スイッチを切り替えて手動でプログラムをメモリに配置しなければならなかったことも，次の世代の計算機と比較して ENIAC のまた別の欠点であった。第一草稿でフォン・ノイマンが手をつけなかったローダプログラムなどのシステムソフトウェアは，EDVAC に触発された最初の計算機において，コンピューティングの実践規範となった。最も顕著なのは，EDSAC では，紙テープからシンボリック命令コードを読み取るために，読み取り専用メモリでエンコードし，メモリにロードし，それを実行するバイナリに変換する「初期命令」のシステムを導入したことである[63]。これは，そのメインメモリ内へのサブルーチンの自動ロードと再配置も可能にしたが，ENIAC の関数表記憶域では達成できなかったものである。

ENIAC の理論的限界

　初期の計算機が計算技術に遺したものについての議論は，事実とは逆向きに転換することが簡単にできる。アタナソフ・ベリー計算機が正常に働いていたならば…，コンラート・ツーゼの Z3 が爆撃されていなければ…，チャールズ・バベッジがもっと多くの資金を得ていたら…，コロッサスが秘密でなかった

ら…。歴史的意義は，何であったのかに基づいて主張されてきたのと同じように，何でありえたかに基づいて主張されてきた。議論が計算機アーキテクチャの万能性やチューリング完全性に関わるときには，とくにこのことは真実である。なぜなら，無制限の時間と記憶空間を前提として始まるどの議論も，信頼性のある大容量記憶域を開発することが圧倒的な課題であった時代の現実から取り返しがつかないほど離れてしまっているからである。この意味では，コンピューティングの論理的基礎を探すことと，その歴史的基盤を探すことは，私たちを相反する方向に引っ張るかもしれない。計算機科学においてチューリング機械がその象徴的な立場を確立したのは，実際のハードウェアの面倒な詳細から混ざり物を取り除き，抽象化した結果であった。万能性の考え方は，コンピューティングプラットフォームとアーキテクチャの物質世界から理論計算機科学を分離するのに役立った[64]。初期の計算機科学のコミュニティが数学，電子工学や，他の分野のサービス作業から学問として分離しようともがいていたとき，この考え方がコミュニティに戦略的利益をもたらしたことからも，このアプローチの知的有用性は明らかである。

マイケル・マホーニーは，理論計算機科学の歴史を要約するのに長年苦労した[65]。彼の主要なテーマは，科学的コミュニティが独自の歴史的な物語を構築するために必要とするものであった。マホーニーは，群論やラムダ計算から形式言語のチョムスキー階層に至るまで，もともとまったく関連のない文脈で開発された数学的なツールの集合体として理論計算機科学を見た。さらに大きな規模では，数理論理学に関する研究と計算機工学に関する研究は，ほとんど相容れない長い歴史を持っていた。しかし，計算機科学の学問分野および現代の観点から，これらのことの間の関係が明らかになった。そして，しばしば歴史は，あたかも何世紀にもわたった研究が計算機の発展を方向付けたかのように，あるいは，1940年代の先駆者は主にチューリングの仕事に触発されたかのように，書かれてきた。

マホーニーが書いたように，コンピューティング実務家の「歴史を見出す」ことへの関心には，「身に迫る危険」がある。なぜなら，学術歴史家と実務家は「ともに歴史を探し求める」が，「目的も観点も異なる」からである[66]。抽象化は計算機科学の原動力であるが，初期の計算機プロジェクトや，その工学的

な挑戦への焦点，そして1940年代の思考における特定の目標やルーツという歴史の芥から離れて抽象化するならば，私たち歴史家は重要な何かを失うことになる。たとえば，コンラート・ツーゼの1943年のZ3計算機は万能であったというラウル・ロハスの主張は，感動を誘う妙技のようであった。しかし，その計算機が設計された方法や，実際にどう使われたのかといったことから，すなわち，1940年代において理にかなっていたどんなことからも，完全に外れていた[67]。ロハスが説明したプログラミング方法は，極端に長い紙テープを必要とし，計算性能を極端に低下させた。手作業であれば，もっと迅速に計算することができた。私たちにとって，彼の分析から得られる大事な教訓は，Z3はわずかな設計変更でチューリング完全になり得たが，その方式と利点は広く理解されなかったため，そうはならなかったということである。実際，のちにツーゼは，設計作業中にプログラム命令をデータとして扱うことを検討はしたが採用しなかったと主張した[68]。まさに過去は異国である。

チューリング機械は，最小限の万能計算機の有力な理論モデルを計算機科学者に提供した。恐らく，形式的証明が試みられたことはないにもかかわらず，ENIACは，その変換の前であっても，一般的にチューリング完全であると考えられている[69]。1948年のENIACが現代的コードパラダイムに従う限りにおいて，それを実世界のアーキテクチャを単純化して導かれる最小の万能計算モデルの小さいが重要な一連の研究と比較することは有益である。これらのモデルには，ランダムアクセス機械やランダムアクセスプログラム内蔵型計算機が含まれる[70]。ロハスがこの研究を要約している通り，「万能計算機械の最小構成」が必要とするのは，以下の要素の組合せだけである：間接アドレス指定あるいは単一の累算器によってメモリ中に格納されたアドレスを修正する機能，累算器をクリアしたり増分したりする命令，条件分岐演算，そして累算器の内容をアドレス指定可能なメモリにロードし格納する命令[71]。この理論的な観点からは，1948年のENIACのアーキテクチャには明らかに一つの重大な弱点があった。その書き込み可能な電子メモリは，アドレス指定可能ではなかったのである。命令あるいはデータに関する演算は，数値で指定したアドレスの内容を使って動くので，その読み取り専用の関数表メモリはアドレス指定可能であった。それとは対照的に，書き込み可能な電子メモリは累算器で保持され

て，それぞれの累算器には，データをロードするための2桁の命令と，内容を取得するためのまた別の2桁の命令が，個別に割り当てられていた。

　アドレス指定の欠如は，いくつかの潜在的な制約を課した。（たとえば，反転が必要な行列などの）データ構造の内容を処理するコードを書くときに，そのメモリ中のデータ構造の大きさと位置はあらかじめ決められてはいないとしよう。アドレス指定可能な書き込み可能メモリを備えた計算機上で書かれたサブルーチンならば，データ構造の長さと開始位置を引数として受け取ることができるだろう。

　ENIACの標準命令は，その書き込み可能なメモリ内の固定された位置に対してしか使うことができなかった[72]。これは，実際上というより理論上の限界であった。ENIACの小さなメモリは，ソートすべきリストや反転すべき行列を収容することができなかった。アドレス指定の欠如よりも，累算器メモリの小ささによって実際の制約が課された。もし，累算器のためのアドレス機構の欠如が実際の問題を提起していたなら，「コンバータコード」の設定は変更されていたであろう。1948年に設計された「レジスタコード」は，新たな遅延線メモリと10個の累算器をアドレス指定可能として取り扱った。数年後，磁心メモリユニットが導入され，ついにENIACに大きな書き込み可能な電子メモリを与えた。チームは，再び関数表で使用された間接アドレス方式を採用した[73]。もし何らかの理由でこのような変更が不可能だったとしても，パラメータ化された記憶域用サブルーチンを記述することによって累算器のメモリはアドレス指定可能になっていただろう[74]。

　私たちの「プログラム内蔵方式」の探求は，その歴史やENIACとの関係性によって，次のような感覚を強固なものにした。それは，もし無制限の時間と記憶域が効果的に与えられたとしたら，どのような本来的な制限が生じるかを推測するよりも，（実際に何をし，どう遂行されたかに基づいて）その使い方を文書化することで初期の計算機の歴史に近づくほうが，示唆に富むというものである。あたかも計算機の単一で正確に定義できる特性であるかのように「プログラム内蔵方式」を論じることの普遍性と規定を理論計算機学者から取り込もうとする歴史家の試みは，初期の電子計算についての有力な論考をつかみどころのない激論や誤解の沼地へ陥れた[75]。この章では，「プログラム内蔵方式」

は，その合意された起源である第一草稿の特定の機能として提案されたものではなく，EDVAC設計の特定の機能を選ぶために遡及的に採用されたものに過ぎないことを示した。さまざまな著者がさまざまな理論的および実践的な発展を「ステージ」あるいは「サブコンセプト」として表面上は単一の概念の中に詰め込もうとしてきたのに伴い，「プログラム内蔵方式」の意味は時間とともに変化し続けてきた。

ENIACの変換後，その能力とそのコード方式には，1940年代後半の他の主要な計算機と非常に基本的ないくつかの類似点があったが，大きな相違点もいくつかあった。これらの類似点と相違点を，「最初のプログラム内蔵型計算機」に関する架空のトロフィの所有権を奪い合うために，「はい」か「いいえ」かの単純な答えに圧縮することは，可能でもなく，望ましくもない。皮肉屋は，従来の論争は，どの大学の建物がその外壁に新しい歴史的標識を掲げるのに最もふさわしいかについて議論されたものだと決め付けるかもしれない。私たちは，最初の計算機を構築し適用するために建物の中で行われた仕事のほうが，大きな歴史的関心事であると考えている。

第 12 章　記憶に残る ENIAC

　最後のカードを穿孔した 1955 年以降，ENIAC は絶えず知名度を上げてきた．その広がりは，ENIAC に直接携わって働いた人々や ENIAC が労働を代替した人たちという枠に収まらない．ENIAC は，機械であると同様に象徴でもあり，数を生み出すだけでなく，文化的な意義をも生み出した．ENIAC が完成する前から，さまざまな企業，大学，政府機関の代表者が驚嘆の念を抱くためにムーアスクールを訪れた．ささやかではあるものの ENIAC は歴史的な存在となり，ウィンストン・チャーチルやテディ・ルーズベルトのように，さまざまな美徳や悪徳を象徴するものとして，何十年もの間たびたび市民の関心の最前線に返り咲いてきた．

§教科書的計算機としての ENIAC

　1946 年 2 月に公表された ENIAC は，性能と柔軟性においてほかの既知の計算機をはるかに凌駕する技術的偉業であった．しかし，たった数か月後には，ムーアスクール講義の主催者は ENIAC を時代遅れと見なし，すでに EDVAC 型の設計の可能性に注目していた．
　ENIAC は，実行したい計算を抱えた科学者や技術者を含めた世間一般に対して，デジタル電子計算機がどんなものであるか，そして，何ができるかを告げることとなった．EDVAC のすべての知的能力を記したジョン・フォン・ノイマンの『EDVAC に関する報告書の第一草稿』は，限定的な一部の読者だけが興味を持つ未完の思弁的な小論であった．対照的に，ENIAC は印象的な

大きさと高速な処理速度を持つ形を伴う実体だった。ダグラス・ハートリーは，ネイチャー誌に掲載された2件の論文や，1946年のケンブリッジ大学就任講演に基づいた短めの著書，1949年に出版した著書での詳細な考察によって，ENIAC の認識を高める上で重要な役割を果たした[1]。

米国で初期に普及した計算処理ガイドの中で最も重要なのは，エドモンド・バークレーの『巨大頭脳』だが，この中で ENIAC は稼働中の機械の中で最も有力な「機械頭脳」（mechanical brain）であるとされている。バークレーは，ENIAC に1章分を割いて，ENIAC を「真空管を使用した最初の巨大頭脳」と呼び，「ENIAC が思考を開始すると同時に，リレー式計算器は時代遅れになった」と記している（すでに見てきたように，それは事実とは異なる）[2]。その後の執筆者の多くと同じように，バークレーは，ENIAC の機械の構造や，プログラミング技法，種々の電子ユニットについて，かなり詳細に記述している。バークレーは，ハートリーと同様に，ENIAC を新たに構築中の電子機械の優位性を比較する際の基準とした。

ハートリー，バークレーや，他の研究者による記述は，ムーアスクールの契約の一部として実施された ENIAC のハードウェアおよびプログラミング技法の完璧な文書化の恩恵を受けている。広く普及した ENIAC の最初のプログラミングモードを記述した教科書の内容は，1948年以降のプログラミング技法の紹介が低い水準にあることと対照的である。ENIAC の作業の大半は，変換後の構成で行われたにもかかわらず，この教科書のおかげで初期のプログラミング技法が歴史的に注目されることになった。

§ 象徴的基準としての ENIAC

機能する計算機として ENIAC が活躍したのは，1945年末の誕生から1955年の最終的な廃棄に至るまでの10年弱である。同時期のほとんどの計算機とその後継機のいくつかは1955年までに消えていったが，ENIAC は残った。IBM の巨大な SSEC は1952年に解体された。ジョン・フォン・ノイマンの高等研究

329

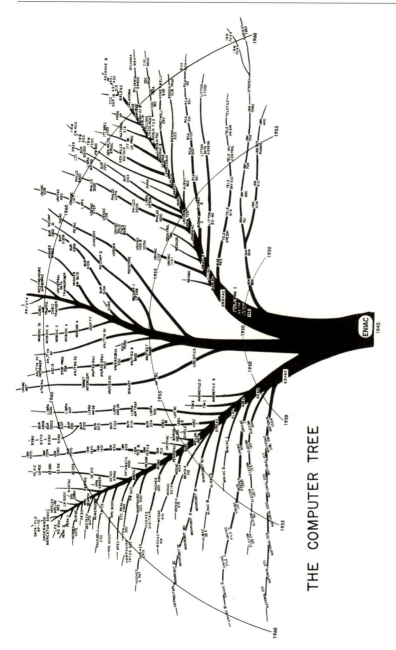

図12.1 1961年の「コンピュータ木」。弾道研究所における公式の計算技術史である『Electronic Computers Within the Ordnance Corps』の中で初めて公表された。この木は、他の文献で広く再利用されたため、ENIAC の概念が他のすべてのデジタル計算機を派生させた根幹であると信じられた。弾道研究所の他の2台の計算機である EDSAC と ORDVAC もまた、極めて重要な位置を占めている。(米国陸軍提供の図)

所の計算機は，たった6年間で機能寿命を終えていた。これらの独特な機械の後継機は，より小さく，より速く，より強力であるだけでなく，大部分は商業製品であり，まだ大量生産はされなかったものの，以前のように特定の利用者の要求を満たすための実証されていない技術を使った，1台限りの装置ではなくなった。計算機産業に関する次の冗談は，この変化を的確に言い表している。初期の計算機のセールスマンが有望な顧客を訪問した。最近，その顧客は計算機チームを作り，独自の機械を構築しようと考えていた。「そう，皆さんはノアが緊急に箱舟が必要だとわかったときと同様の選択をしていますね。完成品を買いますか？　それとも，自分で一から作りますか？」とセールスマンが尋ねた。そそっかしい顧客の一人が「でも，ノアは自分の船を作ったのですよね」と返した。「そうです」とセールスマンは得々と答えた。「もし，溺れるまでに60年の時間があり，神のご加護があるなら，あなたも同じようにすればよいでしょう」。Univac，IBM，ERAなどの計算機販売会社がすぐ稼働する計算機を実際に納入できることを証明すると，この論法は飛躍的に説得力を持つようになった。

　しかし，オペレータ，周辺装置，種々雑多な什器備品を配するのに必要な空間を囲む40枚のパネルがあるという点でENIACは異質だったので，初期の計算機は点滅する光で表面が覆われ，（建物全体ではないにしても）部屋全体を占領し，大量の電力を消費するものだと説明しなければならなかった。ある都市伝説によると，ENIACの電源を入れると，フィラデルフィア市全域で照明が薄暗くなると言われるほどだった。SF作家はしばしば，演算能力が増すとサイズも増すと考えて，そのイメージを定着させた。アイザック・アシモフは，Multivacという計算機が人々やたくさんの部屋を囲い込み，やがて一つの都市全体を飲み込んで世界を制するという物語を書いた。この比喩は，巨大な計算機を思い浮べて異様に感じた実体験から生まれている。1977年に出版され初期のPCユーザー向けに売り出されたデビッド・H・アールの*Colossal Computer Cartoon Book*[3]は，計算機を歴史的価値のある厳粛なものとして描写し続けていた。

　ENIACはしばしば，後継機の費用，サイズ，価格，重量，性能をより良く見せるために比較する標準的な基準として用いられてきた。ENIACは，そのよ

うな比較が有意義と認められるほどに十分な知名度を保ち続けている（初期のマイクロプロセッサがORDVACやSEACよりも強力であったという自慢には共感しないが）。計算機技術の推進者は，その進歩の特殊性を次のように指摘することを好む。もし他分野の技術（最も一般的には自動車技術）が1945年以降の計算機と同じような割合の改善を果たしたならば，とんでもなく安価になり，恒星間旅行に適した速度が出せたり，燃料タンク1杯分で永久に走れたりするようになっているだろう。これに対するよくある反論は，そうなったら頻繁に，そしてとくに理由もなく爆発するというものだ[4]。

§ 情報時代の遺物としての ENIAC

　ENIACは，広く世間に知れわたる余生を送った。寸断されたのち，その部品は，古代の聖人のように広範囲にばらまかれた。パネルのうちの4枚は，生誕地であるフィラデルフィアのペンシルベニア大学ムーアスクールに展示された。他の遺物はカリフォルニア州マウンテンビューの計算機歴史博物館，ドイツのパーダーボルンにあるハインツ・ニクスドルフ博物館フォーラム，ミシガン大学の計算機科学科のロビーで見ることができる。また，スミソニアン教育研究機関の場外の倉庫では，アスベストに汚染された木箱にしまわれ，テキサス州プレーノーにあるペローシステムズ社のロビーでは点滅するようにしつらえられ，さらにインディアナ大学–パデュー大学インディアナポリス校のパースエディションプロジェクトのオフィスの一角にも積まれている。

　ENIACがアバディーンからこれらのさまざまな場所に移された経緯のすべてはわからないが，遺物によくあるように，多くの場合はスミソニアン研究所を経由して移設された。スミソニアン研究所は1965年に多くの機械を受け入れた。ペンシルベニア大学の博物館館長は，ムーアスクールで展示中のパネルを清掃しているときに錆と水による損傷を見つけたと報告し，「部品はアバディーン性能試験場のごみ集積所から拾い出されてきた」という以前の報告を裏付けた[5]。

332　第 12 章　記憶に残る ENIAC

図12.2　一連の計算機がそれぞれ 1 桁の 10 進数を格納するのに使用した電気回路を持つ 1962 年の弾道研究所職員。(左端のパッツィー・シマーが抱えている) ENIAC の巨大なプラグイン方式のディケードがすでにとんでもなく大きく見える。(米国陸軍提供の写真)

　ある展示の構成部品は，実際にアバディーンから直接に運ばれた。アーサー・バークスは，その後ミシガン大学の教授となった。当時，弾道研究所計算技術研究室長になっていたジョン・H・ギースによると，バークスは 1960 年から ENIAC の部品を追跡し始めたが，その年にはまだ 1 台の累算器がウエストポイント陸軍士官学校の展示で稼働中であり，全米科学財団 (NSF) は 10 進 1 桁の記憶装置を回遊展示で陳列していた。ギースによると，スミソニアンのために取り置いた部分も含めた「残りのすべては，1957 年以降アバディーン性能試験場の倉庫ですでに腐食していた」とのことである。陸軍軍史局の歴史的財産部は，「必要としない」とまでは言わないが，進んで ENIAC の部品を「歴史的財産」に指定しようとはせず，結果として保存責任を全うしようとしな

かった[6]。

　1965年にバークスは，ENIACの一部分を獲得する運動を起こし，やがて希望していた4枚のパネルとプラグインユニットとケーブルの大量の組合せを手に入れた。彼はそれらの部品をアナーバーに船便で運ばせ，修復を手配した。彼はのちに「初めは大変だったが，われわれの機械部品を修理・調整することに興味を持った一人の店員に出会った。彼はプラグイン部品を洗車機に入れ，サンドブラストで磨き，エナメル加工し，焼いて乾燥させた……。これらの処置をしてもプラグインはちゃんと作動した！」[7]。バークスはまた「符号付き3桁の10進数を演算する2台の小型累算器」を注文し，ENIACの動作原理が動いているところを実演しようとした。4枚のパネルはもっと盛大に展示されるはずだったが，中止になり，ミシガン大学の科学技術研究所のロビーに飾られた。

　聖書の登場人物の指の骨がかつては地方の誇りとなったように，今日，ENIACの10進1桁の記憶装置は，ノースウエスト・ミズーリ州立大学にあるジーン・バーティクの聖地などの小さな博物館で，最上級の展示場所が与えられている[8]。スミソニアン博物館で累算器を稼働させた際，見学者には光を放つ真空管と点滅する灯りが一瞬見え，焼き切れた真空管はこの儀式によって遺物として清められたかのように箱に保存されたと伝えられる。

　ENIACの巨大な機械全体をケースに入れて展示するスペースを確保できる博物館はなかったが，ENIACはいくつかの部分に分割でき，そのような一部分からでも計算機全体がどんな感じだったかという感触をつかむことができた。すなわち，機械の断片は，計算技術史の包括的な意義を示すことを目的としたいずれの展示においても必要不可欠なものであった。マウンテンビューの計算機歴史博物館では，長い間，Univac計算機と初期のIBM計算機の美しく設計されたキャビネットの近くに断片の一つが置かれていた。ENIAC以外の機械では，大きな箱が「計算機」と見なされる。しかし，ENIACの展示は，イカれた科学者の地下の隠れ家に建てられた，無秩序に広がる不可解で不完全なキャビネットと電線の塊にしか見えなかった。

　スミソニアンの国立アメリカ歴史博物館における長期間（1990～2006年）に及ぶ情報時代展では，ENIACは文字どおり，そしてたとえとしても最大の呼

第 12 章 記憶に残る ENIAC

表 12.1 現役の ENIAC パネルの最近の展示場所。スミソニアン研究所所有の所蔵品には星印（*）を付けた。

場　　所	部　　品
ペンシルベニア大学ムーアスクールの展示（フィラデルフィア）(*)	累算器 18 定数転送器，パネル 2 サイクリングユニット 可搬式関数表 B 関数表 3，パネル 1 マスタープログラマ，パネル 2
計算機歴史博物館の展示（カリフォルニア州マウンテンビュー）(*)	累算器 12 関数表 2，パネル 2 プリンタ，パネル 3 可搬式関数表 C
野戦砲博物館の展示（オクラホマ州ロートン，フォートシル）（2014 年 10 月まではテキサス州プレーノーのペローシステムズ社のロビーにて展示）	累算器 7, 8, 13, 17 関数表 1，パネル 1, 2
ミシガン大学計算機科学科ロビーの展示（アナーバー）	2 台の累算器 高速乗算器，パネル 3 マスタープログラマ，パネル 2
ハインツ・ニクスドルフ博物館フォーラムの展示（ドイツ，パーダーボルン）(*)	プリンタ，パネル 2 高速関数表
スミソニアン研究所倉庫（ワシントン DC 近辺）(*)	累算器 2, 19, 20 定数転送器，パネル 1, 3 除算器，開平演算器 関数表 2，パネル 1 関数表 3，パネル 2 高速乗算器，パネル 1, 2 開始ユニット プリンタ，パネル 1

び物であった。ENIACのもう少し小さい機器構成は，ボストンの計算機博物館の常設展として，同館が2000年に閉館されるまで展示された。それらのパネルは，後継者であるシリコンバレーの計算機歴史博物館に新たな包括的展示の準備ができる2012年まで展示されていた。ペンシルベニア大学では，1996年の記念式典の中で，ムーアスクール旧館にENIACの展示を設置した。大学が保持する4枚のパネルは，いまや学生用計算機実習室の特徴的な背景となっている。

現存しているENIACとしては最大となる，4台の累算器，電源，そして一連の関数表ユニットの集合体は，2007年から2014年の間，テキサス州プレーノーのペローシステムズ本社のロビーという予想外の場所に展示されていた。アバディーン性能試験場の博物館が閉鎖されたのち，記憶に残る型破りな大統領候補でかつ計算機産業の起業家ロス・ペローが，長期貸借契約でその集合体を獲得した。雑誌Wiredの記事は，ペローのチームが「世界初の計算機をゴミの山から『救い出した』」と評した。パネルは「ダン・グリーソンという，ペローシステムズ社のビデオ会議システムの技術者で，年代物の計算機の修復経験がまったくない者」によって修復された。グリーソンはパネルをサンドブラストで磨き，塗装し直した。その後，もとのネオン管と電線を剥がし，動作感知器が作動したときにランダムに点滅する近代的な電気回路に置き換えた。Wiredは，これをENIACの「修復」と表現したが，ネット上のある評論家はそうは思わず，グリーソンとその仲間は「ボスに点滅光を見えるようにしたが，機械を破壊した」と評された[9]。この装置は，2014年10月にオクラホマ州フォートシルにある野戦砲博物館に移設された[10]。

§有益な知的財産としてのENIAC

これまでの章で，プロジェクト参加者が語るENIACの歴史に，ENIACの特許とその後の訴訟がいかに関わってきたかを示してきた。1950年代から1970年代までの間，ENIACが世間から浴びた注目は，歴史家によるものよりも法

律家によるものがはるかに大きかった。法律家が裁判官や特許庁職員の聴取に対して組み立てた談話は，結果として何百万ドルものライセンス料の命運を決した。多額のお金と巧妙な論証を「誰が計算機を発明したか」という点に費やし，こんなことがなければもっと短期間で終わり非難も少なかったと思われる論争に火を付けた。

135日間にわたる裁判の法廷証言および連邦裁判制度の記録は，さらに大きくなる戦いの集積であり，多数の供述記録の作成，何千もの法的証拠物件の提出，そして数十年に及ぶ事前の駆け引きが行われた。法廷戦術と特許法が微妙に相互作用して，曖昧な歴史上の争点は重要な法的問題に変えられ，何百何千ページに及ぶ法廷証言記録と宣誓供述書が作成された。前にも書いたとおり，特許は1947年6月26日に申請され，1946年6月までの多様な証拠が有効とされた。このことによって，1943～1946年はENIACの一生の中で最も重要で最もよく文書に記録された時代となった。

特許訴訟が行われた時期は，計算機産業にとって将来性のある転換期に見えた。業界で群を抜いて最大の計算機企業であるIBMが，Univacの親会社であるスペリー社に対して，特許権との交換の一部としてライセンス料を支払うことに合意した。スペリー社は，その直前にRCA社の計算機ビジネスを獲得し，業界で2番目に大きい企業になっていた。スペリー社は，ENIACの特許を使って自身より規模の小さい競争相手から高額な使用料を搾り取ろうとしたが，それらの企業はすでにメインフレームコンピュータにおけるIBMの急速な寡占化に苦しんでいた。

ENIACの特許訴訟は歴史的出来事の中ではあまり大きく扱われていない。それは，おそらく裁判官は，特許の複占の危険を懸念し，それ以前の計算機産業の状況から変えないようにしたためであろう。1970年代を見る歴史家は，ミニコンピュータ，ソフトウェア，そしてPCに注目し，Univacやハネウェル社のようなメインフレーム競合会社はすでに舞台から消えかかっていると伝えた。

連邦地方裁判所の裁判官アール・R・ラーソンによる判決は，スペリー社に打撃を与えるさまざまな認定を含んでいた。その多くは，個別に特許を取り消したり，判決の他の部分が抗告審判によって覆された場合においても特許権行

使可能性を多大に制限したりするものであった。ラーソン裁判官は，1945年12月からスタンレー・フランケルとニコラス・メトロポリスによって実施されたロスアラモス研究所の水爆計算に始まる一連の適用を，ENIACの「非試験的使用」と断定した。しかし，1944年7月には使用可能であった2台の累算器を使用したENIACのテスト構成自体が，特許の中で発明と主張されている自動デジタル電子計算機と見なされた。ENIACは1946年2月にムーアスクールの報道機関向けイベントで公開展示されており，そのことを伝えるニューヨークタイムズ紙の第一面の扱いと稼働中のENIACを映すニュース映画を見ると，却下はしにくい。ラーソンの判決では，ENIACは1945年12月31日に完成形で軍に納入されたとされている。また，その命運を左右する日付よりかなり前に広く読まれていた「EDVACに関する報告書の第一草稿」も，自動デジタル電子計算機の構築に必要な概念を明らかにしていたと判断された[11]。

　判決の第11項は，スペリー社にとってとくに悪い結果となった。1964年に許諾されるまで，ENIACの特許は特許事務局で異常に長期間据え置かれ，その間スペリー社では，最新の計算機と関連付けるために特許申し立ての内容や補足資料に多数の修正を行うことになった。計算機産業は常に成長しているため，17年間も特許の開始を遅らせることは，特許料の支払い見込み額を増大させることになった。ラーソン裁判官は，当時スペリー社が何年もの間，形だけの法的代理人を雇うことしかせずに，裁判をわざと長引かせたと結論付けた。スペリー社の弁護士は，6か月以上もの間，たった1件の特許の修正に多くの費用請求できる時間を費やし，結果として全体の訴訟が審理されるのに6年以上もかかった。（裁判官が「しぶしぶ」達した結論として）この「不要で理不尽な遅延」が特許を無効にしたわけではないが，「特許庁の前でのエッカートやモークリーとその仲間のさまざまな怠慢行動」は，たとえ特許が有効だったとしても，それ自身「ENIACの特許を法的強制力のないものにする」のに十分だった[12]。

　数百ページに及ぶラーソンの判決に含まれる26項目のうち，判決で記憶に残るのは，ラーソンが予想外に特許を無効と裁定した第3項である。その根拠は，請求された発明，すなわち自動デジタル電子計算機が新しいものではなく，1939年にジョン・V・アタナソフによってすでに創作されていたことだっ

た。アタナソフの計算機は，裁判の前にはほとんど知られていなかった。この判決は，アタナソフの発明に特許の権利を与えはしなかったが，アイオワ州にとって誇るべき記念日となり，アタナソフを讃える炎はそれ以来，燃やし続けられている[13]。スコット・マッカートニーは，ENIACについての著書の中で，ラーソンの判決を基本的にアタナソフの発明と断定したと見る人は彼の真の意図を見落としていると述べている。マッカートニーによると，ラーソンは計算機の歴史の面倒な問題を解決することよりも，計算機産業における競争を保護することに関心があった。彼は，上告が困難になるような特許を無効にする根拠を探そうとしていた[14]。この本はアリス・バークスの見解に賛意を示している。その見解とは，スペリー社のチームが採用した特許権行使の戦略，すなわち，特許申請で定義した特定の機能単位ではなく計算機全体として自動デジタル電子計算機のライセンス料を求める戦略は大胆で愚かだったというものである。もし，特許請求が汎用計算機に限定されていたら，アタナソフをその前身とすることは回避できたであろう[15]。スペリー社は過度に広範囲の特許を強引に主張しているというアリス・バークスの発言は，計算機産業における特許カルテルの形成を避けたいというラーソンの主たる思いと一致した。スペリー社は上告しなかったので，金づるとしてのENIACの経歴は実際に始まる以前に終わってしまった。

§ ENIACと歴史家

　1973年10月19日のラーソンの判決によって，ENIACの知的財産としての価値は1000万〜1100万ドルからゼロになってしまった。最初の計算機としての認知とその発明者の決定の試みは突然に終わり，その結果が具体的に実を結ぶことはなかった。法律家は去ったが，驚くことに，その後もENIACについての評価は変わらなかった。専門家の証言として集めた文書に基づいて過去の業績を主張する訴訟手続きの熟練者は，1970年代および1980年代初期の計算機の歴史の大半は，実質的に法的訴訟の連続だったと書いている。前にも述べ

たように，ハーマン・ゴールドスタインの著書『計算機の歴史：パスカルからノイマンまで』は，彼が特許訴訟に関わった経験から形作られている。この本は，微分解析器やリレー式計算器からENIAC，そしてフォン・ノイマンの第一草稿，その後に構築された種々の実際の機械にわたって書かれている。このゴールドスタインの著書は，その他の計算機発明の話を傍流として組み込んでいて，何十年もの間，計算機発明の主流をなす話として認められた。

　計算技術史家の新興コミュニティは，1940年代の機械を扱った先駆者と1950年代に計算技術の世界に入ったやや若手の計算機の専門家で占められていた。1976年にロスアラモスで開かれた，計算技術史に関する国際研究会議で，コミュニティのメンバーが一堂に会した。この会議はニック・メトロポリスとジャック・ウォールトンが主催し，その費用は全米科学財団が負担した。招待状には，この会議の目的は「計算技術史における高品質の研究を支援し」，「電子計算技術の起源に携わった先駆者間の討議の形で『生きた歴史』を記録し」，「計算機科学者，とくに歴史的な利益を追求する科学者に歴史記述の規律についての洞察を与える」ことだと書かれていた。会議は「くつろいだ討論ができるように，ゆとりのあるプログラムで構成」されていた[16]。当初の参加者51名のうち，歴史家を肩書きにする者はたった3名しかいなかった[17]。

　ENIACのプレゼンテーションは素晴らしかった。エッカートとモークリーは別々に講演し，それぞれが簡潔に「The ENIAC」と題した話をした。アーサー・バークスは，ENIACとプログラム内蔵型計算機の出現との関連について話した。スタニスワフ・ウラムは，ジョン・フォン・ノイマンの計算技術における業績について論じた。ニコラス・メトロポリスは，ロスアラモスの計算技術における業績の歴史を語りながら，ENIACを使用したモンテカルロシミュレーションと現代的コードパラダイムへの変換について簡潔に述べた。

　会議では，公式セッションでも，関心を集めた非公式のセッションでも，裁判を引きずった論争によって白熱した。バークスにとって，ENIACにおけるアタナソフの影響は，第一草稿にあるアイデアの功績の割り当てや具体的な計算機の分類と同様に緊急課題であった。バークスは，ENIACに関する論文を収集し続け，会議が終わったのちに参加者と記憶を確認し合った。

　初期の会議に参加した歴史家の私的交流において，人格の問題は重要であっ

た。そこからは，注意深く発表された公的な報告の裏にある本当の思いを洞察できる。たとえば，バークスは，1976年9月に書いた個人的な覚書の中で，以前の上司を次のように評した。「プレスは……非常に創造力があり，独創的で，考えが秩序立っていて，責任感のある，働き者である……。ジョン（・モークリー）は博識で賢いが，……あまり独創的ではなく，あまり責任感がなく，間違いが多い……，彼の功績はプレスよりも下である。ジョニー・フォン・ノイマンはプレスを超える完璧な天才レベルである」[18]。ゴールドスタインもまた，熟慮して公的に表明した意見の裏に強い個人的な思いを抱いていた。「もし，ENIACの責任者を一人挙げるとすれば，それはエッカートだ。モークリーは最初からわれわれのエネルギーを枯渇させる原因だった。彼は素人愛好家でまったく自制心がなかった」[19]。

ロスアラモス会議での意見や情報の交換によって，新しい証拠に基づく歴史的説明がある程度収束した。とくに，英国の計算機科学者ブライアン・ランデルが英国のコロッサスについての情報を可能な限り集め続けてきたことがわかった[20]。歴史家らは，ENIACが最初に稼働していたデジタル電子計算機ではなかったことを徐々に受け入れ始めていたが，他の多くの件について合意に達したものは一つもなかった。注意深く編集された議事録に含められた改訂版論文『20世紀の計算技術史』は，多くの事象と解釈において，まだ意見が一致しなかったことを表している。

歴史上のENIACの地位は1980年代初期においてもまだ討議中であったと，*Annals of the History of Computing*の初めのほうの巻に記されている。ENIACとその能力の説明が最も充実しているのはアーサーとアリスのバークス夫妻による1981年の記事『ENIAC：最初の汎用電子計算機』である。彼らは多くの用語を定義したが，中でも「汎用計算機」（general purpose computer）の機能を正確に定義して，それまでは曖昧に使われていた「汎用計算機」という用語が，歴史を分析する際にもっと有益に使用されるようにした[21]。

計算技術史の博士論文を最初に書いた歴史家らが今この分野に入ってきたところだが，彼らと，以前から計算機の歴史に関心を持ち名声を確立したごく少数の歴史家は，いずれも最初の計算機の認定を巡る終わりのない戦いに積極的に参加する気はなかった。ポール・セルージの著書『計算者』（*Reckoners*）の

もととなった彼の論文には，何台かの初期の計算機の歴史を調べて，それらを徐々に繋いだ物語が含まれている[22]。これが実質的に停戦を仲介することになった。

1970 年代と 1980 年代初期にたびたび挙がった，ENIAC は「計算機」(computer) なのかそれとも「計算器」(calculator) なのかという問いは，公開討論会においても定期的に繰り返された。この文脈では，「計算器」(calculator) は数学演算を自動実行できるがプログラムは作成できないものを意味している。「計算機」(computer) という言葉は，EDVAC モデルの機械のために取っておくべきだと主張する者もいた。この論争は，1940 年代における異なる用途での一貫したパターンよりも，1970 年代における小型電子計算器の出現や，真の電子計算機と小型電子計算器を区別する試みと深い関係にある[23]。たとえば，ハーバード大学の Mark I は，分岐メカニズムを持たなかったが，公式には自動シーケンス制御計算器 (automatic sequence controlled calculator) と呼ばれた。しかしながら，IBM 701 は明らかに計算機 (computer) であったが，最初は防衛計算器 (defense calculator) と呼ばれた。EDSAC の名前の中の 'C' は計算器 (calculator) を表し，逆に ENIAC の 'C' は計算機 (computer) を表している。1940 年代には判断基準は存在していなかったと言える[24]。

§ 市民および国家財産としての ENIAC

ENIAC に向けられる世間の注目は，50 周年を迎えようとする時点で頂点に達する。1996 年にフィラデルフィアで行われた ACM の会合における多数の歴史セッションは，2 月 14 日に ENIAC の「誕生パーティ」を大学独自で行った副大統領アル・ゴアの存在によって，影が薄くなってしまった。ゴアとビル・クリントン大統領は，再選の選挙キャンペーンに没頭していた。上院議員としてゴアは，長い間ネットワークインフラの開発を支援してきた。その頃，全米中は，インターネットと近年開発されたワールドワイドウェブ (WWW) の，社会を変革する斬新な力に熱狂していた。ENIAC は，それ以前に連邦政府が

情報技術の研究支援に成功していたという絶好の事例となった[25]。

陸軍は，フィラデルフィア市とムーアスクールにすべての名誉を持っていかれないように，1996年11月に「陸軍コンピューティング50年史」という独自の祝賀会を，アバディーンにある当時は米国陸軍研究試験場と呼ばれた場所で催した。その催しの約半分はENIACに関するものだった。主役の講演者ハーマン・ゴールドスタインは，メダルを贈られた。パネルではENIAC時代の多くの生存者が紹介され，その中には数名の女性オペレータの姿もあった。仕方のないことだが，追悼される過去は現在必要とされる範囲に限られる。この記念行事は，コンピューティングの未来について熟考し，会のスポンサーの言では，「国防総省が後援するARLメジャー共同研究センターの完成とともに始まる新しい時代を祝う」ために行われた[26]。ほぼ同時期に，アバディーンでは記念切手発行を伴った別の式典が行われていた。

ペンシルベニア大学のあるチームは，ENIACがよく受けていた改善要求を実現する特別仕様のチップを開発した。チップは，そもそもENIACの基本構成（独立した複数のユニットと，ユニット間で送信されるパルスを含む）を再現する目的で開発された。近代の技術で構築すれば，ENIACを何十分の一にまで小さく軽くし，少量の電力消費で済むように改善できるだろう。そのチップは「半導体技術がもたらした効率改善を劇的に説明する教育ツール」として発表された。しかし，詳細に踏み込むことはむしろ，新旧の技術を同じ土壌で理解することはできないという教訓を生んだ。そのチップは，ユニット同士を相互接続する経路に関して，もとの機械よりもはるかに厳しい制限を課した。本物のENIACとは異なり，新しいプログラミングモードで稼働するように構成することは不可能だった[27]。また，さまざまなシミュレーションプロジェクトが着手されたが，私たちが知る限りでは，どれも完全なENIACのハードウェアユニットやその機能性を再現することはできなかった[28]。

これらの祝典や記念行事にもかかわらず，ENIACはフィラデルフィアの最高級の愛される象徴とはなり得なかった。この点は，他のいくつかの初期の計算機がそれぞれの出身地で人々の記憶に残っていることと明暗を分けている。ジョン・エイガーは，マンチェスターの計算機「ベビー」の記念碑について語るときに，次のように述べている。「都市の重要機関のエリート層による意図

的な関連付けによって，過去の出来事が結集されてきた。学校で教わる産業化の歴史についての知識に立脚し，その知識と今日の計算機を基礎とする発展と結び付けることで，全市民がマンチェスターはいまやわれわれの生活に行き渡っている計算機が最初に発明された場所のひとつである，あるいは唯一の場所であるとさえする主張を正当化しようとしている」[29]。そのような記憶の創造には，相当な労力とお金を必要とした。おそらく，どの都市も資源に限りがあり，地元のいくつかの成果をその都市の名誉の象徴として持ち上げるのに必要な集合的記憶の場所と財源しか持ち合わせていなかった。すでにフィラデルフィアには，自由の鐘，アメリカ独立宣言，憲法，ベン・フランクリン，ウィリアム・ペン，ロッキー・バルボアが上った階段のある有名な美術館，プロのスポーツチーム一揃い，アイビーリーグの大学，無言劇の役者，愛されたその土地特有のプレッツェル料理，チーズステーキ，そしてホーギー・サンドウィッチなどがあった。

§チームマスコットとしてのENIAC

　ジョン・フォン・ノイマンは1957年に亡くなった。自分こそ現代の計算機の発明者（または少なくとも主要な作成者）だともっともらしく主張する他の人々は，もう少し長生きをした。ジョン・ウィリアム・モークリーは，長い間健康状態が悪かったが，1980年に亡くなった。それ以降，保険数理表が予言するように事態は進行した。1995年，J・プレスパー・エッカートJr.は白血病で，ジョン・V・アタナソフは脳卒中で，コンラート・ツーゼは心臓麻痺で倒れた。トミー・フラワーズは一番長寿だったが，1998年92歳でついに寿命を終えた。計算機の発明者とは呼ばれなかったが，確実に重要な支援者としての役割を担ったハーマン・ゴールドスタインは，2004年まで生きた。次に挙げるべき仲間はと言うと，1946年に明確な意図を持ってムーアスクール講義から去り，EDVACデザインを模範とする最初の計算機を作り上げたチームを指導した人々だろうか？　彼らのうち，モーリス・ウィルクスは2010年に亡くなっ

たが，ENIACや他のいくつかの初期の計算機の作成に参加したハリー・ハスキーは，今この本の執筆時点でも健在である[30]。

こうして，ある時代の言い争いや討論から「歴史的に隔たる」ことで，歴史家らは，常にそして永遠に歴史家の意見や記録文書よりも自身の記憶を信ずる当時の生存者からの反論や賛同に煩わされることなく，史実についての物語を自由に作れるようになった。

すべての有力な原告，彼らの親しい同僚，そして初期に影響力のあった人々が亡くなった今，計算機の真の発明者が誰であるかという論争は消えたのだろうか？　答えはNoである。その論争はいまだに続き，そのためにENIACは記憶に残った。過去20年間のENIACについての記述を集め，そこから主に先駆的な女性プログラマの称賛を扱ったものをすべて脇に除けたとしたら，残りの大半は，ENIACの「最初の計算機」としての地位についての執着か，ENIACがその地位に就くには欠けていることを論じるものだろう。初期の機械の推進者が対抗相手に対して同じ議論を繰り返し言い続けるところは，プロスポーツチームのファンに似てきてしまった。

このことが，モークリーのアタナソフとの関係についての綿密に検討された疑問を未解決のままにしている。著書『誰が計算機を発明したか？』の中で，アリス・バークスは，いかにも検察官のような熱意を込めて，アタナソフを計算機の唯一の紛れもない発明者だとしている。彼女は，モークリーがアタナソフから決定的なアイデアを盗み，その後の法廷論争において歴史上の記録をゆがめて伝えたとして有罪と決した。また，彼女は，「すでに広まった判決の有効な否定」に怠慢なたちの悪い計算技術史家や *Annals of the History of Computing* の論説も同罪だと断じた[31]。

ジェーン・スマイリーは，非常に尊敬される小説家で，以前はアイオワ州立大学の教授であった。彼女が歴史分野に唯一踏み込んだ著作は『計算機を発明した男：デジタル世界の先駆者アタナソフの伝記』である。この作品は，アルフレッド・P・スローン財団が後援して執筆された[32]。この本は，一流の作家が著した商業出版物だったため，計算技術史の著作の中で，一般の認知に影響を与えるほど販売に力が入れられた数少ない作品の一つとなった。ただし，題名とは異なり，伝記というよりも1940年代の電子計算機史で一般的に語られ

ていることの焼き直しであった。したがって、本のかなりの部分はENIACに割かれた。スマイリーは、1940年代から1960〜1970年代のENIACの訴訟について一方的な解釈をした。他の本から抜き出した事実と主張を使って、外部からやって来た英雄が、東海岸の金持ちで英雄のアイデアを盗んだ悪党と対決する裁判事件を作り上げた。しかし、スマイリーの物語は、学術的歴史作品にしては生き生きとしているものの、専門家に不正確さと誤りを厳しく指摘された[33]。

§女性たちによるENIAC

1996年の記念祭以来、ENIACは、女性が操作し女性が頻繁にプログラムした機械ということで世間の関心を浴び続け、あるいは、少なくとも時折は注目されてきた。ENIACの引退後の経歴の中で、この時期はENIACの歴史上、最も劇的で意外な展開だったかもしれない。最初の6人のオペレータの多くは1990年代にまだ健在で、何十年もの無名時代を過ごしたのちに、彼女らは徐々に表に出るようになった。1970年代に彼女らが訴訟手続きや口述歴史のためのインタビューを受けたときは、極めて重要なイベントの参加者というよりも証人として応答した。しかし、ハーマン・ゴールドスタインや他のENIACの中心人物らが表舞台から去ると、最も長く生きたオペレータのジーン・バーティクが2011年に亡くなるまでは、彼女らの独壇場であった。

彼女らが再発見されたのは、W・バークレー・フリッツの功績が大きい。フリッツは弾道研究所で長期間ENIACに携わり、1990年代にはENIACがいかに使われたかを示す重要な論説を2本発表した[34]。この論説の事前調査で、彼は他の生存している参加者にも連絡を取った。論説にはその参加者からの手紙の長い一節が含まれている。フリッツの2番目の論説『ENIACの女性たち』では、明確にオペレータに焦点を当てた。この論説は、最初の仲間それぞれの情報と、大半のメンバーの考えや記憶の断片を含んでいた。*IEEE Annals of the History of Computing*で特集されることは、すぐに表舞台に出ることを約束する

ものではないが，彼女たちの話はウォールストリートジャーナルの寄稿者であるトム・ペッツィンガーによって『賢い女性たちに始まるソフトウェア史』という題で1996年に特集された[35]。ペッツィンガーの記事は，最初の計算機プログラマが計算機の歴史から不当に締め出されてきたことを説明しながら，その女性らを公人として描き，彼女らのドキュメンタリー映画を作成した計算機関連を専門とする法律家キャサリン・クレーマンの取り組みを紹介した。彼女らを描いたリアン・エリクソンの Top Secret Rosies という別の映画が2010年に封切られた。クレーマンのプロジェクトは，最終的に少し期待外れの20分の映画を2014年に制作した。こうした意欲的な二人のドキュメンタリー作家による資金調達要請と宣伝活動が功を奏し，オペレータの功績にさらに注目が集まった。

時が経ち，オペレータたちはそれぞれ別の方向に進んだ。ベティ・ホルバートンは，上級プログラマの地位を獲得し，COBOL や FORTRAN プログラミング言語の規格制定に貢献することで，最も注目を集める職歴を歩んだ。他の女性は，結婚や育児で技術的な仕事から離れたが，ジーン・バーティクはのちに業界誌の編集者としてコンピューティングの世界に戻ってきた。人生の終わりに彼女たちは思いがけなくも，50年前の短い期間の専門家としての存在意義が再認識されることになった。

歴史家ジェニファー・S・ライトは，1999年の論文『計算手が女性だったとき』の中で，『ENIACの女性たち』の物語を技術史家の読者に向けて紹介した。その論文では，当時のENIACとその立ち上げの報告で，オペレータの女性が象徴的に排除されたことに焦点を当てた。ライトは，「プログラミングは女性の仕事だった。なぜなら二次的で事務作業であるソフトウェアは，ENIACの構築や稼働作業などのハードウェアの重要さには匹敵しないと考えられていた」と書いている[36]。ライトはその物語を，ムーアスクールの計算手という上位の文脈，そして戦時中の女性労働についての歴史的研究方法の中に基礎付けた。技術史に関する論文の中で最も広く引用されるものの一つであるライトの論文は，女性がプログラムした機械としてのENIACの地位を幅広く研究者に広めた[37]。

計算機科学の教室では女性が常に不足していたため，女性のロールモデルが

渇望されていた。エイダ・ラブレースは，チャールズ・バベッジの解析エンジンについて想像力と洞察力に富む論評をしたことで，「計算機の先駆者」かつ「最初のプログラマ」であると認められた。また，主要な計算機言語の一つは，彼女の名前を取って Ada と名付けられた[38]。グレース・ホッパーはいくつもの賞を授与され，コンピューティングにおける女性の主要な会議名には彼女の名前が入り，彼女の貢献を記念してさらに他の表彰も受けた。ENIAC の女性の物語には，同じように，最初にプログラマとして雇われた人々は女性であったという奮起させる話を含んでいる。より最近のプログラミング分野や計算機科学における女性リーダーの不足は，不幸だが挽回可能な失墜だと見なされた。計算技術に関連する組織は，至急目に見える形で事態の改善を図ろうとし，これらの女性を集団で国際女性科学技術者に殿堂入りさせた。ジーン・バーティクは長生きし，計算機歴史博物館の特別研究員となり，IEEE 計算機パイオニア賞を獲得した。彼女が亡くなったとき，その死は世界中に伝えられた。

　ジーン・バーティクは，たくさんの賞を受賞したにもかかわらず，まだ無視されているように感じ，2008 年には「後世では誰も私たちのことを話さないでしょう。そして，もちろんゴールドスタインは，著書の中で嘘をついた」と話した。ジョン・フォン・ノイマンとアーサー・バークスの倫理観についての彼女の意見は辛辣だった。「計算機の歴史がこれらの人たちを正しく裁くとは思えず」，「今でもまだ腹が立つ」と述べている[39]。彼女は，ハーマン・ゴールドスタインの著書について「一体全体どうしたらそんな嘘をつくことができるのか」と非難した[40]。バーティクとその同僚は自尊心を傷つけられ，歴史の証言をする際には自身の思うままに述べた。1996 年のアバディーンにおける再会と祝典について，バーティクは「彼らは絶対にプレス（エッカート）とジョン（モークリー）の名前を口にせず，……ゴールドスタインとフォン・ノイマンのことばかり。信じられない」と不満を述べている。彼女の意見では，開催された 2 日間を通して「何か意義があったとすれば，ENIAC の女性のこと，私たちについてのセミナーだけ，……そのほかはゴミみたいなものだった」[41]。こうした怒りに満ちた言葉を聞くと，彼女らは自分たちに向けられたすべての攻撃を許容した聖人ではなく，また，最後まで受け身の歴史的性差別の被害者であったわけではないことがわかる[42]。もちろん，聖人や被害者になってほしい

わけではない。彼女らを美化したいというよくある願望は，女性たち自身について語るというより，今日，コンピューティングの世界に女性のロールモデルが欠如していることを示している。

　2014年に，ジャーナリストのウォルター・アイザックソンは，アップル社の共同創立者スティーブ・ジョブズの自伝の次に，『イノベーター：ハッカー，天才，変わり者の集団がいかにしてデジタル革命を創造したか』を書いた。初めのほうの章では，初期の計算技術文献の歴史から拾った非常に詳細な技術的記述の改作，とくにエイダ・ラブレースの話とENIACの話を載せている。アイザックソンは，チームが擁した孤高の天才のロマンチックな人物像を強調するように工夫した。もう一つの工夫は，「忘れられた」女性たちの貢献に焦点を当てることだった。大部分をジーン・バーティクの自叙伝から取って書かれた，最初のオペレータ仲間について述べるアイザックソンの長い一節は，フォーチュン誌に転載された。アイザックソンは，バーティクの話を，1945年春にムーアスクールで行われたジョン・フォン・ノイマンとENIACの設計者の会議の描写に挿入している。その際に誤って，ENIACを現代的コードパラダイムに変換するため1947年にプリンストンで開催された会議でのバーティクの発言を挿入した。アイザックソンは次のように書いている。「ある日，彼女は彼の論点の一つに対して異議を唱え，部屋の男性たちは信じられないというように彼女を見つめた。しかし，フォン・ノイマンは少し間を置いて，頭をかしげ，そして彼女の主張を受け入れた」[43]。

　ほぼ確実に言えるのは，これまでに出版されたもっとも広く読まれているこの計算技術史では，ジーン・バーティクとその同僚は，ENIACの真の創造者としてだけでなく，ジョン・フォン・ノイマンが『EDVACに関する報告書の第一草稿』の中で説明した命令セットへの貢献者としても称賛される。20年の間に，軽んじられた歴史上の小さな事柄であった「ENIACを担当する女性たち」（the women of ENIAC）から，ENIACを長い間記憶にとどめる重要な特徴としての「女性たちによるENIAC」（the ENIAC of women）へと行き着いたのである。

結　び

　ENIACは，おそらく最も多く書かれた初期の計算機であろうし，訴訟手続きのおかげで最もよく文書に記録されていることも疑いない。私たちは，このプロジェクトを始めるとき，その計算機技術の歩みについて，いまだ十分に生かし切られていない保存文書がかなりあることを知っていた。一方，ムーアスクールでの構築と最初の使用について書かれた文書の豊富さのために，初期の研究がいっそうつかみどころのないものになっているのだろうと想像した。しかしながら，より深く掘り下げ始めると，従来の論じ方が一貫性に欠け，不完全であることに驚かされ，私たちはENIACの全軌跡についてのより根源的な再評価のために，保存文書に立ち返った。一貫性のなさには，事実についての比較的些細な誤りによるものもある。たとえば，よく引き合いに出される，ENIACには5百万の電気的な接合部があったという数字は，10倍程度誤っていることがわかった。比較的学術的な情報源の誤りを，一般書や，オンラインの文書，もろもろの情報源が引き写しているケースは多い。ENIACが新しいプログラミングモードで運用できるようになったのは1948年の4月だが，9月に始まったというゴールドスタインによる影響力のある本での記述が，正しい日付よりはるかに多く引用されている。

　このような誤りは表面的なものかもしれないが，計算機技術の実践規範が発展した道筋についての理解を著しくゆがめかねない誤りもある。条件分岐機能が必要であることは，ENIAC設計の初期に認識され，マスタープログラマユニットの中心的な設計要求となった。それは，かつては後知恵と信じられていたが，そうではなかった。同様に，特定の問題に取り組むために機械をどう構成するかという問いを，ハードウェアを設計し組み立てるというそれより重要なタスクを優先して，最初のオペレータを選んだ1945年半ばまではまったく

無視していたと歴史家はよく言うが，そのようなこともなかった。それどころか，ENIAC はプロジェクトの最初から詳細に計画され，計算機設計についての多くの側面にわたる情報に基づいていた[1]。

　このような一貫性のなさ，欠落，誤りがあったため，一次資料に立ち返った。しかしながら，本書では，単に詳細を正すだけのよくある見方には立ち戻らなかった。新たな問いをたて，それを拠り所として新しい種類の実験としての計算機シミュレーションが発展する，数学の領域で女性が仕事する，現代的な計算機を発明する，プログラミングの実践規範が進化するといった幅広い物語の中で，ENIAC を位置付け直した。

§ ENIAC と計算機技術のコミュニティ

　「計算機の歴史 (the history of the computer)」について語るということは，単一の対象と単一の物語の両方を前提にする。マイケル・S・マホーニーは，影響力のある小論『いくつかの計算機技術の諸史 (The Histories of Computing(s))』で，両方とも却下した。一般に認められている「機械中心の視点」についての彼のスケッチ（図 C.1 として複製）は，前提とされ，しばしば過分に与えられる，ENIAC の中心性を明るみに出した。その砂時計型の図は，本書の「はじめに」において図 I.1 として紹介した，アーサー・バークスとアリス・バークスのダイアグラムと似ているが，これは技術ではなく応用を示している。歴史家は，さまざまな技術とその使用者がどういうわけか ENIAC の創造や計算機の発明に合流し，力強く成長し続ける計算機技術が，より複雑で多様な領域での応用を生み出した（「その成長は不可避で，止めることはできず，革命的に影響を与える」）と決め込むことで状況を歪曲したと，マホーニーは信じた[2]。

　マホーニーは，そうではなく，ENIAC ののちの実践規範への直接的な影響を科学計算の特定の領域に制限する「コミュニティ視点」の歴史を主張した（図 C.2）。軍事通信，事務処理などの特定領域における計算機技術の使い方は，その領域でそれまで使われていた固有の技術や実践規範と深い連続性があるとい

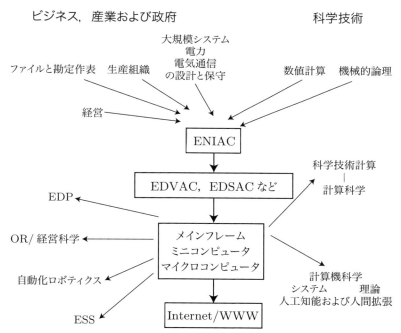

図 C.1 第二次世界大戦以前の科学および管理の実践規範と現代的な計算機の世界とを繋ぐ細い糸をENIACが形作るという，この図のような伝統的なハードウェア中心の歴史観に対してマホーニーは批判的であった．

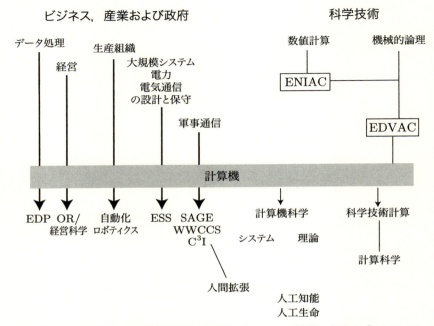

図 C.2 特定の応用領域における実践規範の連続性を強調して，計算機の歴史を「コミュニティ視点」で概念化することをマホーニーは好んだ．

うマホーニーの信念を私たちは共有する．本書では，ENIAC を数学的な仕事の固有の伝統に位置付け，他の応用よりも科学的プログラミングの領域において，その後の実践規範（たとえば，プログラマの選考や仕事）に与えた直接的な影響ははるかに大きいと結論付けている．

このコミュニティ視点は，経営から軍事通信まで，社会の異なる領域での一連の進化的な発展として，大戦後の計算機技術を示している．ハードウェアとソフトウェア，組織，実践規範とが一体になった計算機の応用に焦点を移すことに伴って，その影響が周りに広がる革命的な一瞬についての単一の物語とは距離を置き，個々の社会空間で使用者，応用，組織がどのように進化したかについての互いに関連しているが多分に相異なる一連の物語に導かれる．

使用分野ごとのコミュニティに焦点を当てたにもかかわらず，EDVAC から（マホーニーがあっさりと「計算機」と題している）領域横断的な帯で示され

結び 353

た歴史の裂け目へ至る発展の主流に ENIAC が位置しているという理由から，ENIAC を重要な機械と見なす伝統的な視点を取り続けた。ENIAC を通る歴史の流れは，計算機技術を運びながら流れを下り，ついには「科学技術」という産卵場所から他の種類の使用者へと至る。本書では，記録文書の証拠をもとに，この視点を深め，そして少し異なる角度から光を当てることで，EDVAC の設計自体の一部は認識された ENIAC の欠点への対処として，また一部は数学の新たな応用である偏微分方程式の解という需要への対処として，現れてきたことを論証した。この新しいプロジェクトは，新しい機械を期待どおりに開発したことだけではなく，計算機技術の新たな一連の枠組みを明確に表現するという，より重要なことをもたらした。この本の副題は，ENIAC プロジェクトが現代的な計算機を作り，そして作り直したということを示唆している。

同じ精神で，私たちは，イノベーションや，ENIAC を計算機の初期の歴史における「驚異」とする単純な物語からは離れた。ENIAC は，ギャリソンが言及した交易圏だった。旅行者がストーンヘンジを単に畏敬の念を抱かせる記念物として見物する一方で，考古学者はその発展を研究し，何千年もの間その地域の住人がいかにそれを重要視し，利用してきたかという説明を組み立てる。私たちも同様に，技術的なイノベーション，概念的な発展，計算機技術の実践規範が 10 年以上の間集まった現場として，ENIAC を受け止めている。

使用の連続性を注視せよ，というマホーニーの忠告に従って，実践規範と影響が直接的に連続していると説明できない限り，ENIAC を現代的な計算機の歴史物語の出発点だとは決めてかからないように注意した。建造工程で，類のない計画のために設計し，手作りしたという意味で，ENIAC は他の 1940 年代の自動計算機と同様な単発の機械だった。しかし，ENIAC は他のほとんどの初期の計算機に比べて風変わりだったため，実践規範の移転はことのほか困難であった。その後の機械は，1945 年の EDVAC の設計，ACE 用のチューリングの計画，フォン・ノイマンの IAS マシン用の設計といった少数のモデルからアーキテクチャや命令セットを採用したものが多い。その結果，一連の機械の発展型は，一つの題材の発展であった。

10 進の環状計数器から，分散した制御機構やモジュラーアーキテクチャに至るまで，ENIAC はすべてが特異だった。計算機の主たる使用者として，企

業が大学や研究機関を上回るようになった 1950 年代には，ENIAC は計算機の代名詞ではなくなった。標準的な商用モデルの調達によって，特注の計算機はほとんど置き換えられた。ハーバード大学が Mark I（ENIAC より長く続いた唯一の戦時中の機械）のプラグを抜いたとき，その場所を奪ったのは商用に作られた計算機に市場があることを初めて示した UNIVAC I だった[3]。SSEC は，その主たる居場所だったマディソン街を，別の商用機 IBM 701 に奪われた。この IBM 701 は，政府が気前よく契約した資金により航空宇宙産業企業で人気を博した。ENIAC 実践規範の多くの側面が，たった 10 年後でさえ計算機の支配的な形式とかけ離れてしまったことは印象的である。

ENIAC とプログラミングの起源

ENIAC の最初のオペレータは「最初の計算機プログラマ」と呼ばれることが多い。これは必ずしも正確ではない。というのも，関係者全員が認めるように，ENIAC の設定はアーサー・バークスらによって事前に開発されていたし，ロスアラモスの問題での ENIAC の初仕事の設定は，ニコラス・メトロポリスとスタンレー・フランケルによって前もって作られていた。エイダ・ラブレースやフォン・ノイマンのような他の人たちの手によるもっと前の文書は，一度も実行されなかったけれども「プログラム」を含んでいたとよく言われ，たとえばハーバード大学の Mark I のような他の計算機の使用者（とりわけグレース・ホッパー）は，ENIAC のオペレータが雇われる前に，命令の列をコーディングして動かしていた。

歴史家ネイサン・エンスメンジャーは，「少なくとも米国では，職業的な計算機プログラマは 1945 年夏の ENIAC の構築に始まる」と断言している[4]。これは極めて特別な意味をもつ主張であり，プログラミングを活動ではなく，はっきりと職業に限定している。この特定は他の関心を呼び起こす。すなわち，問題となっているオペレーターとして雇われた女性たちの貢献のうち，後に専門的なプログラマの領域とみなされる作業は，彼女たちの他の責務と深く絡み合っていた。ムーアスクールでの ENIAC 時代を通じて，プログラミングは，

機械の操作と数学が交差するところで双方から提供された情報を使って協調して行われた。先に述べたとおり，1947年5月にジーン・バーティクに率いられたチームが，ENIACのプログラム専門に雇われた最初のグループとなった。

　私たちは，ENIACと結び付いていた労働規範は，大規模計算をうまくやるために応用数学ですでに確立されていた規範に由来するものであることを示した。問題を数学的に分析することや，計算を実行する詳細な計画を生成することは，逐次的に計画を実行する計算手による骨の折れる仕事とはかなり前に切り離されていた。卓上計算器が処理に加わったことで計算手の生産性は向上したが，作業の区分けを変えることはなかった。それにひきかえ，1930年代の微分解析器の導入は計算処理の大半を機械に移し，オペレータの新たな役割を作った。オペレータは，数学者と機械の仲介をし，手作業で入力データを敷き写し，解析器をレンチで構成変更するだけではなく，数学の方程式を機械に合った形式に効率的に変換する上で重要な職人技を磨いていた。この点において，ENIACは微分解析器のモデルに従っていた。しかし，デジタル計算機であるため，とても広い範囲の計算処理を自動化することができた。複雑な計算については，複数のランの間でパンチカードの並び替えや処理を行うといった典型的な手作業もあったが，かつては計算手によって担われていた仕事の大半は，自動計算機によって実行されるようになった。個別の問題に取り組むためのENIACの準備には，数学的な解析，構成形式の準備，その形式に従ったENIACの物理的な構成という3段階での作業の分割を促す，新たな種類の労働を含んでいることが，1943年には早くもプロジェクトチームの認識するところとなった[5]。ENIACのオペレータは，計算機とそれに付随したパンチカード装置を動かすという主な責務に加えて，3番目の仕事を実行することをいつも期待されていた。結果的には，彼女たちは，多くの設定の開発に重要な貢献をした。それは採用されたときには恐らく思いもよらなかった事柄であった。このことで思い起こすのは，ステファン・バーレイによる，専門家と技術の間の「緩衝材」としての技師の仕事という性格付けである[6]。二つの専門性の間のきちんとした分割は，維持するのがいつも難しく，その緊張関係は，多くの問題での数学者とオペレータの間で緊密な共同作業が行われたという事実を説明するのだろう。

何人かの ENIAC のオペレータが残した，数学的な演算列を実装するために ENIAC の設定方法を発見した過程の説明は，驚くほど生き生きとしている。それらは，ENIAC という機械について創作者の思いもよらない斬新な使い方を見つけ出したという主張の裏付けとして引用される。たとえば，ケイ・マクナルティは，マスタープログラマは軌道計算の演算列を繰り返すことができるかもしれないと気づいた[7]。実際には，オペレータはユニットの設計に則って的確に適用する方法を把握していった。それはのちの多くの学生が，計算機プログラムを構造化するためにループをどう使えばよいか，突然一気に全体が分かったと感じる体験と同様である。

　数学的な計算の処理についてよく知ることなしに数学的な処理を考案することは難しく，また，どうやって ENIAC を走らせるかという実地の知識抜きに計算の計画を設定に移すことは困難である。たとえば，その後の科学的な仕事を意図した機械と違い，ENIAC は浮動小数点の機能を持っていなかったため，ENIAC の使用には数量の位取りについての多大な注意を必要とした。当初のプログラミングモードでは，位取りは ENIAC の回路の中ではなく，オペレータが手作業でデータ端子に挿入する「シフタ」と呼ばれる特別のプラグで実行された。また，取り組んでいる数学的なタスクについて，何らかの理解なしに ENIAC を操作することは難しかった。アデール・ゴールドスタインは 1946 年の報告書で，ENIAC が扱えるように「オペレータは方程式を分解し」，「問題の設定を計画するときに並列的な演算をスケジュールし」，数字が送信されるであろう「出力端子に削除子を取り付けることで，重要でない数字の削除に備える」といった広い範囲にわたるオペレータの責務に言及している。また，オペレータは「計算が始まる前に，環状計数器のネオン管に特別の注意を向けること」を迫られた。方程式の分析からプラグの取り付けや計算機の起動まで，これらの責務が一つの役割であるのは自然なことだと見ていたようである[8]。科学的なプログラミングは，特別な仕事として，より長い間確立されていてより良く理解されていた計算の数学的な解析と，（数学的な目的の有無に関わらない）計算の実行との間の仲立ちをする一連のタスクとして発展した。

　1947 年にハーマン・ゴールドスタインとジョン・フォン・ノイマンによって示された "Planning and Coding···" モデルは，問題を数学的に分析すること

と計算の計画を得るコーディングの仕事とを区別している。歴史家はこのモデルを，頑なで実現不可能な，明らかに性差別的な労働の分割の基礎として見る傾向がある[9]。問題とされる一つの点は，このアプローチは計算機技術の理解と，モデル化されたシステムの理解を切り離すように思われることである。しかしながら，私たちは，同時期に行われたモンテカルロシミュレーションの準備において，おおまかには似ている労働の分割の成功例に気づいた。そこでは，ジョン・フォン・ノイマンが初期の流れ図の草稿を描き，クララ・フォン・ノイマンが後期の版を開発し，流れ図を計算機のコードに変換した。同様に，リチャード・クリッピンガーと，彼の超音速気流問題のコード化を請け負ったジーン・バーティクやその同僚との協力も成功したが，ジョン・フォン・ノイマンよりも才能に劣り，機械計算の細部への関心も薄い数学者との仕事で，どれほど労働の分割がうまくいったのかはわからない。また，アデール・ゴールドスタインや，ジーン・バーティク，クララ・フォン・ノイマンが持っていた天賦の才能なしに，コーダたちがたやすくタスクに取りかかれたかどうかも明らかではない。

　ENIACやハーバード大学のMark I などの初期計算機の周辺で発展した実践規範は，歴史家がよく記しているように，計算機企業のハードウェアやソフトウェアの生産に，直接的に影響を及ぼしている[10]。ムーアスクールにおけるENIACの構築や，EDVACの準備作業で得られた経験は，エッカートとモークリーが自分たちの会社で用いたハードウェアの設計や工学的な実践規範に，明らかで核心的な効果を与えた。スペリー・ランド社のユニバック部門として吸収されたあとでさえ，この部門は他の多くのENIAC経験者を採用し続けた。中でもベティ・ホルバートンは，グレース・ホッパーのもとで1950年代に自動的なプログラミングツールを発展させた。また，ENIACが計算機技術の実践規範に決定的な影響を与えた科学の領域は多い。たとえば，ENIACのランで実行されたモンテカルロのコードは，ニコラス・メトロポリスや他のロスアラモスの職員の関与を通じて，のちのモンテカルロ・シミュレーションに明確な直接の影響を与えた。すでに述べた，それ以外の1950年の数値気象シミュレーションやフランク・グラブスが生み出した統計表といったENIACの適用も，のちの世代の計算機で広く使われた技法の先駆けとなった。

ENIAC のオペレータたちを「最初の計算機プログラマ」と認識することは，ソフトウェア開発はそもそもは女性の仕事と見られていたが，不幸で不法な何らかの過程を通じて男性の占有物になってしまった，という話を歴史家がするきっかけとなる。これは，当初からプログラミング作業は，とりわけ女性に合うような表現で思い描かれていたという主張と結び付けられる。ジェニファー・ライトは彼女の著名な論文で，「技術者は，初めのうちはプログラミングの作業を単に事務的だと捉えていて」，そして「そのため，女性に合っていると捉えていたが，その仕事の高度な本質を認識したときから女性を排除し始めた」ことを示唆している[11]。ネイサン・エンスメンジャーは，プログラミング作業の歴史の出発点を「最初の計算機プログラマは科学者でも数学者でもなく，地位の低い女性事務職であり，卓上計算器のオペレータだった」と規定するために，ライトの分析を利用した[12]。

私たちにとっては，特定の種類の数学的な仕事と女性たちのはっきり限定された，総じて局所的なつながりは，事務職のような仕事と女性との一般的なつながりよりも重要である。とりわけ，ENIAC の操作は明らかに事務的ではなかったことから，そう言える。エンスメンジャーの示唆によると，ENIAC の女性たちは「コーダ」として採用され，本来の仕事は計算の計画を構築することであり，コーディング作業は写本と同種の低い地位の作業と見なされていた[13]。より正確に言うならば，プロジェクトのリーダーたちは，最初は「プログラマ」や「コーダ」を「オペレータ」と区別された仕事とは認識していなかった，というジャネット・アベイトの言葉に同意している[14]。のちになってプログラミングの一部と見なされるいくつかの仕事は，問題を分析する数学者が担うと思われていた。そして一方では，他の側面は機械操作と混交していた。

本書の中で示してきたように，オペレータとして女性を選んだことは，戦時の労働状況も作用したが，大学や研究機関の制度的背景の中で応用数学の領域で女性が活躍するという長い伝統を反映していた。女性は卓上計算器を使って射表計算を手作業で行い，また微分解析器を使っていた。その仕事を新しく高速なやり方で実行する ENIAC のような新しい技術を導入しても，この伝統は継続した。いずれにしても，ENIAC のオペレータを供給できる格好の選択肢は，ほかにはなかった（興味深いことに，ハーバード大学の Mark I は大学キャ

ンパスにあったものの,計算センターが正式には海軍の施設であったため,海軍式の「当直団」に従事する制服を着た下士官兵によって操作された[15])。

1950年代の初期の間,弾道研究所のすべての自動計算機（ENIAC,他の2台の電子計算機,リレー式計算器）を操作していた要員は,圧倒的に女性中心であった。（ベル研のような）科学計算の強い伝統を持つ他の研究所は,計算機の仕事に女性を多数雇用した。対照的に,事務作業の計算機化は「電子的なデータ処理」という枠組みで,そして企業の組織的な背景の中で取り組まれた。タイピストであった女性の多くは,計算機化ののち,キーパンチ作業者として同様の仕事を続けた。管理的なプログラミングに関連する3種類の職員から従業員を選抜して,情報処理部門に出向させ,計算機作業のために再訓練する企業が多かった。3種類の職員とは,パンチカード装置作業者,（ビジネスプロセスを再設計することを責務とする）企業「能率専門家」,関連部門（通常,最初に計算機が用いられるのが会計処理や給与計算であるため,典型的には経理部門）の若手専門職や管理職であった。これらの集団はすべて圧倒的に男性中心であったため,管理的なプログラミング作業における男性優位の物語は,組織において固有な文脈の範囲内で長期間にわたって何かが変わらずに連続してあり続ける状況についての物語と同様だった。

したがって,私たちは,プログラミング労働の歴史を,最初は女性を歓迎し,のちに排除した新しい職業の誕生として見るのではなく,ENIACと他の初期の計算機の影響が科学的な計算の施設で強く維持された一方,企業における情報処理の仕事では無視された,という一連の並行する物語として見る[16]。

実践規範と場所

初期のENIAC実践規範の興味深い特徴は,機械としての能力であり,1952年頃まで,その類なき能力を自分の問題に適用したいと切望する科学者たちが「遠征」や「巡礼」という形でENIACを訪問してきた。それは,「巨大科学」という新興の世界における分子加速器のように,希少で高価な実験装置の重要性が高まることと酷似している[17]。ブルーノ・ラトゥールによって,「計算の

中心」という言葉が科学研究の語彙に入ってきた。もっともそれは，その中心地において，万人共通の用紙（「不変で結合できる可動な物」）でデータを遠隔的に集めて処理することで，他の場所の出来事を制御する能力を記述するために用いたのだが，私たちの物語では，科学者がデータとともに移動した[18]。ENIAC そのものは不動であったが，その構成は科学者の必要に合わせて驚くほど可変であった。1950 年代，計算機が増加するにつれてロスアラモスから旅をする必要性は減ったが，研究所は多くの世界最速計算機を設置した。その時でも，資金力に乏しい研究所の科学者は強力な計算機への骨の折れる移動を続けていた。ミニコンピュータが標準的な研究所の備品となったあとでさえ，スーパーコンピュータの利用時間を必要とする科学者は，交通の便を整えなければならず，そして長い旅をしなければならなかった。初期の ARPANET の開発や Mosaic ウェブブラウザを含む，現在のインターネットの基礎は，物理的に移動する必要なしに，研究者が強力な計算機を利用できるようにする必要が動機付けとなった。

　このような広い文脈で ENIAC について考察するのは，私たちが最初ではない。アツシ・アケラは，「知識の生態系」というメタファを使って，組織，人工物，職業そして知識が，固有に，そして束の間に同調することの起源を探った[19]。同様に，ここでの主張は，ENIAC は弾道計算を典型とした特定の種類の計算を実行することを狙った機械として，局所的な文脈で理解されるべきだというものである。この前提から，モークリーの電子計算機についての初期段階のアイデアに特に注目した。そして，このアイデアがムーアスクールの組織的な能力および技術的な専門性と足並みが揃ったときに，ENIAC を生み出した母体を形作ったのである。

　私たちは，アケラの分析を推し進め，詳細を設計し機械を構築する間に，ENIAC の初期の構想とそれで実行されることになる計算が，予期しない道筋でどのように変わっていったかを説明した。この過程で想起するのは，科学における物質的な対象の役割や，それらが近代科学の実践規範において人々，アイデア，組織を変化させ，あるいは変化させられるあり方について考えるときに有用だと科学の研究者が気づいたアンドリュー・ピッカリングの「抵抗と適応の弁証法」と呼ばれるコンセプトである[20]。この言い回しは，科学に関連す

る実践規範の雑多な多種性を捉え，理論，アイデア，データについての混じりけのない集団や，伝統的な科学哲学で見出された科学が単一文化であるという仮説に対する異議申し立てとして存在する。マホーニーと同様，ピッカリングは時間と場所の特異性を強く主張する。政治と同様に，歴史においては，すべての物語は局所的である。きちんと整理された通時的な歴史の図式でENIACを捉えようとするのではなく，特異で偶発的な状況での出現の過程を示している。

また，私たちは，初期の構築のあとも長い期間にわたってENIACの「抵抗と適応」が続いた様子を記述してきた。かつてはあまり高く評価されていなかったのだが，ENIACの使用者は，プログラムの仕方を作り直すことで，それぞれの問題に対して配線し直さなければならなかった装置を，標準命令のレパートリーで書かれ，数字の列として格納されたプログラムを実行できる機械に変えた。このようにして，現代的コードパラダイム自身が，ENIACの継続した変容を起こす重要な原因となった。1950年代のさらなる変化によって，ENIACは変化する実践規範と共進化を続けた。これには，新しいプログラミングパラダイムの範囲内で効率を最適化するためにハードウェアに改良と追加を加えたことなどが含まれる。最も衝撃的だったのは，磁心メモリユニットの追加だった。

§科学に関する実践規範の作り直し

本書の「はじめに」では，ENIACは科学者が可能な計算の複雑さを1,000倍にまで増加させる見込みがあるという，ダグラス・ハートリーのコメントから始めた。ハートリーは，科学者は「1千万回の乗算で極めて多くのことができる」と述べた。ENIACの期待を抱かせる能力に関わるにつれて，科学に関する実践規範はどう変化したのだろうか？ 大局的な三つの教訓を引き出して，この本を締めくくろう。

1千万回の掛け算で極めて多くのことをする

　一つの重要な発展は，方程式の解を近似する数値的な方法への関心の高まりであった。数値的な方法は数百年間存在しており，その応用は数学研究の一つの領域として姿を現し始めていた。ハートリーの大学教授の職は「数理物理」であったが，1950年代にその分野が発展しているときには「数値解析」という用語が張り付いていた。1943年でさえ，ENIACチームは適切な専門家であるハンス・ラーデマッヘルを，ペンシルベニア大学の他の場所で見つけることができ，彼の仕事はENIACの累算器の設計を形作るのに役立った。しかしながら，デジタル電子計算機を適用することは，その領域に，かつて経験したことがない高い知名度と知的な興奮を与えた。

　既存の手法は，それぞれのデータ点での高々数千回の掛け算に伴う，骨の折れる手計算のために最適化されていた。層流境界問題についてのハートリーの1946年の分析で見たように，その方法は機械ではなく人間の能力に合わせて最適化されていた。事前に計算された中間結果を参照することが必要になるような比較的複雑な方法を用いて，少ないデータ点の計算が指示されれば，人間の方が良い成績を出せただろう。ENIACは高速に計算できたが，メモリには事前の結果を格納する余地がなかった。その後の機械は，格段に複雑な方法に適応する能力を持ち，電子計算機の力抜きにはまったく実行できない新しいアプローチの開発に繋がった。しかしながら，その方法は，キャッシュメモリからベクトル処理ユニットに至るまで，それぞれのアーキテクチャが持つ独自の強みや弱みに合わせて微調整された。定理と証明が豊富にあり，非常に創造的なアルゴリズムの発展があるが，数値解析は，数学に関する実践規範の歴史の中ではかなり独特な，実験に基づく分野である。

アルゴリズム的なシミュレーション

　もう一つの発展は，シミュレーションの登場である。先に議論したように，このトピックは歴史家や科学哲学者からの注目が高まりつつある。基本的な点

は，異なる諸量間の関係を方程式が証明する解析的な状態記述から，入力から出力に変換するのに必要な一連の段階のみによって関係性を記述するアルゴリズム的なアプローチへの転換であった[21]。シミュレーションは電子的な実践規範であることを特徴としており，ENIAC モンテカルロシミュレーションが最初の計算機化されたシミュレーションであるというのは，この意味で妥当な記述だろう。アナログ計算機は，諸量を結び付ける方程式を調整可能回転アームや構成可能送水ポンプによって実装することで，諸量に物理的な実在性を与えた。対照的に ENIAC は，アルゴリズム実装の必要に合わせて，どのような手順でも実行できるように設定できた。とりわけ，1948年に現代的コードパラダイムへ変換され，任意の複雑な命令列を格納する関数表が使えるようになった以降はそうだった。

シミュレーションは，記述されたシステムの性質を発見する根本的に実験的な方法をもたらした。初期パラメータを決め，プログラムを走らせ，何が起こるかを見守った。マホーニーが見たところ，伝統的な数理解析よりもシミュレーションを信頼することによって，科学者たちは理論的な計算機科学における概念的な課題に突き当った。計算機科学者は，異なる入力データを使って繰り返し実行して，何が起きるかを見守るよりも，コードを調べることによって，計算機プログラムの振る舞いを分析的に判断できることを望んだ。同様に，科学者たちは，シミュレーションがある結果をもたらす理由について，深い理解を得たいと望んだ。計算機科学者たちは，計算機プログラムについてのいくつかの問題は本質的に答えることができず，そのような分析の完全性には根本的な制約が課されていることを，1936年のチューリングの古典的な論文から学んだ。マホーニーは，次のように言及している。「今日われわれは，計算機という科学的な思考の最新かつ主要な媒体を，数学的に，すなわち，ある点では代数的あるいは解析的に理解できるかどうかという問いに直面している。もしそう理解できるのであれば，それは代数的思考法の始原とともに17世紀に始まった歴史の最新の章と見なされるであろう。もしそうでなければ，ひょっとすると今から50年後，誰かが『20世紀における代数的思考法の終焉』という話題で講義していることだろう」[22]。

機械を愛す

　三つ目の発見は，科学的計算の実行のために計算機をプログラミングすることはそれ自体が職人技であり，計算機は科学的な好奇心の対象としての魅力を発揮するということであった。1950年代と1960年代の科学の世界において誰にも共通する経験と選択となったものの始まりを，ENIACの周りに見出すことができる。1940年代には，計算機科学者も計算機プログラマもいなかった。ENIACに近づく人たちは誰もが，社会的に認められ，自認している役割という観点から近づいた。現在，プログラマとして記憶されている女性たちは，機械のオペレータとして雇われていた。同様に，ENIACを設計した男性たちは電子技術者であり，数学的な問題に取り組むために機械を用いた人々は，数学者，統計学者，物理学者，航空技師や，他の確立された分野のメンバーであった。

　ENIACに触れた誰もが同じように反応したわけではなかった。あたかもLSDを摂取するような1960年代の典型的な経験と同様に，以前と同じ道筋を続けた人もいたし，新しい経験の上に新たな生活を再構築した人もいた。たとえば，リチャード・クリッピンガーは，初めはENIACのサービスの見込み客として近づいた。その後，計算グループに異動し，残りの職業人生を計算機周辺で築き，ついにはハネウェル社でプログラミング言語の専門家となった。統計学者フランク・グラブスも，同様に複雑な問題を解くためにENIACに近づいた。しかし，ENIAC，そして弾道研究所のリレー式計算機から必要な成果を得たのち，それまでの経歴を継続した。今日では，偉大な統計学者として，軍需品部の重要な貢献者として記憶されている。

　その後の数十年，同様のパターンがより広範に繰り返されている。計算機科学科の最初のメンバーはすべて既存の学科で博士号を授与され，多くはすでにそのような学科の教員の地位を得ていた。ある時点で，たいていは大学院生として計算機に出合い，自分たちが修習している学問の関心よりも，この機械に強く一体感を感じるようになった。これは，応用コードからシステムツールやサブルーチンライブラリへの移行に伴って，プログラミングの過程に魅惑されたことによるのかもしれない。それにもかかわらず，ほとんどの科学的な使用者にとって，計算機は単なる目的達成のための手段や道具に留まった。結果を

得るために計算機に頼った技術者，数学者，物理学者のほとんどは，計算機科学者にはならなかった。プログラミングしたり，問題を計算機で実行したりすることを大学院生に依存する教員は多く，当の大学院生も，その仕事を誰かに渡せるだけの地位に就くことに成功するのか，それがいつなのかというパターンを繰り返す者がほとんどであった。

§ ENIAC の未来

　歴史的なトピックについて読むことや書くことに引き付けられた人は誰しも，それを動機付けする今現在の要因に駆り立てられている。本書では，むしろもともとの文脈により忠実な記述となるように，ENIAC の物語から誤解を一掃し，忘れられた側面に光を当てようとした。本当に歴史的な関心がある主題は，どれも最終的な結論は出ないだろう。私たちは，自身の物語を異例なほど豊富な記録資料に立脚させようと努めたけれども，ENIAC について語るべきことはまだまだあり，ましてや他の計算機とその使用についてはなおさらである。

　前の章に書いたように，ENIAC は過去 70 年間，多くの異なった形で記憶されてきた。一般書，学術書を問わず，ENIAC を無視するより再解釈することのほうが課題を進展させやすいという点は，計算技術史の物語においていまだに重要である。たとえば，女性がプログラムした計算機という ENIAC の最近の名声は，計算機技術における女性の代表性に対する計算機科学者や技術者の間での広範な関心に根差している。このような ENIAC についての感銘を与える物語を繋ぎとめることで，現代的な計算機技術の原点としてのこの機械の名高さを活かし，それと同時に長続きさせる。この名高さを頼りどころに，将来世代の一員が計算機技術の本質的な性質やいくつかの特性について主張する技術者や研究者を目指して活躍する，そのような ENIAC の新しい物語が幾つも現れるだろう。

注　釈

はじめに

1. Douglas R. Hartree, *Calculating Machines: Recent and Prospective Developments and Their Impact on Mathematical Physics* (Cambridge University Press, 1947), 24, 27.
2. Bruno Latour, *Science in Action: How to Follow Scientists and Engineers through Society* (Harvard University Press, 1987).
   邦訳：川崎勝・髙田紀代志 共訳『科学が作られているとき：人類学的考察』，産業図書，1999.
3. Peter Galison and Bruce Hevly, *Big Science: The Growth of Large-Scale Research* (Stanford University Press, 1992).
4. Nancy Beth Stern, *From ENIAC to Univac: An Appraisal of the Eckert-Mauchly Computers* (Digital Press, 1981), 16–23 および Atsushi Akera, *Calculating a Natural World: Scientists, Engineers, and Computers During the Rise of U.S. Cold War Research* (MIT Press, 2007), 第1章および第2章を参照のこと。
5. この視点は，アケラの著書 *Calculating a Natural World* の視点と同じである。それは，ENIAC を「知識の生態学」の中に位置付けるというものである。
6. ENIAC は，その最も生産的であった1950年代初期には，「計算時間の25％を迫撃砲と爆弾の弾道計算に使った」（Harry L. Reed Jr., "Firing Table Computations on the Eniac", in *Proceedings of the 1952 ACM National Meeting (Pittsburgh)*, Association for Computing Machinery, 1952）。
7. H. R. Keith, letter to R. E. Clement, October 27, 1952, Cuthbert C. Hurd Papers (CBI 95), Charles Babbage Institute.
8. Peter Galison, "Computer Simulation and the Trading Zone", in *The Disunity of Science: Boundaries, Contexts, and Power*, ed. Peter Galison and David J. Stump (Stanford University Press, 1996).
   Anne Fitzpatrick, *Igniting the Light Elements: The Los Alamos Thermonuclear Weapon Project, 1942–1952* (Los Alamos National Laboratory, 1999).
9. 近年では，たとえば，Alice Burks, *Who Invented the Computer? The Legal Battle That*

Changed Computing (Prometheus Books, 2003) や，Jane Smiley, *The Man Who Invented the Computer: The Biography of John Atanasoff, Digital Pioneer* (Doubleday, 2010) がある。

10. Alice R. Burks and Arthur W. Burks, *The First Electronic Computer: The Atanasoff Story* (University of Michigan Press, 1989).
    邦訳：大座畑重光 訳『誰がコンピュータを発明したか』，工業調査会，1998.
11. 影響力のある初期の説明でコロッサスが「特殊用途のプログラム制御電子デジタル計算機」として記述されたことからこの区別が生まれた（Brian Randell, "The Colossus", in *A History of Computing in the Twentieth Century*, ed. Nicholas Metropolis, Jack Howlett, and Gian-Carlo Rota, Academic Press, 1980）。コロッサスがどのように使われたかに関する詳細な情報については，Jack Copeland, *Colossus: The First Electronic Computer* (Oxford University Press, 2006) を参照のこと。
12. Michael R. Williams, "A Preview of Things to Come: Some Remarks on the First Generation of Computers", in *The First Computers: History and Architectures*, ed. Raúl Rojas and Ulf Hashagen (MIT Press, 2000).
13. 同上。
14. George Dyson, *Turing's Cathedral: The Origins of the Digital Universe* (Pantheon Books, 2012).
    邦訳：吉田三知世 訳『チューリングの大聖堂：コンピュータの創造とデジタル世界の到来』，早川書房，2013.
    Martin Campbell-Kelly and William Aspray, *Computer: A History of the Information Machine* (Basic Books, 1996).
    邦訳：山本菊男 訳『コンピューター200年史：情報マシーン開発物語』，海文堂出版，1999.
15. Michel Callon, "Some Elements of a Sociology of Translation: Domestication of the Scallops and the Fishermen of St Brieuc Bay", in *Power, Action and Belief: A New Sociology of Knowledge?*, ed. John Law (Routledge, 1986).
16. Trevor Pinch and Richard Swedberg, eds., *Living in a Material World* (MIT Press, 2008).
17. 一つには，計算機技術の発展がすぐに小型化を伴うようになったことにより，科学的近代化を示す展示品としての計算機は，無線望遠鏡などの記念碑的構造物ほどには注目を集めなかった。Jon Agar, *Science and Spectacle: The Work of Jodrell Bank in Post-War British Culture* (Routledge, 1998) を参照のこと。
18. Walter Isaacson, "Walter Isaacson on the Women of ENIAC", *Fortune*, October 6, 2014.
    一方，*The Innovators* (Simon & Schuster, 2014) の中で，アイザックソンはエッカート，モークリー，ゴールドスタインの業績について論じている。したがって，これらの意見は，ENIAC の実際の設計者，技術者，製造者の役割を計画的に抹消して

いるというよりは，ちょっとした言葉のあやであろう。
19. Wendy Hui Kyong Chun, *Programmed Visions: Software and Memory* (MIT Press, 2011), 34.
20. 研究者は，電子工学の用語を借用して，ハイテク機器や科学理論の内部構造を「ブラックボックス」と表した。「ブラックボックス」の本来の意味は，その中で何が行われているかについて技術者は心配することなく，入出力にのみ焦点を当てることができるサブシステムである。
21. Langdon Winner, "Upon Opening the Black Box and Finding It Empty: Social Constructivism and the Philosophy of Technology", *Science, Technology, & Human Values* 18, no. 3 (1993): 362–378.
22. Martin Campbell-Kelly, "The History of the History of Software", *IEEE Annals of the History of Computing* 29, no. 4 (2007): 40–51.
23. Maarten Bullynck and Liesbeth De Mol, "Setting-Up Early Computer Programs: D. H. Lehmer's ENIAC Computation", *Archive of Mathematical Logic* 49 (2010): 123–146. Liesbeth De Mol, Martin Carle, and Maarten Bullynck, "Haskell before Haskell: An Alternative Lesson in Practical Logics of the ENIAC", *Journal of Logic and Computation*, online preprint, 2013.
    ENIACセットアップの詳細は，Brian J. Shelburne, "The ENIAC's 1949 Determination of π", *IEEE Annals of the History of Computing* 34, no. 3 (2012): 44–54 でも研究されている。
24. Paul Edwards, *A Vast Machine: Computer Models, Climate Data, and the Politics of Global Warming* (MIT Press, 2010).
    Kristine C. Harper, *Weather by the Numbers: The Genesis of Modern Meteorology* (MIT Press, 2008).
25. Galison, "Computer Simulation and the Trading Zone".
26. Nick Montfort and Ian Bogost, *Racing the Beam: The Atari Video Computer System* (MIT Press, 2009) で支持されている「プラットフォームスタディーズ」は，本書での成果に最も直接的に結び付くアプローチである。「ソフトウェアスタディーズ」アプローチは，*Software Studies: A Lexicon*, ed. Matthew Fuller (MIT Press, 2008) で掘り下げられた。
27. Herman H. Goldstine, *The Computer from Pascal to von Neumann* (Princeton University Press, 1972).
    邦訳：末包良太・米口肇・犬伏茂之 共訳『計算機の歴史：パスカルからノイマンまで』，共立出版，1979.
    Jean Jennings Bartik, *Pioneer Programmer: Jean Jennings Bartik and the Computer That Changed the World* (Truman State University Press, 2013).
    Arthur W. Burks and Alice R. Burks, "The ENIAC: First General-Purpose Electronic Computer", *Annals of the History of Computing* 3, no. 4 (1981): 310–399.

28. 1960年代と1970年代のENIACの特許訴訟におけるバークスの関与は，AWB-IUPUIにきちんと記録されている。この収集資料には，ENIACの共同発明者として認知されることで得られると期待した金銭的見返りを操作したときの確率決定木もある。
29. Burks and Burks, "The ENIAC". Burks and Burks, *The First Electronic Computer*.
30. Burks, *Who Invented the Computer?*
31. ENIACが一般公開される何週間か前にロスアラモスの非常に複雑な計算を実行していたことは以前から知られていたから，なぜこのようになるのか，すべてがはっきりとはしていない。

第 1 章

1. Earl R. Larson, Findings of Fact, Conclusions of Law, and Order for Judgment in *Honeywell Inc. v. Sperry Rand Corporation et al.* 180 USPQ 673, 1973.（ushistory.org で入手可能。）
2. Akera, *Calculating a Natural World*, 81.
3. エッカートの話はモークリーほどにはきちんと記録されていないが，Scott McCartney, *ENIAC: The Triumphs and Tragedies of the World's First Computer* (Walker, 1999)（邦訳：日暮雅道 訳『エニアック：世界最初のコンピュータ開発秘話』，パーソナルメディア，2001）では，活き活きと描かれている。
4. "1296. Eckert. T.I. (carbon) to Robert P. Mulhauf", in Diana H. Hook and Jeremy M. Norman, *Origins of Cyberspace: A Library on the History of Computing and Computer-Related Telecommunications* (Norman, 2002), 601.
5. McCartney, *ENIAC*, 43–45.
6. John W. Mauchly, "Amending the ENIAC Story", *Datamation* 25, no. 11 (1979): 217–219.
7. Goldstine, *The Computer*, 202.
8. 1945年7月の連邦雇用局への申請（JWM-UP）によれば，モークリーは1941年9月に助教授に任命されているが，アケラの *Calculating a Natural World* はそれが最初の短期雇用だったことをを示唆している。
9. David Alan Grier, *When Computers Were Human* (Princeton University Press, 2006), 134.
10. Harry Polachek, "Before the ENIAC", *IEEE Annals of the History of Computing* 19, no. 2 (1997): 25–30 に転載された表の抜粋を参照のこと。
11. 最近の外部弾道計算の例を見るには，Ernest E. Herrmann, *Exterior Ballistics* (U.S.

Naval Institute, 1935) または Gilbert Ames Bliss, *Mathematics for Exterior Ballistics* (Wiley, 1944) を参照のこと。これとは対照的に，内部弾道学（interior ballistics）は砲身内での砲弾の振る舞いを研究する。

12. Herrmann, *Exterior Ballistics*, v–vi.
    L. S. Dederick, "The Mathematics of Exterior Ballistic Computations", *American Mathematical Monthly* 47, no. 9 (1940): 628–634.
13. Vannevar Bush, "The Differential Analyzer: A New Machine for Solving Differential Equations", *Journal of the Franklin Institute* 212, no. 4 (1931): 447–488.
14. Irven Travis, OH 36: Oral History Interview by Nancy B. Stern, Charles Babbage Institute, October 21, 1977, 3.
15. J. G. Brainerd, "Genesis of the ENIAC", *Technology and Culture* 17, no. 3 (1976): 482–488.
16. Travis, OH 36: Oral History Interview by Nancy B. Stern, 3–4.
17. Gordon Barber, *Ballisticians in War and Peace, Volume 1: A History of the United States Army Ballistics Research Laboratories, 1914–1956* (Aberdeen Proving Ground), 17.
18. Travis, OH 36: Oral History Interview by Nancy B. Stern.
    Brainerd, "Genesis of the ENIAC", 484.
19. Barber, *Ballisticians in War and Peace*, 12–13.
20. Irven Travis, "Automatic Numerical Solution of Differential Equations", March 28, 1940, MSOD-UP, box 51.
    Burks and Burks, *The First Electronic Computer*, 182–184.
21. Goldstine, *The Computer*, 133.
22. Polachek, "Before the ENIAC".
23. Brainerd, "Genesis of the ENIAC", 484.
24. Polachek ("Before the ENIAC", 28) では一つの表の中にヤードとメートルの変換誤差約10％が生じているとを説明している。
25. Jonathan B. A. Bailey, "Mortars", in *The Oxford Companion to Military History*, ed. Richard Holmes et al. (Oxford University Press, 2001).
26. 本当に約束通りに精度が向上したかどうかは別問題である。Mitchell P. Marcus and Atsushi Akera ("Exploring the Architecture of an Early Machine: The Historical Relevance of the ENIAC Machine Architecture", *IEEE Annals of the History of Computing* 18, no. 1, 1996: 17–24) では，次のように述べられている。「ENIACアーキテクチャは使いものになったのか？ 軍の技術者らは，とくに第二次大戦で使われた紙に印刷された弾道表の数値について議論していた。第二次大戦における戦闘での一般的な戦地での環境は，実験環境での状態と一致することは稀で，弾道表は高々限定的な価値しかなかった」。マーカスとアケラは，その表の作成を，戦争中の兵士たちからの特定の要求に帰するよりも，弾道研究所の数学者が表の妥当性を高めようと努力したおかげと評価している。

27. Polachek, "Before the ENIAC".
28. Burks and Burks, *The First Electronic Computer*, 186–190.
29. John Mauchly, "The Use of High Speed Vacuum Tube Devices for Calculating", MSODUP, box 51 (PX-Electronic Computation (Mauchly)).
30. Goldstine, *The Computer*, 149.
31. Moore School of Electrical Engineering, "Report on an Electronic Difference* Analyzer", April 8, 1943, AWB-IUPUI.
 タイトルへの脚注で新しい用語を使うことにした動機を説明している。「初版」と書かれたこの文書の1943年4月2日版は，MSOD-UP b51 (PX-Electronic Computation (Mauchly), 1942–1943) に含まれている。
32. Stern, *From ENIAC to Univac*, 18.
33. 提案書のII.3節において，明確に微分解析器と新しい機械の比較をしている。
34. Brainerd to Pender, April 26, 1943, MSOD-UP, box 51 (PX-Electronic Computation (Mauchly), 1942–1943).
35. Brainerd to Johnson, April 12, 1943, MSOD-UP, box 49 (PX-1 General).
36. Stern, *From ENIAC to Univac*, 18–23.
37. John Mauchly, "The Use of High Speed Vacuum Tube Devices for Calculating", MSODUP, box 51 (PX-Electronic Computation (Mauchly)).
 Akera (*Calculating a Natural World*, 86) は「逐次（ステップ・バイ・ステップ）」を「厳密に連続的な」と解釈しているが，1943年の提案書では各ステップにはいくつもの個別処理があり，いくつかは並行処理も可能であることを明確にしている。
38. Travis, "Automatic Numerical Solution of Differential Equations".
 モークリーとエッカートがトラヴィスの以前の研究に気づいていたことの強い論拠については，Burks and Burks, *The First Electronic Computer*, 182–184 を参照のこと。
39. John Mauchly, "The Use of High Speed Vacuum Tube Devices for Calculating", MSODUP, box 51 (PX-Electronic Computation (Mauchly)).
40. Moore School of Electrical Engineering. "Report on an Electronic Difference Analyzer", April 8, 1943, AWB-IUPUI.
41. 同上，appendix C.
 機械が汎用向けだと強調するかのように，付録Dには内部弾道の二つの異なる方程式のプログラム事例も含まれた。
42. Pender to MacLean, November 5, 1943, MSOD-UP, box 48 (PX-1).
43. "List of supplies and equipment needed for PX-1", May 6, 1943, MSOD-UP, box 48 (PX-drawings, pamphlets, estimates, misc.).
 Fetterolf to Brainerd, May 26, 1943; Fleitas to Brainerd, May 29, 1943, MSOD-UP, box 29 (PX-1 General).
44. Pender to Musser, June 7, 1943, MSOD-UP, box 51 (PX-Electronic Computation (Mauchly), 1942–1943).

45. Brainerd to MacLean, June 21, 1943, MSOD-UP, box 49 (PX-1 General).
46. ゴールドスタインは，一時期ギロン自身の代理をしていたようである。(Goldstine to Gillon, May 26, 1944, ETE-UP).
47. "War Research in the Moore School of Electrical Engineering", February 18, 1943, MSOD-UP, box 45 (Projects General, 1943).
48. Budget documents in MSOD-UP, box 48 (PX-Budgets, 1943).
49. "Check List for Things to be Done: Project PX", July 26, 1943, MSOD-UP, box 57 (Parts Lists, 1943–1944).
50. Fleitas to Brainerd, May 29, 1943, MSOD-UP, box 49 (PX-1 General, 1943).
51. John G. Brainerd, "Project PX-The ENIAC", *Pennsylvania Gazette* 44, no. 7 (1946): 16–17, at 32.
52. "Laboratory Notebook #4, Project PX #1. Issued to T. K. Sharpless by Isabelle Jay. 7/4/43", MSOBM-UP, box 2, serial no. 14 (Z14), p. 3.
53. のちの大多数の計算機と違って，ENIAC は 2 進数ではなく 10 進数を使っていた。
54. "Report for Project PX: Positive Action Ring Counter (August 19, 1943)" および "Report for Project PX: The NCR Thyratron Counter", いずれも in Arthur W. Burks, Laboratory Notebook, No. 1 (MSOBM-UP, box 1, serial no. 16).
55. "ENIAC Progress Report 31 December 1943", volume 1, MSOD-UP, box 1.
56. John Mauchly, "The Use of High Speed Vacuum Tube Devices for Calculating", MSODUP, box 51 (PX-Electronic Computation (Mauchly)).
57. "Report for Project PX, September 30, 1943, Accumulators and Transmitters", MSODUP, box 3 (Reports on Project PX).
58. 手書きで 1〜5 と番号付けされている 5 ページが "PX Laboratory Notebook #1. Issued June 17, 1943 to Dr. A. W. Burks by Isabelle Jay", MSOBMUP, box 2, serial no. 16 (Z16) の 94, 96, 88, 90, 92 ページに掲載されている。
59. Kurt W. Beyer, *Grace Hopper and the Invention of the Information Age* (MIT Press, 2009), 55.
60. Hans Rademacher, "Mathematical Topics of Interest in PX: Part One — General Considerations" および "PX Report Number 14: Mathematical Topics of Interest in PX, Part Two: Summary of Articles Dealing with Rounding Off Errors", November 30, 1943, MSODUP, box 48 (PX-Computations, Rademacher, Etc.).
61. "Report for Project PX: Accumulators and Transmitters", September 30, 1943, MSODUP, box 3 (Reports on Project PX).
    手計算の事例については，たとえば，MSOD-UP, box 48 (PX-Computations, Rademacher, Etc., 1943–1946) に含まれる 1943 年の計算シートを参照のこと。これには，最大で上位 8 桁が記録されている。
62. "ENIAC Progress Report 31 December 1943", III, (3), (4).
63. Hans Rademacher, "On the Precision of a Certain Procedure of Numerical Integra-

tion", April 1944, MSOD-UP, box 48 (PX-Computations, Rademacher, Etc.).
64. "ENIAC Progress Report 31 December 1944", volume 1, MSOD-UP, box 1, III (3).

第2章

1. Burks and Burks, "The ENIAC", 343.
2. たとえば，エッカートは「戦争のために時間的制約があり」，「分散制御は，製作を容易にし完了を早く終わらせるために否応なくしたこと」と書いている．J. Presper Eckert, "The ENIAC", in *A History of Computing in the Twentieth Century*, ed. N. Metropolis, J. Howlett, and Gian-Carlo Rota (Academic Press, 1980).
3. "Report for Project PX, September 30, 1943, Accumulators and Transmitters", 3. Bound in "Reports on Project PX, Electronic Differential Analyzer, Moore School of Electrical Engineering, T. K. Sharpless", MSOD-UP, box 3.
4. Sharpless, Z14 Notebook, p. 19.
5. 同上，p. 24. Burks, Z16 Notebook, pp. 144–147.
6. Stern, *From ENIAC to Univac*, 47.
7. この図は，Burks, Notebook Z16 の p. 135 に貼り付けられている．その次のページには，1943 年 10 月 17 日に開催された打ち合わせのメモがある．
8. Arthur W. Burks, 未完成の本の手稿, chapter 5.
9. David Alan Grier, "The ENIAC, the Verb "to program" and the Emergence of Digital Computers", *IEEE Annals of the History of Computing* 18, no. 1 (1996): 51–55.
10. 実際，計算機が「連続」した演算を自動的に実行するというアイデアは計算機用語に早くから現れていた．この演算の「連続」は，のちに「プログラム」と呼ばれるものと同様の意味である．IBM では，Mark I と呼ばれることが多い，ハーバード大学のために製作されたリレー式計算機を「自動シーケンス制御計算器」と呼んでいた．このように，連続処理を自動実行する機能は注目を浴びていた．ハーバード大学と別になってから，IBM は，より大きく，より高性能で，さらに柔軟な競合機を作り，IBM の主要な場所であるニューヨークのビルの一階に展示していた．その名は「選択的シーケンス電子計算器」で，もう一つの進歩として「新しい計算機は計算途中の状態に従って適切な処理列を自動的に選ぶように構成変更できる」ことを誇っていた．
11. John Mauchly, "The Use of High Speed Vacuum Tube Devices for Calculating", MSODUP, box 51 (PX-Electronic Computation (Mauchly)).
モークリーは「プログラミング装置」という少し違う用語を明らかに同じ意味で使っていた．第 1 章で述べたようにこの装置は中央制御の役割があった．

注釈：第2章　375

12. "Report on an Electronic Difference Analyzer", April 8, 1943, appendix A, C, D.
13. Sharpless, Notebook Z14, p. 19, dated "11-6-43" and headed "Desc. of Program Unit".
14. 「1943年11月20日」付のSharpless, Notebook Z14, p. 144には，累算器のプログラムユニット中の回路のブロック図に「プログラミング」という見出しが付けられていた。
15. ENIACとなるものを構成するという行為は，1943年の提案書ですでに「設定」と呼ばれ，のちに特別な構成を記述する名詞としても現れることになる。
16. たとえば，「1943年12月31日のENIACの進捗報告書」では，「24種類の異なる乗算プログラム」が乗算ユニットに設定可能であったと記述されている。ENIACの文献では，基本的には「プログラム」はこのような意味で使われている。1946年のAdele K. Goldstine, *A Report on the ENIAC Part I: Technical Description of the ENIAC, Volume I* (Moore School, University of Pennsylvania, 1946), p. I-21では，「一つのプログラムを制御するための命令語は『プログラム』と呼ばれる」と述べられている。J. Presper Eckert et al., *Description of the ENIAC and Comments on Electronic Digital Machines. AMP Report 171.2R. Distributed by the Applied Mathematics Panel, National Defense Research Committee, November 30* (Moore School of Electrical Engineering, 1945) のappendix Bの表題「ENIACのプログラミング」は，現在と似た意味で使われたこの言葉の最初の使用例の一つである。
17. "ENIAC Progress Report 31 December 1943", XIV (1–3).
18. これらのパラメータや対空砲撃への適用は，ENIACの最初の使用と認識されている1946年8月の実射表作成のものとよく似ている。"Deposition of Mrs. Genevieve Brown Hatch", October 18, 1960, in GRS-DC, box 35 (Civil Action No, 105-146. Sperry Rand vs. Bell Labs. Deposition of Mrs. Genevieve Brown Hatch) を参照のこと。
19. "PX-1-81: Setup of Exterior Ballistic Equations" in volume II of "ENIAC Progress Report 31 December 1943".
20. 図2.2の操作2における累算器2と3の間の転送は，3列目に記述されているように9回の加算処理がある乗算（この抜粋には出てこない）と同時に起きる。表のそれぞれの行は数学的演算に対応し，同時に起きる演算は余白に書き込まれる。1944年末までに，この表の様式は，それぞれの行が一つの加算時間を表すように工夫され，設定における詳細なタイミングの問題が分かりやすくなった。
21. "ENIAC Progress Report 31 December 1943", IV (9).
22. "PX-1-82: Panel Diagram of the Electronic Numerical Integrator and Computer (Showing the Exterior Ballistics Equations Setup — Heun Method)", in volume II of "ENIAC Progress Report 31 December 1943", GRS-DC.
23. Donald F. Hunt to Burks, November 16, 1970, AWB-IUPUI.
24. これは原画の配置を上下逆にしたもので，ENIACパネルの物理的配置を表して

25. 最も重要な違いは，設定フォームはユニット間の数値転送でどのデータ線を使うのかを示していないことである。
26. "ENIAC Progress Report 31 December 1943", XIV (8).
27. "ENIAC Progress Report 30 June 1944", MSOD-UP, box 1, p. 2 of preface.
28. これは，機械の信頼性を確認することの重要性を反映し，その後のENIACプログラミングの標準手順となった。
29. "ENIAC Progress Report 31 December 1943", IV (18).
30. "Meeting of April 21", Z16 notebook, MSOBM-UP, box 1, serial no. 16, pp. 244–255. Z14 notebook, MSOBM-UP, box 3, serial no. 14, pp. 60–61 も参照のこと。
31. Z16 notebook, MSOBM-UP, box 1, serial no. 16, p. 252.
そのレジスタは入出力機能を論じる文脈で紹介されていて，その8桁の容量は正確にパンチカードの桁数と一致する。
32. Arthur W. Burks, "Exhibit A: Contributions of Arthur W. Burks, Thomas Kite Sharpless, and Robert F. Shaw to the Design and Construction of the ENIAC", paragraph A6, part of Exhibits of Arthur W. Burks in *Honeywell Inc. vs. Sperry Rand et al.*, AWB-IUPUI.
33. Notebook headed "Arthur W. Burks, PX April 28, 1944", MSOBM-UP, box 2, serial no, 17 (Z17), pp. 15–16.
"ENIAC Progress Report 30 June 1944", IV-1.
最終的にENIACが完成したときには，初期化ユニットも含み，30個のユニット，40個のパネルで構成されていた。
34. Marcus and Akera, "Exploring the Architecture of an Early Machine", 21.
35. Howard A. Aiken and Grace M. Hopper, "The Automatic Sequence Controlled Calculator-I", Electrical Engineering 65 (August–September 1946): 390.
36. Richard Bloch, "Programming Mark I", in *Makin' Numbers: Howard Aiken and the Computer*, ed. I. Bernard Cohen and Gregory W. Welch (MIT Press, 1999), 107.
37. "ENIAC Progress Report 31 December 1943", XIV (8–9).
38. 同上，XIV (9).
39. 同上
40. "ENIAC Progress Report 31 December 1943", XII (2–3).
41. 同上，XII (3).
42. Burks, 未完成の本の手稿, chapter 5.
43. 日付のないモークリーの手書きの手稿 HLU, box 7 (ENIAC: 1944 Notes Programmer).
これらの文書はバークスの設定を参照し，マスタープログラマの機能も記述している。そのため，それらが書かれたのは確信をもって1944年の前半だと言える。その年の中頃の報告書（p. IV-33）には，マスタープログラマ開発のセクションで記

された一部は 1944 年 6 月 30 日の報告書以降に行われた。
44. "ENIAC Progress Report 30 June 1944", p. IV (40).
45. 実際には，この図表にはモークリーが言うような操作全体の繰り返しはない。なぜなら，ステッパは印書のあとに最初のステージに戻っていないからである。
46. "ENIAC Progress Report 30 June 1944", IV (40).
47. モークリーの計画では，機能がよくわからない「プログラムカップリングユニット」についても記述されている。
48. ENIAC Progress Report 30 June 1944, IV (33).
49. 同上，IV (41).
50. このやり方は，Goldstine, *A Report on the ENIAC* に記述されている。
51. "ENIAC Progress Report 30 June 1944", IV (40).
52. "ENIAC Progress Report 31 December 1944", chapter 2 (11–13).
53. Goldstine, *A Report on the ENIAC*, (IV) 30.
54. "ENIAC Progress Report 30 June 1944", IV (41).
55. Eckert et al., *Description of the ENIAC (AMP Report)*, appendix B.
56. Burks, 未完成の本の手稿，appendix B.

第 3 章

1. "Project PX #1, Notebook #8, issued Sept 30, 1943 to J. H. Davis", MOSBM-UP, box 12, serial no. 2 (Z2), pp. 12–57.
2. "ENIAC Progress Report 30 June 1944", I-5.
3. Brainerd to Goldstine, May 17, 1944, MSOD-UP, box 48 (PX-2 General Jan-Jun 1944).
4. "ENIAC Progress Report 30 June 1944", II-1.
   累算器のテストについてはデービスのノートを参照のこと。
5. Pender to Goldstine, July 3, 1944, GRS-DC, box 19 (PX-Project 1943–1946).
6. Burks and Burks, "The ENIAC", 343 では，2 台の累算器テストによる計算を説明し，調和方程式を解く微分解析器の設定との類似点を強調している。
7. Sharpless, Z14 notebook, pp. 71–72 (June 27, 1944) and 73–75 (July 10, 1944).
8. 同上，pp. 76–77 (July 18, 1944).
9. Arthur W. Burks, "Exhibit A: Contributions of Arthur W. Burks, Thomas Kite Sharpless, and Robert F. Shaw to the Design and Construction of the ENIAC", paragraph S15, part of Exhibits of Arthur W. Burks in Honeywell Inc. vs. Sperry Rand et al. in AWB-IUPUI.
10. McCartney, *ENIAC*, 79.

11. ENIACの接合部の個数として引用される数字は，50倍の振れ幅がある。広く引用されている500万という数字をWikipediaは現在採用しているが，ENIACの真空管，抵抗器，スイッチ，コンデンサの総数がおよそ105,000個であったとすると，各構成部品1個につき数十の接合部があった計算となる。ENIACの特許裁判のある証人は，ENIACでは「ほぼ10万の接合部」があったと述べていた。この数は，構成部品の個数より接合部の数のほうが少ないことを示している (Richard F. Clippinger, ENIAC Trial Testimony, September 22, 1971, ETR-UP, 8888)。私たちが見つけた一番もっともらしい数字は，陸軍省広報相談局により1946年2月初めに発表された "Physical Aspects, Operations of ENIAC are Described" というENIAC運用開始時の報道発表 (HHG-APS, series 10, box 3d) に記載された50万か所の接合部という見積もりである。そして，のちにエッカート自身も "Remarks by J. Presper Eckert, Dinner Marking 15th Anniversary of ENIAC", University of Pennsylvania, October 12, 1961, UV-HML, box 381 (Whitpain Dedication and ENIAC Dinner) の中で，その数字を採用した。
12. "PX-Project Laboratory Organization", May 4, 1944, MSOD-UP, box 48 (PX-2 General Jan-Jun 1944).
13. Arthur W. Burks, "Exhibit A: Contributions of Arthur W. Burks, Thomas Kite Sharpless, and Robert F. Shaw to the Design and Construction of the ENIAC, part of Exhibits of Arthur W. Burks in *Honeywell Inc. vs. Sperry Rand et al.*", 1972, AWB-IUPUI, S7.
14. "Estimate of cost of six months (January 1 to June 30, 1944) continuation ⋯", December 7, 1943 および "Estimation of Cost: Completion of the ENIAC (Jun 1 to June 30, 1945)", いずれも in MSOD-UP, box 49 (PX-Estimates).
15. ENIACの作業員の名前が会計報告 ("Project PX-2" in MSOD-UP, box 48 (MS-112)) で詳細に一覧できる。これらには，ほとんどの従業員の氏名が記載され，月刊の表 ("PX-2 Payrolls, 1944–1945", 同ボックス番号) にも何人かが記載されている。1994年半ばには，ENIACを製作するために雇用された従業員のうち，明らかに大部分を女性が占めていた。MSOD (box 48 (MS-104)) の個人記録にはそれ以前の雇用が含まれ，また，MSOD (box 49 (PX-2 Accounts 1944)) には，昇給，処遇の変化が記録されている。ENIACのオペレータとは異なり，次の年に弾道研究所が雇用したオペレータたちは，「プロジェクトの数学者」であるアデール・ゴールドスタインを除いて，歴史には記憶されなかった。私たちは，以下に彼女らの名前を列挙する以外には，ほとんど何もすることはできない。1944年にENIACの設計・構築に貢献した女性たちは，次のとおりである。Viola Andreoni, Martha Bobe, Lydia R. Bell, Vava Callison, Nellie T. Collett, O'Bera Darling, Helen Anna De Lacy, Jeanette M. Edelsack (製図工), Theresa Fraley, Gertrude E. Gilbert, Ann Gintis, Rita Golden, Margaret Henshaw, Jane Hodes, Virginia Humprey, Mary Ann Isreall, Dorothy F. Keller, Mary Knos, Alice T. Larsen, Alma Markward (組立工), Mary Martin, Anne

注釈：第3章　379

D. McBride, Cathrine J. McCann（製図工）, Rose McDonough, Mary E. McGrath, Mary McNetchell, Gertrude Moriarty, Anna Munson, Ann O'Neill, Violet Paige, Jane L. Pepper（製図工）, Alice Pritchett, Ruth Ruch, Marjorie Santa Maria（製図工）, Nancy Sellers, Eleanor Simone（技師）, Carolyn Shearman, Dorothy K. Shisler, Frances Spurrier, Grace M. Warner, Evangeline E. Werley, Charlotte Widcamp, Sally Wilson, Diana Wrenn, Isabelle Jay（秘書）.

16. "List of supplies for beginning PX-1, April 24, 1943" and "List of supplies and equipment needed for PX-1, May 6, 1943". In MSOD-UP, box 48 (PX-Drawings, Pamphlets, Estimates, Misc.).
17. Goldstine to Strachen, September 14, 1945, ETE-UP.
1941年6月，シカゴとサンフランシスコの通信部隊調達センターは，フィラデルフィア部隊に統合されて，電子機器を供給する全米の拠点となった。George Raynor Thompson et al., *The Signal Corps: The Test (December 1941 to July 1943)* (Government Printing Office, 1957), 182によると，1942年4月，軍需品部フィラデルフィア支部は毎月供給品を1400万ポンド以上入荷し，10万個以上の品目を貯蔵していた。
18. Goldstine to Bennie, March 30, 1945, ETE-UP.
19. Brainerd to Bernbach Radio Corp, August 12, 1943, MSOD-UP, box 48 (PXManufacturers 1943).
短いワイヤーのより線2本がファイルコピーにホッチキスで留められたままになっている。
20. Various letters in MSOD-UP, box 48 (PX-2 General Jan-Jun 1944).
21. エッカートによると，ENIACは7万個の抵抗器を使っていた。そのほとんどが「0.5ワットの小さな複合抵抗器」であった。
J. Presper Eckert Jr., "Reliability of Parts", in *The Moore School Lectures: Theory and Techniques for the Design of Electronic Digital Computers*, ed. Martin Campbell-Kelly and Michael R. Williams (MIT Press, 1985).
22. Goldstine to Gillon, August 21, 1944, ETE-UP.
ペンダーとIRCとの関係がTravis, OH 36: Oral History Interview by Nancy B. Sternの20ページで論じられている。
23. Goldstine to Bogert, July 9, 1945, ETE-UP.
24. Travis to Warshaw, MSOD-UP, box 52 (ENIAC Moving to Aberdeen).
25. Eckert, "Reliability of Parts".
26. Akera, *Calculating a Natural World*, 100–101.
27. 同上, 100. Randolph to Brainerd, August 5, 1944, MSOD-UP, box 48 (PX Tubes Manual).
28. Dais, Z2 Notebook, p. 100にテスト表の素案がある。個々の真空管のテストについては，たとえばSharpless Z14 Notebook, 86–95, recording work done in October of 1944を参照のこと。

29. Goldstine to Stibitz, August 12, 1944, ETE-UP.
30. Goldstine to Power, June 9, 1945, ETE-UP.
31. Goldstine to Pender, June 26, 1945, ETE-UP.
32. DuBarry to Greathread, September 15, 1945, GRS-DC, box 3 (Material Related to PXProject) では，チャンドラーとフラワーズがその年の9月と10月に訪問することを許可している。
33. Stibitz to Weaver, November 6, 1943, MSOD-UP, box 49 (PX-1 General, 1943).
34. "Discussion of a Proposal by Dr. Stibitz for the Development of a Relay Differential Analyzer for Ballistics", circa October 1943, MSOD-UP, box 49 (PX-1 General, 1943).
35. Stibitz to Weaver, November 6, 1943, MSOD-UP, box 49 (PX-1 General, 1943).
36. Goldstine to Stibitz, January 4, 1944, ETE-UP.
37. "Report of a Conference on Computing Devices", February 1, 1944, ETE-UP.
38. Gillon to Brainerd, February 21, 1948, GRS-DC, box 3 (Material Related to PX-Project).
39. Goldstine to Stibitz, August 12, 1944, ETE-UP.
40. フォン・ノイマンもこれらの議論では重要な発言権を持っていた。
    Von Neumann to Oppenheimer, August 1, 1944（私たちの所持する機密解除されたロスアラモス文書）。
    フォン・ノイマンとゴールドスタインは，のちに弾道研究所が機械の要件を定義するのを手伝った。
    Curry to Goldstine, September 12, 1945 および Goldstine to von Neumann, September 13, 1945, いずれも in ETE-UP.
41. Goldstine to Gillon, September 2, 1944, ETE-UP.
42. Goldstine to Brainerd, February 1, 1944, ETE-UP.
43. William Aspray, *John von Neumann and the Origins of Modern Computing* (MIT Press, 1990), 30.
44. Goldstine to Brainerd, April 21, 1944, ETE-UP.
45. Goldstine to Quaintance, May 27, 1944, ETE-UP.
46. Stern, *From ENIAC to Univac*, 30.
47. Barnes to Pender, February 1, 1944, MSOD-UP, box 48 (PX-2 General Jan-Jun 1944).
48. Goldstine to Gillon, May 26, 1944, ETE-UP.
49. Ingersoll to Brainerd, June 8, 1944, MSOD-UP, box 48 (PX-2 General Jan-Jun 1944).
50. Goldstine to Pender, July 28, 1944, ETE-UP.
51. Goldstine to Gillon, September 2, 1944, ETE-UP.
52. Goldstine to Simon, August 11, 1944, ETE-UP.
53. Goldstine to Gillon, December 14, 1944, ETE-UP.
54. Campbell to Pender, February 20, 1945, MSOD-UP, box 49 (PX-Estimates).
55. Goldstine to von Neumann, May 15, 1945, ETE-UP.
56. Burks, "Contribution of Arthur W. Burks", S16.

バークスは，これらユニットの仕様を書いた。全電力消費量は，War Department Bureau of Public Relations, "Physical Aspects, Operations of ENIAC" から取得した。

57. Goldstine to Smith, February 12, 1945, MSOD-UP, box 48 (PX-Maguire Power Supplies).
58. Bill Yenne, *Tommy Gun: How General Thompson's Submachine Gun Wrote History* (Thomas Dunne Books, 2009).
59. Burks to Sarbacher, February 27, 1945, MSOD-UP, box 48 (PX-Maguire Power Supplies).
60. "Memorandum Concerning Meeting Between the Representatives of the University of Pennsylvania and Representatives of Maguire Industries, Inc.", April 7, 1945, MSOD-UP, box 48 (PX-Maguire Power Supplies).
マグワイア・インダストリーズ社の無線と消費財への移行は，オーナーのラッセル・マグワイアの反ユダヤの小冊子 *Iron Curtain Over America* への資金提供という政治活動による影響でうまくいかなかった。
61. Goldstine to Bogert, July 9, 1945, ETE-UP.
62. Burks, Z17 Notebook, pp. 57–62.
63. Brainerd to Goldstine et al., September 8, 1945, MSOD-UP, box 48 (PX-2 General Jul-Dec 1945).
64. 米国連邦議会は Contract Settlement Act of 1944, Pub.L.No.78-395, 58 Stat. 649 を通し，終戦時に政府の「便宜的条項」を行使するときに踏む手続きを前もって決めていた。
65. "Summary of W-670-ORD-4962", MSOD-UP, box 55a (ENIAC General, 1944–1945).
66. この値は，労働統計局の消費者物価指数をもとにしたインフレーション計算サービス (http://www.bls.gov/data/inflation_calculator.htm) による，生活費のインフレーション尺度に基づいている。1940年の経済規模は現在よりもずっと小さかったので，この値は物価上昇の影響を差し引いたとしても，その投資の重要性を軽視している。
67. Campbell to Pender, February 20, 1945, MSOD-UP, box 49 (PX-Estimates).
68. W. Barkley Fritz, "The Women of ENIAC", *IEEE Annals of the History of Computing* 18, no. 3 (1996): 13–28 の 15 ページで，ホルバートンの責任について論じるリサ・トッドの言葉が引用されている。
69. 1945 年の終わり頃，ジェニングズはスナイダーとともに弾道計算の設定を考える仕事を割り当てられ，一方，リヒターマンとウェスコフは，ENIAC がまさにこれからしようとする計算を手計算していたと回想している。その結果が設定の検証のために使われ，そのあとで ENIAC の設定の誤りを正すことにも役立った。
Bartik, *Pioneer Programmer*, 85.
70. Fritz, "The Women of ENIAC".
計算手の仕事とトレーニングは，Jennifer S. Light, "When Computers Were Women",

Technology and Culture 40, no. 3 (1999): 455–483 に再現されている．
71. Bartik, *Pioneer Programmer*.
72. Fritz, "The Women of ENIAC", 15.
73. 同上，15–16.
のちにハーマン・ゴールドスタインは，ムーアスクールを説得して当時計算手を訓練していた「年配の指導者との協定」を終了させ，彼の妻を含む3人の女性に交代させたと主張した．Light の著書（"When Computers Were Women", 467）には，3人の男性と9人の女性指導者のグループの中に，確かにその3人がいたことが示されている．
74. Grier, *When Computers Were Human*, 260.
75. Adele K. Goldstine, "Affidavit in Public Use Proceedings by IBM against the 1947 ENIAC Patent Application", 1956, HHG-APS, series 10, box 3 の中で，アデール・ゴールドスタインがフィラデルフィアに移ったときのことを述べている．
76. Akera, *Calculating a Natural World*, 82.
77. Judy Green and Jeanne LaDuke, *Pioneering Women in American Mathematics: The Pre-1940s PhDs* (American Mathematical Society, 2008).
78. Herbert R. J. Grosch, *Computer: Bit Slices from a Life* (Third Millennium Books, 1991), 81.
79. Judy Green, "Film Review: Top Secret Rosies", *Notices of the AMS* 59, no. 2 (2012): 308–311.
80. David Alan Grier, "The Math Tables Project of the Work Projects Administration: The Reluctant Start of the Computing Era", *IEEE Annals of the History of Computing* 20, no. 3 (1998): 33–50.
同じ資料の大部分は，Grier, *When Computers Were Human* にも見られる．労働者数は同書の 242 ページで取り上げられている．
81. Janet Abbate, *Recoding Gender: Women's Changing Participation in Computing* (MIT Press, 2012), 18–19.
82. Bartik, *Pioneer Programmer*, 66–74.
83. JoAnne Yates, *Structuring the Information Age* (Johns Hopkins University Press, 2005). Lars Heide, *Punched-Card Systems and the Early Information Explosion, 1880–1945* (Johns Hopkins University Press, 2009).
84. L. J. Comrie, *The Hollerith and Powers Tabulating Machines* (Scientific Computing Service, 1933).
85. Wallace J. Eckert, *Punched Card Methods in Scientific Computation* (Thomas J. Watson Astronomical Computing Bureau, Columbia University, 1940).
86. Fritz, "The Women of ENIAC".
87. Goldstine, *The Computer*, 229–230.
この発言は関係者の女性を怒らせるだけでなく，バークスの仕事を軽視しているよ

うに見える。バークスは ENIAC の制御方式設計と射表問題の初期の仕事に関する記録資料の中で，ゴールドスタイン夫妻のどちらよりも卓越して描かれている。
88. Goldstine, *A Report on the ENIAC*.
89. 1962 年 2 月の宣誓供述書は，法的な資料とともに HHG-APS, series 10, box 3 に保存されている。
90. ブロック図は EN1AC のすべてのユニットで作られ，それぞれの回路を図示していた。これらは，オペレータたちの話題によくのぼったとされる図である。しかし，ブロック図という言葉は，ENIAC プログラムの構造を表現するために，特別に設計された図の種類を示す場合もあった。プログラミングの指導書としての明らかな関連もあっただろう。たとえば，アデール・ゴールドスタインは，Goldstine, *A Report on the ENIAC* で，マスタープログラマ構成図を，「ある問題の一連のさまざまなプログラムがどうやって互いに結び付けられるかを概観するために設計されたブロック図」と書いている。レーマーはプログラム内での判断点を示し，今ならフローチャートと呼ばれたであろうものを「ENIAC 設定のブロック図」と呼んだ。D. H. Lehmer, "On the Converse of Fermat's Theorem II", *The American Mathematical Monthly* 56, no. 5 (1949): 300–309 の 302 ページ。
91. Bromberg to Goldstine, "Comments in Regard to Proposed Changes in Your Book Manuscript", April 5, 1971, HHG-HC box 1 (Correspondence, Apr 2, 1960–Apr 6, 1971).
92. Bartik, *Pioneer Programmer*, 75–76.
93. Fritz, "The Women of ENIAC".
94. 同上，21.
95. W. Barkley Fritz, "ENIAC — A Problem Solver", *IEEE Annals of the History of Computing* 16, no. 1 (1994): 25–45, at 28.
96. 米国は 1952 年に 50 万トン級の原子爆弾アイビーキングの核実験をした。しかし，最初の水素爆弾はすでに実験が成功裡に終わっていたので，その方面でさらなる取り組みはなかった。
Jeremy Bernstein, *Oppenheimer: Portrait of an Enigma* (Ivan R. Dee, 2004), 118.
97. Fitzpatrick, *Igniting the Light Elements*, 104.
98. 同上，175.
99. 同上，114.
100. Goldstine to Gillon, February 19, 1945, ETE-UP.
101. Fitzpatrick, *Igniting the Light Elements*, 115.
102. Goldstine to Metropolis and Frankel, August 23, 1945, ETE-UP.
103. Nicholas C. Metropolis, ENIAC Trial Testimony, December 13, 1971, ETR-UP, p. 14,454.
104. Jean J. Bartik and Frances E. (Betty) Snyder Holberton, "Oral History Interview with Henry S. Tropp, April 27, 1973", National Museum of American History, 1973 (`http:`

//amhistory.si.edu/archives/AC0196_bart730427.pdf), pp. 41–47, 89.
105. Bartik, *Pioneer Programmer*, 84.
バーティクは、ロスアラモス問題の計算の始まりは10月のある日だとほのめかしているが、それは主な情報源が示している時期と一致しない。
106. Goldstine, *The Computer*, 226.
107. "ENIAC Service Log (1944–48)", AWB-IUPUI, January 1, 1946.
108. 同上, December 9, 1945.
109. 同上, December 26, 1945.
その運用日誌の記入には「JWM」と署名されている。
110. Brainerd to Pender, November 14, 1945, MSOD-UP, box 48 (PX-2 General Jul-Dec 1945).
111. Brainerd to Pender, November 15, 1945, MSOD-UP, box 47 (Overhead Third Floor).
112. "ENIAC Service Log (1944–48)", February 7, 1946.
113. Bradbury to Barnes and Gillon, March 18, 1946, MSOD-UP, box 55a (Parts Supplies).
114. Nicholas C. Metropolis, Affidavit in *Sperry Rand et al. vs. Bell Telephone Laboratories*, January 3, 1962, HHG-APS, series 10, box 3.
115. Fitzpatrick, *Igniting the Light Elements*, 122–124.
116. Goldstine, *The Computer*, 231.
117. "Item 22904: Reclassification of the Project for Development of the Electronic Numerical Integrator and Computer", GRS-DC, box 3 (Material Related to PX-Project).

第4章

1. Goldstine to Simon, December 12, 1945, ETE-UP.
2. "Press Arrangements for University of Pennsylvania E.N.I.A.C. Press Demonstration, 1 February 1946", HHG-APS, series 10, box 3.
3. "ENIAC Guide for Press Day, Feb 1, 1946", JWM-UP (Notes and Datasets: ENIAC Functions in Comparison to Other Computers, 1944–45).
4. "Dinner and Ceremonies Dedicating the Electronic Numerical Integrator and Computer", HHG-APS, series 10, box 3.
5. "Seating chart, ENIAC Dinner, Houston Hall, February 15, 1946", HHG-APS, series 10, box 3.
6. 開始時間を午後6時30分とした招待状には、ENIACの「非公式な実演と技術的な議論」がそれより前の午前・午後に行われるので、興味のある人は2月15日の「何時でも都合の良い時間に」来るように書かれていた。

注釈：第4章　385

"University of Pennsylvania Announcement re Dinner and Ceremonies", HHG-APS, series 10, box 3.
エッカートとモークリーは，どんな質問にも答えられるよう，その日1日はENIACのそばにいるように依頼された。

7. Goldstine, *The Computer*, 225–226.
8. Bartik, *Pioneer Programmer*, 98.
9. T. R Kennedy Jr., "Electronic Computer Flashes Answers, May Speed Engineering", *New York Times*, February 15, 1946.
10. 特許の仕事におけるモークリーの進捗の遅れに対するムーアスクールの懸念は，Warren to Mauchly, November 2, 1945, AWB-IUPUI に記録されている。特許の訴訟過程から，関係者のその後の利害関係を理解できる。そして，残存するENIAC関連の資料の多くは，その訴訟で使うために集められた文書から構成された。本書では，特許処理が遅れた原因や，エッカートやモークリーとムーアスクール責任者間の紛争には，あまり注意を払わない。これらの問題は，すでに他の人々によって深く議論されており，ENIACの開発と利用に関する話にあまり加えるべきものはない。
11. Travis to Kessenich, November 18, 1946, MSOD-UP box 49 (Letters regarding reduction to practice).
12. 米国政府によるENIAC受け入れのこの日付は，1946年6月30日にENIACが正式に軍需品部フィラデルフィア支部によって受け入れられたと主張するゴールドスタインによって，異議を申し立てられてきた。Goldstine, *The Computer*, 234.
13. "Affidavit of Adele K. Goldstine", May 1, 1956, HHG-APS, series 10, box 3.
14. "Affidavit of Mrs. Jean J. Bartik", February 17, 1962, HHG-APS, series 10, box 3, p. 3.
15. "Affidavit of Homer W. Spence", February 15, 1962, HHG-APS, series 10, box 3, p. 1.
16. John W. Mauchly, "The ENIAC", in *A History of Computing in the Twentieth Century*, ed. N. Metropolis, J. Howlett, and Gian-Carlo Rota (Academic Press, 1980), 541–550, 451–452.
17. Bartik, *Pioneer Programmer*, 90.
18. "Affidavit of Adele K. Goldstine", May 15, 1956, HHG-APS, series 10, box 3.
19. Goldstine, *The Computer*, 229–230.
    実演で使われた他の設定は，それほどの熱意を集めなかった。バーティクさえ，「1日（の記者発表昼食会）において，ENIACの女性たちがなすべきことは何もなかったが，しかし，その場にいた人々の様子から，それがとても見栄えの良くないものだったことを理解した。…… それらは，正弦表や余弦表やその類のものに過ぎなかった……」と認めている。
    Jean Bartik, "Oral History Interview with Gardner Hendrie, Oaklyn, New Jersey, July 1", Computer History Museum, 2008, accessed July 25, 2012 (http://archive.computerhistory.org/resources/text/Oral_History/Bartik_Jean/102658322.05).

01.acc.pdf)。

20. "Affidavit of Mrs. Jean J. Bartik".
21. Bartik, *Pioneer Programmer*, 80–81, 84–85, 91–92.
22. Bartik, "Hendrie Oral History, 2008", 28. Bartik, *Pioneer Programmer*, 95.
23. Bartik, "Hendrie Oral History, 2008", 30.
24. Thomas Haigh, "The Chromium-Plated Tabulator: Institutionalizing an Electronic Revolution, 1954–1958", *IEEE Annals of the History of Computing* 23, no. 4 (2001): 75–104.
25. "PX-1-82: Panel Diagram".
26. "ENIAC Progress Report 31 December 1943" の XIV(8) ページで，プログラムカードに初めて言及された。この雛型については，"ENIAC Progress Report 31 December 1944", p. 23 および figure 4 を参照のこと。
27. たとえば，"ENIAC Service Log (1944–48)" (December 18, 1945), p. 50 のモークリーのコメントを参照のこと。
28. "PX-1-81: Setup of Exterior Ballistics Equations".
29. "ENIAC Progress Report 31 December 1944", 21–23.
この例は，その後のいくつかの報告書や出版物に登場するおなじみの教材になった。
30. 同上，22.
31. Bartik, *Pioneer Programmer*, 91.
バーティクは，この図示技法を女性たちが開発したと主張したが，記録文書の証拠により，それは彼女たちが ENIAC に関わる以前のものだったことが明らかになっている。
32. Eckert et al., *Description of the ENIAC (AMP Report)*.
33. Goldstine, *A Report on the ENIAC*.
34. のちにジェニングズは，ゴールドスタインはマニュアルの仕事を終えるまでは，ENIAC のプログラミング経験がまったくなく，1946 年 9 月にタウブと一緒に働いたときに ENIAC のプログラム方法を教えたと主張した。Bartik, *Pioneer Programmer*, 105.
同書 11 ページに，ジェニングズは次のように書いた。「私はアデールに ENIAC をプログラムするやり方を教えた。彼女はオペレータ向けのマニュアルを書いていたので，ENIAC の技術は知っていたが，私が面倒を見るまでは実際にプログラムしたことはなかった」。
35. ジーン・ジェニングズ・バーティク博物館より提供された "Compressible Laminar Boundary Layer. Zero-order Equations. Set up for integration procedure" という表題の 3 枚。これはハートリーの自筆だと思われる。
36. たとえば，1947 年の日付があるデリック・レーマーによるリーマンのゼータ関数の設定を参照のこと。これは，MSOD-UP, box 9 (Riemann Zeta Fctn) に保存されている手書きの流れ図と 2 枚の設定表に記録されている。

37. Eckert et al., *Description of the ENIAC (AMP Report)*, appendix B.
38. たとえば、Herman H. Goldstine and Adele K. Goldstine, "The Electronic Numerical Integrator and Computer (ENIAC)", *Mathematical Tables and Other Aids to Computation* 2, no. 15 (1946): 97–110 を参照のこと。
39. "List of Problems That the ENIAC Has Been Used to Solve", in "Sperry Rand v. Bell Telephone Laboratories Civil Action No. 105-146: Defendant's Goldstine Exhibits", HHG-APS, series 10, box 3.
40. Charlotte Froese Fischer, *Douglas Rayner Hartree — His Life in Science and Computing* (World Scientific Publishing, 2003), 14.
41. Douglas R. Hartree, "Ballistic Calculations", *Nature* 106 (1920), September: 152–154. 統計学者カール・ピアソンの主導的役割に焦点を当てた、第1次世界大戦での英国の射表計算に対する取り組みの概要は、Grier, *When Computers Were Human*, pp. 126–133 に見ることができる。
42. Fischer, *Douglas Rayner Hartree — His Life in Science and Computing*, 11–15.
43. Goldstine, *The Computer*, 246.
44. Hartree to Goldstine, January 19, 1946.
45. Goldstine, *The Computer*, 246.
46. Goldstine to Gillon, April 13, 1946. HHG-APS series 10, box 3.
47. Fischer, *Douglas Rayner Hartree — His Life in Science and Computing*, 109–113.
48. Cope and Hartree, "The Laminar Boundary Layer in Compressible Flow", plate 1, facing p. 4.
49. Douglas R. Hartree, *Calculating Instruments and Machines* (University of Illinois Press, 1949), 90.
50. Cope and Hartree, "The Laminar Boundary Layer in Compressible Flow", 56–63.
51. Cope and Hartree, "The Laminar Boundary Layer in Compressible Flow", 69.
52. "Compressible Laminary Boundary Layer: Calculation of Inputs for the Higher Order Equations", ENIAC-NARA, box 5, folder 2 (Hartree's Original Notes).
53. 感銘を受けるほど複雑なこの方程式の全体は、Cope and Hartree, "The Laminar Boundary Layer in Compressible Flow", pp. 25–26 で見ることができる。
54. Hartree, *Calculating Instruments and Machines*, 91.
55. Hartree, *Calculating Machines*.
56. J. Brillhart, "Derrick Henry Lehmer", Acta Arithmetica 62 (1992): 207–220. Bartik and Holberton, Oral History Interview with Henry S. Tropp, 68–69.
57. 1946年には、レーマーは4月22日と23日（しかし、おそらく4月26日まで）、そして5月13日と14日にのみ、ENIACを利用したと記録された。
58. Lehmer, "On the Converse of Fermat's Theorem II", 301.
    Lehmer, "A History of the Sieve Process", in *A History of Computing in the Twentieth Century*, ed. N. Metropolis, J. Howlett, and Gian-Carlo Rota (Academic Press, 1980).

この出来事は運用日誌には記録されていないが，ENIACで実行した適用の記録資料には，「計算はいくつかの祭日と重なる週末中に完了した」と記されており，これらの記録はあまり一貫して記載されてこなかったことを物語っている。この時期，ハートリーがENIACを使っており，もしレーマーの記憶が正確ならば，ハートリーの設定がレーマーに邪魔されたことは間違いない。

59. Bullynck and De Mol, "Setting-up early computer programs: D. H. Lehmer's ENIAC computation".
60. 私たちは，彼らの設定を完成させ，ENIACシミュレータを使用してそれを実験的に検証した。些細な変更は加えたが，意図したとおりに動作し，レーマーが報告した結果が得られた。
61. Lehmer, "A History of the Sieve Process", p. 451 より引用。
62. D. H. Lehmer, "On the Roots of the Riemann Zeta-function", *Acta Mathematica* 95 (1956): 291–298.
   この修正については，第6章で論じる。
63. Goldstine to Gillon, December 14, 1944, ETE-UP.
64. "Letter Order W 18-001 Ord 355 (P.O. 5-6016)" to Moore School from Ordnance Department, January 26, 1945, MSOD-UP, box 51 (Summary of Status of ENIAC Moving).
65. "Notes on Design and Construction for the AB-Installation", MSOD-UP, box 51 (AB-Installation-Dr. Brainerd, 1945).
66. Goldstine to Pender, April 13, 1945, MSOD-UP, box 51 (Summary of Status ···).
67. その契約は，Contract W 18-001 Ord 335 (816) である。MSOD-UP, box 51 (Summary of Status ···) の文書によれば，最初の版は5月8日に送られたが，ムーアスクールがいくつかの条件に異議を申し立て，改訂版が6月22日に合意された。移転作業の契約額は，1947年3月14日付のSummary of Status MS111による。
68. Pender to Dubarry, February 5, 1945, MSOD-UP, box 51 (Summary of Status ···).
   同じフォルダにある "Moore School Project AB Principles of Operation" によれば，「陸軍にコスト高を招くにしても，ムーアスクールは保守的なやり方で物事を進める必要性」が，このとき生み出された。
69. Sharpless to Research Division, October 26, 1946, MSOD-UP, box 51 (ENIAC Alterations, Repair of Fire Damage).
70. Travis to Murray, November 21, 1946 および Travis to Murray, January 21, 1947, いずれも in MSOD-UP, box 51 (ENIAC Alterations, Repair of Fire Damage).
71. Lubkin to Simon, October 28, 1946, MSOD-UP, box 55a (ENIAC General, 1944–45).
72. のちにモークリーは，軍の規約に関して次のように軍を非難した。「自然に熱を帯びる電気装置はいかなるものでも，防火対策のために警備員を必要とするが，その費用は認められなかった。その規則の理由が何であれ，規則は規則であり，ENIACにもその規則が適用された。誰であれこのような規則を作った人は何か良き理由

で作ったのだろうが，ENIACのことは承知していなかっただろう……。ここに愚かな規則が愚かに適用されただけでなく，（ENIACを適切に使うのに）不可欠な情報をどこかに落としてしまった明確な事例があると思われる」。
Mauchly, "The ENIAC", 542–543.
73. "Government's Order and Contractor's Advice", issued to the University of Pennsylvania by Aberdeen Proving Ground, December 5, 1946, MSOD-UP, box 51 (ENIAC Alterations, Repair of Fire Damage).
74. "Schedule ENIAC Move MS-111", MSOD-UP, box 51 (ENIAC and EDVAC Progress Reports, 1946–1949).
75. Travis to Murray, November 8, 1946, MSOD-UP, box 51 (Summary of Status of ENIAC Moving).
76. Universal Insurance Company, "Special Floater Policy NO. V.S. 4098", MSOD-UP, box 51 (Summary of Status …).
77. Scott Brothers to Trustees of the University of Pennsylvania, September 13, 1946, MSODUP, box 52 (ENIAC Moving (Frank T. Wilson Co., Scott Brothers)).
78. Stern, *From ENIAC to Univac*, 52.
79. Bartik, *Pioneer Programmer*, 88–89.
80. 同上，111.

第5章

1. Goldstine, *The Computer*, 149.
2. Leslie E. Simon, Frank E. Grubbs, and Serge J. Zaroodny, *Robert Harrington Kent, 1886–1961: Biographical Memoir* (National Academy of Sciences, 1971).
3. Franz L. Alt, "Archaeology of Computers", *Communications of the ACM* 15, no. 7 (1972): 693–694.
4. Barber, *Ballisticians in War and Peace*, 60.
5. Bartik, *Pioneer Programmer*, 79.
6. Barber, *Ballisticians in War and Peace*, 64.
7. Travis to Murray, "Modification of ENIAC Moving Contract", November 8, 1946, MSODUP, box 51 (Summary of Status of ENIAC Moving, 1944–1948).
8. Simon to Travis, December 18, 1946, MSOD-UP, box 51 (Summary of Status of ENIAC Moving, 1944–1948).
9. Simon to Pender, February 18, 1947, MSOD-UP, box 51 (Summary of Status of ENIAC Moving, 1944–1948).

10. 「1947年2月27日の変更指示で，自動プログラム選択器の追加パネルを2枚挿入できるようにすべてのパネルが取り付けられた。この変更指示により，移転の契約に10,000ドルが追加された」。
T. Kite Sharpless, "MS 111 Moving ENIAC: Progress Report 1 March 1947", MSOD-UP, box 51 (ENIAC and EDVAC Progress Reports).
エッカートとモークリーは，1943年に「プログラム選択器」を提案していた。これについては，第1章を参照のこと。
11. John Mauchly, "Card Control of Programming", August 11, 1945, UV-HML, box 7 (ENIAC 1944 Notes Programmer).
12. A. Goldstine, *Report on the ENIAC*, VII-22.
このマニュアルのSection 8.7に，同様の状況が生じたときの実際の計算が記述されている。
13. もし1行の12個の数値スイッチのそれぞれを0か9に，また符号の桁をPかMにセットすると，その列がプログラムパルスにより呼び出されたときに，これらの14個のスイッチはそれぞれ0か9のパルスを発する。
14. Transcript of conversation among Travis, Dederick, and Lubkin, "late-March", 1947, MSOD-UP, box 51 (Summary of Status of ENIAC Moving, 1944–1948).
15. リーブズ社は軍隊の電子装置を専門としていた。終戦後まもなく，軍隊契約および商用モデルのアナログ計算機の市場に参入した。ルブキンは，リーブズ社を信頼できる下請けとして推薦したのち，短期間だけこの会社で働いた。
James S. Small, *The Analogue Alternative: The Electronic Analogue Computer in Britain and the USA, 1930–1975* (Routledge, 2001), 110.
16. Fritz, "ENIAC — A Problem Solver", 29.
17. 同上，37–38.
"ENIAC Log Book. Friday November 21, 1947", UV-HML, box 10 (Operations Log After 1947).
18. これらの詳細のほとんどはFritz, "The Women of ENIAC"から引用されている。
19. Paul Ceruzzi, "Crossing the Divide: Architectural Issues and the Emergence of the Stored Program Computer, 1935–1955", *IEEE Annals of the History of Computing* 19, no. 1 (1997): 5–12.
1940年代のリレー式計算器の概要については，Ceruzzi, "Relay Calculators", in *Computing Before Computers* (Iowa State University Press, 1990) を参照のこと。
20. Wallace J. Eckert, "The IBM Pluggable Sequence Relay Calculator", *Mathematical Tables and Other Aids to Computation* 3, no. 23 (1948): 149–161.
21. Karl Kempf, *Electronic Computers Within the Ordnance Corps* (U.S. Army Ordnance Corps, 1961).
22. W. G. Andrews, "A Review of the Bell Laboratories' Digital Computer Developments", in *Review of Electronic Digital Computers: Joint AIEE-IRE Computer Conference*

(Dec. 10–12, 1951) (American Institute of Electrical Engineers, 1952).
23. 計算中のいくつもの地点でプログラムから別のプログラムに制御を移せるという限定されたサブルーチン機能が提供されたので，プログラムコードの断片は，いくつもの読み取り機に掛けられるテープに分けることができた。紙テープドライブはまた，表の探索のために使われた。
24. "Aberdeen Proving Ground Computers", *Digital Computer Newsletter* 7, no. 3 (1955): 1.
25. この項のすべての引用は，J. O. Harrison, John V. Holberton, and M. Lotkin, *Technical Note 104: Preparation of Problems for the BRL Calculating Machines* (Ballistic Research Laboratories, 1949) による。
26. Dorrit Hoffleit, "A Comparison of Various Computing Machines Used in the Reduction of Doppler Observations", *Mathematical Tables and Other Aids to Computation* 3, no. 25 (1949): 373–377 の 374 ページおよび 375 ページから引用。
27. Dorrit Hoffleit, "Oral History Interview with David DeVorkin, August 4, 1979", Niels Bohr Library and Archives, American Institute of Physics, College Park, Maryland.
28. Dorrit Hoffleit, *Misfortunes as Blessings in Disguise: The Story of My Life* (American Association of Variable Star Astronomers, 2002), 44–45.
29. Hoffleit, "Oral History Interview with David DeVorkin, August 4, 1979".
30. Hoffleit, "A Comparison of Various Computing Machines Used in the Reduction of Doppler Observations", 375.
31. 同上，376.
32. Andrews, "A Review of the Bell Laboratories' Digital Computer Developments".
33. Hoffleit, "A Comparison of Various Computing Machines Used in the Reduction of Doppler Observations", 376.
34. Fritz, "ENIAC — A Problem Solver".
弾道研究所はまた，カメラ基地局からの映像データを分析するために ENIAC を使用した。それらは，発射されたロケットの実際の位置を求めるために，いくつかの観測地点から同じように相互に参照することができた。フリッツは上記の記事の付録の section 1.2.22 で，この件に関するいくつかの報告を引用している。
35. Barber, *Ballisticians in War and Peace*, 65–66, Boris Garfinkel, *BRL Technical Report 797: Least Square Determination of Position from Radio Doppler Data* (Aberdeen Proving Ground).
36. "ENIAC Service Log (1944–1948)", p. 163, entry dated "7/29/47".
37. Will Lissner, "Mechanical 'Brain' Has Its Troubles", *New York Times*, December 14, 1947.
また，「残り」の時間（18％）は「捨てられているに違いない」と付記された。
38. Mauchly, "The ENIAC", 542.

モークリーはまた，弾道研究所への移設後，ムーアスクールのマーウィンや他の人々が，ムーアスクールと「同程度のパフォーマンスを得るのに何らかの問題を抱えていたとは決して報告しなかった」と主張した。それは，マーウィンが難題のために頻繁にアバディーンに呼び出されたと記された操作日誌の内容と一致しない。

39. "Dr. Frank E. Grubbs", Ordnance Corps Hall of Fame, 2002, http://www.goordnance.army.mil/hof/2000/2002/grubbs.html.
40. Frank E. Grubbs, "A Quarter Century of Army Design of Experiments Conferences", Armyconference.org, 1980, http://www.armyconference.org/50YEARS/Documents/Typed%20Papers/DOE25Grubbs.pdf, 3.
41. 同上, 4.
42. "Operations Log".
    ビアスタインは1948年1月26日に新規に配属された訓練生として記録されている。担当者の割り当ては，3月15日付の項に記されている。
43. 同上, February 25–27, 1948.
44. 同上, March 1, 1948.
45. 同上, March 2–3, 1948.
46. 同上, March 4–12, 1948.
47. 同上, March 15–17, 1948.
48. 同上, March 18, 1948.
49. 同上, March 19–22, 1948.
50. Hartree, *Calculating Instruments and Machines*, 119.
51. "Operations Log", March 23, 1948.
52. 同上, March 23–24, 1948.
53. Frank E. Grubbs, "Sample Criteria for Testing Outlying Observations", *Annals of Mathematical Statistics* 21, no. 1 (1950): 27–58.
54. Frank E. Grubbs, "Procedures for Detecting Outlying Observations in Samples", *Technometrics* 11, no. 1 (1969): 1–21.

第6章

1. たとえば，Ceruzzi, "Crossing the Divide: Architectural Issues and the Emergence of the Stored Program Computer, 1935–1955" を参照のこと。
2. 数値を格納するためには物理スイッチの動作が必要となるので，リレーメモリの更新は遅かった。しかしながら，(電子論理回路を大規模なリレーメモリと組み合わせたIBM SSECのように) それ自体を読み出す場所の指定に中継スイッチの動作が

注釈：第6章　393

必要ならば，リレーメモリからの読み出しもまた遅くなるであろう．
3. 「電子的な速度」という用語は，Allen Rose, "Lightning Strikes Mathematics: Equations That Spell Progress Are Solved by Electronics", *Popular Science*, April 1946 を含むさまざまな初期の報告書で，ENIAC による計算の新しい速度を記述するために用いられた．
4. 環状計数器で使われた 6SN7 装置は，ひとつのガラスの「外囲器」に二つの三極管がまとめられた．通常，これを一体として，一つの「管」と見なされた．したがって，ここで 28 個と数えられているのは，実は外囲器のことである．場合によっては，外囲器内の個々の三極管はそれら単独で「管」と見なされた．その場合には，管の数はもっと多くなったであろう．
5. エッカートは，水銀を使うアイデアを導入して，1943 年に初めて遅延線を作ることに成功した．Eckert and Sharpless, "Final Report Under Contract OEMar 387", November 14, 1945, MSOD-UP, box 50 (Patent Correspondence, 1943–46) を参照のこと．水とエチレングリコールを用いて遅延線を造る試みは，それより前に MIT のウィリアム・ショックレーによってなされていた．Peter Galison, *Image and Logic: A Material History of Microphysics* (University of Chicago Press, 1997), 505 を参照のこと．
6. 遅延線メモリは，その後エッカートとモークリーによって特許権が獲得された．初期の解説は，"Applications of the Transmission Line Register", circa August 1944, GRS-DC, box 3 (Material Related to PY Project) にある．
7. バークス夫妻は，ジョン・アタナソフが再生メモリの基本的なアイデアにたどり着いたと思い，そして，これを彼からモークリーが無断借用したアイデアの一つであると信じた．アタナソフ・ベリー計算機は，メモリとしてコンデンサを使用した．Burks and Burks, *The First Electronic Computer* を参照のこと．
8. "ENIAC Progress Report dated 31 December 1943", preface.
9. この逸話の基本形は，ゴールドスタインによって *The Computer* の 182, 183 ページで述べられている．
10. フォン・ノイマンの生涯についての一般向けの痛快な紹介は，Norman McRae, *John von Neumann: The Scientific Genius Who Pioneered the Modern Computer, Game Theory, Nuclear Deterrence, and Much More* (Pantheon Books, 1992) （邦訳：渡辺正・芦田みどり 共訳『フォン・ノイマンの生涯』，朝日新聞社，1998）を参照のこと．
11. Aspray, *John von Neumann and the Origins of Modern Computing*, 26.
邦訳：杉山滋郎・吉田晴代 共訳『ノイマンとコンピュータの起源』，産業図書，1995.
12. 同上，28–34.
13. ウォーレン・ウィーバーが 1944 年 1 月に計算プロジェクトに関する情報へのフォン・ノイマンの要求を受け取ったとき，彼は ENIAC に言及しなかった．これは，一般的に，実証されていない技術の利用，プロジェクトの実験的性質，科学エリート集団でのムーア・スクールの低い地位，そして，エッカートとモークリーの名

前が数学界では知られていないことによるものと考えられる。Aspray, *John von Neumann and the Origins of Modern Computing*, 35 を参照のこと。

14. Goldstine to Gillon, August 21, 1944, ETE-UP.
15. Goldstine to Pender, July 28, 1944, ETE-UP.
16. Goldstine to Simon, August 11, 1944, ETE-UP.
17. *The Computer* の 185 ページで，ゴールドスタインは，8月7日に彼がフォン・ノイマンに ENIAC を見せたと言っている。
18. 戦争の間，フォン・ノイマンは「プロジェクトを次から次へと，ほとんど絶え間なく渡り歩きしながら」数多くの政府組織のコンサルタントとして務めた。これには，国家防衛研究委員会とその後継である科学研究開発局のいくつかの部門，ロスアラモス，そして，軍需品部の海軍局への関与も含まれる。しかしながら，彼の最も長く続いたコンサルタント活動は，弾道研究所においてであった。そして，彼はその科学諮問委員会の創立メンバーであったので，そこで支持を得るためのプロジェクトの組み立て方について，非常に良いアイデアをもっていたと思われる。Aspray, *John von Neumann and the Origins of Modern Computing*, 26–27 を参照のこと。
19. Aspray, *John von Neumann and the Origins of Modern Computing*, 37.
20. Morrey to Simon, August 30, 1944, AWB-IUPUI.
21. Brainerd to Philadelphia Ordnance District, September 13, 1944, AWB-IUPUI.
22. Goldstine to Gillon, September 2, 1944, ETE-UP.
23. 同上
24. Brainerd to Gillon, September 13, 1944, ETE-UP.
25. Goldstine to Gillon, September 2, 1944, ETE-UP.
26. Goldstine to Gillon, August 21, 1944, ETE-UP.
27. 同上
28. Goldstine to Gillon, September 2, 1944, ETE-UP.
29. Goldstine to Gillon, December 14, 1944, ETE-UP.
    これらの回路へのフォン・ノイマンの熱中は，しばしばその後の評論家によって見落とされた。たとえば，Scott McCartney (*ENIAC*, 128) によると，「エンジニアリング構造は …… フォン・ノイマンの専門知識分野の外にあった。フォン・ノイマンが，装置を結線するためのさらに良い電気パルスの管理改良方法を見つけ出したという意見は，理解しがたい」。
30. Brainerd to Bogert, September 13, 1944, AWB-IUPUI.
    「実験的な作業は，空き時間に …… 少しだけ …… 」が，1944 年に計画された。
31. J. Presper Eckert, John W. Mauchly, and S. Reid Warren, PY Summary Report No. 1, March 31, 1945, GRS-DC, box 30 (Notebook Z-18, Harold Pender).
32. Goldstine to Power, February 19, 1945, および telegram from Goldstine to Gillon, December 14, 1944, いずれも in ETE-UP.

33. "Notes of Meeting with Dr. von Neumann, March 14, 1945", "Notes on Meeting with Dr. von Neumann, March 23, 1945", "Notes on the First April Meeting with Dr. von Neumann (rough draft)", "Notes on the Second April Meeting with Dr. von Neumann (rough draft)", いずれも in AWB-IUPUI.

34. 「中央装置にレジスタを結合する基幹システムが議論された。少なくとも3本のワイヤーが必要とされる。1本は入力，1本は出力，そして1本は制御（すなわちスイッチからのワイヤー）である。この最後のワイヤーは認知システムを用いて省略できるが，構成はより複雑になる。制御ユニットと計算機をともにタンクに結合する可能性が議論された」。
"Notes of Meeting with Dr. von Neumann, March 14, 1945", AWB-IUPUI.
のちのバークスによる分析では，分離することは性能面で有利だと思われていた。これは，タンクを物理的に分離することよりも，むしろ，ある線をデータ「幹線」に，そして残りをプログラム幹線に結合するように制御を配置することによって達成されるだろう。
Burks, 未完成の本の手稿, appendix C.

35. Burks, 未完成の本の手稿, chapter 7.

36. John von Neumann, "First Draft of a Report on the EDVAC", *IEEE Annals of the History of Computing* 15, no. 4 (1993): 27–75.
これ以降，第一草稿として参照する。

37. Von Neumann to Curry, August 20, 1945, ETE-UP.

38. Von Neumann to Goldstine, February 12, 1945, AWB-IUPUI.

39. S. Reid Warren, "Notes on the Preparation of 'First Draft of a Report on the EDVAC' by John von Neumann. Prepared April 2, 1947", GRS-DC, box 3 (Material Related to the PY Project···).

40. J. Presper Eckert, John W. Mauchly, and S. Reid Warren, PY Summary Report No. 1, March 31, 1945, GRS-DC, box 30 (Notebook Z-18, Harold Pender).

41. Von Neumann to Goldstine, May 8, 1945, ETE-UP.

42. Goldstine to von Neumann, May 15, 1945, ETE-UP.

43. 第一草稿の最初の内部版のバークスによるカーボンコピーの原本は，AWB-IUPUIで保管されている。

44. "Copies of von Neumann's report on Logical Analysis of EDVAC", June 24, 1945, GRSDC, box 3 (Material Related to the PY Project···).

45. Curry to von Neumann, August 10, 1945, ETE-UP.
面白いことに，カリーは空間用語よりもむしろ時間的用語でメモリの配列を認知した。したがって，彼は音楽の比喩を提案した。そして，「時間の基本単位」として「拍」を支持して，のちに「ビット」と「ワード」と呼ばれるフォン・ノイマンの「副サイクル」と「主サイクル」より「拍」と「小節」を好んだ。遅延線メモリの機能から見れば，カリーのものは，データが特定のメモリ領域に格納される概念を，

より直感的・比喩的にしたものかもしれない。
46. Hartree to Goldstine, August 24, 1945, ETE-UP.
47. J. Presper Eckert, John W. Mauchly, and S. Reid Warren, PY Summary Report No. 1, March 31, 1945, GRS-DC, box 30 (Notebook Z-18, Harold Pender).
48. Burks, 未完成の本の手稿, appendix C.
49. J. Presper Eckert Jr., John W. Mauchly, S. Reid Warren, PY Summary Report No. 2, July 10, 1945, GRS-DC, box 30 (Notebook Z-18, Harold Pender).
50. J. Presper Eckert and John W. Mauchly, Automatic High-Speed Computing: A Progress Report on the EDVAC (University of Pennsylvania, September 30, 1945).
51. 同上, 3.
52. Burks, 未完成の本の手稿, appendix C.
53. "Minutes of 1947 Patent Conference, Moore School of Electrical Engineering, University of Pennsylvania", *Annals of the History of Computing* 7, no. 2 (1985): 100–116.
54. この批評は, たとえば, Stern (*From ENIAC to Univac: An Appraisal of the Eckert-Mauchly Computers*, 77-78) や Campbell-Kelly and Aspray (*Computer*, 95) によってなされた。
55. C. Dianne Martin, "The Myth of the Awesome Thinking Machine", *Communications of the ACM* 36, no. 4 (1993): 120–133.
56. Edmund C. Berkeley, *Giant Brains or Machines That Think* (Wiley, 1949).
57. Aspray, *John von Neumann and the Origins of Modern Computing*, 178–189.
58. Warren S. McCulloch and Walter Pitts, "A Logical Calculus of the Ideas Immanent in Nervous Activity", *Bulletin of Mathematical Biophysics* 5 (1943): 115–133.
この論文に関する有意義な議論として, Gualtiero Piccinini, "The First Computational Theory of Mind and Brain: A Close Look at McCulloch and Pitts's 'Logical Calculus of Ideas Immanent in Nervous Activity'", *Synthese* 141, no. 2, 2004: 175–215 を参照のこと。私たちの注意をピッキニニの成果に向けてくれたことに対してデビッド・ノフレに感謝する。
59. Weaver to Brainerd, Dec 19, 1944, MSOD-UP, box 48 (PX-2 General Jul-Dec 1944).
60. Norbert Wiener, *Cybernetics, or Control and Communication in the Animal and the Machine* (Technology Press, 1948).
邦訳: 池原止戈夫・彌永昌吉・室賀三郎・戸田巌 共訳『サイバネティックス: 動物と機械における制御と通信』, 岩波書店, 2011.
61. Steve Joshua Heims, *The Cybernetics Group* (MIT Press, 1991).
62. Thomas S. Kuhn, *The Structure of Scientific Revolutions*, second edition (University of Chicago Press, 1969).
邦訳: 中山茂 訳『科学革命の構造』, みすず書房, 1971.
63. Thomas S. Kuhn, "Second Thoughts on Paradigms", in *The Essential Tension: Selected Studies in Scientific Tradition and Change* (University of Chicago Press, 1979).

注釈：第6章　397

64. John von Neumann, "The Principles of Large Scale Computing Machines (with an introduction by Michael R. Williams and a foreword by Nancy Stern)", *Annals of the History of Computing* 10, no. 4 (1988): 243–256, at 249.
65. Burks, 未完成の本の手稿, chapter 7.
66. Antoine de Saint-Exupéry, *Wind, Sand and Stars* (Reynal and Hitchcock, 1939). 邦訳：堀口大學 訳『人間の土地』, 新潮社, 1955.
67. Goldstine to von Neumann, May 15, 1945, ETE-UP.
68. 多くの初期の計算機の真空管の本数の見積りとして, まったく別の数字を見つけ出すことができる。そして, 実際には, ハードウェアの追加や撤去が起こるので, 正確な数字はそれらの耐用年数によって絶えず変動している。Martin H. Weik (*BRL Report 971: A Survey of Domestic Digital Computing Systems*, Ballistic Research Laboratory, 1955) によれば, 当時 ENIAC は 17,468 本, IAS 計算機は約 3,000 本, SEAC は 1,424 本の真空管を備えていた。Simon Lavington, *Early British Computers* (Digital Press, 1980) は, Pilot Ace (p. 44) は「800本の熱電子管」, EDSAC は 3,000 本, マンチェスターの Mark I (p. 118) は 1949 年 4 月当時に 1,300 本と報告している。新しいアーキテクチャは真空管の本数を非常に効果的に削減したので, ENIAC より本数が多いのはただ一例, 軍の SAGE プロジェクトのために 1950 年代の計算技術の限界を押し上げた巨大な AN/FSQ-7 計算機だけであった。
69. Von Neumann, "First Draft of a Report on the EDVAC", section 5.6.
70. 同上, section 2.5.
71. Burks, 未完成の本の手稿, appendix C, section 1.
72. のちにバークスは, 乗算器の一部を記述するバークスの論理の使用にエッカートが異議を唱え, その代わりとして, その実際の回路の実用的な図を要求したことを回顧している。
73. T. Kite Sharpless, "Von Neumann's Report on EDVAC — July 1945", April 2, 1947, GRSDC, box 3 (Material Related to the PY Project ···).
74. 本文でこれ以下に記載している一覧は, Ceruzzi, "Crossing the Divide: Architectural Issues and the Emergence of the Stored Program Computer, 1935–1955" にある「プログラム内蔵方式」によるものとされる特徴と, ある部分で重複する。これは, プログラムを格納するという歴史家が定義した機能よりも幅広く「プログラム内蔵方式」を使ってきたことを示す。
75. 報告で規定されている命令の符号体系は, D. Godfrey and D. F. Hendry, "The Computer as von Neumann Planned It", *IEEE Annals of the History of Computing* 15, no. 1 (1993): 11–21 による提示が最も明確である。
76. Von Neumann, "First Draft of a Report on the EDVAC", 37.
77. 同上
78. 10 個の算術演算の一つ s は, 前の算術演算の結果の符号ビットに従い, 機械の算術演算の演算対象レジスタのどちらか一方から数字を取り出す。いくつかの条件演算

のうちでも，この演算は特定の条件が真か偽かによって命令の中に格納されたアドレスを二つの可能な値の内のどちらか一方にセットするために使うことができた。
Von Neumann, "First Draft of a Report on the EDVAC", section 11.3.

79. Herman H. Goldstine and John von Neumann, "Planning and Coding Problems for an Electronic Computing Instrument. Part II, Volume 1", in *Papers of John von Neumann on Computing and Computer Theory*, ed. William Aspray and Arthur Burks (MIT Press, 1987), 154.

80. Eckert and Mauchly, Automatic High Speed Computing.
チューリングによるACEののちの計画の中でも，この設計が選択された。

81. J. von Neumann, untitled manuscript 510.78/V89p, HHG-APS, series 5, box 1.
このコードは，Donald E. Knuth, "Von Neumann's First Computer Program", *ACM Computing Surveys* 2, no. 4 (1970): 247–260 で論じられている。

82. この話を論理を中心に語った文献は，Martin Davis, *Engines of Logic: Mathematicians and the Origin of the Computer* (Norton, 2001), 185 を参照のこと。

83. 例外はACEである。そこでは，チューリングがフォン・ノイマンの当初のアプローチに従って，所望する無条件分岐命令の計算によって条件分岐を実現した。
Alan M. Turing, "Proposed Electronic Calculator (1945)", in *Alan Turing's Electronic Brain*, ed. B. Jack Copeland (Oxford University Press, 2012).

84. Arthur W. Burks, Herman Heine Goldstine, and John von Neumann, *Preliminary Discussion of the Logical Design of an Electronic Computing Instrument* (Institute for Advanced Studies, 1946).

第7章

1. Martin Campbell-Kelly and Michael R. Williams, eds., *The Moore School Lectures: Theory and Techniques for Design of Electronic Digital Computers* (MIT Press, 1985).
2. Eckert, "A Preview of a Digital Computing Machine", 同上の114ページおよび112ページから引用。
3. John W. Mauchly, "Preparation of Problems for EDVAC-Type Machines", in *Proceedings of a Symposium on Large-Scale Digital Calculating Machinery, 7–10 January 1947*, ed. William Aspray (MIT Press, 1985) の203ページおよび204ページから引用。
4. Engineering Research Associates, *High-Speed Computing Devices* (McGraw-Hill, 1950), 65.
5. 同上，62, 72.
6. Hartree, *Calculating Instruments and Machines*, 94.

こうしてハートリーは，機械可読入力媒体を用いるハーバード大学のMark I のプログラミングアプローチと，新たな電子論理ユニットと高速かつ大規模な電子メモリの組み合わせとして，最も初期のEDVAC型機械を概念化した。のちのアナリスト達とは異なり，彼は，Mark I の外部プログラム記憶装置を新しい機械の内部プログラム記憶装置の対極にあるとは考えなかった。

7. Hartree, *Calculating Instruments and Machines*, 88.
8. Maurice Wilkes, "What I Remember of the ENIAC", *IEEE Annals of the History of Computing* 28, no. 2 (2006): 30–31.
9. ニック・メトロポリスは，ENIACは1948年初期に首尾良く実行されたのち，「他の研究室のスタッフメンバーがモンテカルロ問題を実行するためにENIACに巡礼に来た」と書いた。
   Metropolis, "The Beginning of the Monte Carlo Method", *Los Alamos Science* 15 (1987): 122–130, at 128–129.
10. John von Neumann to Stanislaw Ulam, March 27, 1947, Stanislaw M. Ulam Papers, American Philosophical Society, Philadelphia (Series 1, von Neumann, John, #2).
11. Fritz, "ENIAC — A Problem Solver", 31.
12. "Planning and Coding Problems for an Electronic Computing Instrument" と題する報告は，1947年と1948年の間に数回にわたり発刊され，*Papers of John von Neumann on Computing and Computing Theory*, ed. William Aspray and Arthur Burks (MIT Press, 1987) に転載された。
13. Eckert et al., *Description of the ENIAC (AMP Report)*, B-4.
14. アデール・ゴールドスタインが雇用された6月7日という日付は，Goldstine, *The Computer*, 270による。しかし，彼の7月28日付の手紙の一つには，「アデールは，ロスアラモスから正式に署名され履行された契約書を受け取ったところだ。したがって，彼女はいまや公式に業務を行っている」と記されている。
    Herman Goldstine to John von Neumann, July 28, 1947, JvN-LOC, box 4, folder 1.
    クララ・フォン・ノイマンは，1947年8月末に，月給から時間給に変わったが，正確にいつ彼女が最初に雇用されたかは，明らかではない。
    Kelly to Richtmyer, 28 Aug 1947, JvN-LOC, box 19, folder 7.
15. Goldstine, *A Report on the ENIAC*, section 7.4.
16. Richard F. Clippinger, "Oral History Interview with Richard R. Mertz, December 1, 1970", in Computer Oral Histories Collection.
    彼の主張は，Bartik, *Pioneer Programmer* を含め，あちらこちらで繰り返されている。
17. Richard F. Clippinger, *A Logical Coding System Applied to the ENIAC (BRL Report No. 673)* (Aberdeen Proving Ground, 1948), 4.
18. Clippinger Trial Testimony, September 22, 1971, 8952–8968.
19. Eckert, "The ENIAC", 529.
20. おそらく，クリッピンガーは，いくつかの計画された関数表制御技術の精緻化に貢

献した。この新しい装置を注文するという，1947年の年初に弾道研究所がとった今もなお不可解な決定は，この関数表制御技術に起因するか，あるいは関係している。

21. その他のメンバーは，アーサー・ゲーリング，エド・シュレイン，ケーテ・ヤコビ，サリー・スピアであった。Bartik, *Pioneer Programmer*, 115–116 を参照のこと。
22. Bartik, "Hendrie Oral History, 2008".
23. JvN to R. H. Kent (BRL), June 13, 1947, JvN-LOC, box 4, folder 13.
24. ゴールドスタインの旅行記録から，1947年8月29日のアバディーンへの訪問と，バーティクグループに会うための10月7日と10月17日のムーアスクールへの訪問がわかる。
    A. Goldstine, "Travel Expense Bill", December 17, 1947, HHG-APS, series 7, box 1.
25. "Control Code for ENIAC", July 10, 1947, HHG-APS, series 10, box 3.
    電子的な複製が www.EniacInAction.com から入手できる。
26. IAS 計算機の設計は，バークス，ゴールドスタイン，フォン・ノイマンによる影響力の大きい技術報告 *Preliminary Discussion of the Logical Design of an Electronic Computing Instrument* で記述された。
27. Ballistic Research Laboratories, *Technical Note 141: Description and Use of the ENIAC Converter Code* (Aberdeen Proving Ground, 1949), 9.
    電子的な複製が www.EniacInAction.com から入手できる。この文書のいくつかの改訂版では，FTN は異なるものを表していた。この版では，Function Table Numeric を表している。
28. Herman H. Goldstine and John von Neumann, *Planning and Coding Problems for an Electronic Computing Instrument*, part II, volume I, section 7.
29. これらのステッパは，弾道研究所によって依頼された ENIAC ハードウェアのいくつかの新しい部品に含まれていた。設計作業は，設計図 PX-4–122 (June 10), PX-4–212 (July 2), PX-4–215 (July 16) (いずれも UV-HML, box 17 (VII-5-4)) によって証明されたように，1947年夏にかなり進展した。
30. "60 Order Code, Nov 21-1947", HHG-HC, box 1, folder 5.
31. Bartik, *Pioneer Programmer*, 113–120.
32. "Problems 1947–1948", MSOD-UP, box 13 (Programming Group).
    Bartik, *Pioneer Programmer* では，グループがクリッピンガーの変換作業を手伝うことを明示して雇われたと主張しているように読み取れるが，これは記録証拠や他の開発の時期とつじつまが合わない。
33. 60命令の符号体系で書かれた流れ図とプログラムを幅広く集めたものが，MSOD-UP, box 9 にある。
34. "Computation of an Exponential or Trigonometric Function on the ENIAC", MSOD-UP, box 9 (Set-up Sheets).
    おそらく再利用可能なルーチンを書くことを意図していたのだろうが，プログラム

注釈：第7章　401

リストは，関数表内の固定位置にコードを配置した。サブルーチンは，特定のアプリケーション内にそれらを含めるように手作業で再配置されていただろう。その際，サブルーチン内で使用される数値データのシンボリックアドレスを用いることで，面倒な作業が多少は軽減された。

35. "Testing ENIAC — 60 Order Code", HHG-HC, box 1, folder 8.
36. Clippinger, *A Logical Coding System*.
37. 同上。流れ図とコード作表の日付は，それぞれ，1948年3月2日と3月1日になっている。
38. Richard F. Clippinger, "Adaption of ENIAC to von Neumann's Coding Technique (Summary of Paper Delivered at the Meeting of the Association for Computing Machinery, Aberdeen, MD, Dec 11-12 1947) — Plaintiff's Trial Exhibit Number 6341", 1948, in ENIAC Trial Exhibits Master Collection (CBI 145), Charles Babbage Institute, University of Minnesota.
39. Will Lissner, " 'Brain' Speeded Up, For War Problems! Electronic Computer Will Aid in Clearing Large Backlog in Weapon Research", *New York Times*, December 12, 1947. 現在のプロジェクト以前に，とくに60命令の符号体系に焦点を当てた，ENIACの変換の最近の数十年で最も詳細な議論が，Hans Neukom, "The Second Life of ENIAC", *IEEE Annals of the History of Computing* 28, no. 2 (2006): 4–16 のとくに "Web extras" というオンラインの技術追補にある。
40. Von Neumann to Simon, February 5, 1948, HHG-APS, series 1, box 3.
41. Nick Metropolis and J. Worlton, "A Trilogy on Errors in the History of Computing", *Annals of the History of Computing* 2, no. 1 (1980): 49–59. メトロポリスは，「メリーランド州のアバディーン性能試験場へ予備訪問した際，プログラム内の反復ループを実行する能力を高めることを意図した，完成間近の完全な多対一の解読器ネットワークに気づき」，そのとき，解読のために「コンバータ」を使用するアイデアを思いついたと回想している。この旅行の日付は，「操作日誌」に基づくと2月20日である。
42. 弾道研究所職員は，3月まで「60命令の符号体系」で作業を続けたので，2桁コードの全範囲を有効にするためにコンバータを使用するというメトロポリスとフォン・ノイマンによる決定は，紛れもなく弾道研究所の定めた計画から外れていた。けれども，彼らのアイデアは，彼がのちに示唆したようにオリジナルではなかった可能性がある。どうやら2桁コードの全範囲を使用するという考えは，彼らの2月20日の訪問より前から存在していた。なぜなら，レジスタ・メモリと一緒に使用することを意図して，「99命令の符号体系」の計画された開発に関する1948年1月19日からの日誌で時折記されていたからである。これにも，解読にはコンバータを使用する必要があっただろう。このように，メトロポリスは，コンバータを使用するために，もともとの再構成の計画の改訂を担当していたが，おそらく彼はレジスタを活用する既存の計画に基づいて構築した（そして，1948年5月あたりに到着する

と予想していた)。

43. 以前の説明は，ENIACが，コンバータの追加と完全な100命令の符号体系へ移行する前のしばらくの間，60命令の符号体系で操作されたことを示唆していた。たとえば，Neukom, "The Second Life of ENIAC" and Fritz, "ENIAC — A Problem Solver" を参照のこと。

44. ENIAC-NARA の "ENIAC — Details of code (16 Sep, 1948)" および "Detailed Programming of Orders" の基本列のための設定を参照のこと。これらは，ENIACが弾道研究所にある間に使用された設定を文書化した資料原本である。

45. Ulam to von Neumann, May 12, 1948, JvN-LOC, box 7, folder 7.

46. ENIACが，そのネイティブモードを使用してすでにプログラムされた弾道計算を実行するために一時的に「再変換」されたかどうかに関して，説明は食い違う。Clippinger ("Oral History Interview with Richard R. Mertz, December 1, 1970") は，のちに再変換されたと述べた。しかし，対象期間 (1949年8月) の日誌にこれを裏付けるものはなかった。さらに，弾道研究所当局のバーナード・ディムスデールからの1949年2月の再変換命令は，ジョン・フォン・ノイマンからの抗議後，ENIACのスタッフによって無視された。彼の抗議とは，ENIACの比類ない能力は原子力委員会に極めて重要であり，「二重の改造は楽観的な推定作業時間より長期化する可能性があり，おそらくそうなるであろうこと」 (von Neumann to Kent, March 16, 1949, JvN-LOC, box 12, folder 3) によってそれが危うくなるというものだった。

47. たとえば，"Operations Log", April 2, 1948.
モンテカルロプログラムは，アプリケーション固有の目的のために「カウント」命令を使用した。この命令は，詳細に記述された命令の符号体系のいずれにも現れず，ENIACの命令セットの融通のしやすさを示すものである。

48. "Operations Log", April 14 and May 17, 1948.

49. Ballistic Research Laboratories, *Technical Note 141: Description and Use of the ENIAC Converter Code*.
W. Barkley Fritz, *BRL Memorandum Report No 582: Description of the ENIAC Converter Code* (Ballistic Research Laboratory, 1951).

50. 12桁の数は，一つの累算器には収まらなかっただろう。当初からある三つの関数表は104行を有したが，1951年までに，ENIACに第4の「高速関数表」が追加され，その後のコンバータコードにおいて，プログラムから許される参照はそれぞれの表の100行だけに限られていた。

51. J. O. Harrison, John V. Holberton, and M. Lotkin, *Technical Note 104: Preparation of Problems for the BRL Calculating Machines* (Ballistic Research Laboratories, 1949).

52. ENIACは10進数で動いていた。そのため，後続した多くの2進数の機械に比べて算術計算の精度に影響する要因をプログラマが理解するのが容易だった。しかし，ENIACは浮動小数点機能を持っていなかった。そう見なされるのは，小数点の暗黙の位置を追跡する作業を計算機のハードウェアに任せていたからである。たと

えば，メートル単位で表す場合，重力定数は667,384である。初期化されたENIAC累算器は，その10桁すべてがゼロで満たされていただろう。したがって，プログラマは667384として数値を格納し，それを含むあらゆる計算の結果は適切に補正する必要があると注記するだろう。これは，効率的なシフト命令の適切な供給とともにコンバータコードを装備することの重要性を説明するのに役立つ。浮動小数点機能を備えた計算機は，そのハードウェアを用いて，実際に格納されている数字に続く，または先行するゼロの個数を追跡し，この面倒な仕事からプログラマを解放する。

53. 「ENIACの配列と記憶容量は比較的小さいが，演算は高速なので，低次の近似，狭い時間間隔，そして多くのステップを使用することによって，この機械上で段階的な近似を行うことが通常は望ましい」。

Harrison, Holberton, and Lotkin, TN104: Preparation of Problems, 22.

第8章

1. Galison, "Computer Simulation and the Trading Zone", 119.
2. 同上，120.
3. Michael S. Mahoney, "Software as Science — Science as Software", in *Mapping the History of Computing: Software Issues*, ed. Ulf Hashagen, Reinhard Keil-Slawik, and Arthur L. Norberg (Springer, 2002).

    Ulf Hashagen, "The Computation of Nature, Or: Does the Computer Drive Science and Technology?" in *The Nature of Computation. Logic, Algorithms, Applications*, ed. Paola Bonizzoni, Vasco Brattka, and Benedikt Löwe (Springer, 2013).

    初期のモンテカルロシミュレーションの哲学的な位置付けについては，次の博士論文に見られる研究がある。

    Isaac Record, Knowing Instruments: Design, Reliability, and Scientific Practice (University of Toronto, 2012).
4. この飛躍は130ページの終わりで生じている。続いて130〜135ページには，1950年にENIACを用いて計算された，「スーパー」核融合爆弾の物理システムへのモンテカルロ法の適用について議論している。
5. Fitzpatrick, *Igniting the Light Elements*.
6. Donald MacKenzie, "The Influence of Los Alamos and Livermore National Laboratories on the Development of Supercomputing", *IEEE Annals of the History of Computing* 13, no. 2 (1991): 179–201.
7. Stanislaw M. Ulam, *Adventures of a Mathematician* (Scribner, 1976), 148.

8. Fitzpatrick, *Igniting the Light Elements*, 269.
9. Ulam, *Adventures of a Mathematician*, 196–201.
   もう一つの目撃談は, Nick Metropolis, "The Beginning of the Monte Carlo Method", Los Alamos Science, Special Issue 1987 にある。いくつかの引用記述が後続号にもある。
10. Aspray, *John von Neumann and the Origins of Modern Computing*, p. 111 and p. 288 (note 50).
    モンテカルロシミュレーションに関するこの発表は，次のよく知られた論文よりも先行しているようである。
    Stanislaw M. Ulam and John von Neumann, "On Combination of Stochastic and Deterministic Processes: Preliminary Report", *Bulletin of the American Mathematical Society* 53, no. 11 (1947): 1120.
11. Cuthbert C. Hurd, "A Note on Early Monte Carlo Computations and Scientific Meetings", *Annals of the History of Computing* 7, no. 2 (1985): 141–155.
    この記事の中で復刻された報告書は，コンピューティング計画に関する後続の多くの議論の情報源となっている。たとえば，Galison, "Computer Simulation and the Trading Zone", 129–130 および Record, "Knowing Instruments", 137–141 が挙げられる。
12. リヒトマイヤーの返事（ハードによる 1995 年の記事で再掲）では，「減速物質」は「（ロスアラモスで）われわれが興味を持っているシステム」すなわち原子爆弾の観点からは，省略できるかもしれないと指摘している。この提言はプログラムの最初の版に反映されたが，減速物質の層は水素爆弾のシミュレーションをするために再導入された。
13. フォン・ノイマンは，これに加えて，現在の区画番号を中性子の位置から調べる手間を省くために，再コード化しておくことを提案している。
14. R. D. Richtmyer, "Monte Carlo Methods: Talk given at the American Mathematical Society, April 24, 1959", SMU-APS, series 15 (Richtmyer, R.D. "Monte Carlo Methods"), 3.
15. Hurd, "A Note on Early Monte Carlo", 152 and 149.
16. 同上，152.
17. Dyson, *Turing's Cathedral*, 210.
18. J. von Neumann to Ulam, March 27, 1947, SMU-APS, Series 1, John von Neumann Folder 2.
19. 「もうすぐ，プリンストン別棟から最初のモンテカルロの状況が聞けると期待する」。
    Mark to von Neumann, March 7, 1948, JvN-LOC, box 5, folder 13.
20. Dyson, *Turing's Cathedral*, 175–189 では，クララ・フォン・ノイマンについて，Marina von Neumann Whitman, *The Martian's Daughter: A Memoir* (University of Michigan

注釈：第8章   405

Press, 2012), 22–23, 38–39, 48–54 と同様にクララ・フォン・ノイマンに焦点を当てている。

21. アーモンド・W・ケリーがリヒトマイヤーに宛てた 1947 年 8 月 28 日付の書簡により，ロスアラモス研究所による彼女の雇用に「必要な許可がおりた」ことが確認できる（JvN-LOC, box 19, folder 7）。しかしながら，この書簡の日付に先立って彼女の非公式な関与があったようである。

22. Klara von Neumann, "A Grasshopper in Very Tall Grass" (undated memoir), KvN-MvNW.
マリーナ・フォン・ノイマン・ホイットマンによる転載。

23. 同上

24. William Aspray and Arthur Burks, "Computer Programming and Flow Diagrams: Introduction", in *Papers of John von Neumann on Computing and Computer Theory*, ed. Aspray and Burks (MIT Press, 1987), 148.

25. 最初の実行のために全力で作られた流れ図は，約 24 インチ×18 インチの大きさで，アデール・ゴールドスタインによるこぎれいな手書きで "MONTE CARLO Flow Diagram 12/9/47" という表題が付けられている（JvN-LOC, box 11, folder 7）。電子的な複製が www.EniacInAction.com から入手できる。のちに書かれた二つの手書きの注釈付きコピーは HHG-HC にある。

26. I, II.a-II.g, III, IV（JvN-LOC, box 11, folder 8）と番号が振られた 10 ページの手稿。日付のない手書きの四角い紙には，"FT I"，"FT II"，"FT III" とラベルが付けられ，ENIAC の 3 個の関数表の計画が書かれていた。モンテカルロ・プログラムで通常行われていたやり方は，二つの表をプログラムコードを保存するために使い，三つ目の「数値関数表」は特定の物理状況を記述するデータの保持のために使った。

27. "Refresh Random No."（JvN-LOC, box 11, folder 8）と題された日付のない手稿によって，ジョン・フォン・ノイマンが一人で乱数発生方法を研究していたことがわかる。したがって，この部分はプログラムの他の部分より以前に，あるいは独立に書かれていたと思われる。

28. "Shifts"（JvN-LOC, box 11, folder 8）と題された表紙と 0〜6 のページが振られた日付のない 7 枚の手書き原稿。ページ 0 の概略流れ図の構造が本書の図 8.5 の網掛け領域に再掲された。ページ 1〜3 の図は 12 個の領域のそれぞれの操作ボックスとボックス間の結合子を描いていた。ページ 4〜6 にはそれぞれのボックスと領域の詳細な実行時間推定が含まれていた。

29. 本書の図 8.1 には，二つの格納表が示されている。その一つはボックス 1* と 1.2* の間の線から出た破線の先にあり，もう一つはボックス 7* の右にある。

30. フォン・ノイマンは，「2 乗してその中央部分の桁を取る」という擬似乱数の生成法と結果の乱数分布の検定について，1948 年 2 月 3 日に A・S・ハウスホルダーに宛てた手紙と，1948 年 12 月 3 日に C・C・ハードに宛てた手紙の中で語っている。*John von Neumann: Selected Letters*, ed. Miklós Rédei (American Mathematical

Society, 2005), 141–145 を参照のこと。

31. この記述はもう一つの小さな最適化がなされている。1947年の終りには、「新しい乱数が生成される」と書かれた4か所のうち2か所が「すでに生成されている乱数の一部の桁を利用する」と訂正されている。

32. 1945年にはすでにENIACチームの中ではサブルーチンのアイデアはよく知られていた。「メインルーチンをいくつかのサブルーチンに分けることができる。この場合、1つのステッパが別のステッパに入力することで、通常のルーチンの途中で適切なサブルーチンを選択できる」。

    Eckert et al., *Description of the ENIAC (AMP Report)*, 3–7.

    この記述の日付は、オックスフォード英語辞典に記載されている、ジョン・フォン・ノイマンによって用語「サブルーチン」が初めて使われた1946年よりも前である。

33. Martin Campbell-Kelly, "Programming the EDSAC: Early Programming Activity at the University of Cambridge", *Annals of the History of Computing* 2, no. 1 (1980): 7–36, at 17.

    キャンベル＝ケリーは、この2種類のサブルーチンを表す用語を生み出したのはダグラス・ハートリーであると述べている。

34. クローズドサブルーチンの発明者の栄誉を与えられたウィラーにも公平であるように、モンテカルロプログラムが使ったのは、リターンアドレスを管理するだけの単純な方式であり、パラメータや引数の引き渡しにはグローバル変数を利用していることを付記しておく。キャンベル＝ケリーは、EDSACでは、すぐにそれよりも進んだパラメータや引数の引き渡し方式に移行したことを示している。また、ENIACは関数表を使っていたため、ゴールドスタインとフォン・ノイマンおよびEDSACチームのサブルーチンの初期作業における主要な関心事であった、ライブラリから自動的に再配置できるサブルーチンは実現できなかった（このことは、前述の"Planning and Coding …"報告の最終回で述懐されている）。この特別な機能の「最初の」実現が欠如していることで、ウィラーの発明の本質的価値を損なうものではない。

35. 当初からの単純な操作ボックス番号の連なりは、当初の図表に対する修正によって、わかりにくくなった。小規模な手順が、20.1のような小数点の付いた番号を付与されたボックスとして挿入された。さらに大規模な修正は、上線や「°」で区別された新たな番号の振られた手順の列が加えられたことである。2回目の実行時には、ボックスは番号を連続に振り直され、各機能領域は10代の番号のブロックとして配置された。しかし、前と同様に、すぐ修正が追加され、さまざまな場当たり的な記号がボックス名として出現した。

36. Hurd, "A Note on Early Monte Carlo", 155.

37. K. von Neumann, "Actual Running of the Monte Carlo Problems on the ENIAC", JvNLOC, box 12, folder 6.

この文書の電子的複製が www.EniacInAction.com から入手できる。
38. 人口調査の代替技術との比較については，E. Fermi with R. D. Richtmyer, "Note on Census-taking in Monte-Carlo Calculations" (LAMS-805, Series A), Los Alamos, July 11, 1948 を参照のこと。
39. 「1 MEV で加速された中性子は約 1.4×10^{-9} cm/秒の速度を持ち，核分裂に至るまでの平均的な自由飛行距離は 13 cm，核分裂の平均的な時間間隔は 10^{-8} 秒である」。Robert Serber, *The Los Alamos Primer (LA-1)* (Los Alamos National Laboratory Research Library, 1943), 2.

第9章

1. たとえば，彼は「クラリは前回よりも今回のほうがアバディーン遠征によく耐えた」と書いている（letter to Ulam, November 18, 1948, JvN-LOC, box 7, folder 7）。この「遠征」という言葉は，フォン・ノイマンの仲間内でよく使われていたようである。カーソン・マークも，ロスアラモスから ENIAC への「いくぶん大掛かりな遠征」と，1971 年の ENIAC 特許審理における証言の中で述べた（"Testimony: September 8, 1971", in volume 48 of Honey well vs. Sperry Rand, 7504, ETR-UP）。ジョン・フォン・ノイマンとともに働いた気象学者も，のちに「ENIAC 遠征」について書いており，その最初は「33 昼夜にわたり 1 日 24 時間続いた」という「注目すべき偉業」だった。
George W. Platzman, "The ENIAC Computations of 1950 — Gateway to Numerical Weather Prediction", *Bulletin of the American Meteorological Society* 60, no. 4 (1979): 302–312, quotations from pp. 303 and 307.
2. Fitzpatrick, *Igniting the Light Elements*, 268.
3. 同上
4. Von Neumann to Bradbury, February 6, 1948, HHG-APS, series 1, box 3.
5. Von Neumann to Simon, February 5, 1948, HHG-APS, series 1, box 3.
Simon to von Neumann, February 9, 1948, JvN-LOC, box 12, folder 3.
6. Von Neumann to Mark, March 13, 1948, JvN-LOC, box 5, folder 13.
7. "Operations Log".
8. 変数の一時的格納に使う特定の累算器の使用，乱数 ζ の多様な桁の使用法，数値関数表と定数転送器レジスタのレイアウト，そしていくつかの数値定数が，JvN-LOC box 11, folder 8 の，正方形の形をしたメモ用紙の日付のない手書き原稿 4 枚に記されている。パンチカードの配置は，1947 年 12 月の流れ図に記述されている。
9. Richtmyer, 1959, "Monte Carlo Methods", p. 4.

10. "Receipt of Classified Materials", January 16, 1948, in JvN-LOC, box 19, folder 7.
11. "Operations Log", entries for April 1 and 2, 1948.
12. J. von Neumann to Ulam, May 11, 1948, SMU-APS, series 1 (John von Neumann Folder 2).
13. J. von Neumann to Ulam, May 14, 1948, SMU-APS, series 1 (John von Neumann Folder 2).
14. J. von Neumann to Ulam, May 11, 1948, SMU-APS, series 1 (John von Neumann Folder 2).
15. K. von Neumann to Ulam, June 12, 1948, ETE-UP.
16. JvN-LOC, box 12, folder 6 には，"Actual Technique" と題された17ページの手書き原稿と，右端に x1 から x83 まで番号を振られた，ジョン・フォン・ノイマンによる挿入と訂正のあるタイプ打ちされた原稿がある。別の紙面に記された8節のもっと長い手書きテキストには，いろいろな場所に書き込みが記されている。この文書は，後述される "Actual Running of the Monte Carlo Problems on the ENIAC" に発展した。
17. Fitzpatrick, *Igniting the Light Elements*, 269.
18. J. von Neumann to Ulam, November 4, 1948, SMU-APS, series 1, box 29.
19. この報告の三つの草稿は，JvN-LOC, box 12, folder 6 に入っている。そのうちの一つは，クララ・フォン・ノイマンの手書き原稿で，他の二つは同じ文書のタイプ打ちされたものである。一つのタイプ原稿は，主にクララ・フォン・ノイマンによって，端から端まで注釈を付けられ訂正が行われた。それらの訂正は，www.EniacInAction.com の版に反映されている。メトロポリスは，のちにクララに次のように書いた。「これがあなたの原稿で，……大雑把にタイプ打ちされた写しも付いています。フロー図は月曜日に絶対に完成して，その日のうちにあなたに送ります」。
Metropolis to K. von Neumann, September 23, 1949, JvN-LOC, box 19, folder 7.
20. K. von Neumann, "Actual Running …" (typescript version), JvN-LOC, 5–6.
21. 中性子が個体数調査時間に達すると，ENIACはその過程での計算にたえず割り込み，穿孔されたばかりのカードが読み戻されたときだけ再開した。分析目的のために個体数調査カードを単に出力することが可能だったようだし，次の個体数調査期間中の中性子の結末の決定にそのまま進むことも可能であったようである。私たちは，実際にはこれは行われなかったと推測する。なぜなら，個体数調査期間の間で中性子の「重さ」を2倍にする可能性を排除することになったと思われるからである。それについては後述する。
22. チームは，第2ランの諸問題を解くのに，1回のシミュレーションの実行について個体数調査期間を13サイクル行えば十分だろうと仮定した。
K. von Neumann, "Actual Running …" (typescript version), JvN-LOC, 13.
このことで，倍増テクニックにおいて暗黙の了解であるカード枚数の指数的増加の

範囲を限定した。それでもなお，各シミュレーションで15,000〜20,000枚のカードが必要だった。

23. J. von Neumann to Ulam, November 18, 1948, JvN-LOC, series 1 (John von Neumann Folder 1).
24. これらの文書はすべて，JvN-LOC, box 11, folders 7 and 8 に見つかる。プログラムコードには，"Card Diagram//FLOW DIAGRAM//Coding/Function Table III Values//Monte Carlo//Second Run" と書かれた表題ページがある。これらの中で，コーディング部分だけが残っている。ジョン・フォン・ノイマンによって付け加えられた覚書は，次のように読める。「1月初めにLAで必要とされるだろう。だが，それから報告その他のためにプリンストンに来なければならない。JvN」。このプログラムコードの注釈付きの版は，Mark Priestley and Thomas Haigh, "Monte Carlo Second Run Code: Reconstruction and Analysis" に含まれており，それはwww.EniacInAction.comから入手できる。フロー図の初期ドラフトは，少し汚くて，番号付けが欠けていることから，そのフォルダ中の他のものと見分けがつく。のちの版は，鏡写しのネガで，年数を経て多少破損しているので，画像処理を施さないと読むのが難しい。
25. 一つの部分を二つに分けたり，いくつかの部分の順序を入れ替えたりすることで，二つのランの間でプログラムを再構築することがとても容易だったように見える，という意味で「モジュラー」と表現した。
26. いくつかの命令は，2桁のオペレーションコードだけでなく，アドレスあるいはデータを持っていた。しかし，ほとんどの命令はオペレーションコードだけだった。第2ランのためのプログラムでは，1命令当たり約2.5桁を要した。
27. 水素化武器のためのテラーの作戦は，Gregg Herken, *Brotherhood of the Bomb: The Tangled Lives and Loyalties of Robert Oppenheimer, Ernest Lawrence, and Edward Teller* (Holt, 2003) の中で議論されている。
28. J. von Neumann to K. von Neumann, December 7, 1948, KvN-MvNW.
29. J. von Neumann to K. von Neumann, December 13, 1948, KvN-MvNW.
30. Ulam to J. von Neumann, February 7, 1949, JvN-LOC, box 7, folder 7.
31. Fitzpatrick, *Igniting the Light Elements*, 269 で引用された LAMS-868, "Progress Report T Division: 20 January 1949–20 February 1949", March 16, 1949 による。報告の原文は機密扱いのままである。
32. Maria Mayer, "Report on a Monte Carlo Calculation Performed with the ENIAC", in *Monte Carlo Method*, ed. Alston S. Householder (National Bureau of Standards, 1951).
33. J. von Neumann to K. von Neumann, December 7 および December 13, 1948, いずれも in KvN-MvNW.
「ペダリング」という言葉は，ENIAC操作日誌の中で，特定の計算において作業が始まり出したときに何度か出てくる。それは，診断のためにプログラムをゆっくり

とステップ実行することを意味すると考えられる。
34. J. von Neumann to K. von Neumann, March 27, 1949, KvN-MvNW.
35. Ulam to J. von Neumann, May 16, 1949, JvN-LOC, box 7, folder 7.
36. K. von Neumann to Mayer, April 8, 1949, KvN-MvNW.
37. J. von Neumann to K. von Neumann, March 27, 1949, KvN-MvNW.
38. K. von Neumann to Dederick, May 16, 1949, JvN-LOC, box 19, folder 7.
39. 私たちは、このランのための流れ図と思われるものを、JvN-LOC の中に見つけた。それは、確立された時間をもとにする個体数調査法に執着することにおいて、ジョン・フォン・ノイマンの助言に従っていた。図表には日付がなくタイトルもないが、きちんとテンプレート定規で描かれていて、1 から 98 までの番号を付けられた結節点があり、次のように読める鉛筆書きのメモもある。「図表の修正は、完成したとき、すべてが美しくなっている。J.」。多くの全般的な改良と同様に、「軽物質」中で散乱するためのコード表現を含んでいるが、それは第 2 ランの流れ図からはなくなっているものの、対応するプログラム中のオプション的なコードブロックとして存在する。これは、第 2 ランで行われた水素化計算を繰り返すための既存要求に合致し、1949 年の計算が、少なくとも部分的には、エルマーとコードネームがついた水素化核を使用する爆弾設計に関係しているというフィッツパトリックによる観察に合致する。

    Fitzpatrick, Igniting the Light Elements, 269.
40. "Operations Log".
41. Letter of June 28, quoted in Dyson, *Turing's Cathedral*, 198.
42. J. von Neumann to Ulam, November 4, 1948, SMU-APS, series 1 (John von Neumann Folder 2).
43. Fitzpatrick, *Igniting the Light Elements*, 143.
44. J. von Neumann to Ulam, May 23, 1949, SMU-APS, series 1 (John von Neumann Folder 3).
45. Fitzpatrick, *Igniting the Light Elements*, 143–149 の p. 149 から引用。
46. J. von Neumann to Teller, April 1, 1950, JvN-LOC, box 7, folder 4.
47. J. von Neumann to Mark, April 19, 1950, JvN-LOC, box 5, folder 13.
48. Evans to K. von Neumann, February 8, 1952, JvN-LOC, box 19, folder 7
49. 50 周年記念を祝して再構築されたベビーの最初のプログラムは、19 行の命令からなっており、(入力装置はスイッチだけであることから理解できるように) 入力は何もなく、ハードウェア (とくに新しいメモリユニット) を徹底的に性能試験することを意図して、52 分間動いた (http://www.computer50.org/mark1/firstprog.html を参照)。1949 年 6 月 22 日の EDSAC のお披露目で実演された、自乗の表と素数の表を印刷するプログラムは、それぞれ 92 命令と 76 命令からなる、より長いものであり、その大部分は、結果を見た目の良い形式に印刷するためのコードだった。

    W. Renwick, "The E.D.S.A.C. Demonstration", in *The Early British Computer Confer-*

ences, ed. M. R. Williams and M. Campbell-Kelly (MIT Press, 1989), 21–26.
50. 例外として，Crispin Rope, "ENIAC as a Stored-Program Computer: A New Look at the Old Records", *IEEE Annals of the History of Computing* 29, no. 4 (2007): 82–87 がある。
51. Galison, "Computer Simulation and the Trading Zone", 120.
52. フォン・ノイマン夫妻とゴールドスタイン夫妻は ENIAC に従事する前に結婚した。他の人たちは，ムーアスクールや弾道研究所の ENIAC チームの中で伴侶を見つけた。2, 3 年のうちに，ホルバートン夫妻，スペンス夫妻，レイトウィズナー夫妻，モークリー夫妻（ジョン・モークリーは最初の妻の突然の死のあとに再婚した）が，ENIAC とのつながりを共有したことから，みな結ばれた。Light ("When Computers Were Women", note 37) はこのことを論じ，その時代の科学者カップルの他の例についても述べている。

第 10 章

1. "Operations Log", May 17 and 18, 1948.
2. "Description of Orders for Coding ENIAC Problems", July 6, 1948, HHG-HC, box 1.
3. "Operations Log", July 12–14, 1948.
4. 同上，July 22 and August 5, 1948.
クリッピンガーの計算の結果は Richard Clippinger and N. Gerber, *BRL Report No. 719: Supersonic Flow Over Bodies of Revolution (With Special Reference to High Speed Computing)* (Ballistic Research Laboratory, 1950) で発表された。
5. "ENIAC Details of CODE In effect on 16 September, 1948".
新しい命令セットにより，マスタープログラマが固定ループを制御するいくつかの使用が許可され，代わりに遅延と停止の命令が含められた。
6. "Operations Log", October 9, 1948.
7. Bergin, ed., *50 Years of Army Computing*, 35.
8. Melvin Wrublewski, "ENIAC Operating Experience", *Ordnance Computer Newsletter* 1, no. 2 (1954): 9–11 (in HHG-APS, series 4, box 1).
9. Clippinger, *A Logical Coding System*.
10. 1948 年 4 月 20 日の操作日誌には，「レジスタを使用するように設計された新しいコードの新規開発についてクリッピンガーおよびディムスデールと話した」と記録されている。計画された命令セットは，B. Dimsdale and R. F. Clippinger, "The Register Code for the ENIAC", in *BRL Technical Note 30: Report on the Third Annual Meeting of the Association for Computing Machinery* (Ballistic Research Laboratory,

1949): 4–7, 11–14 に記述されている。ACM はまだ会議の議事録を作っていなかったので，これは出席した弾道研究所職員によって準備された要約である。
11. EDVAC は，おそらくエッカートとモークリーの自動高速コンピューティングのコード化についてのフォン・ノイマンの実験に呼応して，1945 年 9 月には短い遅延線を備えていた。チューリングは，その年の終わり頃に書かれた ACE の報告で同じ戦略を用いた。
12. Nancy Stern, "The BINAC: A Case Study in the History of Technology", *Annals of the History of Computing* 1, no. 1 (1979): 9–20.
13. "Operations Log", January 10 and January 20, 1949.
14. 同上，June 29, 1949.
15. G. W. Reitwiesner, "Stand-by Plan for Operation of the ENIAC", April 1, 1949, ENIAC-NARA, box 2, folder 3.
既存の累算器よりもさらに効率の良い記憶装置を提供するために，新しい設計を提案した。
16. Homer W. Spence, "Operating Time and Factors Affecting It, of the ENIAC, EDVAC, and ORDVAC During 1952", ENIAC-NARA, box 2, folder 10.
17. 合計 87 個の問題が ENIAC で実行されことが知られている。私たちは，当初のモードで約 12 個の問題に取り組んでいたと考えている。したがって，75 個の問題が現代的コードパラダイムへ転換したのちの最初の 4 年間で取り組まれたようである。
18. Kempf, *Electronic Computers Within the Ordnance Corps*, 34.
19. Akera, *Calculating a Natural World*, 100–102.
20. MIT の Whirlwind プロジェクトの代表者は，長寿命の真空管として 7AK7 と彼らの新しい計算機との相性を確かめるために，7AK7 の製造規格にかなり注目した。Brown et al. to Forrester, "Investigation of 7AK7 Processing, Emporia, PA", March 16, 1948, in Project Whirlwind Reports, MIT Libraries. http://dome.mit.edu/handle/1721.3/38986 から入手できる。
21. Richard F. Clippinger, ENIAC Trial Testimony, September 22, 1971, ETR-UP, p. 8888.
22. "Aberdeen Proving Ground Computers: The ENIAC", *Digital Computer Newsletter* 3, no. 1 (1951): 2.
23. "Aberdeen Proving Ground Computers", *Digital Computer Newsletter* 3, no. 3 (1951): 2.
24. "Operations Log", December 13, 1948.
25. Bergin, *50 Years of Army Computing*, 154–155.
26. 同上，45.
27. 同上，153.
28. "Operations Log", July 28, 1949.
29. Bergin, ed., *50 Years of Army Computing*, 54.
30. 冷戦中，アメリカ大気研究センターは，ロスアラモスのような規模で資金提供を

受けたことがないが，Cray スーパーコンピュータの主要顧客であり，(1993年に) Cray-3 スーパーコンピュータを導入した唯一の組織であった。
31. Aspray, *John von Neumann and the Origins of Modern Computing*, 137.
32. 同上，121.
33. Sayler to Richelderfer, September 29, 1949, JGC-MIT, box 9, folder 299.
34. Jule G. Charney, Ragnar Fjørtoft, and John von Neumann, "Numerical Integration of the Barotropic Vorticity Equation", *Tellus* 2, no. 4 (1950): 237–254, p. 254 から引用。
35. Harper, *Weather by the Numbers*, 141.
36. Clippinger to Charney, December 12, 1949, JGC-MIT, box 9, folder 299.
37. Holberton to Charney, February 7, 1950, JGC-MIT, box 9, folder 299.
38. 同上
39. Platzman, "The ENIAC Computations of 1950 — Gateway to Numerical Weather Prediction", p. 307 から引用。
40. Charney to von Neumann, July 15, 1949, JvN-LOC, box 15, folder 2.
41. "Skeet" (Hauff) to Charney, April 26, 1950, JGC-MIT, box 9, folder 302.
    チャーニーは，「一緒にいたずら」をした懐かしい思い出を語り，ハウフの妻とその赤ん坊について様子を尋ねる返事を書いて，客員研究員と計算機オペレータの間のかなり暖かい関係を暗示した。
42. Platzman, "The ENIAC Computations of 1950 — Gateway to Numerical Weather Prediction".
43. Charney to von Neumann, July 15, 1949, JvN-LOC, box 15, folder 2.
44. Aspray, *John von Neumann and the Origins of Modern Computing*, 143.
    Platzman, "The ENIAC Computations of 1950 — Gateway to Numerical Weather Prediction" の311ページでは，桁数に起因する難題に言及されており，これは日誌に記入されたことで確認できる。
45. Charney to Hauff, September 6, 1950, JGC-MIT, box 9, folder 302.
46. "Operations Log", March 9, JGC-MIT, box 9, folder 301.
47. 同上，March 13.
48. 「使われた時間間隔は最初1時間だったが，間隔を大きくしても実質的に同じ予測を出し，計算結果が不安定にならないとわかって，2時間そして3時間まで延長した」。
    Charney, Fjørtoft, and von Neumann, "Numerical Integration of the Barotropic Vorticity Equation".
49. Platzman, "The ENIAC Computations of 1950 — Gateway to Numerical Weather Prediction", quotation from p. 310.
50. 同上
    日誌には，入力カードの束を準備し損なったために，いくつかの手順が繰り返された例が記録されている。

51. Charney, Fjørtoft, and von Neumann, "Numerical Integration of the Barotropic Vorticity Equation".
52. Platzman, "The ENIAC Computations of 1950 — Gateway to Numerical Weather Prediction", 310.
53. Joseph Smagorinsky, quoted in Aspray, *John von Neumann and the Origins of Modern Computing*, 143.
54. Aspray, *John von Neumann and the Origins of Modern Computing*, 146–147.
55. 同上，146.
  Charney, Fjørtoft, and von Neumann ("Numerical Integration of the Barotropic Vorticity Equation") によれば，ENIAC の予測は 24 時間より少し多くかかったが，「操作の徹底した定型化により」ENIAC の利用時間を半減できると推定された。
56. 高等研究所の計算機は，1 語当たり 40 ビットで 1,024 語分の遅延線記憶装置と 2,048 語分のドラム記憶装置を所有していた (同上，87 ページ)。ENIAC は天気予報を実行する際の乗算に約 20 加算時間，言い換えると 4,000 マイクロ秒かかった。
  Fritz, *Description of the ENIAC Converter Code*, 24.
  IAS 計算機は 713 マイクロ秒で済んだと報告されている。
57. ENIAC 対 IAS の相対的なタイミングは，同上，145 を参照のこと。
58. Brainerd to Goldstine, May 6, 1944, MSOD-UP, box 48 (PX-2 General Jan-Jun 1944).
59. Goldstine, *A Report on the ENIAC*, VII-13.
60. J. von Neumann to K. von Neumann, December 7, 1948, KvN-MvNW.
61. Fritz, *Description of the ENIAC Converter Code*, 7.
62. 一つの命令の実行が次の命令の取り出しと重複するという点で，ENIAC はメモリから命令を「事前に取り出す」という後の技術に似た技術を使っていた。引き合いに出している期間は逐次実行を仮定する。すると，加算 (最初の変換後は 6 加算時間) などの最も簡単な演算に与えられた時間は，次の命令の取り出しに要する時間によって決まる。乗算 (最初の変換後は 20 加算時間) などのより複雑な演算のために，ENIAC は，次の命令が必要になる時にちょうど届くように，途中で (後の命令取り出しおよび解読サイクルと同様の)「基本演算列」を起動した。分岐の実行では，実行すべき次の命令はまだ取り出されていないことになり，通常より長い時間がかかる。
  "Detailed Programming of Orders, ENIAC Converter Code", ENIAC-NARA (ENIAC Converter Code Book Used Before Installation of Shifter and Magnetic Core Memory).
63. "Aberdeen Proving Ground Computers: The ENIAC".
  高速関数表の初期のデザインは，ENIAC-NARA box 4, folder 14 の無題の文書で述べられている。これは，希望するアドレスを高速関数表に送るのに 1 加算時間，その内容を受け取るのに 0.5 加算時間がかかることを指摘しているが，それはまた，合計を 1 加算時間に減らすことが可能なさらなる変更を指摘した。機械の経歴

の終わりの方での命令の継続時間は，"Listing of Add Times of ENIAC Converter Code", June 1, 1954, ENIAC-NARA, box 4, folder 1 にある。

64. J. Cherney, "Computer Research Branch Note No. 40: High Speed Shifter", ENIAC-NARA, box 4, folder 1.
65. "Changes to BRLM 582 'ENIAC CONVERTER CODE'", circa June 1954, ENIAC-NARA, box 4, folder 1.
66. Wrublewski, "ENIAC Operating Experience".
何が取り除かれたのは不明である。
67. "Sidelights on the Financial and Business Developments of the Day: Military Memory", *New York Times*, December 20, 1952.
68. "Revised Specifications for Static Magnetic Memory System for ENIAC", October 9, 1951, ENIAC-NARA, box 4, folder 1.
69. 新しい命令は，storeとextractそれぞれの二つのバージョンを定義した。それぞれの一つのバージョンは間接アドレス指定を使い，もう一つのバージョンは命令の直後に格納されている引数として指定された固定アドレスに作用した。記憶装置自体が1加算時間だけで数を取得できたとしても，これらを実行するのに5〜7加算時間が必要だった。それは磁心メモリを累算器メモリの約2倍遅くした。
"Changes to BRLM 582 'ENIAC CONVERTER CODE'", circa June 1954, ENIAC-NARA, box 4, folder 1.
70. Wrublewski, "ENIAC Operating Experience".
磁心メモリの具体的な信頼性の問題は，さらに Melvin Wrublewski, "An Engineering Report on the ENIAC Magnetic Memory", *Ordnance Computer Newsletter* 2, no. 2 (1955): 11–13 (in HHG-APS series 4, box 1) で論じられた。
71. Fritz, *Description of the ENIAC Converter Code*.
72. Michael R. Williams, "The Origins, Uses, and Fate of the EDVAC", *IEEE Annals of the History of Computing* 15, no. 1 (1993): 22–38.
73. Kempf, *Electronic Computers Within the Ordnance Corps*, 54.
74. Williams, "The Origins, Uses, and Fate of the EDVAC", 37 ページから引用。
75. Kempf, *Electronic Computers Within the Ordnance Corps*.
76. Williams, "The Origins, Uses, and Fate of the EDVAC".
77. スペンスは，1953年初めの数字として ORDVAC には3,063本の真空管があったと伝えている。時間とともに新しい機能が機械に追加され，その数は変化した。
Homer W. Spence, "Operating Time and Factors Affecting It, of the ENIAC, EDVAC, and ORDVAC During 1952", ENIAC-NARA, box 2, folder 10.
78. "Aberdeen Proving Ground Computers", *Digital Computer Newsletter* 5, no. 2 (1953): 7–8.
79. 同上
80. 弾道研究所がその年の結果を集計したところ，ENIAC は新しい機械のどれよりも，

問題設定とコードチェックに要する時間が少なかった。平均的な1週間に，生産的作業の実行は79.4時間であり，EDVACの30.4時間，ORDVACの53.7時間を大きく上回った。ENIACは業務作業の実行に79.4時間，対してEDVACは30.4時間，ORDVACは53.7時間を使った。

"Aberdeen Proving Ground Computers", *Digital Computer Newsletter* 6, no. 1 (1951): 2.

81. Williams, "The Origins, Uses, and Fate of the EDVAC".
82. Kempf, *Electronic Computers Within the Ordnance Corps*.
83. J. F. Cherney, "Branch Report No. 48: Modifications of the ENIAC's IBM Input-Output Sign Sensing System", November 9, 1953, ENIAC-NARA, box 2, folder 10.
84. "Aberdeen Proving Ground Computers", *Digital Computer Newsletter* 6, no. 4 (1954): 2.
    1週間あたりアイドル時間がENIACの2時間に対してEDVACは60時間であったということは，EDVACの速度はコード化された問題の供給量に打ち勝ったようである。
85. Wrublewski, "ENIAC Operating Experience".
86. "Aberdeen Proving Ground Computers", *Digital Computer Newsletter* 7, no. 3 (1954): 1.
87. Computer History Museum, "ENIAC (in online Revolution exhibit)", n.d., accessed January 23, 2015 (http://www.computerhistory.org/revolution/birth-of-the-computer/4/78).
    同じ主張がWilliams, "The Origins, Uses, and Fate of the EDVAC"にある。

第11章

1. Doron Swade, "Inventing the User: EDSAC in Context", *Computer Journal* 54, no. 1 (2011): 143–147, p. 145から引用。
2. Eckert, "The ENIAC".
   エッカートは，フォン・ノイマンが「3アドレス命令コード」に「とくに興味を持って」いたとも指摘していた。この命令コードは，「計算機に二つの演算対象の場所と結果を格納する場所を指示するために」，EDVACですでに定式化されていた。しかし，バークスがのちに述べたように，Eckert and Mauchly, Automatic High Speed Computingでは，アドレス変更の基礎である置換命令はフォン・ノイマンの功績と明らかに見なされていた。それは，それなしには現代的コードパラダイムが根本的に単純にはならなかった重要な機能である。

注釈：第11章　417

3. Mauchly, "Amending the ENIAC Story".
4. Notes of meeting with Dr. Von Neumann, March 14, 1945, AWB-IUPUI.
5. これは，Eckert, "The ENIAC" の巻末に転載されているものを見るのが最も簡単である。しかし，いくつかの修正が書き加えられたドラフト版が，"Disclosure of Magnetic Calculating Machine", January 29, 1944, UV-HML, box 7 (ENIAC Moore School of Electrical Engineering Disclosure of Magnetic Calculating Machine) にある。
6. Stern, *From ENIAC to Univac*, 75.
7. McCartney, *ENIAC*, 124.
8. Burks and Burks, *The First Electronic Computer*, 150 では，モークリーが特許裁判の証言の中でこう主張したとしている。
9. Burks and Burks, *The First Electronic Computer*, 265–267.
10. たとえば，「単一のプログラム制御に与えられた命令はプログラムと呼ばれる」。
    Goldstine, *A Report on the ENIAC*, I-21.
    「累算器3は，転送するようプログラムされた」。
    "ENIAC Progress Report 31 December 1944", IV-21.
11. "ENIAC Progress Report 31 December 1943", III-3.
    ここで，「プログラム」(個別の操作) と「相互接続」(問題のために設定をすること) の区別がなされていることに注意。
12. "ENIAC Progress Report 30 June 1944", IV-10.
13. Eckert, "Disclosure of Magnetic Calculating Machine".
14. "The Function Generator", PX Report, November 2, 1943, MSOD-UP, box 3 (Reports on Project PX).
    この年の終わりまでに，これは，組み込み補間機能を提供しないもっと受動的な「関数表」に取って代わられた。
    "ENIAC Progress Report 31 December 1943", chapter XI.
15. Staff of the Harvard Computation Laboratory, *A Manual of Operation for the Automatic Sequence Controlled Calculator* (Harvard University Press, 1946), 28, 50.
16. Burks and Burks, *The First Electronic Computer*, 101 から引用。
17. 1944年1月にENIACチームは，紙テープによって制御される計算器の研究を行っていたベル研究所と密接な関係を持った。
    Herman H. Goldstine, "Report of a conference on computing devices at the Ballistic Research Laboratory on 26 January 1944", February 1, 1944, ETE-UP.
    このテキストは具体的な証拠を提供していないが，紙テープを搭載した計算器が数値はもとより命令も読めると，エッカートが想像していたと考えるのは，たしかにもっともらしい。
18. 「開示」の内容は，私たちがプログラムと考えるものを格納するために，ENIACの後継機のディスクやドラムを使用することをエッカートが想定していたと信じら

れるただ一つの理由を提供している。エッカートは，「自動プログラミング」のために恒久的にエッチングされたディスクに焦点を当てたが，余談として記録可能な磁気ディスクも使用できると述べていた。私たちがプログラムとして考えるものを格納するために，消去可能なディスクは魅力的である。しかし，それはまた計算器の新しい数学関数を開発したり既存のものを修正したりするために制御コードを更新することを想定していた可能性が極めて高い。このアプローチの利点は，のちの世代の技術できちんと確立された。たとえば，1970年代のIBMメインフレーム370は，マイクロコードをフロッピーディスクから読み，現代の計算機やスマートフォンは，素早くファームウェアを更新できる。

19. ENIACと「特許出願のための資料の概要」としてエッカートとモークリーにより準備されたEDVACを生み出す初期作業からの当初の特許出願のアイデアの一覧から。これは，「それらが検討されるべきおおよその優先順位の順」に提示された。そして，当初の日付の1945年2月5日よりあとにタイプされたと記されていた。アイデアには，遅延線レジスタ，遅延線計算回路，計算に用いる真空管の使用のアイデア，電子環状計数器，ENIACの累算器の設計におけるさまざまな機能，関数表，乗算器，サイクリングユニット，（「ステッパのデジタル制御」のような）「プログラミングシステム，除算器，マスタープログラマ」，そして「超音速カード読み取り機」のような「入出力装置」の長いリストなどが含まれていた。最後の項目は，「設計上の考慮事項」の一覧であった。言い換えると，このアイデア一覧は，EDVACに接続するコンポーネントについての多くの思弁的な新しいアイデアを数多く含んでいたが，言及された唯一の制御技術についての革新的な考えは，ENIAC由来のものだけだった。これよりのちのさらに成熟したアイデアの一覧は，「補足概要：コンピューティングのための装置」と題され，パルス列のエラーの検出装置や，高速で磁気テープから印刷する装置など，何十ものアイデアが8ページにわたって挙げられていた。ここにも，新しい制御システムやアーキテクチャの議論は含まれていなかった。この二つの文書はともにAWB-IUPUIで見つけたが，それはUV-HMLから複製されたことを示す印が付されていた。しかし，UV-HMLの原本の箱の番号はわからなかった。

20. Von Neumann, "First Draft of a Report on the EDVAC", section 1.2.
21. Campbell-Kelly and Williams, eds., *The Moore School Lectures*.
22. Michael R. Williams and Martin Campbell-Kelly, eds., *The Early British Computer Conferences* (MIT Press, 1985).
    Hartree, *Calculating Machine*.
    Hartree, *Calculating Instruments and Machines*.
    Engineering Research Associates, *High-Speed Computing Devices*.
23. Engineering Research Associates, *High-Speed Computing Devices*, chapter 10, pp. 182–222.
24. W. H. McWilliams, "Keynote Address", *Review of Electronic Digital Computers: Joint*

AIEE-IRE Computer Conference (Dec. 10–12, 1951) (American Institute of Electrical Engineers, 1952): 5–6.

25. Nathaniel Rochester, "A Calculator Using Electrostatic Storage and a Stored Program", May 17, 1949, From the IBM Corporate Archives, Somers, New York.
内蔵プログラムのための2桁の命令コードと3桁のアドレスのそのシステムは，変換されたENIACに採用された形式と非常に類似していた。

26. これは，技術者向けの"Electronic Computers"の成果の年度末要約の中にある。"Radio Progress During 1950", *Proceedings of the IRE* 39, no. 4 (1951): 359–396, p. 375 から引用。

27. C. E. Frizzell, "Engineering Description of the IBM 701 Calculator", *Transactions of the IRE* 41, no. 10 (1953): 1275–1287, p. 1275 から引用。

28. J. W. Sheldon and Liston Tatum, "IBM Card-Programmed Calculator", in *Papers and Discussions Presented at the Dec. 10–12, 1951, Joint AIEE-IRE Computer Conference* (Association for Computing Machinery, 1951): 30–36, p. 35 から引用。

29. Walker H. Thomas, "Fundamentals of Digital Computer Programming", *Proceedings of the IRE* 41, no. 10 (1953), pp. 1245, 1249 から引用。

30. Willis H. Ware, *The History and Development of the Electronic Computer Project at the Institute for Advanced Study* (RAND Corporation, 1953), p. 5.

31. International Business Machines Corporation, "Magnetic Drum Data Processing Machine Announcement", IBM Archives, 1953, accessed November 11, 2014 (https://www-03.ibm.com/ibm/history/exhibits/650/650_pr1.html).
これは，入出力形式を設定するために外部配線盤に頼る一方，ドラムに内部的にプログラムを記憶する，計算機とパンチカード技術を結合した650といった用語を発見する興味深い場所である。このデュアルシステムは，もともと新しい造語を生み出した，試験組み立て上の2種類のプログラム制御のなごりであった。このリリースでは，「高度なメモリデバイスの一つと ⋯⋯ 従来のパンチカード装置に新たな高速読み出し能力を備えたIBMの大きな'701'のプログラム内蔵方式を組み合わせた」650を見ることができた。

32. Goldstine, *The Computer*.
33. Burks and Burks, "The ENIAC", p. 385.
34. Comment by B. Randell, *Annals of the History of Computing* 3, no. 4 (1981) 396–397.
35. Brainerd, "Project PX — The ENIAC".
36. Campbell-Kelly, "Programming the EDSAC".
37. Campbell-Kelly and Aspray, *Computer*, 104.
38. Allan G. Bromley, Stored Program Concept: The Origin of the Stored Program Concept, Technical Report 274, Basser Department of Computer Science, University of Sydney, modified November 1985 (http://sydney.edu.au/engineering/it/research/tr/tr274.pdf).

39. B. Jack Copeland, *Turing: Pioneer of the Information Age* (Oxford University Press, 2013).
40. Campbell-Kelly and Aspray, *Computer*.
41. マーク・プリーストリーは、*A Science of Operations: Machines, Logic, and the Invention of Programming* (Springer, 2011) で、チューリングの計算モデルと実際のプログラム内蔵型計算機の一般的な関係が広く認識されたのは、1950年以降であると主張している。
42. たとえば、Raúl Rojas, "How to Make Zuse's Z3 a Universal Computer", *IEEE Annals of the History of Computing* 20, no. 3 (1998): 51–54 を参照のこと。
43. Wikipedia, "Stored-Program Computer", accessed October 17, 2012.
44. Paul Ceruzzi, *Computing: A Concise History* (MIT Press, 2012), 29.
45. Swade, "Inventing the User", p. 146 から引用。
46. この主張は、さらに Thomas Haigh, "Actually, Turing Did Not Invent the Computer", *Communications of the ACM* 57, no. 1 (2014): 36–41 で論じられている。
47. Bartik, *Pioneer Programmer*, xx.
48. Clippinger, Oral History Interview with Richard R. Mertz, 11–12.
49. Goldstine, *The Computer*, p. 233.
    ゴールドスタインの個人的な論文である HHG-APS と HHG-HC は、もっと初期に ENIAC が新しい制御方法で操作されたことを裏付けるいくつかの文書を含んでいる。彼がこの本で示した日付は、"ENIAC: Details of CODE In effect on 16 September, 1948" と題された HHG-APS の BRL 文書の表題をもとにしていると思われる。それは、もちろん、現代的コードパラダイムへ変換後の最初の操作が、その日付よりもあとではないことを示しているに過ぎない。
50. Neukom, "The Second Life of ENIAC".
51. Metropolis and Worlton, "A Trilogy on Errors in the History of Computing", pp. 53–54 から引用。これは、もともと 1972 年の会議で発表された。その時点で、メトロポリスはマンチェスターのベビーに気づいていなかった可能性がある。
52. Goldstine, *The Computer*, 233.
53. Aspray, *John von Neumann and the Origins of Modern Computing*, 238–239.
54. Burks, 未完成の本の手稿、appendix B.
55. Burks, "Review of William Aspray Ms. 'The Stored Program Concept,' for Spectrum", July 11, 1990, AWB-IUPUI.
56. 高等研究所のフォン・ノイマングループの研究に対するウィリアムズ管の影響は、Dyson, *Turing's Cathedral*, 142–148 の記述に関連している。
57. ベビーの部品は、1949 年後半までには完全に動作し、今日マンチェスターの Mark I として知られている完成した有用な計算機を構築するために、すぐに使用された。しかしながら、ここではベビーに焦点を当てる。それはこの機械が、一般に、最初の動作した「プログラム内蔵方式」計算機として、あるいは一つの定式化では内蔵

プログラムを実行した最初の計算機として受け入れられて，それゆえ自然な比較ポイントを提供するからである。

58. Allan Olley, "Existence Precedes Essence — Meaning of the Stored-Program Concept", in *History of Computing: Learning from the Past*, ed. A. Tatnall (Springer, 2010).
59. SSECの命令のためのリレーメモリの使用に対する微妙な評価に関しては，Charles J. Bashe, Lyle R. Johnson, John H. Palmer, and Emerson W. Pugh, *IBM's Early Computers* (MIT Press, 1986), 586–587を参照のこと。五つの命令サブルーチンがリレーメモリから実行された手順がここで説明されいる。しかし，「それは，実際には，最終行（次の命令のソースは，ループを終了するように変更された命令）以外のすべては，サブシーケンスの一対のテープに格納されたらしい」ことを認めている。
60. SSECに関する包括的な技術的詳細は，その命令セットのような基本的な要素であっても，公開されていない。私たちが発見できた最も詳細な説明は，不完全で未発表のウェイン・ブルックによる日付のない手稿 "SSEC. The First Selectronic Computer (with markup from C. J. Bashe)", in AWB-NCSU, box 1, folder 14 だった。
61. それぞれの記述は，Paul E. Ceruzzi, *Computing: A Concise History* (MIT Press, 2012), 50, Campbell-Kelly and Aspray, *Computer*, 104 および Campbell-Kelly and Aspray, *Computer* の図版より。
62. David Hartley, "EDVAC 1 and After — A Compilation of Personal Reminiscences", University of Cambridge Computer Laboratory, last modified July 21, 1999, accessed January 23, 2015 (http://www.cl.cam.ac.uk/events/EDSAC99/reminiscences/).
63. Campbell-Kelly, "Programming the EDSAC".
64. たとえば，かつてコンウェイのライフゲーム内に構成された仮想計算機は，万能チューリング機械と等価な計算能力であることが示された。この一つの事実は，十分な時間と十分な大きさのセル状配列を持てば，この計算機は通常の部品で構築されたどのマシンとも同じアルゴリズムを実行できるということを示した。
65. Michael S. Mahoney with Thomas Haigh, ed., *Histories of Computing* (Harvard University Press, 2011).
66. 同上，91.
67. Rojas, "How to Make Zuse's Z3 a Universal Computer".
68. ツーゼは，1937年に「プログラム内蔵方式」を考案したと主張した。しかし，「当時の技術の状態を考えると，1938年にフォン・ノイマン式アーキテクチャを使用するのは賢明でなかった」と判断した。
Konrad Zuse, *The Computer — My Life* (Springer, 1993), 44 and 50.
69. たとえば，Wikipedia の ENIAC の項目には，「それはチューリング完全でデジタル，再プログラム可能だった」と書かれている（2015年1月23日にアクセス）。インターネットで検索すると，同じ主張が数多く見つかる。
70. Calvin C. Elgot and Abraham Robinson, "Random-Access Stored-Program Machines, an Approach to Programming Languages", *Journal of the ACM* 11, no. 4 (1964): 365–

399.

71. Raúl Rojas, "Who Invented the Computer? The Debate from the Viewpoint of Computer Architecture", *Proceedings of Symposia in Applied Mathematics* 48 (1994): 361–365.
72. これとは対照的に，関数表内の読み出し専用メモリは，完全にアドレス指定可能で，たとえば，「現代的」検索アルゴリズムは，（モンテカルロプログラムもそうだったように）コンバータコードで書かれていた。
73. "Changes to BRLM 582 'ENIAC Converter Code'", circa June 1954, ENIAC-NARA, box 4, folder 1.
74. もし，膨大な量の時間と記憶装置が与えられ，それ以外の変更はないという条件で機械に何ができるかを模索する理論家の伝統的なゲームをしたらどんな結果が出るだろうか？ 累算器をアドレス指定可能にするために，簡単に一対のサブルーチンを書くことができる。その一方は保存用で，もう一方はロード用である。それぞれのサブルーチンは，累算器の番号をパラメータとして取る。その累算器の番号は，対応する「聞く」や「話す」命令が配置された関数表のアドレスへの飛び先を計算するために使用される。つまり，アドレス指定可能にされたそれぞれの累算器に関数表内の2行を関連付ける。しかし，無制限の記憶域がすでに想定されていた。www.EniacInAction.com の付録 "How to Make ENIAC's Accumulators Addressable Using a Subroutine" を参照のこと。
75. 何人かの著名な歴史家による，万能計算機とチューリング機械のアイデアに対して，単なる印象に基づく使用への攻撃的な批判については，以下を参照のこと。Edgar G. Daylight, "Difficulties of Writing About Turing's Legacy", Dijkstra's Rallying Cry for Generalization, last modified September 3, 2013 (http://www.compscihistory.com/DifficultTuringLegacy).

第12章

1. D. R. Hartree, "The ENIAC: An Electronic Calculating Machine", *Nature*, 157 no. 3990 (1946): 527.
   D. R. Hartree, "The ENIAC: An Electronic Calculating Machine", *Nature*, 158 no. 4015 (1946): 500–506.
   Calculating Machines, Calculating Instruments and Machines.
2. Berkeley, *Giant Brains or Machines That Think*, p. 113.
3. David H. Ahl, ed., *The Colossal Computer Cartoon Book* (Creative Computing Press, 1977).

注釈：第12章   423

4. インターネットの住人は，このジョークをマイクロソフトとゼネラルモーターズの作り話の新聞発表合戦として描いた。たとえば，http://www.snopes.com/humor/jokes/autos.asp を参照のこと。
5. Lynn Grant, "Conserving ENIAC (aka Project CLEANIAC)", http://www.penn.museum/blog/museum/conserving-eniac-aka-project-cleaniac/, accessed June 30, 2014.
6. Geise to Burks, April 8, 1960, AWB-IUPUI.
7. Burks to Giese, February 18, 1985, AWB-IUPUI.
8. 博物館の展示は，http://www.nwmissouri.edu/archives/computing/index.htm から閲覧できる。
9. Brendan I. Koerner, "How the World's First Computer Was Rescued from the Scrap Heap", *Wired*, November 25, 2014 (http://www.wired.com/2014/11/eniac-unearthed/).
10. Mitch Meador, "ENIAC: First Generation of Computation Should Be a Big Attraction at Sill", *Lawton Constitution* (swoknews.com), October 29, 2014.
11. Burks, *Who Invented the Computer?*
12. Larson, *Findings of Fact*, section 11.13.
13. 最も最近では，明確な確信はないものの，Smiley, *The Man Who Invented the Computer* にある。
14. McCartney, *ENIAC*.
15. Burks, *Who Invented the Computer?*
16. "Preliminary Announcement: International Research Conference on the History of Computing", in AWB-IUPUI.
17. 歴史家の肩書きを持つ3名は，I・ベルナード・コーエン，ヘンリー・S・トロップ，ケネス・O・メイである。
18. AWB-IUPUI にあるロスアラモスの会議資料から。
19. Goldstine to Smith, May 14, 1959, HHG-APS, series 6, box 1.
20. Randell, "The Colossus".
21. Burks and Burks, "The ENIAC", 311.
「汎用」は385ページで定義されている。
22. Paul E. Ceruzzi, *Reckoners: The Prehistory of the Digital Computer, from Relays to the Stored Program Concept, 1935–1945* (Greenwood, 1983).
23. 博士課程の学生としてこの分野に入ったポール・セルージは，プログラム可能な計算器は計算機かどうかという1970年代の議論からの直接的な影響を思い起こした（2011年11月4日の私たちとの非公開の議論）。これは，計算機の先駆者であるフレッド・グルエンバーガーの同時期の議論に反映されている。グルエンバーガーは，内蔵プログラムの機能は，計算機と計算器を分ける真の境界線だと主張した。Gruenberger, "What's in a Name?" *Datamation* 25, no. 5 (1979): 230 を参照のこと。
24. 電子計算機が歴史的論争に与える影響については，ポール・セルージから耳にした。見当違いに書物の知識に固執する人たちは，相変わらずこの論争を押し付けて

いる。たとえば，Wikipedia の ENIAC の項では，ENIAC の C は calculator（計算器）を表すものだと繰り返し書き換えられている。多くのオンライン情報には誤った説明があり，何冊かの書籍ではこの問題を未解決と述べてさえいる。Mike Hally, *Electronic Brains: Stories from the Dawn of the Computer Age* (Granta Books, 2006), 12 によれば，「『ENIAC』が正確に何の頭文字を取ったものかに関して，混同が見受けられる」。

25. Al Gore, "The Technology Challenge How Can America Spark Private Innovation?", *University of Pennsylvania Almanac*, February 20, 1995.
26. Bergin, ed., *50 Years of Army Computing*, vi.
27. Jan Van Der Spiegel, "ENIAC-on-a-Chip", PennPrintout 12, no. 4 (1996) から引用。このプロジェクトは，Jan Van der Spiegel et al., "The ENIAC — History, Operation and Reconstruction in VLSI", in *The First Computers: History and Architectures*, ed. Raúl Rojas and Ulf Hashagen (MIT Press, 2000) に詳細に記述されている。
28. Til Zoppke and Raúl Rojas, "The Virtual Life of the ENIAC: Simulating the Operation of the First Electronic Computer", *IEEE Annals of the History of Computing* 28, no. 2 (2006): 18–25.
29. Jon Agar, Sarah Green, and Penny Harvey, "Cotton to Computers: From Industrial to Information Revolutions", in *Virtual Society? Technology, Cyberbole, Reality*, ed. Steve Woolgar (Oxford University Press, 2004).
30. ここに書かれているように，ハスキーは 98 歳である。ハスキーの名前はムーアスクールの講義録には，講師としても受講生としても見当たらないが，彼は 1940 年代に始まった計算機プロジェクトである Standards West Electronic Computer（SWAC）を率いていた。ハスキーは，その年代の計算機プロジェクトの最後の生き残りかもしれない。
31. Burks, *Who Invented the Computer?*, 17.
32. Smiley, *The Man Who Invented the Computer*.
33. Amazon.com でのデジタル計算技術の専門家による多数のレビューでは，具体的な誤りが指摘されている。http://www.amazon.com/The-Man-Who-Invented-Computer/product-reviews/0385527136 を参照のこと。非専門家にも感銘を受けなかった人はいた。その一例を示そう。「物語は，苦痛なほどだらだらと進行する。これを読むと，非常に年老いた人が休暇のための荷造りをしているのを見るようだ。登場人物は，道徳的にも知性的にも抑制されていないように感じられ，内面ではなく見かけに光が当てられている。現代生活の核心にある科学的発展は，（驚くほどわかりやすい付録を除いて）決して十分には説明されていない」。Kathryn Schulz, "Binary Breakthrough", *New York Times*, November 26, 2010.
34. Fritz, "ENIAC — A Problem Solver" および "The Women of ENIAC".
35. Thomas Petzinger, "The Front Lines: History of Software Begins with the Work of Some Brainy Women", *Wall Street Journal*, November 15, 1996.

36. Light, "When Computers Were Women", 469.
37. *Technology and Culture* は，技術史に関して最も定評のある専門誌である。本書の執筆時点で，Web of Knowledge において，ライトの論文は，この専門誌で発表された論文の中で2番目に広く引用された論文に挙げられ，これまで *IEEE Annals of the History of Computing* に発表されたどの論文よりも多く引用されていると記録されている。
38. ロンドンのセントジェームズスクエアにあるエイダ・ラブレースの以前の住まいには，「計算機の先駆者」と記された青い銘板（ブループラーク）が設置されている。
39. Bartik, "Hendrie Oral History, 2008", 30, 34.
40. 同上，58.
41. 同上
42. 際立った議論については，次を参照のこと。
    Judith A. McGaw, "No Passive Victims, No Separate Spheres: A Feminist Perspective on Technology's History", in *In Context: History and the History of Technology*, ed. Stephen Cutcliffe and Robert Post (Lehigh University Press, 1989).
43. Walter Isaacson, *The Innovators: How a Group of Hackers, Geniuses, and Geeks Created the Digital Revolution* (Simon and Schuster, 2014), 107.

結び

1. たとえば，Abbate, *Recoding Gender: Women's Changing Participation in Computing*, 26 は，意見を裏付けるために「プログラミングは後知恵であった」というモークリーの発言を引用している。Nathan Ensmenger, *The Computer Boys Take Over: Computers, Programmers, and the Politics of Technical Expertise*, MIT Press, 2010, 15 によれば，計算計画を実行するために ENIAC を設定することが「困難であり，極めて創造力に富む思考を必要とすることになる」という発見は，「まったく予想外であった」。
2. Michael S. Mahoney, "The Histories of Computing(s)", *Interdisciplinary Science Review* 30, no. 2 (2005): 119–135, quotation from p. 121.
3. I. Bernard Cohen, *Howard Aiken: Portrait of a Computer Pioneer* (MIT Press, 1999).
4. Ensmenger, *The Computer Boys Take Over*, 32.
5. "ENIAC Progress Report 31 December 1943", chapter XIV.
6. Stephen R. Barley, "Technicians in the Workplace: Ethnographic Evidence for Bringing Work into Organizational Studies", *Administrative Science Quarterly* 41, no. 3 (1996): 404–441.
7. この出来事は多くの口述資料に記されている。わりと最近のものとして，Bartik,

Pioneer Programmer の 80 ページではバーティクが「ケイの叫び声が突破口だった！」と述べられている。
8. Goldstine, *A Report on the ENIAC*, quotations from pp. I-10, I-20, II-15, and IV-9.
9. Ensmenger, *The Computer Boys Take Over*, 14–15, 36–39.
    ゴールドスタインとフォン・ノイマンは，問題を解決する計画とコーディングのための方法論のあらましを述べている（"Planning and Coding Problems for an Electronic Computing Instrument. Part II, Volume 1", 99–104）。しかし，はっきりと労働の分割を提案したり，コーディングを事務的作業だと定義したりしているようには見えない。彼らは「すべての数学者，あるいはむしろ適度に数学的な訓練を受けた人は，日常的にコーディングできるようになるべきだ」と示唆している。
10. たとえば，Abbate, *Recoding Gender* や Beyer, *Grace Hopper* を参照のこと。
11. Light, "When Computers Were Women", 470.
12. Ensmenger, *The Computer Boys Take Over*, 32.
13. Ensmenger, *The Computer Boys Take Over*, 35–39.
    オペレータが故障した真空管を見分ける能力は，彼女たちが「もともと目論まれていただろう水準より遥かに，計算機技術者や技師と協力して行動できた」ことを示しているとエンスメンジャーは記述している（37ページ）。
14. Abbate, *Recoding Gender: Women's Changing Participation in Computing*, p. 26 and note 43 on p. 185.
    それどころか，プロジェクト経過報告でもゴールドスタインの "Report on the ENIAC" でも，ENIAC の設定を作り出す仕事に「コーディング」という用語が当てはめられていた様子はない。それは第一草稿の現代的コードパラダイムが広まったあとに受け入れられたのだろう。これはモールス符号などが広く知られていたことを考慮すればうなずける。EDVAC のプログラムは数字で表した一連の符号として表現されていたし，（この用語が使われる初期の足掛りとなった）ハーバード大学の Mark I も同様であった。一方，ENIAC の設定は図式的に記録されていた。
15. Beyer, *Grace Hopper*, 52–58.
    言うまでもなく，Mark I のオペレータの作業は，ENIAC のオペレータのそれより簡単だった。
16. この主張は次の論説の中でじっくり論じた。
    Thomas Haigh, "Masculinity and the Machine Man", in *Gender Codes: Why Women are Leaving Computing*, ed. Thomas J. Misa (IEEE Computer Society Press, 2010).
17. Galison and Hevly, *Big Science: The Growth of Large-Scale Research*.
18. Latour, *Science in Action: How to Follow Scientists and Engineers through Society*.
19. Akera, *Calculating a Natural World*.
    Akera, "Constructing a Representation for an Ecology of Knowledge: Methodological Advances in the Integration of Knowledge and its Various Contexts", *Social Studies of Science* 37, no. 3 (2007): 413–441.

20. Andrew Pickering, "The Mangle of Practice: Agency and Emergence in the Sociology of Science", *American Journal of Sociology* 99, no. 3 (1993): 559–589.
（訳注："Mangle of Practice"という用語については，ピッカリング自身が代替案として提示している "the dialectic of resistance and accommodation"を採用した）
21. Michael S. Mahoney, "The Beginnings of Algebraic Thought in the Seventeenth Century", in *Descartes: Philosophy, Mathematics and Physics*, ed. S. Gaukroger (Harvester, 1980).
邦訳：佐々木力 編訳『歴史の中の数学』，第4章「17世紀における代数的思考法の始原」，筑摩書房，2007．
22. Michael S. Mahoney, "Calculation — Thinking — Computational Thinking: Seventeenth-Century Perspectives on Computational Science", in *Form, Zahl, Ordnung. Studien zur Wissenschafts- und Technikgeschichte. Ivo Schneider zum 65. Geburtstag*, ed. Menso Folkerts and Rudolf Seising (Frank Steiner Verlag, 2004).
邦訳：佐々木力 編訳『歴史の中の数学』，第6章「計算・思考・コンピューター計算的思考——コンピューター計算科学の17世紀的パースペクティブ」，筑摩書房，2007．

訳者あとがき

　本書は，"ENIAC in Action: Making and Remaking the Modern Computer", Thomas Haigh, Mark Priestley, and Crispin Rope, MIT Press, 2016 の全訳である．

　Thomas Haigh はペンシルベニア大学において科学史・科学社会学で Ph.D. を取得し，計算機技術史を専門とし，現在はウィスコンシン大学ミルウォーキー校で上級准教授を務めている．Mark Priestley はロンドン大学において科学技術論で Ph.D. を取得後，計算機の歴史と哲学を研究し，Crispin Rope は 1947 年以来 ENIAC とその歴史を追跡している．

　2009 年 10 月，米国フィラデルフィアにあるペンシルベニア大に居た羽田は，ウォートンスクールでの会議の合間に同大の電子工学＆コンピュータサイエンス部門を訪れ ENIAC のパネルを眺めていると，一人の研究者から「僕たちは兄弟だね，この学部もユニシスも ENIAC の子どもだから」と声をかけられた．この出来事も一つの契機となり，ENIAC に関する学術的な紹介をするという構想をもっていたところ，その後 2011 年から始まった "ENIAC in Action" プロジェクトの存在を知り，本書の翻訳に至った．ENIAC の披露目の 70 年後に発刊された本書は，米国各地でそれに合わせた催しが開かれ，著者からはいずれも盛況だったと聞いている．

　翻訳に当たっては，ENIAC の後継者でもある諸先輩の功績と知恵を拝借した．用語については，『共立 総合コンピュータ辞典』（山下英男監修/日本ユニバック総合研究所編，1976, 共立出版）及び『計算機の歴史――パスカルからノイマンまで』（ハーマン・H. ゴールドスタイン著，末包良太/米口肇/犬伏茂之訳，1978, 共立出版）を参考にした．そして，多田哲 (1,2 章)，小林茂 (3 章)，阪口喜好 (4 章)，前澤裕二 (5 章)，森澤好臣 (6 章)，山崎慎一 (7 章)，長島毅

(8章), 村松知 (9章), 山口正夫 (10章), 原潔 (11章), 小田村和江 (12章) の各氏には各章を分担して下訳を持ち寄っていただいた。これらの素材に基づいて, 訳者の二人で用語や文体の統一を行い, 書き直した。また, 橘信俊氏には, 全体にわたる校閲にご協力いただいた。日本語版の編集に当たっては, 共立出版の石井徹也氏には, 原著出版社とのやり取りから始まり, 大変お世話になった。これらの方々に感謝の意を表したい。

　本書は, 多くの資料や文献に基づいている。「はじめに」で紹介されているように, より進んだ探究のために役立つ「さまざまな一次資料や注釈付きモンテカルロシミュレーションのコードを含め, さらに詳しい技術資料が, 本書を補完するウェブサイト www.EniacInAction.com にある。」また, 文献については, 邦訳がある場合はできるだけ書誌情報を示し, 引用された部分は既存の訳を採用することを基本とした。

　近年, 日本の競争力や創造性を向上させるという願いも込めて人間形成の早い時期からモノとしての電子計算機に親しむことが盛んになっている。本書が, このような少女や少年が電子計算機を作り出した歴史に興味を持つきっかけとなり, また, 日本の計算機技術や産業の立ち上げに尽力された世代が後生に思いを伝えるすべとなり, さまざまな知見のめぐり合いを生むことで, 人々の実践に役立つことを願う。

2016年5月

羽田昭裕

川辺治之

索 引

数字
604電子計算パンチ 302, 303

A
ACE 187, 263, 285, 292, 307, 312, 353

B
BINAC 310

E
EDSAC 231, 257, 292, 305, 310, 312, 319–321, 329, 341
EDVAC 161–192, 285–286, 291
　—型計算機, 302
ERA 330

F
F・T・プログラムアダプタ 200

H
Hippo 205, 225, 243

I
IAS計算機 277, 284, 353
IBM 6, 86, 94–96, 130, 146, 181, 255, 298, 303–304, 313, 330, 333, 336
ILLIAC 287

M
Mark I 58–61, 63, 73, 84, 92, 125, 146, 186, 188, 196, 233, 258, 298, 306, 341, 354, 357, 359
Mark III 302
Model 601 150
Model 650 304
Model 701 6, 194, 303, 341, 354

N
NCR社 35

O
ORDSAC 329
ORDVAC 285–287

R
RCA社 35, 80, 168, 336

S
SEAC 224, 284, 310
SSEC 188, 196, 224, 225, 284, 292, 302, 313–318, 328, 354
SWAC 284

U
Univac 136, 144, 163, 193, 194, 264, 284, 292, 330, 333, 336
UNIVAC I 354

V

V-2 ミサイル　147–151

W

Whirlwind 計算機　282, 284

Z

Z3　322, 323

ア

アーキテクチャパラダイム
　フォン・ノイマン式―, 182–185, 300
アール, デビッド・H　330
アイケン, ハワード　178
アイザックソン, ウォルター　15, 348
アイスナー, エルマー　251
アケラ, アツシ　x, 23, 46, 57, 68, 91, 360
アシモフ, アイザック　330
アスプレイ, ウィリアム　x, 10, 166, 271, 273, 306, 307, 310, 311
アタナソフ, ジョン　8, 10, 24, 73, 295, 338, 343, 344
アタナソフ・ベリー計算機　295, 322
アダプタ　281
アルト, フランツ　140
アレキサンダー, ジェイムズ　251

イ

陰極線管　195
インターナショナル・レジスタンス社　78

ウ

ウィーナー, ノーバート　178
ウィーバー, ウォーレン　178
ウィラー, デビッド　231
ウィリアムズ, サミュエル・B　83
ウィリアムズ, マイケル　286

ウィルクス, モーリス　194, 197, 344
ウェア, ウィリス　304
ウェイク, マーティン・H　270
ウェスコフ, マーリン　90, 95, 114, 137
ウエスタン・エレクトリック社　83
ヴェブレン, オズワルド　140
ウォールトン, ジャック　339
ウォーレン, リード　173
ウラム, スタニスワフ・M　xi, xix, 112, 209, 220, 221, 251, 253, 255, 339

エ

エイガー, ジョン　342
エグリー・エンジニアーズ社　133
エッカート, ウォーレス　92, 94, 100, 146
エッカート Jr., ジョン・プレスパー　xi, 1, 23–42, 45, 55, 193, 194, 285, 292–300, 343
エッカート・モークリー計算機会社　136, 264
エラー
　断続的―, 156
エリクソン, リアン　346
エレクトロニックコントロールカンパニー社　142, 144
演算タイムチャート　215
エンジニアリング・リサーチ・アソシエイツ社　196, 284
遠征　241

オ

オペレータ　89

カ

ガーフィンケル, ボリス　151
カール・E・レイチェルト・スチール社　78

加算器　36
加算時間　51
カニンガム，リランド　xi, 57, 83, 140, 178
可変遠隔接続　204
カリー，ハスケル・B　121, 140, 173, 175
ガルブレイス，A　200
関数表　47, 53, 162, 278–280
　—選択器, 205

キ

ギース，ジョン・H　200, 332
ギャリソン，ピーター　7, 18, 217, 258, 259, 353
キャンベル，レビン・H　85, 86, 88
キャンベル＝ケリー，マーティン　x, 10, 17, 231, 306, 307
ギロン，ポール　xi, 34, 83, 109

ク

クーン，トーマス　180, 318
クーン，ヘレン・J　159
グライア，デビッド・アラン　48
グラブス，フランク　121, 154–160, 357, 364
グリーソン，ダン　335
グリーンバウム，ヘレン　145
クリッピンガー，リチャード　xi, 199–201, 206, 209, 261, 272, 309, 357, 364
クレイグ，セシル・C　155
クレーマン，キャサリン　346
グレンベック　270

ケ

計算手　89
計数器
　正作用環状—, 42

正負—, 64
ケイン，K・T　83
ゲーリング，アート　200

コ

交易圏　217
コード　301
コードパラダイム
　現代的—, 8, 186–189, 193, 219, 229, 258, 300, 339, 361
ゴールドスタイン，アデール・カッツ xii, 16, 89, 91, 95, 97, 113, 121, 142, 199, 200, 356
ゴールドスタイン，ハーマン・ヘイン xii, xviii, 33, 40, 77, 83, 93, 95, 102, 109, 123, 140, 162, 171, 285, 304, 309, 342, 343, 357
ゴールドステイン，アーウイン　110
個体数調査の時間　236
ゴフ，J・A　121
コムリー，レスリー・J　94
コロッサス　8–9, 73, 340
コンバータ　142–144
　—コード, 209–210, 262
　—ユニット, 208

サ

サイクリングユニット　47, 57, 74, 75, 112, 117, 261, 334
サイバネティクス　178–179
サイモン，レスリー・E　xii, 34, 141, 142, 149, 154
削除子　281
サブルーチン　206, 298
　オープン—, 233
　クローズド—, 231
算術・移動中枢器官　202

434　索引

シ

シーケンス・ユニット　see ステッパ
ジェイ，イザベル　77
ジェニングズ，ベティ・ジーン　xii, xiii,
　　16, 90, 95, 98, 101–103, 110, 112–
　　114, 137
磁気記録機
　鋼線式—, 195
自己無撞着場法　123
シフタ　281
シマー，パッツィー　332
シミュレーション
　アルゴンヌ研究所, 251–252
　気象—, 271–277
　「スーパー」爆弾, 255–257
　モンテカルロ—, 217–240
シャープレス，トーマス・カイト　xii,
　　41, 46, 47, 185, 285
射表　27
シュレイン，エド　200
条件付き制御　69–71
乗算器　36, 53
ショー，ロバート　47
除算器　47, 53
ジョンソン，トーマス・H　149
シルバニア社　266

ス

スウェード，ドロン　x, 291, 308
スコット・ブラザーズ社　135
スターン，ナンシー　294
スターン，ナンシー・ベス　35
スタンプ，シス　33
スティビッツ，ジョージ・R　xviii, 82
ステッパ　63–70, 117, 199, 203
　10段—, 205, 208
スナイダー，アリス　33
スナイダー，フランシス・エリザベス

　xii, xiv, 90, 95, 97, 114, 137, 144,
　　200
スピア，サリー　200
スペリー社　336
スペリー・ランド社　112, 357
スペンス，ホーマー　xii, xiii, 26, 101,
　　102, 110, 112, 137, 144, 157, 158,
　　160, 265, 267
スマイリー，ジェーン　344
スミス，ウィニフレッド　145

セ

制御引数
　現在—, 203
　将来—, 203
生成器
　関数—, 298
聖地巡礼　197
設定　50
　—表, 116
　—フォーム, 16, 50, 116
ゼネラル・エレクトリック社　31, 87
セルージ，ポール　x, 308, 341
セル状オートマトン　189
セレクトロン　195

タ

ダ・ビンチ，レオナルド　3
第一草稿　161–192
大規模デジタル計算機システム　302
ダイソン，ジョージ　x, xix, 3, 10, 225
タウブ，アブラハム　121
弾道
　外部—, 30, 55
　—計算, 30
　内部—, 55

チ

チェダカー，ジョセフ 76
遅延線
　水銀—, 163
　電磁—, 195
チャーニー，ジュール・G xviii, 271, 273, 274
チャンス・ヴォート・エアクラフト社 81
チャンドラー，W・W 82
中枢制御 202
チューリング，アラン 3, 187, 194, 307, 308, 322
チューリング機械 189, 323

ツ

ツーゼ，コンラート 8, 73, 322, 323, 343

テ

デ・モル，リスベス x, 18, 131
ディケード 42
ディスク
　蛍光体—, 195
データ線 49, 52
デービス，ジョン・H 74
デジタル自動計算機 301
デダーリック，ルイス・S xii, 141, 143
テラー，エドワード xiii, 99, 104, 112, 120, 218, 249, 255
転送器 42
　定数—, 47, 53, 85

ト

トーマス，ウォーカー 303
トッド，ライラ 145
トラヴィス，アーヴン xiii, 31, 35, 111, 143
ドラム 195

ナ

内蔵プログラム 293, 300–308

ニ

ニューコン，ハンス 309
ニューマン，マックス 194

ノ

ノースロップ航空機社 303

ハ

バークス，アーサー・W xiii, xvii, 10, 11, 20, 41, 43, 47, 48, 50, 52, 55, 63, 71, 88, 97, 98, 116, 172, 176, 193, 285, 305, 310, 311, 332, 339, 340, 354
バークス，アリス 10, 11, 20, 305, 338, 340, 344
バークレー，エドモンド・C 178, 328
バーティク，ウィリアム 137
バーティク，ジーン xii, xiii, 16, 112, 137, 200, 201, 204–206, 262, 308, 345–348, 357
ハードウェアパラダイム
　EDVAC の, 181–182, 300
ハートリー，ダグラス・R 1, 117, 119, 120, 123–130, 159, 175, 196, 328, 361
ハートリー–フォック法 123
ハーパー，クリスティン 272
バーンズ，グラデオン・マーカス xiii, 85, 109
配線工 76
バイラス，フランシス xii, xiii, 90, 101, 103, 110, 137, 200
ハウフ，クライド 273
ハスキー，ハリー 97, 154, 344
ハネウェル社 336, 364

パネル図　50, 52
バベッジ，チャールズ　8, 73, 322, 347
パラダイム　180–181
バロース社　282, 283
ハント，ドナルド　52
汎用計算機　340

ヒ

ビアスタイン，マリー　145, 155
ピッカリング，アンドリュー　360
ピッツ，ウォルター　178
微分解析器　31

フ

ファインスタイン，リリアン　92
フィッツパトリック，アン　x, 7, 99, 218, 242, 246, 255
フィラデルフィア・シグナル・デポ社　78
フェルトマン，サミュエル　86, 109
フォン・ノイマン，クララ　xiii, 199, 207, 209, 225–226, 241, 243–245, 248–254, 256–257, 259, 264, 279, 357
フォン・ノイマン，ジョン　xiii, 84, 88, 152, 165–192, 197, 200, 201, 217–242, 245, 247, 248, 274, 285, 291–312, 343
フォン・ノイマン・ホイットマン，マリーナ　x, xix
符号識別　69
符号体系
　51命令の―, 201–204, 281
　60命令の―, 204–208, 281
　79命令の―, 209
　83命令の―, 209, 262
二股器　63, 64, 66
ブッシュ，ヴァネヴァー　31
ブラウン Jr., オースティン・ロバート　145
プラグインユニット　74
ブラッドベリー，ノリス・E　104, 242
フラワーズ，トミー　9, 82, 175, 343
フランケル，スタンレー　100, 112, 120, 130, 354
ブランチ，ゲルトルーデ　92
フリッツ，W・バークレー　97, 145, 198, 209, 345
フリッツェル，クラレンス　303
ブリンク，マールテン　18, 131
ブレイナード，ジョン・グリスト　xiv, 31, 33, 34, 40, 74, 78, 85, 88, 109, 133, 168, 169, 171, 279, 305
プログラミング
　演算列―, 62
プログラムカード　53
プログラム制御　46
　ダミー―, 70
プログラムセレクション　142
プログラム線　47, 49
プログラム装置　36
プログラム内蔵方式　300–313, 324–325
プログラムユニット　46
　多重―, 66
ブロムリー，アラン・G　306

ヘ

ペダリング　116, 252, 273
　―シート, 117
ペッツィンガー，トム　346
ベビー　257, 305, 309, 312, 319, 342
ベリー，クリフォード　24
ベル研究所　73, 82, 83, 85, 146, 150, 159, 166, 170, 172, 181, 188, 215, 265
ペロー，ロス　335
ペローシステムズ社　331
変換

ENIAC, 193–216
ペンダー，ハロルド　xiv, 24, 39, 78, 85, 109, 114, 133

ホ

ホイン，カール　44
ホッパー，グレース　43, 92, 347, 354, 357
ホフレイト，ドリット　148–151
ホルバートン，ジョン　xii, xiv, 89, 93, 95, 97, 123, 128, 137, 144, 200, 212, 272
ホルバートン，フランシス　xiv, 90, 114, 137, 144, 270, 346, 357

マ

マーウィン，リチャード　154, 156, 157, 208, 264
マーカス，ミッチェル・P　57, 68
マーク，カーソン　242, 251, 252, 254
マーク，ヘレン　155
マーチャント・カリキュレーティング・マシン社　294
マーティン，C・ダイアン　178, 179
マカリスター，ホーム　145, 269, 273
マカロック，ウォーレン　178
マクナルティ，キャスリーン・リタ　xiv, 33, 90, 95, 97, 101, 120, 137, 200, 356
マグワイア・インダストリーズ社　87
マスタープログラマ　46, 47, 53, 55–57, 62, 66–69, 97, 199, 203, 205, 214, 334
マッカートニー，スコット　75, 294, 338
マッケンジー，ドナルド　218
マホーニー，マイケル・S　322, 350

ミ

ミューラル，フランク　76

メ

メイヤー，マリア　251, 252
命令
　シフト—, 280–282
　—選択器, 205
命令セット
　「アバディーン」—, 205
　「プリンストン」—, 205
メトロポリス，ニコラス・コンスタンティン　xiv, 100, 104, 112, 120, 130, 159, 207–209, 224, 246, 247, 253, 255, 256, 261, 264, 309, 339, 354, 357
メモリ　301
　磁心—, 282–283
　遅延線—, 195

モ

モークリー，ジョン・ウィリアム　xiv, 1, 23–42, 45, 55, 193, 195, 285, 343
モークリー，メアリ　91
モンテカルロ計算
　第1ラン, 242–245
　第2ラン, 245–251
　第3ラン, 252–257
モンテカルロ法　218

ヤ

ヤコビ，ケーテ　200

ユ

ユナイテッド・エアクラフト社　261

ラ

ラーソン，アール・R　336–339

ラーデマッヘル，ハンス　43–44, 120, 131, 362
ライツ，ジョン　251
ライト，ジェニファー・S　346
ラブレース，エイダ　3, 347, 348, 354
ランデル，ブライアン　305, 340
ランド社　304

リ

リード，ハリー　268
リーブズ・インスツルメント社　143
リヒターマン，ラス　xiv, 90, 91, 102, 114, 137, 155
リヒトマイヤー，ロバート　222, 224, 236

ル

累算器　36, 42, 53
ルブキン，サムエル　143

レ

レイトウィズナー，ジョージ　145, 264
レーマー，デリック・ヘンリー　xv, 120, 123, 130–132, 140, 155
レジスタ　56, 142–144, 205
　インデックス—, 204
　—コード, 263–264
　命令—, 203
レミントン・ランド社　136, 144
レンズ社　78

ロ

ロチェスター，ナサニエル　302, 303
ロトキン，マックス　121
ロハス，ラウル　323

ワ

ワイアット，ワイラ　121

Memorandum

Memorandum

Memorandum

Memorandum

監修者

土居　範久（どい のりひさ）
1964年　慶應義塾大学工学部管理工学科卒業．慶應義塾大学理工学部教授，中央大学理工学部教授などを経て，
　現　在　慶應義塾大学名誉教授．工学博士．
主な著訳書：『オペレーティング・システムの機能と構成』（共著，1983年，岩波書店），『基礎C言語』（1991年，岩波書店），『情報セキュリティ辞典』（監修，2003年，共立出版），『オペレーティングシステムの概念』（Silberschatz他著，監訳，2010年，共立出版），『相互排除問題』（2011年，岩波書店）

訳　者

羽田　昭裕（はだ ひろあき）
1984年　一橋大学社会学部社会理論課程卒業．日本ユニシス株式会社先端技術部長などを経て，
　現　在　同社総合技術研究所長．国立情報学研究所客員教授．

川辺　治之（かわべ はるゆき）
1985年　東京大学理学部卒業．
　現　在　日本ユニシス株式会社総合技術研究所上席研究員．
主な著訳書：『Common Lisp 第2版』（共訳，1992年，共立出版），『Common Lisp オブジェクトシステム―CLOSとその周辺―』（共著，2010年，共立出版），『数学で織りなすカードマジックのからくり』（訳，2013年，共立出版），『数学探検コレクション 迷路の中のウシ』（訳，2015年，共立出版）

ENIAC　―現代計算技術のフロンティアー 原題：*ENIAC in Action: Making and Remaking the Modern Computer* 2016年6月10日　初版1刷発行	著　者　Thomas Haigh（ヘイグ） 　　　　Mark Priestley（プリーストリー） 　　　　Crispin Rope（ロープ） 監修者　土居範久 訳　者　羽田昭裕 　　　　川辺治之　　　ⓒ2016 発行者　南條光章 発行所　**共立出版株式会社** 　　　　〒112-0006 　　　　東京都文京区小日向4丁目6番19号 　　　　電話　（03）3947-2511（代表） 　　　　振替口座　00110-2-57035 　　　　www.kyoritsu-pub.co.jp 印　刷　啓文堂 製　本　加藤製本 　一般社団法人 　　　　　自然科学書協会 　　　　　会員 Printed in Japan

検印廃止
NDC 007.2
ISBN 978-4-320-12400-4

JCOPY <出版者著作権管理機構委託出版物>
本書の無断複製は著作権法上での例外を除き禁じられています．複製される場合は，そのつど事前に，出版者著作権管理機構（TEL：03-3513-6969，FAX：03-3513-6979，e-mail：info@jcopy.or.jp）の許諾を得てください．

■情報・コンピュータ関連書

http://www.kyoritsu-pub.co.jp/　共立出版

情報セキュリティ事典	土居範久監修
ENIAC 現代計算技術のフロンティア	土居範久監修
オペレーティング・システムの概念	土居範久監訳
コンピュータ開発史	大駒誠一著
決定版 クラウドコンピューティング	加藤英雄著
クラウド技術とクラウドインフラ	黒川利明著
集合知の作り方, 活かし方	石川 博著
ネットワーク・大衆・マーケット	浅野孝夫他訳
情報整理・検索に活かすインデックスのテクニック	藤田節子著
情報検索の基礎	岩野和生訳
情報検索のためのユーザインタフェース	角谷和俊他訳
情報推薦システム入門	田中克己他訳
大規模データのマイニング	岩野和生訳
統計的学習の基礎 データマイニング・推論・予測	杉山 将他訳
データマイニングによる異常検知	山西健司著
情報検索アルゴリズム	北 研一他著
教養のコンピュータアルゴリズム	土屋達弘著
基礎から学ぶデータ構造とアルゴリズム	穴田有一他著
アルゴリズムの基礎	大森克史他著
応用事例とイラストでわかる離散数学	延原 肇著
Google PageRankの数理	岩野和生他訳
レイティング・ランキングの数理	岩野和生他訳
楽しく学べるデータベース	川越恭二著
初歩のデータベース論	阿部武彦著
経営情報システム	杉原敏夫著
経営・経済のための情報科学の基礎	石川修一他著
ネットワーク経営情報システム	加藤英雄著
情報の基礎・基本と情報活用の実践力 第3版	内木哲也他著
基礎 情報システム論	浦 昭二監修
文科系のためのコンピュータ総論	田中 弘他著
文系学生のためのコンピュータ概論	鞆 大輔著
情報理論 基礎と広がり	山本博資他訳
情報理論の基礎	横尾英俊著
学生時代に学びたい情報理論	鞆 大輔著
コンピューテーショナル・シンキング	磯辺秀司他著
量子情報科学入門	石坂 智他著
教養情報科学概論	小林健一郎他著
理工系情報科学	荒木義彦他著
Windows10を用いたコンピュータリテラシーと情報活用	斉藤幸喜他著
大学生の知の情報ツールⅠ・Ⅱ 第2版	森 園子編著
学生のためのITテキスト	岩田一明監修
コンピュータとネットワーク概論	趙 華安著
コンピュータと情報処理の基礎	伊藤憲一著
コンピュータ情報処理の基礎と応用	馬場則夫他著
学生のための情報処理とインターネット	小関祐二著
情報学基礎 第2版	慶應義塾大学理工学部編
オープンソースソフトウェアによる情報リテラシー 第2版	内海 淳他著
これからの情報リテラシー	小林貴之他著
グループワークによる情報リテラシ	魚田勝臣編著
大学新入生のための情報リテラシー	豊田雄彦他著
大学必修 情報リテラシ	湯瀬裕昭他著
コンピュータリテラシ 情報処理入門 第3版	大曽根 匡編著
理工系コンピュータリテラシー	加藤 潔他著
実践空間情報論	浅沼市男著
ユビキタス時代の情報管理概論	猪平 進他著
教養・コンピュータ 第4版	吉田敬一著
情報活用の「眼」	菊池登志子他著
留学生のための日本語で学ぶパソコンリテラシー	橋本恵子他著
計算機学入門 デジタル世界の原理を学ぶ	阿曽弘具著
Cによる情報処理入門	阿曽弘具編
ネットワークリテラシ入門	三和義秀著
情報セキュリティ基盤論	佐藤周行他著
情報倫理 ネットの炎上予防と対策	田代光輝他著
インターネット時代の情報セキュリティ	佐々木良一他著
情報セキュリティ入門 改訂版	佐々木良一監修
ITリスク学 「情報セキュリティ」を超えて	佐々木良一編著
セキュリティマネジメント学	日本セキュリティ・マネジメント学会監修
医科系学生のためのコンピュータ入門 第2版	樺澤一之他著
医療・福祉系学生のための情報リテラシー	樺澤一之他著
医療情報学入門	樺澤一之他著
基礎から学ぶ医療情報	金谷孝之他著
基礎から学ぶパソコン	大藪多可志他著

本書に登場する主な出来事（年代順）

年月日	出来事
1928年	レスリー・J・コムリーがロンドンのグリニッジ天文台にパンチカード装置を設置
1937年	ジョン・アタナソフによる連立線形方程式を解く電子計算機の開発（〜1942）
1938年	コンラッド・ツーゼのZ3計算機の開発（〜1941）
1940年	アーヴン・トラヴィスが電子微分解析器を提案
1941年 6月	モークリーがアタナソフとベリーを訪問
9月	モークリーがムーアスクールの准教授に任命される
1942年	モークリーによる覚書「高速計算のための真空管使用」作成
	ケイ・マクナルティとフランシス・バイラスがチェスナット・ヒル・カレッジ女子大学を卒業しムーアスクールで働き始める
1943年 4月	モークリー, エッカートらによる「電子微分解析器に関する報告書」提案
7月	プロジェクトにPXという正式なコードネームがつく
秋	砲弾の軌道計算の計画始動
1944年 4月	エッカートが「磁気計算機の開示」を発表
4月	ENIACの最終構成決定
8月	2台の累算器によるENIACのプロトタイプ完成
8月	ジョン・フォン・ノイマンがENIACプロジェクトに参加
1945年 1月26日	弾道研究所とムーアスクールがENIACの移設に関する最初の契約締結
4月	ハーマン・ゴールドスタインがジョン・フォン・ノイマンから「EDVACに関する報告書の第一草稿」を受け取る
6月	ベティ・ジーン・ジェニングズがノースウェスト・ミズーリ州立教員養成学校を卒業
中頃	ENIACの最初の6人のオペレータを雇用
8月	弾道研究所にルイス・S・デダーリックを長とする計算技術研究室が設置される
9月 2日	第2次世界大戦終結
12月	ENIACによるエドワード・テラーの「スーパー」爆弾の計算（〜1946年3月）
1946年 2月15日	ENIACの一般公開
3月	ハーマン・ゴールドスタインとアーサー・バークスがジョン・フォン・ノイマンのチームに加わるため高等研究所に移る
3月	エッカートとモークリーがムーアスクールを辞職
4月15日	ENIACによる正弦表と余弦表の生成（〜4月16日）
6月30日	ENIACが連邦政府に公式に受け入れられる
6月	ENIACによる取付角0度の平板に対する圧縮性流体の層流境界層の計算（〜7月）
7月	ENIACによるレーマーの素数の問題
7月15日	ENIACによる核分裂の液滴模型の計算（〜7月31日）
8月	ENIACによる弾道計算，最初の射表を作成
夏	ハートリーがENIACを使用するためにフィラデルフィアに到着
9月 3日	ENIACによる衝撃波の反射と屈折の計算（〜9月24日）
10月 7日	ENIACによる二原子ガスのゼロ圧力特性の計算（〜10月18日）
10月	ハートリーによるケンブリッジ大学就任講演
10月26日	火災によってENIACのパネルが焼ける
11月 9日	アバディーンへの移動のためENIACの電源を切る
11月11日	ENIACの梱包開始
12月	ベティ・ジーン・ジェニングズが結婚
12月	ベティ・ジーン・ジェニングズとマーリン・ウェスコフが退職